家常、宴客、養生，一書搞定

家常菜
1000道

蘇士明◎主編

推薦序

　　蘇士明先生是瀋陽假日大廈有限公司總裁，雖身居高位，卻酷愛烹飪藝術。閒暇之時他邀我到家作客，親自下廚做了一桌美味佳餚。以前聽說他是一位美食家，從飲食文化到山珍海味、青菜豆腐無所不曉，今親眼見其嫻熟的廚技，不免驚歎稱讚。我想這也許就是他為什麼如此熱衷於經營大飯店，並使瀋陽假日酒店獲 2003 年亞太地區最佳綜合表現獎的原因吧。

　　熱愛生活的人，事業一定成功。烹調中的人生哲學自古有之：「治大國，若烹小鮮」的伊尹之道；彭祖的智慧廚藝；廚師福星詹王的「餓」之哲理；「民以食為天」的古訓，都佐證了人們追求美好生活的真諦。我熱心的建議蘇先生將他走南闖北見識的人間珍饈介紹給大眾，他欣然應允，又使我驚喜不已。今編輯成書，奉獻給每一個家庭，願能口福同享。

　　此書是目前最完整、最權威的工具書類家常菜譜，收入了近千款家庭實用的菜例。其中包括：「涼菜類」；「燕窩、魚翅、鮑魚、海參類」；「湯羹燉品類」；「水產品類」；「畜肉類」；「禽、蛋類」；「豆製品、蔬菜、食用菇菌類」；「主食類」等八大類美饌供您選擇習做。

　　家裡學做菜不比飯店流程，很多細節須您親自動手完成，為此本書還附錄了「實用家庭烹飪小常識」200 餘項，以便您查找使用。

　　本書圖文並茂，力求簡便實用、易學易懂，既適合家庭操作，又美味可口、省時省力。書中菜餚所用材料、調味料均標明用量及比例，做法可舉一反三，發揮創意。書中嘗試將傳統烹飪工藝與現代科技相結合，選料廣泛，老菜新做，古為今用，洋為中用，味型翻新，菜點交融，南料北烹，中西合璧。只要您掌握基本技法，亦可隨意變化，其樂無窮。

　　蘇士明先生的這一佳作，帶您步入了家庭烹飪的百花園，那芳香誘人的美食，正待您一顯身手。

　　願天下每一個家庭都幸福快樂！

烹飪大師　張庫驤

Contents 目錄

03 推薦序

Seafoods

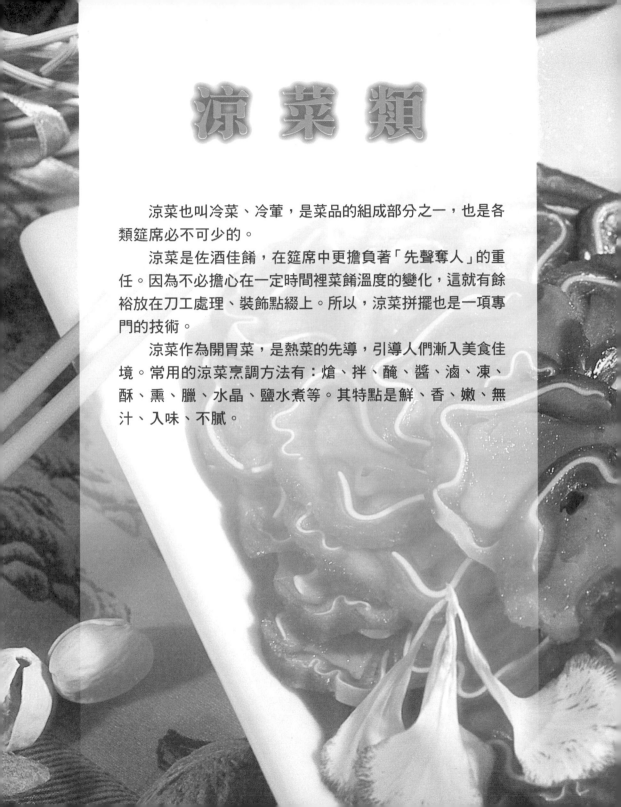

涼菜類

　　涼菜也叫冷菜、冷葷，是菜品的組成部分之一，也是各類筵席必不可少的。

　　涼菜是佐酒佳餚，在筵席中更擔負著「先聲奪人」的重任。因為不必擔心在一定時間裡菜餚溫度的變化，這就有餘裕放在刀工處理、裝飾點綴上。所以，涼菜拼擺也是一項專門的技術。

　　涼菜作為開胃菜，是熱菜的先導，引導人們漸入美食佳境。常用的涼菜烹調方法有：熗、拌、醃、醬、滷、凍、酥、熏、臘、水晶、鹽水煮等。其特點是鮮、香、嫩、無汁、入味、不膩。

洋蔥拌雞

材　料

雞1隻，小洋蔥適量。

調味料

雞粉適量，魚露1大匙，柴魚粉、沙拉油各少許。

做　法

1. 將雞隻內外洗淨，瀝乾水分，用雞粉內外擦抹均勻，醃至入味，再放入蒸鍋蒸熟，待涼取出切塊，放入盤中，擺成雞型備用。

2. 將魚露、雞粉、柴魚粉放入碗中調勻備用。

3. 將小洋蔥洗淨，切成圓片，再放入熱油中浸泡一會，然後淋在雞上，再澆入調味料，即可上桌食用。

小提醒

雞要嫩，表皮要完整，不宜過肥。蒸雞時間要控制好，不能生、不能過火。

紅油金錢肚

材　料

牛肚（蜂窩肚）500克，西洋芹100克，熟白芝麻少許。

調味料

蔥段20克，辣椒油3大匙，醬油2大匙，鹽、雞精、紹興酒、白糖、花椒油、香油各適量。

做　法

1. 將牛肚洗滌整理乾淨，放入滾水中煮熟，撈出晾涼，切成斜片；西

洋芹洗淨後切片，放入滾水中汆燙一下，撈出沖涼，再加入少許鹽拌勻，裝入盤中備用。

2. 將牛肚片、蔥段、白糖、醬油、紹興酒、雞精、香油放入碗中調拌均勻，擺放在西洋芹上待用。

3. 將辣椒油、花椒油均勻地澆淋在牛肚上，再撒上白芝麻拌勻，即可上桌食用。

乳酸魚皮泡菜

材　料

鮭魚皮200克，優酪乳1杯，甘藍泡菜、辣椒泡菜、花椰菜泡菜、胡蘿蔔泡菜各適量。

調味料

鹽1小匙，紹興酒1大匙，胡椒粉、白糖各少許，沙拉油適量。

做　法

1. 將魚皮洗淨、瀝乾，用紹興酒、鹽、胡椒粉醃30分鐘，再切成粗

條，入熱油中炸至酥脆，撈出瀝乾備用。

2. 將各種泡菜放入碗中，加入魚皮、優酪乳、白糖醃拌入味，即可裝盤上桌食用。

小提醒

酸甜脆嫩，酥香適口，助消化，降血脂，將現代流行口味融入傳統菜餚之中。

怪味雞絲

材料

雞胸肉500克,西洋芹50克。

調味料

白糖、陳年醋各1/2小匙,辣椒油1小匙,花椒、芝麻醬、香油各少許。

做法

1. 將雞胸肉洗滌整理乾淨,放入沸水中煮熟,撈出放涼,再用木棒敲打至鬆軟,然後撕成細絲,裝入碗中,加入少許香油拌勻備用。

2. 將西洋芹去皮,洗淨後切片,再放入滾水中氽燙一下,撈出瀝乾,然後加入少許鹽拌勻,裝入盤中,再放上雞絲待用。

3. 將白糖、陳年醋、辣椒油、花椒、芝麻醬放入小碗中調拌均勻,澆淋在雞絲上即成。

鮮果拌蝦仁

材料

蝦仁50克,鳳梨、水蜜桃、水梨、蘋果、小番茄各適量。

調味料

鹽、白糖各1大匙,美乃滋1小匙,太白粉適量,白醋少許。

做法

1. 將蝦仁挑除沙腸,加入太白粉抓勻,再用清水沖淨,放入滾水中氽燙,撈出瀝乾備用。

2. 將鳳梨去皮,切成滾刀塊,放入鹽水中醃製2小時,再用清水沖淨。水蜜桃一切兩半,去核後切成小塊。梨子去皮及核,洗淨,切成滾刀塊。蘋果洗淨,去皮及核,切成小塊。小番茄洗淨,一切兩瓣待用。

3. 將蝦仁放入碗中,加入少許鹽、白醋醃至入味,再放入各種鮮果,加入白糖、美乃滋,用筷子翻拌均勻,即可裝盤上桌。

紅油豬肚片

材料

豬肚500克,西洋芹100克,熟芝麻適量。

調味料

蔥段20克,辣椒油50克,醬油2大匙,雞精、白糖各1/2小匙,鹽、花椒油、紹興酒、香油各少許。

做法

1. 將豬肚洗滌整理乾淨,先放入滾水中氽燙一下,再放入另一清水中煮熟,然後撈出晾涼,切成斜片備用。

2. 將西洋芹洗淨後切片,放入滾水中氽燙一下,撈出瀝乾,再加入少許鹽拌勻,裝入盤中待用。

3. 將豬肚片、蔥段、白糖、紹興酒、醬油、雞粉、香油放入碗中拌勻,撒在西洋芹片上,再淋上辣椒油、花椒油,撒上熟芝麻,拌勻即可食用。

臘八蒜泡脆耳

材料
豬耳朵 300 克。
調味料
白醋、大蒜各適量，中藥滷包1包。
做法
1. 將大蒜去皮，放入白醋中泡製一周，製成「臘八蒜」備用。
2. 將豬耳朵刮洗乾淨，放入鍋中加入清水、滷包滷熟，取出後斜刀切片，再用「臘八蒜」、白醋泡至入味，即可裝盤上桌。

小提醒
豬耳脆脆的口感，非常適合作開胃菜及下酒菜，購買時要挑選沒有受傷潰爛、顏色粉嫩的豬耳為佳。臘八蒜醃製的時間一定要充分，否則有一定毒素，對身體有害。

果味辣白菜

材料
大白菜300克，新鮮柳丁2個，紅乾椒適量。
調味料
白糖1小匙，鹽1大匙。
做法
1. 將大白菜摘洗乾淨，切成骨牌片，再用鹽醃製2小時，撈出洗淨，瀝乾水分。紅乾椒泡軟，去蒂後切成小丁。柳丁榨汁備用。
2. 將白菜、紅乾椒放入玻璃瓶中，加入柳丁汁、白糖，醃製12小時，即可取出食用。

小提醒
此菜中另加入了柳丁汁，果味濃郁，酸辣鮮脆，口感極佳，是新派流行菜之一。

涼拌海上鮮

材料
海魚皮100克，蟄皮50克，飛魚卵10克，蝦仁25克，螺頭25克，甘藍、紫高麗、蘿蔔各適量，香菜末少許。
調味料
沙拉醬2大匙，椰汁1/2罐，檸檬汁、煉乳各1大匙，青芥末1小匙。
做法
1. 將海魚皮、蟄皮、蘿蔔、紫高麗、甘藍分別洗淨，切成細絲。螺頭用鹽水洗淨備用。
2. 將蝦仁去沙腸、洗淨，螺肉切片，分別汆燙待用。
3. 將沙拉醬、椰汁、青芥末、煉乳、檸檬汁放入碗中調勻，製成青芥末沙拉醬，再將所有原料放入拌勻，然後裝入盤中，再撒上飛魚卵、香菜末，即可上桌食用。

怪味牛肉

材料

牛肉 500 克，熟白芝麻少許。

調味料

白糖、陳年醋各 2 小匙，辣椒油、紹興酒、豆瓣、豆豉、芝麻醬、花椒粉、花椒油、香油各1/2小匙，高湯、紅滷汁、沙拉油各適量。

做 法

1. 將牛肉洗滌整理乾淨，切成大塊，放入滾水中汆燙一下，去除血水，再放入紅滷汁中，小火滷至八分熟，撈出放涼，切成小塊，然後用滾水汆燙一下，撈出瀝乾備用。

2. 另起一油鍋燒熱，放入牛肉塊小火炸乾，撈出瀝油待用。

3. 鍋中留少許底油燒熱，先下豆瓣煸出香味，再放入牛肉塊，添入高湯，加入紹興酒、白糖、陳年醋燒至收汁，然後放入豆豉、芝麻醬、花椒粉、辣椒油、香油、芝麻翻炒均勻，即可裝盤上桌。

清酒鮑片

材料

鮮鮑1個，玉蘭片12片，蘆筍6根。

調味料

濃縮雞湯1大匙，高湯2杯，日本清酒適量，蠔油少許。

做 法

1. 將鮮鮑洗淨，用濃縮雞湯、高湯、日本清酒煲煨至軟，撈出瀝乾，斜刀切成 12 片。玉蘭片發好備用。

2. 將玉蘭片、鮮鮑片放入盤中排好，再以蘆筍圍邊待用。

3. 將煲鮑魚的原汁和蠔油放入小碟中調勻，跟盤上桌蘸食即可。

小提醒

煲鮑魚的湯鍋要乾淨，不能有異味。用小火慢煲至軟爛入味即可。

蘿蔔絲拌蜇皮

材料

白蘿蔔、甜菜心各 200 克，海蜇皮50 克。

調味料

鹽、白糖、白醋各適量。

做 法

1. 將白蘿蔔、甜菜心分別洗淨，去皮後切成細絲，再用鹽醃製 1 小時，然後用冷水沖洗泡透，除去異味。海蜇皮洗淨，切成細絲，再放入滾水中汆燙，水滾即刻撈出，用冷水沖洗浸泡，除去鹹澀味備用。

2. 將蘿蔔絲、甜菜絲、海蜇皮瀝乾水分，裝入碗中，加入鹽、白糖、白醋拌勻，醃製 20 分鐘，即可裝盤上桌。

小提醒

鹹鮮酸甜，脆嫩清香，為爽口佐酒小菜。成本低，製作簡便，是大眾喜好之佳餚。

芥末牛肚絲

材 料

牛肚500克，黃瓜100克，青椒絲、紅椒絲各少許。

調味料

鹽、醬油各1/2小匙，芥末油1小匙，陳年醋、芥末、雞粉、紹興酒、香油各少許。

做 法

1. 將牛肚洗滌整理乾淨，放入滾水中燙熟，撈出瀝乾，切絲備用。

2. 將黃瓜去皮洗淨，切成細絲，再加入少許鹽拌勻，裝入盤中待用。

3. 將芥末放入盆中，加入陳年醋、醬油調勻，再放入牛肚絲、芥末油、青椒絲、紅椒絲、鹽、雞粉、紹興酒、香油拌勻，然後擺在黃瓜絲上，即可上桌食用。

肉醬花生米

材 料

鮮花生米100克，豬肉餡50克，紅乾椒、香菜段各適量。

調味料

蔥花少許，紹興酒、雞粉各1大匙，豆瓣醬2大匙，白糖1小匙，醬油、沙拉油各適量。

做 法

1. 將花生米用冷水泡軟，洗淨瀝乾。紅乾椒洗淨、泡軟，切段備用。

2. 將炒菜鍋燒熱，加少許底油，先用蔥花、紅乾椒熗鍋，再放入豬肉餡煸炒至變色，然後烹入紹興酒，添入清水，加豆瓣醬、白糖、雞粉、醬油炒至濃稠，起鍋裝碗。

3. 將花生米放入碗中，與炒好的肉醬和香菜段拌勻，即可上桌食用。

鳳眼釀大腸

材 料

滷大腸1根，鹹蛋黃5個。

調味料

蒜泥、白醋、麥牙糖、醬油、辣椒油、沙拉油各適量。

做 法

1. 將鹹蛋黃釀入滷大腸內，兩邊紮好口，放入蒸籠蒸20分鐘，取出備用。

2. 將白醋、麥牙糖、和適量清水放入碗中調勻，製成脆皮水待用。

3. 將大腸浸入脆皮水中，均勻沾裹後撈出晾乾，再放入六成熱油中炸至金黃色，撈出切片擺盤。

4. 將蒜泥、醬油、辣椒油調成汁，跟碟上桌蘸食即可。

小提醒

掌握好油炸的火候及油溫，否則過高焦黑，過低皮不脆。

千層脆耳

材　料
豬耳朵 1000 克。

調味料
醬湯 5000 克。

做　法
1. 將豬耳朵去毛，洗滌整理乾淨，放入調好的醬湯中，小火熬約 1 小時，待豬耳朵熟爛、熬出膠質，撈出備用。
2. 將豬耳朵切成大塊，一層一層整齊地擺在方盤中，然後用重物壓實，待完全冷卻後取下重物，將豬耳朵切成薄片，即可上桌食用。

醬湯的做法
起鍋點火，將醬料包（八角 2 粒，陳皮 3 克，茴香 10 克，草果 3 克，肉蔻 8 克，香葉 3 克，蔥 2 棵，薑 1 塊）放入水中燒開，再加入糖色及適量醬油、鹽調勻，即成醬湯。

涼拌雞絲

材　料
雞胸肉 500 克，雞蛋 1 個，紅辣椒絲少許。

調味料
蔥絲、薑絲、鹽、蔥油、香油各少許，沙拉油適量。

做　法
1. 將雞胸肉洗滌整理乾淨，放入滾水中煮熟，待涼切成細絲，然後加入香油拌勻備用。
2. 將雞蛋打入碗中攪散，再放入熱油鍋中攤成薄餅，撈出切絲待用。
3. 將蔥絲、紅辣椒絲、雞蛋絲、薑絲、雞絲放入容器中，加入鹽、蔥油拌勻，即可裝盤上桌。

雞鬆拌茄子

材　料
茄子 2 條，雞肉 50 克。

調味料
蔥花、薑末、蒜泥各適量，雞粉 1 大匙，豆瓣醬 2 大匙，咖哩粉、鹽各少許。

做　法
1. 將茄子去蒂、洗淨，放入蒸鍋中蒸熟，取出後撕成條，裝入盤中。雞肉洗淨，切末備用。
2. 起鍋點火，加油燒至七成熱，放入薑末、蒜泥、蔥花、雞粉、雞肉末、豆瓣醬、咖哩粉、鹽炒勻，製成「雞鬆醬」備用。
3. 將炒好的「雞鬆醬」澆在茄子上，即可上桌食用。

小提醒
蒸茄子不宜過火。炒醬時火候不宜過旺。

燴拌肉鬆花生米

材 料

鮮花生米 100 克，豬五花肉粒 50 克，紅乾椒粒、香菜末、芹菜珠各適量。

調味料

蔥末、薑末、蒜末各少許，海鮮醬2大匙，雞粉、醬油、白糖各 1 小匙，沙拉油適量。

做 法

1. 將花生米用冷水泡軟，瀝乾備用。

2. 將炒菜鍋燒熱，加入油，放入蔥、薑、蒜燴鍋，再放入五花肉粒炒至金黃色，然後加入紅乾椒粒、芹菜珠，烹入紹興酒，添入清水，加入海鮮醬、雞粉、醬油、白糖炒至微濃，製成醬汁待用。

3. 將花生米放入碗中，加入醬汁拌勻，再撒上香菜末，即可裝盤上桌。

香燻黃魚

材 料

黃魚 1 條，泡椒、洋蔥末、香菜末各少許。

調味料

蔥末、薑末、香茅末、迷迭香末各少許，鹽、米酒、紫蘇汁（紫蘇梅汁）、雞粉、醬油、黑胡椒汁、白糖、太白粉、香油、沙拉油各適量。

做 法

1. 將香茅末、蔥末、洋蔥末、薑末、迷迭香末、米酒、紫蘇汁、雞粉、醬油、黑胡椒汁、泡椒、白糖放入碗中，調成「辛香料汁」備用。

2. 將黃魚洗滌整理乾淨，吸乾水分，在魚身上劃兩刀，再用鹽塗抹均勻，拍上太白粉待用。

3. 起鍋點火，加油燒至六成熱，先放入黃魚炸至金黃色，再放入「辛香料汁」中浸泡5分鐘，然後撈出裝盤，再撒上香菜末，淋上少許香油，即可上桌食用。

燴拌白管

材 料

豬白管 300 克，青椒絲、紅椒絲各 10 克，紅乾椒、熟芝麻各少許。

調味料

蔥段 5 克，蒜末少許，鹽、雞粉、醬油各1/2小匙，陳年醋、白糖、辣椒油各 1 小匙，胡椒粉、香油、紹興酒、花椒油、沙拉油各適量。

做 法

1. 將白管洗滌整理乾淨，切成細絲，再放入滾水中汆燙一下，撈出沖涼，瀝乾水分。紅乾椒切成細絲，放入熱油中炸香，撈出瀝乾備用。

2. 將白管放入大碗中，加入青椒絲、紅椒絲、紅乾椒絲、蔥段、蒜末、陳年醋、白糖、辣椒油、鹽、雞粉、醬油、胡椒粉、香油、紹興酒、花椒油拌勻，即可裝盤上桌。

生拌牛肉

材 料

牛里肌肉 200 克,高麗菜、白梨、香菜、芝麻各適量。

調味料

蔥末、蒜泥、鹽、白糖、白醋、醬油、牛肉高湯粉、辣椒醬、香油各適量。

做 法

1. 將牛里肌肉切成細絲,放入碗中,加入白醋拌勻,再用冷水沖淨,撈出瀝乾備用。

2. 將高麗菜用鹽水洗淨,放入盤中墊底。香菜摘洗乾淨,切成碎末。白梨洗淨,去皮及核,切絲待用。

3. 將牛肉絲放入容器中,加入香油、香菜末、蒜泥、芝麻、辣椒醬、醬油、牛肉高湯粉、鹽、蔥末、白糖、白梨絲拌勻,即可裝盤上桌。

小提醒

牛肉要新鮮。牛肉要頂刀切絲,逆肌肉紋理切,口感才滑嫩。

腰花拌筍尖

材 料

豬腰子 1 個,鮮竹筍尖適量。

調味料

鹽、花椒油各少許。

做 法

1. 將豬腰子洗淨,從中間片開,把腎球筋膜除淨,劃上「斜十字花刀」,再放入滾水中汆燙,撈出瀝乾;鮮筍尖洗淨,斜刀切段,汆燙撈出備用。

2. 將腰花和筍尖放入容器中,加入鹽、花椒油翻拌均勻,即可裝盤上桌。

小提醒

此菜脆嫩爽口,辛香味美,補腎益氣,營養豐富。豬腰汆燙要適中,不可過老過硬。

生滷海螺

材 料

海螺 1000 克,胡蘿蔔、蝦米、青椒、香菜、芹菜、干貝、乾魷魚末各少許。

調味料

蔥段、薑片各 10 克,醬油、鹽、白醋、蠔油、紹興酒各適量。

做 法

1. 將青椒、胡蘿蔔、香菜、芹菜分別洗滌整理乾淨,青椒、胡蘿蔔切片,香菜、芹菜切段備用。

2. 將海螺洗淨,用鹽、白醋醃泡 2 小時,撈出後沖淨待用。

3. 鍋中加水燒開,放入蔥段、薑片、青椒、胡蘿蔔、香菜、芹菜煮約 10 分鐘,再濾除雜質,留下湯汁備用。

4. 將湯汁裝入容器中,加入醬油、蠔油、蝦米、干貝、乾魷魚末、紹興酒調勻,再放入海螺,移入冰箱中浸泡 24 小時,即可裝盤上桌。

熗拌牛百葉

材　料
牛百葉300克，青椒絲、紅椒絲各10克，紅乾椒、熟芝麻各少許。

調味料
蔥末、蒜末各5克，陳年醋、白糖、辣椒油各1小匙，鹽、醬油、雞粉各1/2小匙，胡椒粉、香油、紹興酒、花椒油各少許，沙拉油適量。

做　法
1. 將牛百葉刮去表面黑膜，洗滌整理乾淨，切成細絲，再放入滾水中汆燙一下，撈出沖涼，瀝乾水分；紅乾椒切絲，放入熱油中炸香，撈出瀝油備用。

2. 將牛百葉絲、青椒絲、紅椒絲、紅乾椒絲放入大碗中，加入蔥末、蒜末、陳年醋、白糖、鹽、雞粉、醬油、胡椒粉、紹興酒、辣椒油、花椒油拌勻，再裝入盤中，淋上香油，即可上桌食用。

麻辣拌肘花

材　料
豬腳1000克。

調味料
蔥段200克，薑片150克，鹽1大匙，紹興酒3大匙，辣椒油2大匙，胡椒粉1小匙，花椒、八角、丁香、花椒油、醬油、陳年醋各少許。

做　法
1. 將豬腳去骨、刮毛，洗滌整理乾淨，再放入滾水中汆燙一下，去除血水，然後用冷水沖淨，撈出瀝乾備用。

2. 將豬腳放入鍋中，加入蔥段、薑片、花椒、八角、丁香、鹽、紹興酒及適量清水，醃製10小時，再用紗布包好，放入蒸鍋蒸40分鐘至熟，取出晾涼，切成薄片，裝入盤中待用。

3. 將胡椒粉、辣椒油、花椒油、醬油、陳年醋放入小碗中調勻，澆在切片的豬腳肉上，即可上桌食用。

腰花拌雙筍

材　料
豬腰子1個，蘆筍、竹筍各50克，紅辣椒適量。

調味料
蒜泥少許，鹽、花椒、雞粉、蠔油、醬油各少許。

做　法
1. 將豬腰子洗淨、片開，去淨腎球、筋膜，切成薄片，再劃上花刀，放入沸鹽水中汆燙去腥，撈出瀝乾備用。

2. 將蘆筍、竹筍、紅辣椒分別洗淨，切成小段，再用花椒、雞粉、鹽熗熟待用。

3. 將豬腰子、蘆筍、竹筍、紅辣椒放入大碗中，加入雞粉、蠔油、醬油、蒜泥拌勻，即可裝盤上桌。

小提醒
豬腰子處理要徹底，汆燙至熟，以去除腥味為好。

蒜泥白肉

材 料

豬後腿肉 500 克。

調味料

蔥花 25 克，薑絲 20 克，乾辣椒段、蒜泥各 50 克，辣椒油各 1 小匙，醬油 2 大匙，紹興酒 2 小匙，香油、花椒各少許，沙拉油 3 大匙。

做 法

1. 將豬肉洗淨，切成大塊，放入鍋中，加入清水、蔥段、薑片、花椒、紹興酒煮至熟透，撈出瀝乾，切成大薄片，擺入盤中備用。

2. 起鍋點火，加油燒熱，放入乾辣椒段炸酥，製成油辣椒，再剁碎待用。

3. 將醬油、油辣椒末、蒜泥、香油、辣椒油放入小碗中調勻，淋在肉片上，即可上桌食用。

陳醋螺頭拌菠菜

材 料

海螺肉 200 克，菠菜 100 克。

調味料

蒜末 15 克，鹽、陳年醋、花椒油各適量。

做 法

1. 將海螺肉洗滌整理乾淨，片成「連刀片」，再放入滾水中汆燙，撈出瀝乾。菠菜摘洗乾淨，切成小段，放入滾水中汆燙一下，即刻撈出，再用冷水投涼，擠乾水分備用。

2. 將海螺肉、菠菜段放入大碗中，加入蒜末、陳年醋、鹽、花椒油拌勻，即可裝盤上桌。

小提醒

此菜脆嫩鹹酸，清爽適口，為佐酒之佳餚。海螺肉汆燙時間不宜過久。

泡菜拌海參

材 料

鮮海參 3 條，韓國泡菜、泡椒、芝麻各適量。

調味料

番茄醬、牛肉高湯粉、辣椒油各適量。

做 法

1. 將鮮海參去沙腸、洗淨，切成粗條，再放入滾水中汆燙去腥，撈出瀝乾。泡菜去葉留梗，洗淨切塊備用。

2. 將海參、泡菜放入碗中，加入泡椒、番茄醬、牛肉高湯粉、辣椒油拌勻，再撒上芝麻，即可裝盤上桌。

小提醒

海參汆燙不宜過熟，去腥即可。海參肉質細膩，肥嫩鮮美，營養豐富，有很高的食療價值，可補腎、補血、治潰瘍，古代列為」八珍之一」。

四川泡菜

材 料

白菜、蘿蔔、高麗菜、胡蘿蔔、菜心、洋蔥各 20 克，乾辣椒少許。

調味料

薑 10 克，鹽 100 克，酒釀 15 克，冰糖 5 克，八角、香葉、花椒、桂皮、草果各少許。

做 法

1. 將白菜、蘿蔔、高麗菜、胡蘿蔔、菜心、洋蔥分別洗滌整理乾淨，蘿蔔、胡蘿蔔、菜心切成小條，白菜、洋蔥切成薄片，高麗菜切成小塊備用。

2. 將泡菜罐內外洗淨，放入鹽、酒釀、冰糖、八角、香葉、乾辣椒、花椒、桂皮、草果、適量開水調勻，冉放入白菜、蘿蔔、薑塊、高麗菜、胡蘿蔔、菜心、洋蔥，蓋緊瓶蓋，醃製 6 小時，即可撈出食用。

紅油豬蹄筋

材 料

豬蹄筋 150 克，西洋芹 100 克，熟芝麻少許。

調味料

蔥段 10 克，醬油 2 大匙，辣椒油 3 大匙，雞粉 1/2 小匙，鹽、紹興酒、白糖、花椒油、香油、沙拉油各少許。

做 法

1. 將豬蹄筋洗淨，先用温油泡發，再用開水浸泡 2 小時，然後撈出剪去兩頭，去除黑膜，再放入滾水中汆燙一下，撈出瀝乾備用。

2. 將蔥段斜切成片，與豬蹄筋、白糖、醬油、雞粉、香油一起放入容器中，拌勻待用。

3. 將西洋芹洗淨後切片，下入滾水中汆燙一下，撈出瀝乾，再用少許鹽拌勻，裝入盤中，然後放上豬蹄筋，淋上辣椒油、花椒油，撒上熟芝麻，即可上桌食用。

口水雞

材 料

雞 1 隻（約 1000 克），熟芝麻適量。

調味料

蔥段、薑片、蒜泥、八角、花椒、胡椒、紹興酒、花生醬、白糖、醬油、陳年醋、花椒油各少許，鹽 2 小匙，辣椒油 1 小匙。

做 法

1. 將雞洗滌整理乾淨，放入滾水中汆燙去血水，再放入冷水中浸泡 10 分鐘，撈出瀝乾備用。

2. 將雞整隻放入鍋中，加入八角、花椒、薑片、蔥段、胡椒、紹興酒、鹽及適量清水醃製 2 小時，再撈出沖淨，放入蒸鍋蒸 20 分鐘，然後取出晾涼，送入冰箱冷藏待用。

3. 食用時將雞取出，切成大塊，放入盤中，加入辣椒油、花生醬、白糖、蒜泥、醬油、陳年醋、花椒油拌勻，再撒上熟芝麻即可。

清拌豬肚

材 料

豬肚 1 個，紅椒絲、香菜段各少許。

調味料

蔥絲、薑絲、鹽、太白粉、嫩精、雞粉、蠔油、香油、辣椒油各適量。

做 法

1. 將豬肚用鹽、太白粉反覆揉搓，洗滌整理乾淨，再用嫩精醃製 4 小時，然後放入滾水中煲至熟爛，撈出沖涼，切細備用。

2. 將豬肚絲、香菜段、蔥絲、紅椒絲、薑絲放入大碗中，加入鹽、雞粉、蠔油、香油、辣椒油拌勻，即可裝盤上桌。

小提醒

豬肚可先用鹽和麵粉裡外搓揉，再用清水徹底沖洗乾淨。

芥末牛百葉

材 料

牛百葉 300 克，黃瓜 100 克，青椒絲、紅椒絲各少許。

調味料

鹽、醬油各 1/2 小匙，芥末油 1 小匙，芥末、陳年醋、雞粉、紹興酒、香油各少許。

做 法

1. 將牛百葉洗滌整理乾淨，下入滾水中氽燙一下，撈出沖涼，切成細絲。黃瓜洗淨，去皮及瓤，切成細絲，再放入盤中，用少許鹽拌勻備用。

2. 將芥末放入容器中，先加入陳年醋、醬油調勻，再放入牛百葉絲、芥末油、青椒絲、紅椒絲、鹽、雞粉、紹興酒、香油調拌均勻，盛在黃瓜絲上即可。

醬滷香菇

材 料

鮮香菇 400 克，紅辣椒粒少許。

調味料

蔥花少許，醬料包 1 個（八角 2 粒、陳皮、香葉、草果各 3 克，茴香 10 克，肉蔻 8 克，蔥 2 棵，薑 1 塊），醬油 2 大匙，鹽 4 大匙，白糖 100 克，高湯 3000c.c.。

做 法

1. 將香菇去柄、留傘，洗淨備用。

2. 起鍋點火燒熱，先放入白糖和少許清水，用小火慢慢熬至暗紅色，再加入 500 克水煮沸，待涼製成糖色。

3. 鍋再上火，加入高湯，先將醬料包放入燒開，再加入糖色、醬油、鹽調勻，製成醬湯待用。

4. 將香菇放入醬湯中，以小火醬約 10 分鐘，再用大火收濃醬汁，然後撒上蔥花和紅辣椒粒，即可裝盤上桌。

琥珀花生

材料
花生仁 400 克，熟芝麻少許。

調味料
鹽 1/2 小匙，白糖、蜂蜜各 1 小匙，麥芽糖 2 小匙，沙拉油少許。

做法
1. 將花生仁洗淨，放入滾水中汆燙一下，撈出瀝乾備用。
2. 起鍋點火，加油燒熱，放入花生仁炸熟，撈出瀝油待用。

3. 另取一鍋，開火燒熱，先放入麥芽糖、白糖、蜂蜜，小火熬至水氣將乾，待呈黏稠狀時，再加入鹽、花生仁翻拌均勻，然後盛入盤中，撒上熟芝麻即可。

小提醒
花生含有多種營養成分，具有扶正補虛、健脾和胃、潤肺化痰、滋養調氣、利水消腫、止血生乳、清咽止瘧的作用。

酒醉白蝦

材料
白蝦 500 克。

調味料
薑末 5 克，鹽 1/2 小匙，高粱酒 100c.c.，陳年醋 2 小匙，香油各少許。

做法
1. 將活白蝦洗滌整理乾淨，裝入玻璃器皿中，倒入高粱酒，迅速蓋上蓋，上下搖晃幾下，再放置 5 分鐘

備用。
2. 將香油、陳年醋、薑末、鹽放入小碗中調勻，製成味汁，與白蝦一起上桌，蘸食即可。

小提醒
在醃製白蝦時，器皿的蓋子一定要蓋好，以免活蝦蹦出。醃製白蝦的時間不要超過 10 分鐘，否則會影響蝦的鮮活度。

生滷螃蟹

材料
螃蟹 1000 克，胡蘿蔔、蝦米、青椒、香菜、芹菜、干貝、乾魷魚末各少許。

調味料
蔥段、薑片各 10 克，醬油、海味醬油各 1 小瓶，紹興酒各適量。

做法
1. 將青椒、胡蘿蔔、香菜、芹菜分別洗滌整理乾淨，青椒、胡蘿蔔切

成薄片，香菜、芹菜切成小段備用。
2. 將螃蟹洗淨，剁去爪尖待用。
3. 起鍋點火，加入適量清水燒開，先放入蔥段、薑片、青椒、胡蘿蔔、香菜、芹菜熬煮 10 分鐘至入味，再濾除雜質，留下湯汁備用。
4. 將醬油、海味醬油、蝦米、干貝、乾魷魚末、紹興酒加入湯汁中，再放入螃蟹，然後送入冰箱中浸泡 24 小時，即可取出食用。

棒棒雞絲

材　料

雞胸肉 500 克，西洋芹 50 克。

調味料

辣椒油 1 小匙，白糖、陳年醋各 1/2 小匙，鹽、花椒、芝麻醬、香油各少許。

做　法

1.將雞胸肉洗滌整理乾淨，放入清水鍋中煮熟，撈出晾涼，再用木棒敲打至鬆軟，然後用手撕成絲狀，再拌上少許香油備用。

2.將西洋芹洗淨，切成薄片，先下入滾水中汆燙一下，再撈出瀝乾，用少許鹽拌勻，裝入盤中，然後擺上雞絲待用。

3.將白糖、陳年醋、辣椒油、花椒、香油、芝麻醬放入小碗中調勻，澆在雞絲上即可。

皮蛋豆花

材　料

嫩豆腐 1 盒，皮蛋 4 個，青椒末、香菜末、榨菜末各 5 克，花生碎 10 克。

調味料

蔥花、薑末各少許，鹽、香油、辣椒油、陳年醋各 1/2 小匙，醬油 1 小匙。

做　法

1.將嫩豆腐取出，放入微波爐中用大火加熱 3 分鐘，去除表皮後切成大片，放入盤中晾涼。皮蛋去殼，切成小瓣，放在豆腐中間備用。

2.將蔥花、青椒末、香菜末、榨菜末分別放在盤子四角，再將薑末、鹽、陳年醋、醬油、香油、辣椒油放入小碗中調勻，淋在豆腐上，然後撒上花生碎，即可上桌食用。

樟茶鴨

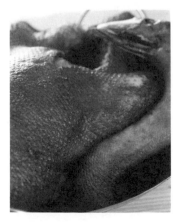

材　料

鴨 1 隻（約 2500 克），樟樹葉 15 克，木屑 1000 克，茶葉 1500 克。

調味料

蔥段、薑片各 10 克，陳皮、花椒粒各 15 克，白糖、鹽、紹興酒各 1 小匙，八角、丁香各少許，沙拉油 2000c.c.。

做　法

1.將鴨子洗滌整理乾淨，放入鍋中，加入蔥段、薑片、八角、丁香、鹽、紹興酒及適量清水，醃製 8 小時至入味，撈出瀝乾備用。

2.將樟樹葉、木屑、茶葉、陳皮、花椒粒、白糖及少許沙拉油放入鐵鍋中，再架上鐵網，放上醃好的鴨子，蓋緊鍋蓋，用小火燻烤（每隔10 分鐘翻動一次），待鴨身呈茶黃色時，放入蒸鍋，大火蒸約 2 小時，取出待用。

3.起鍋點火，加油燒熱，放入鴨子炸至棕紅色，撈出瀝油，切成長條，即可裝盤上桌。

老壇香

材　料

豬耳、雞爪、雞冠、豬尾各100克，木耳、銀耳各50克，芹菜、胡蘿蔔各20克，泡野山椒2瓶（約1200c.c.）。

調味料

鹽1小匙，胡椒4小匙，白醋1瓶。

做　法

1. 將豬耳、雞爪、雞冠、豬尾分別洗滌整理乾淨，先放入滾水中汆燙

去腥，再撈出放涼，切成小塊備用。

2. 將木耳、銀耳、芹菜、胡蘿蔔分別洗滌整理乾淨，木耳、銀耳撕成小朵，芹菜切成小段，胡蘿蔔切條待用。

3. 將泡菜壇內外洗淨，再將野山椒連汁一起倒入壇中，然後加入胡椒、鹽、白醋調勻，再放入豬耳、雞爪、雞冠、豬尾、木耳、銀耳、芹菜、胡蘿蔔浸泡24小時，即可取出食用。

涼拌茼蒿

材　料

茼蒿400克。

調味料

鹽1/2小匙，白糖2大匙，香醋1大匙，香油1小匙。

做　法

1. 將茼蒿摘洗乾淨，放入滾水中燙透，撈出瀝乾，切成小段，裝入盤中備用。

2. 將白糖均勻地撒在茼蒿上，再加

入鹽、香醋、香油調拌均勻，即可上桌食用。

小提醒

茼蒿含有豐富的維生素、胡蘿蔔素及多種氨基酸，並且氣味芳香，可以養心安神、穩定情緒、降壓補腦、防止記憶力減退。此菜具有降血壓、健脾、消腫、行氣的功效。

生滷青蝦

材　料

青蝦1000克，胡蘿蔔、蝦米、青椒、香菜、芹菜、干貝、乾魷魚末各少許。

調味料

蔥段、薑片各10克，醬油、海味醬油各1小瓶，紹興酒各適量。

做　法

1. 將青椒、胡蘿蔔、香菜、芹菜分別洗滌整理乾淨，青椒、胡蘿蔔切

成薄片，香菜、芹菜切成小段。青蝦洗淨備用。

2. 起鍋點火，加入適量清水燒開，先放入蔥段、薑片、青椒片、胡蘿蔔片、香菜段、芹菜段熬煮10分鐘至入味，再濾渣，製成清湯備用。

3. 將醬油、海味醬油、蝦米、干貝、乾魷魚末、紹興酒加入清湯中，再放入青蝦，然後送入冰箱中浸泡24小時，即可取出食用。

芥末豬肚絲

材　料

豬肚500克，黃瓜100克，青椒絲、紅椒絲各少許。

調味料

鹽、醬油各1/2小匙，芥末油1小匙，陳年醋、青芥末、雞粉、紹興酒、香油各少許。

做　法

1. 將豬肚洗滌整理乾淨，放入滾水中氽燙一下，再放入清水鍋中煮熟，然後撈出瀝乾，切絲備用。

2. 將黃瓜洗淨，去皮及瓤，切成細絲，再加入少許鹽拌勻，裝入盤中待用。

3. 將青芥末、陳年醋、醬油放入容器中調勻，再加入豬肚絲、青椒絲、紅椒絲、芥末油、鹽、雞粉、紹興酒、香油翻拌均勻，盛在黃瓜絲上，即可上桌食用。

怪味花生

材　料

花生仁400克。

調味料

鹽、豆瓣、辣椒、花椒粉、白糖、芝麻醬、香油各1/2小匙，雞蛋清1個，太白粉4小匙，沙拉油適量。

做　法

1. 將花生仁洗淨，放入碗中，加入鹽、太白粉、雞蛋清拌勻備用。

2. 起鍋點火，加油燒至五成熱，放入花生仁炸熟，撈出瀝油待用。

3. 鍋中留少許底油燒熱，先放入豆瓣炒出香味，再加入花椒粉、辣椒、白糖、芝麻醬略炒，然後放入花生仁翻炒均勻，再淋入香油，即可起鍋裝盤。

小提醒

炸花生仁時油溫不宜過高，要小火慢炸，以免炸胡。

蒜泥白斬雞

材　料

雞1隻（約1000克），西洋芹50克。

調味料

蒜泥5克，辣椒油1小匙，鹽、白糖、醬油、陳年醋、香油各少許。

做　法

1. 將雞洗滌整理乾淨，放入滾水中氽燙去血水，撈出沖淨，再放入蒸鍋蒸25分鐘至熟，取出放涼備用。

2. 將西洋芹洗淨，切成薄片，先放入滾水中氽燙一下，再撈出瀝乾，加少許鹽調拌均勻，裝入盤中墊底待用。

3. 將蒸熟的雞剁成大塊，擺在西洋芹片上，再將蒜泥、辣椒油、白糖、醬油、陳年醋、香油調勻，淋在雞塊上即可。

熗拌鮮筍

材　料
嫩竹筍 250 克，乾辣椒段 10 克。

調味料
蔥絲、薑絲各少許，鹽 1 小匙，花椒、白糖、白醋、紹興酒、香油各 1/2 小匙，沙拉油適量。

做　法
1. 將嫩筍去皮、洗淨，切成小段，放入滾水中汆燙一下，撈出放涼備用。

2. 將筍段放入碗中，加入鹽、白糖、白醋、紹興酒、香油拌勻，裝入盤中，再放上蔥絲、薑絲待用。

3. 起鍋點火，加油燒熱，先放入花椒炸香，再撈出花椒，放入乾辣椒段炸成棕紅色，然後澆在蔥絲、薑絲上，即可上桌食用。

小提醒
竹筍有低脂、低糖、多纖維的特點，可吸附大量的油脂，並能減少與高脂有關的疾病。

紅油羊肚

材　料
羊肚 1000 克，熟芝麻少許。

調味料
蔥段 500 克，薑片 200 克，鹽、辣椒油各 2 小匙，紹興酒 100 克，花椒、八角、孜然粉、胡椒、白糖、香菇精、香油各適量。

做　法
1. 將羊肚洗淨，用鹽反覆揉搓，再用清水沖洗乾淨，然後加入少許鹽、蔥段、紹興酒和花椒、八角、孜然粉、胡椒，醃製 5 小時備用。

2. 將醃好的羊肚放入滾水中汆燙一下，撈出沖淨待用。

3. 起鍋點火，加入清水、蔥段、薑片、紹興酒、鹽，先用小火燒沸，再放入羊肚煮約 30 分鐘至熟爛，然後撈出切絲，裝入盤中。

4. 將辣椒油、白糖、香菇精、陳年醋、香油、熟芝麻放入碗中調勻，澆在羊肚絲上，即可上桌食用。

紅油豬耳

材　料
豬耳朵 500 克。

調味料
蔥段 100 克，薑片 50 克，鹽、辣椒油、紹興酒各 2 小匙，蔥花、香菇精、八角、香葉、陳年醋各少許。

做　法
1. 將豬耳朵洗滌整理乾淨，放入容器中，加入蔥段、薑片、八角、香葉、紹興酒、鹽，醃製 6～8 小時備用。

2. 起鍋點火，加入適量清水，先放入豬耳朵、醃料燒沸，再用小火煮約 20 分鐘，然後撈出瀝乾，切成小塊，裝入盤中待用。

3. 將辣椒油、香菇精、陳年醋、蔥花放入小碗中調勻，澆在豬耳朵上即可。

小提醒
豬耳朵是容易藏污納垢的地方，應仔細清理。豬耳朵去淨耳根肥肉，只留脆耳，效果最佳。

怪味蠶豆

材　料

蠶豆 500 克。

調味料

鹽、白醋、香油各少許，白糖 3 大匙，辣椒粉 2 大匙，花椒粉 2 小匙，沙拉油適量。

做　法

1. 將蠶豆洗淨，用熱水泡軟，剝去外皮，瀝乾備用。

2. 起鍋點火，加油燒至兩成熱，放入蠶豆炸至酥脆（要不停用鍋鏟攪動），撈出瀝油待用。

3. 鍋中留少許底油燒熱，先放入白糖小火熬至冒出大泡，再放入炸酥的蠶豆，加入鹽、白醋、辣椒粉、花椒粉、香油翻炒至入味，即可起鍋裝盤。

綠豆芽拌冬粉

材　料

綠豆芽、冬粉各 200 克。

調味料

鹽 1/2 小匙，雞粉、香油各少許，蔥油 1 小匙。

做　法

1. 將綠豆芽掐去兩端，摘洗乾淨，再放入滾水中燙熟，撈出沖涼，瀝乾備用。

2. 將冬粉洗淨，放入滾水中煮至回軟，撈出後放入冷水中泡涼，剪成適當長度，瀝乾水分待用。

3. 將綠豆芽、冬粉放入碗中，加入蔥油、鹽、雞粉、香油拌勻，即可裝盤上桌。

小提醒

綠豆經過發芽後，營養價值是原來的 7 倍，且分解為人體所需的氨基酸，並具有止渴平燥、明目降壓、利咽潤膚的功效。

麻辣牛肉乾

材　料

牛肉 500 克，熟芝麻少許。

調味料

蔥段 20 克，薑末少許，乾辣椒、薑片各 30 克，辣椒油 2 大匙，紹興酒 1 大匙，醬油、白糖各 2 小匙，香油、花椒粉各 1 小匙，鹽、花椒各 1/2 小匙，沙拉油、清湯各適量。

做　法

1. 將牛肉洗淨、去筋，放入滾水中汆燙一下，撈出後放入鍋中，加入適量清水、蔥段、薑片、花椒煮至去腥，撈出晾涼，切成 8 公分的長條備用。

2. 起鍋點火，加油燒熱，放入牛肉條小火炸乾水分，撈出瀝油待用。

3. 鍋中留少許底油燒熱，先下入乾辣椒、薑末煸香，再添入清湯，放入牛肉條、鹽、紹興酒、醬油、白糖燒至入味，然後淋入辣椒油、香油，撒上花椒粉、熟芝麻即可。

麻辣牛肝

材 料

牛肝 500 克，西洋芹 50 克。

調味料

蔥段 20 克，辣椒油 2 小匙，鹽、花椒粉、醬油各 1/2 小匙，辣椒粉 1 小匙，花椒油、胡椒粉、香油、陳年醋、紹興酒各少許。

做 法

1. 將牛肝洗滌整理乾淨，切成大塊，先放入滾水中汆燙一下，再撈出沖涼，放入清水鍋中煮熟，然後取出，切成 6 公分長、4 公分寬的片備用。

2. 將西洋芹洗淨，切成薄片，放入滾水中汆燙一下，撈出瀝乾，再加少許鹽拌勻，裝入盤中待用。

3. 將牛肝、蔥段、鹽、辣椒油、花椒粉、花椒油、胡椒粉、香油、陳年醋、醬油、辣椒粉、紹興酒放入容器中拌勻，擺在西洋芹上即可。

蔥酥鯽魚

材 料

活鯽魚 6 條（約 1500 克）。

調味料

蔥段 500 克，薑片 100 克，紹興酒 1 瓶，糖色 50 克，醬油、胡椒各少許，沙拉油適量。

做 法

1. 將鯽魚去鱗、去鰓、除內臟，洗滌整理乾淨備用。

2. 起鍋點火，加油燒熱，下入鯽魚炸至酥脆，撈出瀝油待用。

3. 鍋中留少許底油燒熱，先放入薑片、蔥段炒出香味，再放入鯽魚，加入醬油、紹興酒、胡椒、糖色，小火燜約 40 分鐘，待湯汁收乾時，即可裝盤上桌。

小提醒

鯽魚一定要炸到火候，否則骨刺不酥。此菜在烹製時火力不宜過大，以免鯽魚破碎。

鹽爆花生

材 料

花生仁 400 克。

調味料

蔥段、薑片各 5 克，鹽 500 克，八角 2 粒，米酒 1 小匙。

做 法

1. 將花生仁洗淨，放入滾水中汆燙一下，撈出瀝乾備用。

2. 起鍋點火，先放入鹽炒熱，再放入蔥段、薑片、八角、花生仁，用中火炒出香味，然後轉小火慢炒至熟，再揀出香料，篩除鹽待用。

3. 鍋再起火，放入花生仁，加入少許清水、鹽、米酒炒乾，即可起鍋裝盤。

小提醒

花生中含有不飽和脂肪酸，能降低膽固醇，有助於防治動脈硬化、高血壓和冠心病。

蝦米燴冬瓜

材料

冬瓜 300 克，蝦米、乾辣椒段各 5 克。

調味料

鹽、胡椒粉、白糖、陳年醋、香油各 1/2 小匙，花椒、沙拉油各少許。

做法

1. 將蝦米用溫水泡軟。冬瓜去皮、洗淨，切成 3 公分長、2 公分寬的薄片，再放入滾水中燙熟，撈出沖涼備用。

2. 將蝦米、冬瓜片放入容器中，加入鹽、胡椒粉、白糖、陳年醋、香油拌勻，盛入盤中待用。

3. 起鍋點火，加油燒熱，先放入花椒炸香，再撈出花椒，放入乾辣椒段炸成棕紅色，然後澆在冬瓜上即可。

小提醒

冬瓜是減肥、美容者的理想食品，患有腎臟病、糖尿病、高血壓、冠心病者也極為適宜。

滷鴨片

材料

鴨 1 隻（約 3000 克）。

調味料

水、中藥滷包、麥芽糖、沙拉油各適量。

做法

1. 將鴨子洗滌整理乾淨，放入滾水中汆燙一下，撈出沖涼（反覆三次），再用冷水泡透，除去血水備用。

2. 取鴨胸肉，放入放了中藥滷包的沸水中以小火滷約 20 分鐘，撈出後抹勻麥芽糖，放涼待用。

3. 起鍋點火，加油燒至三成熱，放入鴨胸肉略炸一下，待鴨皮呈棕紅色時取出，切片裝盤，再澆上滷汁，即可上桌食用。

小提醒

鴨胸肉在鴨肉中脂肪含量最低，肉質也相對細膩，易於人體消化吸收，可幫助恢復體力，並能達到減肥的功效。

陳年醋蜇頭

材料

水發蜇頭 400 克，黃瓜 30 克。

調味料

陳年醋 3 大匙，蒜末、鹽、白糖、蔥油各少許。

做法

1. 將黃瓜洗淨，切成菱形片，裝入盤中備用。

2. 將蜇頭切片，放入清水中浸泡，去除鹹腥味，撈出洗淨，瀝乾待用。

3. 將蜇頭片、陳年醋、白糖、鹽、蔥油、蒜末放入容器中攪拌均勻，擺在黃瓜片上，即可上桌食用。

小提醒

海蜇含有豐富的蛋白質、礦物質和人體所需的各種維生素，尤其含有人們飲食中所缺的碘，是一種重要的營養食品。

紅油豬舌

材料

豬舌 500 克，熟芝麻少許。

調味料

鹽、紹興酒各 3 大匙，辣椒油 2 大匙，胡椒、花椒、白糖、八角、香葉、醬油、陳年醋各少許，中藥滷包 1 包、水適量。

做法

1. 將豬舌洗滌整理乾淨，擦乾表面水分，放入碗中，加入紹興酒、鹽、胡椒、花椒、八角、香葉，醃製 6～12 小時備用。

2. 將醃好的豬舌放入滾水中汆燙一下，撈出後用冷水浸泡片刻，再放入有中藥滷包的沸水鍋中滷熟，撈出晾涼，切成薄片，裝入盤中待用。

3. 將辣椒油、醬油、陳年醋、白糖放入小碗中調勻，淋在豬舌上，再撒上熟芝麻即可。

蒜泥茄子

材料

茄子 400 克，熟白芝麻、青椒、紅椒、香菜各少許。

調味料

蒜泥50克，鹽、雞粉、香油各1/2小匙。

做法

1. 將茄子去蒂、洗淨，放入蒸鍋中蒸熟，取出放涼，切塊備用。

2. 將青椒、紅椒分別去蒂、去籽、洗淨，切成碎末。香菜摘洗乾淨，切末待用。

3. 將蒜泥、青椒末、紅椒末、香菜末、鹽、雞粉、香油、茄子放入容器中拌勻，再醃製 5 分鐘，即可裝盤上桌。

小提醒

茄子中富含維生素 P，可軟化微細血管，防止小血管出血，對高血壓、動脈硬化及壞血病有一定的防治作用。

拌豬心

材料

豬心 500 克，蘋果 5 個。

調味料

蔥段 100 克，薑塊 50 克，鹽 2 小匙，辣椒油 1 小匙，八角、丁香、胡椒、蒜泥、白糖、陳年醋各少許。

做法

1. 將豬心剖開，洗去血水。蘋果去皮、洗淨，切塊備用。

2. 起鍋點火，加入適量清水燒開，放入豬心、蔥段、薑塊、八角、丁香、蘋果、鹽、胡椒，小火煮至熟透，撈出切片，裝盤待用。

3. 將蒜泥、辣椒油、白糖、陳年醋放入小碗中調勻，均勻地澆在豬心上即可。

小提醒

豬心有安神定驚、養心補血的功效，可用於驚悸、怔忡、盜汗、不眠等症的治療。

拌墨魚

材　料

墨魚 1000 克，紅椒 10 克，香菜少許。

調味料

蔥段 20 克，海味醬油、蔥油各 1 小匙，醬油、白醋、山葵各少許。

做　法

1. 將墨魚撕去外皮，洗滌整理乾淨，再放入鍋中，加入清水、蔥段煮至去腥，然後撈出晾涼，瀝乾備用。

2. 將紅椒去蒂、洗淨，切成粗絲。香菜摘洗乾淨，切段待用。

3. 將墨魚切成大塊，放入碗中，加入海味醬油、醬油、白醋、山葵、蔥油翻拌均勻，再撒上紅椒絲、香菜段即可。

小提醒

女性在經、孕、產、乳各期食用墨魚，都十分有益，有養血、通經、安胎、利產、止血、催乳的作用。

薑汁豇豆

材　料

豇豆 300 克，鮮薑 20 克。

調味料

鹽、雞粉、白糖、胡椒粉、香油各 1/2 小匙。

做　法

1. 將豇豆洗淨，切成 3 公分長的段，再放入滾水中汆燙去腥，撈出沖涼，瀝乾備用。

2. 將鮮姜去皮、洗淨，切成小塊，放入果汁機中打成薑汁待用。

3. 將豇豆段放入容器中，加入薑汁、鹽、雞粉、白糖、胡椒粉、香油拌勻，即可裝盤上桌。

小提醒

豇豆宜選豆莢粗圓，顏色青翠，長度適中，表皮無豆粒凸出和蟲蛀斑點者較佳。

雞脯皮蛋卷

材　料

雞胸肉 300 克，雞蛋 2 個，皮蛋 4 個，腸衣適量。

調味料

鹽 1 小匙，雞粉、紹興酒、胡椒粉、香油各 1/2 小匙，太白粉 4 小匙。

做　法

1. 將雞胸肉洗淨，切成大片，放入碗中，加入鹽、雞粉、紹興酒、胡椒粉、香油，醃製 10 分鐘備用。

2. 將雞蛋打入碗中，攪成蛋液，再加入太白粉調勻，製成蛋粉糊待用。

3. 將皮蛋去殼，放在雞胸肉中卷成筒狀，再用蛋粉糊封口備用。

4. 將腸衣洗淨，用温水泡軟，裹在雞肉卷上，再放入蒸鍋蒸 30 分鐘至熟，取出晾涼，切片裝盤即可。

鹽水鴨肝

材 料

鴨肝 800 克。

調味料

醬料包 1 個（花椒 25 克，香葉 10 克，蔥段 100 克，薑片 60 克），鹽 5 大匙，白糖、雞粉各 2 小匙，紹興酒 1 大匙。

做 法

1. 將鴨肝洗淨，用剪刀剪去鴨油及碎肉，整理好備用。

2. 起鍋點火，加水燒至 30℃（水量以淹沒鴨肝為準），放入鴨肝，用中火煮開，再關火撇淨浮沫待用。

3. 另取一個鍋子，放入醬料包，先用少許原湯將鹽、白糖、雞粉、紹興酒調勻，再將鴨肝和原湯放入鍋中，將鴨肝浸泡至熟，然後撈出放涼，改刀裝盤即可。

爽脆紫山藥

材 料

紫山藥 250 克，碎冰 500 克。

調味料

山葵 1 小匙，醬油 2 大匙。

做 法

1. 將紫山藥洗淨、去皮，切成小條，先下入滾水中汆燙，撈出瀝乾水分，再放入碎冰中拌涼，然後連碎冰一起裝盤上桌。

2. 將山葵、醬油放入小碟中調勻，跟紫山藥一起上桌蘸食。

小提醒

山葵濃度可根據喜好酌量增減。山藥，性平微溫，味甘無毒，入脾肺腎三經，健脾補肺，益腎固精，是滋養強壯之品，可治療慢性胃腸炎，慢性腹瀉，食慾不振，遺精盜汗，婦女帶下，糖尿病，夜尿頻數，腰痛，頭風，健忘等症。

老醋泡三脆

材 料

水發海蜇頭、花生米各 100 克，紫山藥 150 克。

調味料

鹽、雞粉各 1/2 小匙，白糖 2 小匙，陳年醋 4 大匙，醬油 1 大匙。

做 法

1. 將海蜇頭洗淨，切成薄片，再放入清水中泡去鹽分，撈出瀝乾。花生米洗淨。紫山藥洗淨，切片備用。

2. 將海蜇頭、花生米、紫山藥放入碗中，加入白糖、陳年醋、鹽、雞粉、醬油調拌均勻，再浸泡 12 小時以上，即可裝盤上桌。

小提醒

海蜇含有人體所需要的多種營養成分，能擴張血管、降低血壓、並可軟堅散結、行瘀化積、清熱化痰，對氣管炎、哮喘、胃潰瘍、風濕性關節炎等症有益，還有防治腫瘤的作用。

金針菇拌黃瓜

材　料
金針菇 200 克，黃瓜 300 克。

調味料
蒜末 10 克，鹽、花椒油各 1/2 小匙，白糖 1/3 小匙。

做　法
1. 將黃瓜洗淨，切成細絲。金針菇去根、洗淨，放入滾水中汆燙 1 分鐘，撈出沖涼，瀝乾備用。
2. 將金針菇和黃瓜絲放入碗中，加入白糖、鹽、花椒油、蒜末調拌均勻，即可裝盤上桌。

小提醒
黃瓜具有降血糖、降膽固醇的作用，是糖尿病患者和減肥人士的較佳食品。金針菇中含有的樸菇素，具有顯著的抗癌功能。另外，其所含的金針菇素和糖蛋白對一些腫瘤有較好的抑制作用。

五香醬肉

材　料
豬里肌肉 500 克。

調味料
醬料包 1 個（八角 2 粒，陳皮、草果、香葉各 3 克，茴香 10 克，肉蔻 8 克，蔥段、薑片各適量），鹽 5 大匙，醬油 4 大匙，糖色 100c.c.，高湯 6000c.c.。

做　法
1. 將豬里肌肉去除筋膜、洗淨，切成 5 公分寬的條，再放入滾水中汆燙去血水，撈出瀝乾備用。
2. 起鍋點火，加入老湯，先放入醬料包燒沸，再加入糖色、醬油、鹽，煮成醬湯待用。
3. 將豬里肌肉放入醬湯中，用小火醬約 20 分鐘，關火後再燜 30 分鐘，然後撈出晾涼，切片擺盤即可。

酸辣冰海藻

材　料
海藻乾 300 克，熟芝麻少許。

調味料
蔥花、蒜末各 5 克，鹽 1/3 小匙，柴魚粉 1/2 小匙，白糖 1 小匙，醬油、白醋、辣椒油各 1 大匙。

做　法
1. 將海藻乾放入清水中浸泡 2 小時，洗淨泥沙備用。
2. 將泡好的海藻放入碗中，加入醬油、白醋、蒜末、鹽、柴魚粉、白糖、辣椒油調拌均勻，再撒上蔥花、熟芝麻，即可上桌食用。

小提醒
海藻具有降血壓、降血脂、預防白血病的作用。海藻中的碘可用於糾正缺碘引起的甲狀腺功能不足。海藻有很多泥沙，要充分洗淨。

涼拌山藥火龍果

材　料

火龍果 150 克，山藥、甜椒各 100 克。

調味料

蒜末 10 克，鹽 1/2 小匙，白糖 1 大匙，芝麻醬 3 大匙。

做　法

1. 將山藥去皮、洗淨，切成細絲，再放入滾水中汆燙一下，撈出瀝乾。火龍果去皮，用淡鹽水洗淨，切成小塊。甜椒洗淨，切絲備用。

2. 將芝麻醬、白糖、鹽放入容器中調勻，再加入山藥絲、火龍果塊、甜椒絲、蒜末拌勻，然後放入冰箱中醃製 10 分鐘，即可取出食用。

小提醒

這道菜微酸帶甜、味道香濃，富含多種維生素和礦物質，具有美白潤膚、護髮補氣的功效，並可促進細胞膜的生成，是一道美容佳品。

薑絲雞塊

材　料

雞 1 隻（約 1 公斤）。

調味料

薑絲 15 克，鹽少許，陳年醋 1 小匙，蔥油 1/2 小匙。

做　法

1. 將雞隻洗滌整理乾淨，放入滾水中汆燙去血水，撈出沖涼備用。

2. 起鍋點火，加入清水燒開，先放入雞用小火煮約 15 分鐘至熟，再撈出放涼，切成小塊，裝入盤中待用。

3. 將薑絲、鹽、陳年醋、蔥油放入碗中調勻，再均勻地淋在雞塊上，即可上桌食用。

小提醒

雞肉富含多種營養物質，且易於人體吸收利用，有強壯身體的作用。

蛋黃雞腿卷

材　料

雞腿 500 克，鹹蛋黃 150 克。

調味料

蔥段、薑片各 5 克，花椒 3 克，八角 2 粒，鹽 1/2 小匙，紹興酒 2 小匙。

做　法

1. 將雞腿洗淨去骨，放入碗中，加入鹽、紹興酒、蔥段、薑片、花椒、八角，醃製 1 小時備用。

2. 將醃好的雞腿肉攤開，把鹹蛋黃捲入肉中，外面用線繩捆好，放入蒸鍋蒸熟，取出後擺在方盤中，上面用重物壓實，涼透後去掉線繩，頂刀切片即可。

小提醒

雞肉有增強體力、強壯身體的作用，對營養不良、畏寒怕冷、容易疲勞、月經不調、貧血、虛弱的人，有很好的食療效果。

蝦米雙色高麗菜

材 料

高麗菜、紫高麗各 150 克，蝦米 100 克。

調味料

蒜泥 5 克，辣椒油 1/2 小匙，柴魚粉、白糖各少許。

做 法

1. 將蝦米放入溫水中泡軟，再放入滾水中略煮，然後撈出晾涼，瀝乾備用。

2. 將高麗菜、紫高麗菜取葉、洗淨，放入滾水中略熟，撈出沖涼，瀝乾待用。

3. 將蝦米放入菜葉中，捲成小卷，斜刀切成細絲，盛入盤中，再將蒜泥、辣椒油、柴魚粉、白糖調勻，裝碟上桌蘸食即可。

小提醒

高麗菜中含有植物殺菌素，對咽喉疼痛、外傷腫痛、蚊蟲叮咬、胃痛、牙痛等症有治療作用。

糟滷鴨信

材 料

鴨舌 250 克。

調味料

香葉 5 克，八角 2 粒，丁香 3 粒，蔥段 20 克，薑片 10 克，鹽、紹興酒各 3 大匙，糟滷汁 100c.c.，

做 法

1. 將鴨舌洗滌整理乾淨，放入清水鍋中煮熟，撈出後沖涼，瀝乾備用。

2. 起鍋點火，加入 1000 c.c. 清水，先放入鹽、香葉、八角、丁香、蔥段、薑片燒開，再關火晾涼，加入糟滷汁、紹興酒，調成糟汁待用。

3. 將煮熟的鴨舌放入糟汁中浸滷 24 小時，即可取出食用。

糟滷汁的做法

將 200c.c. 米酒、75c.c. 紹興酒、30c.c. 酒糟放入鍋中，再加入少許五香粉、胡椒粉、鹽、白糖和白滷水，煮沸後過濾，即成糟滷汁。

蜜汁蓮藕

材 料

蓮藕 600 克，糯米 100 克。

調味料

白糖、麥芽糖、蜂蜜、紅麴米各 25 克。

做 法

1. 將蓮藕洗淨、去皮，切去兩端，再從中間切開備用。

2. 將糯米洗淨，放入清水中浸泡 5 小時以上，取出後釀入蓮藕中，再蓋上切下的兩端，用牙籤封好備用。

3. 鍋中加入清水燒開，先下入白糖、麥芽糖、蜂蜜、紅麴米煮勻，再放入蓮藕，大火燒開後轉小火煮至湯汁紅潤、黏稠，待蓮藕完全熟透後撈出。

4. 食用時取出切片、裝盤，澆上原汁即可。

小提醒

紅麴米是用來上色的天然食品，可根據需要添加。糖的濃度也可根據具體情況增減。糯米一定要塞實。

冰鎮苦瓜

材 料
苦瓜 400 克，冰水 800c.c.。

調味料
蜂蜜 3 大匙。

做 法
1. 將苦瓜洗淨，去除瓜瓤，用刨刀刨成條形薄片備用。
2. 將苦瓜條放入冰水中浸泡 10 分鐘，取出後蘸蜂蜜食用即可。

小提醒
苦瓜是純天然的美容佳品，其所含的維生素 B1、維生素 C 居瓜類蔬菜之首。因人體的膚色深淺主要與黑色素細胞合成黑色素的能力有關，而維生素 C 能中斷黑色素的合成過程，所以常吃苦瓜可以淡化黑色素，令肌膚白皙細嫩。

紅袍大蝦

材 料
明蝦 12 尾。

調味料
鹽 2 小匙，白糖 2 大匙，米醋 1 大匙，番茄醬100c.c.，高湯250c.c.，沙拉油 750c.c.。

做 法
1. 將明蝦剪去鬚、腳，從背部開刀，挑除沙腸，洗淨備用。
2. 起鍋點火，加油燒至七成熱，將明蝦下油炸至八分熟，撈出瀝乾待用。
3. 鍋中留少許底油燒熱，先放入番茄醬炒至金紅色，再放入炸好的明蝦，添入高湯，加入鹽、白糖、米醋，用大火燒開，然後轉小火煮至入味，盛入盤中，再用中火將湯汁炒至濃稠，澆在明蝦上，放涼即可食用。

五香醬鴨

材 料
鴨 1 隻（約 2 公斤）。

調味料
蔥段 10 克，八角 25 克，桂皮 30 克，甜麵醬、白糖、醬油各 100 克，紹興酒 1 小匙，香油 2 大匙，沙拉油 2000c.c.。

做 法
1. 將鴨洗淨，放入滾水中汆燙一下，取出沖涼，再用醬油塗遍鴨身。
2. 起鍋點火，加油燒至七成熱，放入鴨子炸至金黃色，撈出瀝油待用。
3. 將湯鍋置火上，放入炸好的鴨子，加入白糖、醬油、紹興酒、蔥段、八角、桂皮和適量清水，大火燒開後轉小火燉煮 2 小時，至鴨子酥爛為止。
4. 炒鍋上火，倒入煮鴨子的滷湯，再加入甜麵醬炒勻，然後放入鴨子，大火收濃湯汁，淋香油起鍋，待涼後改刀裝盤即可。

薑汁三色蛋

材 料

雞蛋15個，皮蛋10個，鹹鴨蛋黃20個。

調味料

薑末25克，鹽2小匙，陳年醋5大匙。

做 法

1. 將雞蛋的蛋黃和蛋清分別打入兩個容器內。皮蛋去皮，從中間用線割成兩瓣備用。

2. 將鹹鴨蛋黃和皮蛋瓣整齊地擺在方盤內待用。

3. 將雞蛋黃加入鹽攪勻，澆在鹹鴨蛋黃和皮蛋上，再將方盤放入籠內蒸5分鐘，待雞蛋黃凝固定型後取出，再將攪勻的雞蛋清倒入，然後再蒸8分鐘，取出晾涼，頂刀切片。

4. 將陳年醋和薑末放入小碟中調勻，同三色蛋一起上桌，蘸食即可。

蔬菜沙拉

材 料

玉米粒（罐頭）100克，小番茄、紫高麗、西洋芹、黃瓜各75克。

調味料

和風沙拉醬2大匙。

做 法

1. 將小番茄洗淨，一切兩半。黃瓜洗淨，切成小塊。西洋芹、紫高麗分別洗淨，切成細絲。玉米粒取出，洗淨備用。

2. 將黃瓜塊、高麗菜絲、西洋芹絲、玉米粒一起放入容器中，加入沙拉醬調拌均勻，盛入盤中，再將番茄瓣擺在盤邊，即可上桌。

小提醒

蔬菜中含有豐富的維生素、膳食纖維和多種礦物質，是人類健康不可缺少的食物。食用蔬菜要講究科學、均衡，除了綠葉蔬菜外，紅、黃、白各色蔬菜要搭配食用，這樣才可以使蔬菜中的營養素產生互補作用。

美極小蘿蔔

材 料

櫻桃蘿蔔250克。

調味料

鹽1/3小匙，醬油3大匙，高湯150c.c.。

做 法

1. 將櫻桃蘿蔔去葉、洗淨，用刀拍裂，加入少許鹽醃製20分鐘，撈出瀝乾備用。

2. 將醬油、高湯、鹽放入碗中調勻，再放入櫻桃蘿蔔浸泡30分鐘，待均勻入味後即可食用。

小提醒

櫻桃蘿蔔是一種小型蘿蔔，具有品質細嫩，外形、色澤美觀等特點，適於生食，還可以作泡菜、醃製、炒食等。櫻桃蘿蔔還具有保健作用，有通氣寬胸、健胃消食、止咳化痰等功效。

酸辣滷菜卷

材 料

白蘿蔔 300 克，胡蘿蔔、青尖椒、紅尖椒各 50 克。

調味料

辣椒仔 50 克，白糖 200 克，白醋 3 大匙。

做 法

1. 將白蘿蔔去皮、洗淨，切成大薄片。胡蘿蔔和青、紅尖椒洗淨，切成細絲。一起放入滾水中燙熟，撈出瀝乾備用。

2. 用白蘿蔔片卷起適量胡蘿蔔和青、紅尖椒混合的絲，卷成小手指粗細的菜卷 12 個，再用棉繩捆牢待用。

3. 起鍋點火，加入適量清水，先放入辣椒仔、白糖、白醋燒開，再關火放涼，放入菜卷浸滷 5 小時，撈出後斜刀切成小段，裝入盤中即可。

四喜辣白菜

材 料

大白菜 1 棵，蘋果 50 克，花生仁、腰果、榛子仁、瓜子仁各 10 克。

調味料

蒜瓣 15 克，鮮薑 10 克，鹽、白糖、白醋各 4 小匙，辣椒面 2 大匙。

做 法

1. 將大白菜洗滌整理乾淨，用刀切成 3 公分見方的塊，再放入盆中，加入 2 小匙鹽拌勻，殺去水分備用。

2. 將蘋果、蒜瓣、鮮薑洗淨，用刀剁成碎粒，再放入碗中，加入剩餘的鹽和白糖、白醋、辣椒面調勻，製成辣白菜醃料待用。

3. 將殺去水分的大白菜加入醃料拌勻，再放入冰箱醃製 24 小時，然後加入花生仁、腰果、榛子仁、瓜子仁拌勻，即可裝盤上桌。

風味舌掌

材 料

鴨舌 10 個，鴨掌 10 隻。

調味料

大蒜 500 克，鹽 1 大匙，雞粉 2 小匙，香油、辣椒油各 2 大匙。

做 法

1. 將鴨掌、鴨舌分別洗滌整理乾淨，放入滾水中煮至八分熟，撈出沖涼，去骨留肉備用。

2. 先將大蒜剁成蒜蓉，再加入鹽、雞粉、香油、辣椒油拌勻，然後放入去骨的鴨舌、鴨掌，醃製 24 小時，撈出裝盤即可。

小提醒

鴨舌、鴨掌都是容易隱藏污垢的地方，所以一定要一隻只徹底清洗乾淨。在去骨時要保持外型完整。

煙熏脆耳

材　料

豬耳朵 500 克。

調味料

滷料包 1 個（八角 15 克，雞油、生薑各 50 克，肉蔻、砂仁、白芷、桂皮各 10 克，丁香、茴香各 5 克），茶葉 15 克，白糖 4 大匙，大米 100 克，鹽 150 克，香油 1 大匙。

做　法

1. 將豬耳朵洗淨，放入滾水中汆燙一下，去毛、沖淨備用。

2. 鍋中加水燒開，放入滷料包、鹽 30 克白糖煮滾，再放入豬耳朵，用滷汁小火浸滷 30 分鐘，關火後再燜 20 分鐘，撈出待用。

3. 取鐵鍋一隻，先在鍋底撒上一層大米，再將茶葉、25 克白糖撒入鍋中，然後架上鐵箅子，將豬耳朵放在上面，蓋緊鍋蓋，用大火燒至冒煙時離火。

4. 待煙散盡後掀開鍋蓋，取出豬耳朵，刷上香油，切片擺盤即可。

相思苦苣

材　料

苦苣菜 200 克，豬里肌肉 100 克。

調味料

鹽 2 小匙，芥末油 1 小匙，紹興酒、醬油各 1 大匙，沙拉油 2 大匙。

做　法

1. 將苦苣菜洗淨，去除老根及爛葉，切成 2 公分長的小段。豬里肌肉洗淨，切成細絲備用。

2. 起鍋點火，加少許底油燒熱，先放入豬里肌肉絲略炒，再烹入紹興酒，加入醬油，快速翻炒均勻，盛出待用。

3. 將苦苣菜和炒好的肉絲放入大碗中，加入鹽、芥末油翻拌均勻，即可裝盤上桌。

小提醒

苦苣菜有助於人體內抗體的合成，增強身體免疫力，促進大腦機能的發育。

怡紅腰豆

材　料

乾腰豆 200 克。

調味料

紅麴米 150 克，白糖、蜂蜜各 3 大匙。

做　法

1. 將乾腰豆用清水浸泡 10 小時以上，撈出瀝乾；紅麴米用紗布包好備用。

2. 起鍋點火，加入適量清水，將泡好的腰豆、白糖、蜂蜜和包好的紅麴米放入燒開，再轉小火煮約 3 小時至熟爛，然後用大火收汁至濃稠，讓湯汁緊裹腰豆表面，最後撈出晾涼，裝盤上桌即可。

小提醒

腰豆是一種食藥兩用的蔬菜，營養價值很高，其中所含的醣蛋白，會與醣類分子形成複合物，因而阻斷醣類消化酵素的作用，故能有效地抑制醣類的吸收，減少熱量的攝取，從而達到減肥的效果。

白雲鳳爪

材　料

雞爪 500 克。

調味料

滷料包 1 個（花椒、甘草各 10 克，香葉 5 克，蔥 1 棵，薑 1 塊），鹽 5 大匙，雞粉 4 小匙。

做　法

1. 將雞爪洗淨，放入滾水中汆燙一下，撈出後去除爪尖及老皮，再放入清水鍋中煮熟，然後撈出以冷水沖淨。

2. 起鍋點火，添入適量清水，先將滷料包放入水中燒開，再加入鹽、雞粉熬煮 2 小時，製成白滷湯，放涼備用。

3. 將雞爪放入晾涼的白滷湯中，浸滷 12 小時，即可撈出食用。

小提醒

雞爪煮熟後要用清水沖淨血污，以保證雞爪的白淨；浸滷時最好放入冰箱冷藏，食用時口感更佳。

醬豬尾

材　料

豬尾 500 克。

調味料

醬料包 1 個（八角 2 粒，茴香 10 克，陳皮、草果、香葉各 3 克，肉蔻 8 克，蔥 2 棵，薑 1 塊），鹽、白糖 10 大匙，醬油 6 大匙，高湯 1500 c.c.。

做　法

1. 將豬尾洗淨，放入滾水中汆燙一下，撈出後除淨豬毛，沖淨備用。

2. 起鍋點火燒熱，放入白糖，加入少許清水，用小火慢慢熬煮至暗紅色，再加入 500 c.c. 水煮沸，待涼製成糖色。

3. 鍋再上火，將醬料包放入老湯中燒開，再加入糖色、醬油、鹽，調成醬湯待用。

4. 將豬尾放入醬湯中，以小火燒開後關火，間隔 30 分鐘後再次燒開關火，反覆 3 次即成。

5. 將豬尾撈出放涼，切成小段，擺盤上桌即可。

鹽滷琵琶蝦

材　料

活琵琶蝦 500 克。

調味料

滷料包 1 個（八角、桂皮各 10 克，香葉 5 克，蔥 1 棵，薑 1 塊），白糖 4 小匙，雞粉、胡椒粉各 1 大匙，醬油 200c.c.，高粱酒 100c.c.。

做　法

1. 將活琵琶蝦洗淨泥沙，撈出備用。

2. 起鍋點火，加入 400 克清水，放入滷料包、醬油、白糖、雞粉、胡椒粉燒開，關火晾涼後加入高粱酒調勻，製成滷汁待用。

3. 將琵琶蝦放入滷汁中，滷約 10 小時，即可撈出擺盤，然後用原汁浸沒，撒上一些香菜段、薑片、蒜片、香蔥段、辣椒絲等，即可上桌食用。

薑汁海蜇卷

材 料

水發海蜇皮 300 克，大頭菜葉 300 克。

調味料

鮮薑汁 100 克，鹽 3 大匙，紫魚粉 2 大匙，白糖 2 小匙。

做 法

1. 將水發海蜇皮切成細絲，再用鹽水浸泡 30 分鐘，沖淨泥沙備用。
2. 將大頭菜葉洗淨，放入滾水中燙軟，撈出沖涼待用。
3. 將適量蜇皮絲放在大頭菜葉上，用手卷好，以棉繩捆牢，包成 12 個 5 公分長、2 公分寬的菜卷備用。
4. 將薑汁、鹽、柴魚粉、白糖放入容器中調勻，再將包好的菜卷放入，浸滷約 20 分鐘，撈出後裝入深盤中，再用滷汁浸沒，即可上桌食用。

家常醬牛腱

材 料

牛腱子肉 500 克。

調味料

醬料包 1 個（八角 2 粒，陳皮、香葉各 3 克，蔥 2 棵，薑 1 塊），鹽 5 大匙，醬油、白糖、紹興酒各 6 大匙。

做 法

1. 將牛腱子去筋膜、洗淨，切成大塊，再放入滾水中稍燙，撈出備用。
2. 起鍋點火燒熱，放入白糖，加入少許清水，用小火慢慢熬煮至暗紅色，再加入 500 c.c. 水煮沸，待涼製成糖色。
3. 鍋再上火，將醬料包放入清水中燒開，再加入糖色、醬油、鹽、紹興酒，調成簡易醬湯待用。
4. 將牛腱子放入醬湯中，以小火醬約 1 小時，然後關火再燜 35 分鐘。
5. 將牛腱子撈出晾涼，待湯汁涼透後把牛腱子再放入湯汁中浸泡，然後送入冰箱冷藏，現吃現切即可。

酒醉仔雞

材 料

雞 1 隻。

調味料

蔥段 20 克，薑片 10 克，香葉 3 片，八角 2 粒，丁香 8 粒，鹽 6 大匙，冰糖、紹興酒各 3 大匙，白酒 2 大匙，糟滷汁 100 c.c.。

做 法

1. 將雞洗滌整理乾淨，放入滾水中煮至去腥，撈出沖淨備用。
2. 起鍋點火，加入 1000 c.c. 清水，先放入香葉、八角、丁香、蔥段、薑片、鹽、冰糖煮開，再關火晾涼，加入糟滷汁、紹興酒、白酒，調成醉雞汁待用。
3. 將煮熟的雞切塊，裝入小罐中，加入醉雞汁後將小罐密封，浸 24 小時，即可開罐食用。

糟滷蠶豆粒

材　料

鮮蠶豆粒 500 克。

調味料

蔥段 20 克，薑片 10 克，香葉 5 克，八角 2 粒，丁香 3 粒，鹽 6 大匙，冰糖、紹興酒各 5 大匙，米酒 2 大匙，糟滷汁 100c.c.。

做　法

1. 將蠶豆粒洗淨，放入滾水中煮熟，撈出沖涼備用。

2. 起鍋點火，加入 1000 c.c. 清水，放入香葉、八角、丁香、蔥段、薑片、鹽、冰糖燒開，晾涼後加入糟滷汁、紹興酒、米酒，調成糟汁待用（如果在湯汁熱時加入糟滷汁及米酒，會使酒香散發流失）。

3. 將煮熟的蠶豆粒放入糟汁中，浸滷約 6 小時，即可撈出裝盤。

醬蘿蔔

材　料

白蘿蔔 1000 克，紅椒 100 克。

調味料

醬料包 1 個（八角、桂皮各 10 克，香葉 5 克），雞粉 1 大匙，白糖 3 大匙，醬油 200c.c.。

做　法

1. 將白蘿蔔去皮、洗淨，切成 5 公分長、1 公分寬的條備用。

2. 起鍋點火，加入 300 克清水，先放入醬料包、白糖、醬油、雞粉煮開，再關火晾涼，製成醬湯待用。

3. 將白蘿蔔條、紅椒放入醬湯中醬約 24 小時，即可撈出裝盤。

小提醒

白蘿蔔性味甘、平，可治食積腹脹、咳嗽哮喘等症，並具散淤、解毒、醒酒、利尿、止渴、補虛的功效。

蘭花豆乾

材　料

白豆腐乾 200 克。

調味料

香葉 3 片，草果 1 個，鹽 1 小匙，腐乳汁 2 小匙，高湯 100c.c.，沙拉油 600c.c.。

做　法

1. 將白豆腐乾洗淨、瀝乾，每塊用刀在兩面劃上「蘭草花刀」，然後再切成 5 公分長、2 公分寬的條備用。

2. 起鍋點火，加油燒至八成熱，放入白豆腐乾炸至金黃色，撈出瀝油待用。

3. 淨鍋上火，添入高湯，放入鹽、腐乳汁、香葉、草果及炸好的豆乾，小火將湯汁收至稠濃，揀出香葉和草果，待豆乾晾涼後，即可裝盤上桌。

燕窩、魚翅、鮑魚、海參

　　燕窩、魚翅、鮑魚、海參被譽為海中珍品的「四大天王」，其多為乾製品，經漲發回軟後烹調出名貴菜餚。

　　燕窩是海邊的金絲燕用唾液、海藻和小魚蝦築成的巢。其味甘性平，有養陰潤燥，益氣補中之功效，營養價值較高。古有「香有龍涎，菜有燕窩」之說。

　　魚翅是鯊魚的鰭經乾製而成。鰭按其所生長的部位可分為背鰭、胸鰭、臀鰭、尾鰭。以背鰭製成的叫脊翅或背翅，翅多肉少，品質最好。魚翅之所以能食用，是因為鯊魚的鰭含有一種形如冬粉狀的翅筋，其中含80%左右的蛋白質，還含有脂肪、醣類及其他礦物質，是比較珍貴的烹調原料。

　　鮑魚是一種海產貝類軟體動物。鮑魚生活在低潮線下的淺海，以腹足吸附在岩礁上。捕撈後，將鮑魚殼去掉，取其肉，加2%鹽醃製後，再煮熟曬乾即為乾鮑魚。如將新鮮鮑魚肉加工裝入罐頭，即為罐頭鮑魚。品質以金黃色質厚者為最佳。鮑魚含有豐富的蛋白質，還有較多的鈣、鐵、碘和維生素A、B、C等。

　　海參經脫水加工後，成為乾製品。其品種很多，根據外形特徵基本可分為刺參和光參兩大類。海參珍品為遼參（又名灰刺參），主要產于遼寧的渤海灣，肉質細膩，肥嫩鮮美，營養豐富，有很高的食療價值，補腎、補血、治潰瘍，古代列為八珍之一。

木瓜冰糖官燕

材料

木瓜1個，燕窩適量。

調味料

冰糖少許。

做法

1. 將木瓜洗淨，用小刀切成鋸齒狀，開蓋後挖出瓜瓤，切成小丁備用。

2. 將燕窩漲發回軟，摘洗乾淨，加入冰糖、滾水，放入不銹鋼鍋中煮透，再放入木瓜丁同煮，見湯沸離火，裝入木瓜盅內即可。

小提醒

此菜果香濃郁，甜潤味美，滋陰潤燥，營養豐富。燕窩是海邊的金絲燕用唾液、海藻和小魚蝦築成的巢。燕窩味甘性平，有益氣補中之功效，古有「香有龍涎，菜有燕窩」之說。

鮮蝦茶壺翅

材料

鮮蝦6隻，發好的魚翅適量，綠豆芽、香菜段各少許。

調味料

鹽、紹興酒、雞汁、蠔油、冰糖、大紅浙醋各少許，高湯750c.c.。

做法

1. 將鮮蝦去頭、去殼，挑除沙腸，洗淨，再從背部劃刀，然後加入少許鹽、紹興酒，放入鍋中蒸熟，取出備用。

2. 將發好的魚翅加入高湯、雞汁、蠔油、紹興酒、鹽、冰糖，蒸至入味，取出後分裝在小湯煲中，每份配上2隻蝦待用。

3. 將原汁過濾，開火燒沸，調好味及色澤，勾薄芡，起鍋裝入茶壺中，跟鮮蝦魚翅煲一起上桌，食用時再澆醬汁，配綠豆芽、香菜段、大紅浙醋食用即可。

麒麟青邊鮑

材料

冷凍青邊鮑1隻，三明治火腿1塊，香菇、蘆筍各適量。

調味料

薑片、紹興酒、雞粉、太白粉水、鮑汁各少許。

做法

1. 將青邊鮑退冰、洗淨後切片。三明治火腿切片。香菇用溫水泡，去蒂洗淨，加入紹興酒、雞粉、薑片蒸透。蘆筍洗淨，抹刀切段，過水燙透備用。

2. 將鮑魚片、火腿片、香菇排擺在盤中成兩行，再推入鍋中用鮑汁煮至入味，然後用太白粉水勾芡，淋入香油，起鍋整齊地排在盤中，兩邊及中間用「清炒蘆筍」點綴即可。

杏汁雪蛤燉燕窩

材 料

燕窩 1 個，雪蛤 2 塊，枸杞 5 克。

調味料

冰糖少許，杏仁露 500c.c.。

做 法

1. 將燕窩及雪蛤發好，摘洗乾淨；枸杞泡軟，撈出備用。
2. 炒鍋點火，先加入杏仁露、冰糖熬至溶化，再放入燕窩、雪蛤、枸杞燉至入味，起鍋裝入碗中即可。

小提醒

此菜杏味濃郁，是傳統製法與現代口味完美結合的創新菜品。雪蛤為中國林蛙的雌性乾燥輸卵管，產於東北長白山。以塊大、肥厚，黃白色，有光澤，不帶皮膜，漲發後潔白如雪者為佳，營養價值較高，有補腎益精，潤肺養陰之功效。

蘆筍扒鮑片

材 料

鮑魚 1 隻，鮮蘆筍、雞塊、瘦豬肉、火腿各適量。

調味料

薑片、紹興酒、蠔油、沙拉油各少許。

做 法

1. 將鮑魚漲發回軟，洗淨，放入沙鍋中，再加入雞塊、瘦豬肉、火腿、紹興酒、蠔油、薑片煲至入味，撈出切片備用。
2. 將蘆筍洗淨，切成小段，先放入滾水中汆燙，再放入熱油鍋中清炒至熟，撈出待用。
3. 將蘆筍墊在盤底，蓋上鮑片，即可上桌食用。

小提醒

鮑魚有調經、潤燥、利腸之功效，可治月經不調、便秘等疾患。鮑魚中還含有一種被稱為「鮑素」的成分，能破壞癌細胞必需的代謝物質，因此也是一種理想的抗癌食品。

鯊魚唇煨豬腳

材 料

發好的鯊魚唇 100 克，滷好的豬腳 2 隻，油菜心、冬菇各適量。

調味料

蔥段、薑片、紹興酒、醬油、白糖、雞粉、胡椒粉、太白粉水、香油、高湯各少許。

做 法

1. 將鯊魚唇洗淨，改刀切成條狀，再放入滾水中汆燙，撈出瀝乾。滷好的豬腳去骨，切成粗條。油菜心洗淨。冬菇泡軟去蒂，洗淨備用。
2. 鍋中加油燒熱，先用蔥段、薑片熗鍋，再放入紹興酒，加入醬油、白糖、雞粉、胡椒粉，然後放入高湯，下入魚唇、豬腳、冬菇燒沸，再轉小火慢煨至熟爛，見湯汁稠濃時勾芡，淋入香油，起鍋裝盤。
3. 鍋中加油燒熱，放入油菜心清炒至熟，圈邊點綴即可。

鮮奶雪蛤膏

材料
雪蛤膏1塊，牛奶250克，雞蛋清2個，松仁適量，香菜葉少許。

調味料
鹽、雞粉、太白粉、沙拉油各適量，高湯250c.c.。

做法
1. 將雪蛤膏放入滾水中泡發，洗淨後去膜，再用高湯、雞粉煨好，撈出瀝乾備用。
2. 將雪蛤膏、牛奶、雞蛋清、太白粉、鹽、雞粉放入碗中調勻。松仁放入熱油中炸熟，撈出拍碎待用。
3. 在鍋中加油燒熱，放入調好的原料小火炒勻，起鍋裝盤，撒上香菜葉、松仁碎即可。

小提醒
雪蛤膏有滋陰潤肺、補腎益精的功效，適用於肺結核、咳嗽、盜汗及產後虛弱等症。

橙汁鮑貝

材料
鮑貝3只，鮮柳丁3個。

調味料
冰糖、太白粉水各少許。

做法
1. 將柳丁洗淨，用小刀切成鋸齒狀，切開後挖出橙肉、去籽，用果汁機打成橙汁。鮑貝洗淨，汆燙備用。
2. 將炒鍋燒熱，加入橙汁、冰糖煮勻，再下入鮑貝燴至入味，然後以太白粉水勾薄芡，起鍋裝入橙盅內即可。

小提醒
此菜鮮嫩滑潤，酸甜適中，果味濃郁。鮑魚含有豐富的球蛋白，具有滋陰補養的功效。中醫認為，鮑魚是一種補而不燥的海產，吃後沒有牙痛、流鼻血等副作用，多吃也無妨。

靈菇燴魚翅

材料
白靈菇2朵，發好的魚翅適量。

調味料
蔥絲、薑絲、鹽、雞汁、紹興酒、蠔油、白糖、太白粉水、雞油各少許，高湯500c.c.。

做法
1. 將白靈菇洗淨，切成細絲，再放入滾水中汆燙，撈出瀝乾。發好的魚翅裝入碗中，加入高湯、雞汁，入蒸鍋蒸透，取出備用。
2. 在鍋中加油燒熱，先用蔥絲、薑絲熗鍋，再放入紹興酒，加入蠔油、高湯、鹽、白糖煮沸，然後放入靈菇絲和魚翅，轉小火燴至入味，再用太白粉水勾薄芡，淋入香油，即可起鍋裝碗。

清酒燉鮑魚

材　料

發好的鮑魚3隻，日本清酒1瓶，鮮竹筍適量，三花奶水少許。

調味料

鹽、太白粉水各少許，高湯500c.c.。

做　法

1. 將鮑魚發透，洗淨瀝乾備用。
2. 在鍋中加入高湯燒開，放入鮑魚、清酒煲至入味，撈出後分裝入鮑魚窩中待用。
3. 將原湯過濾，加入鹽、三花奶水調勻，再用太白粉水勾薄芡，分澆在鮑魚上，然後將鮮竹筍放入熱油鍋中清炒至熟，擺在鮑魚窩中點綴即可。

小提醒

清淡典雅，鮮嫩酥爛，酒香味濃，營養豐富，是新派遼菜的創新菜之一。

大蔥燒海參

材　料

水發海參600克，大蔥段100克。

調味料

鹽1/2小匙，醬油2大匙，白糖、紹興酒、太白粉水、沙拉油各1大匙，蔥油50c.c.，雞湯100c.c.。

做　法

1. 將海參去沙腸，洗滌整理乾淨，放入滾水中略燙一下，撈出瀝乾。蔥段洗淨，放入熱油中煸成金黃色，撈出瀝油備用。
2. 將炒鍋洗淨加油燒熱，先放入白糖炒成金黃色，再放入蔥段、海參煸炒幾下，然後加入紹興酒，加入醬油、雞湯、鹽燒開，再轉小火燒約2分鐘，然後改用大火，以太白粉水勾芡，倒入蔥油翻炒均勻，即可起鍋裝盤。

高湯甲魚翅

材　料

甲魚1隻，發好的魚翅適量，黃豆芽、香菜段各少許。

調味料

蔥段、薑片、鹽、紹興酒、雞粉、醬油、紅醋、白糖、太白粉水、蠔油各少許，高湯500克。

做　法

1. 將甲魚宰殺，去內臟、洗淨，再放入滾水中汆燙，去除腥異味，然後放入蒸鍋蒸至熟爛，取出備用。
2. 將發好的魚翅塞入甲魚腹內，再加入蔥段、薑片、紹興酒、鹽、高湯，放入蒸鍋蒸至熟透，撈出後裝入小湯煲中。
3. 原湯過濾，加入雞粉、醬油、白糖、蠔油調勻，滾沸後勾薄芡，澆在甲魚翅上，再放入煲鍋中燒沸，轉小火煲約15分鐘，連鍋上桌，配黃豆芽、香菜段、紅醋食用即可。

裙邊燒鮑脯

材　料

鱉裙邊25克，鮑脯50克，綠花椰菜
適量。

調味料

蔥段、紹興酒、白醋、醬油、白
糖、雞粉、鮑汁、太白粉水、蔥
油、沙拉油各少許。

做　法

1. 將鱉裙邊、鮑脯分別洗淨，漲發
回軟，擰乾水分，過油炸至金黃
色，撈出瀝油備用。

2. 將鍋燒熱，先放入蔥段熗鍋，再
放入紹興酒、白醋，加入醬油、白
糖、雞粉、鮑汁炒勻，然後添入清
湯，將裙邊、鮑脯下鍋，用大火燒
沸，轉小火燒至入味，見湯汁稠濃
時，再轉大火，以太白粉水勾芡，
淋入蔥油，即可起鍋裝盤。

3. 將綠花椰菜洗淨，放入熱油鍋中
清炒至熟，圍在盤邊點綴。

南瓜蓉奶香翅

材　料

南瓜1個，魚翅適量。

調味料

蠔油、濃縮雞汁、太白粉、鮮奶油
各少許，高湯250c.c.。

做　法

1. 將南瓜去皮、去瓤，洗淨後切
塊，再放入蒸鍋蒸熟，取出打成泥
狀。魚翅發好，加入高湯入味備用。

2. 鍋中加入高湯、南瓜蓉燒熱，再
放入蠔油、濃縮雞汁，放入魚翅燒
沸，然後用太白粉勾薄芡，盛入碗
中，淋入鮮奶油即可。

小提醒

發魚翅時，先將魚翅放入開水中浸
泡，再用刀刮去皮上沙子，然後放
入涼水鍋中上火加熱，水開後端下
待涼，取出魚翅，脫去魚骨，再放
入冷水鍋中，加少許鹼燒開，然後
用文火煮約1小時，待用手招得動
時起鍋，換水漂洗一二次，去盡鹼
味即可。

麻醬鮑脯

材　料

水發鮑魚1隻，冬筍、菜心各適
量。

調味料

醬油、濃縮雞汁、紹興酒、白糖、
麻醬、花生醬各少許，高湯250c.c.，
沙拉油適量。

做　法

1. 將鮑魚洗淨，劃上花刀，切成厚
片。冬筍洗淨，切成小塊，先用醬
油上色，再放入熱油中炸熟。菜心
洗淨，放入熱油鍋中熸熟備用。

2. 鍋中加入高湯燒開，加入濃縮雞
汁、紹興酒、白糖、鮑魚、冬筍，
用小火煨煮15分鐘，撈出待用。

3. 再準備另一個鍋子，加入高湯，
放入濃縮雞汁、麻醬、花生醬、鮑
魚、冬筍燒至汁濃，起鍋裝盤，再
用熸熟的菜心圍邊即可。

回鍋鮑魚片

材　料

鮑魚1隻，青蒜苗50克，彩椒10克。

調味料

鹽少許，醬油1小匙，白糖1/2小匙，豆瓣、甜麵醬各2小匙，豬油20克。

做　法

1. 將鮑魚發好、洗淨，切成大薄片，再放入滾水中汆燙一下，撈出瀝乾。青蒜苗摘洗乾淨，切成長段。彩椒去蒂及籽、洗淨，切成方塊備用。

2. 鍋中加入豬油燒至七成熱，先下入豆瓣、甜麵醬炒香，再放入鮑魚片、青蒜苗段、彩椒塊略炒，然後加入鹽、白糖、醬油翻炒均勻，即可起鍋裝盤。

小提醒

中醫認為，鮑魚能養陰、平肝、固腎，經常食用可調整血壓，調經，輔助治療大便秘結。

瑤柱炒桂花

材　料

干貝5粒，火腿蓉、黃豆芽各適量，雞蛋2個。

調味料

鹽、雞粉、太白粉、沙拉油各少許。

做　法

1. 將干貝用水泡透，取出剝絲備用。

2. 將雞蛋打入碗中，加入雞粉、鹽、太白粉攪勻。黃豆芽摘洗乾淨，過水燙透，撈出瀝乾待用。

3. 將干貝、火腿蓉、黃豆芽放入蛋液中攪勻備用。

4. 起鍋點火，加油燒熱，放入干貝、火腿蓉、黃豆芽快速翻炒，使之成為桂花狀，即可起鍋裝盤。

小提醒

發干貝時，先將干貝外層邊上的筋去掉，再浸入冷水中，洗淨後撈入碗中，加適量水，放入蒸鍋蒸3小時左右，使之恢復原狀（用手能捏開），連同原湯都可使用。

鮮蝦瑤柱燉白菜

材　料

白菜心1棵，干貝5粒，鮮蝦3隻，雞肉200克，火腿粒少許。

調味料

鹽、雞粉各1小匙，高湯250c.c.。

做　法

1. 將白菜心洗淨，放入滾水中汆燙一下，撈入盆中備用。

2. 將干貝發透。鮮蝦去沙腸、洗淨。雞肉洗淨，切成大塊，放入清水中煮熟。火腿洗淨，放入滾水中汆燙一下，撈出待用。

3. 將干貝、鮮蝦、雞塊、火腿粒放入盆中，加入高湯，放入蒸鍋蒸20分鐘，再用鹽、雞粉調好味，即可上桌。

小提醒

此菜屬於「隔水燉」的烹調技法，放入蒸鍋前湯要一次加足，蓋要蓋緊，以保持菜品的鮮嫩特色。

雞汁官燕

材 料

燕窩 1 個，竹笙少許。

調味料

濃縮雞汁、太白粉各適量，高湯 250c.c.。

做 法

1. 將燕窩用清水發好，洗滌整理乾淨。竹笙泡透、洗淨，用高湯煨好，放入碗中墊底，擺上燕窩備用。

2. 起鍋點火，加入高湯、濃縮雞汁、太白粉煮開，淋在燕窩上即可。

小提醒

發製燕窩有兩種方法：1. 熱水浸泡法：將燕窩用清水刷洗，放入 80℃ 的熱水中浸泡 2 小時，鬆軟後去毛，再換熱水燜 1 小時即可。2. 冷水浸泡法：將燕窩放在盛有冷水的碗中，蓋上蓋子，泡軟時輕輕撈出，用尖頭鑷子除去燕毛、雜質及腐爛變質部分。

瑤柱虎皮椒

材 料

尖椒 100 克，豬絞肉 50 克，干貝 5 粒。

調味料

蔥末、薑末、蒜末、濃縮雞汁、蠔油、黑胡椒汁、白糖、雞粉、太白粉、沙拉油各少許。

做 法

1. 將干貝放入清水中泡透，撈出拆絲，再用熱油炸酥，撈出放涼。尖椒洗淨，切開去籽備用。

2. 將絞肉放入碗中，加入濃縮雞汁、蠔油攪勻，釀入尖椒中，再放入熱油中炸熟，呈虎皮色時撈出待用。

3. 另起一鍋，加少許底油燒熱，先下蔥、薑、蒜熗鍋，再放入黑胡椒汁、白糖、雞粉、蠔油，然後下入炸好的「虎皮椒」燒至入味，再用太白粉勾薄芡，淋入香油，盛盤撒上干貝鬆即可上桌。

海參燒蹄筋

材 料

水發海參 300 克，水發牛蹄筋 500 克。

調味料

蔥段 100 克，鹽、醬油各少許，雞粉 1 大匙，蠔油 2 小匙，太白粉水、高湯、沙拉油各適量。

做 法

1. 將水發海參洗乾淨，切成粗條。水發牛蹄筋洗淨，切條備用。

2. 將鍋加油燒熱，先下入蔥段炒香，再添入高湯，放入海參、蹄筋，然後加入蠔油、鹽、雞粉，大火燒沸後轉小火燒至入味，再加入醬油燒至上色，用太白粉水勾芡，淋入少許香油，即可裝盤。

小提醒

乾海參以體型完整、大小均勻、體肥實滿、肉刺挺拔粗壯、體表無殘痕、刀口外翻、含水量較低的較好。

蟹肉炒魚肚

材　料

螃蟹1隻，乾魚肚50克，青菜、青椒絲、紅椒絲各適量。

調味料

薑絲、鹽、雞粉、紹興酒、濃縮雞汁、胡椒粉、太白粉水、香油、沙拉油各少許。

做　法

1. 將乾魚肚發透洗淨，片成薄片，再用高湯、雞粉、鹽煨至入味。螃蟹洗淨，放入蒸鍋蒸熟，取出拆肉備用。

2. 將青菜摘洗乾淨，放入熱油鍋中燙熟，撈出擺在盤邊。

3. 將鍋中的油留下少許，先用青椒絲、紅椒絲、薑絲燙鍋，再放入蟹肉，放入紹興酒，然後加入高湯、濃縮雞汁、鹽、魚肚同炒，再撒入胡椒粉，以太白粉水勾芡，淋入香油，即可起鍋裝盤。

土雞燉大排翅

材　料

土雞1隻，火腿、桂圓、汆燙排翅各適量。

調味料

鹽、濃縮雞汁各1小匙。

做　法

1. 將土雞洗淨，和火腿一起放入滾水中汆燙，撈出沖水，放入沙鍋中，再添入清水、桂圓燉煮至熟，然後取出拆骨，瀝去湯汁，保持雞形，放回沙鍋中，再擺上排翅備用。

2. 取一鍋加入雞湯燒開，先用濃縮雞汁、鹽調味，再倒回沙鍋中，然後開火燉至熟爛入味，即可上桌。

小提醒

土雞一定要汆燙至透。燉煮時要小火慢燉，湯汁才能鮮濃。

鱉裙燉鵝掌

材　料

鱉裙邊25克，鵝掌1隻，香菇3朵。

調味料

蔥段、薑片、蒜末各少許，鹽、醬油、紹興酒、陳皮、八角、雞粉、太白粉水、蠔油、白糖、沙拉油各適量。

做　法

1. 將鱉裙邊、香菇用清水泡軟，洗淨後切塊備用。

2. 將鵝掌洗淨，放入滾水中汆燙，再用醬油上色，放入熱油中炸至金紅色，撈出瀝油待用。

3. 將鍋中加油燒熱，先下入蔥段、薑片、蒜末爆香，再放入紹興酒，加入鱉裙、鵝掌、香菇，然後添入高湯、陳皮、八角、雞粉、蠔油、鹽、白糖燉至汁濃，再撈出裝盤。

4. 將原汁過濾，以太白粉水勾薄芡，澆在盤上即可。

蟹黃乾燒翅

材料
水發海虎翅75克，蟹黃15克，蟹肉10克，火腿少許。

調味料
鹽、胡椒粉各少許，紹興酒、太白粉水各1小匙，雞汁1/2小匙，雞油1大匙，高湯50c.c.。

做法
1. 將魚翅洗淨。火腿切成細末。蟹黃放入碗中，加入少許高湯、雞油攪勻。蟹肉洗淨備用。

2. 沙鍋加熱，加入剩餘的雞油，先放入紹興酒，高湯，再放入魚翅、蟹肉，然後加入雞汁、鹽、胡椒粉燒開，再用太白粉水勾芡，離火時加入蟹黃調勻，最後淋入香油，盛入碗內，撒上火腿末即可。

吉品香窩

材料
干貝、湯鮑、遼參、魚肚、魚唇、魚翅、白靈菇、花菇各適量。

調味料
鹽、濃縮雞汁各少許，高湯750c.c.。

做法
1. 將干貝、湯鮑、遼參、魚肚、魚唇、魚翅、白靈菇、花菇充分漲發洗淨，整齊地排放在湯窩中，再加入高湯、濃縮雞汁、鹽，小火燉至汁濃肉香，即可上桌食用。

小提醒
乾貨發製要適度，不能過軟。乾貨的漲發有很多種，其中最常見的有冷水發、熱水發、鹼水發、油發、鹽發、火發、烤發等。

蟹黃濃汁煨海參

材料
水發海參2隻，蟹黃少許。

調味料
蔥段、薑片各少許，紹興酒、花生醬、太白粉水、雞粉各1大匙，高湯500c.c.，沙拉油適量。

做法
1. 將海參洗淨，去除沙腸，放入高湯中煨好，撈出備用。

2. 鍋中加油燒熱，先用蔥段、薑片熗鍋，再烹入紹興酒，添入高湯，放入海參、花生醬、雞粉、蟹黃煨至汁濃，再用太白粉水勾芡，即可裝盤上桌。

小提醒
海參不能發製過火。勾芡要薄，否則菜色不美觀。

湯羹、燉品

　　湯羹、燉品都是以水為主要導熱體，使食材成熟的烹調方法。如：煮、汆、燴、燉等。烹調時食材浸沒於水中，食材脫水情況不嚴重，原汁原味保持得較好。鮮嫩細小的食材，完成後仍具有柔嫩的特色。老韌的食材則可以酥爛入味。湯鮮味濃是此類菜的主要特色。

野生菌氽丸子

材 料
豬絞肉 300 克，猴頭菇 3 朵，雞蛋 1個。

調味料
蔥末、薑末各 20 克，鹽、紹興酒、五香粉、甜麵醬、薑汁、麵粉、醬油、白糖、胡椒粉、沙拉油各少許。

做 法
1. 將猴頭菇泡軟，洗淨，撕成兩半備用。

2. 將豬絞肉放入碗中，加入鹽、紹興酒、五香粉、甜麵醬、蛋汁、蔥末、薑汁、麵粉攪勻，再擠成肉丸，放入滾水中煮熟，撈出備用。

3. 鍋中加油燒熱，先下入蔥末、薑末熗鍋，再加入紹興酒、醬油、白糖、鹽，然後添入清水，放入猴頭菇煨煮 15 分鐘，再轉大火，下入丸子煮沸，撒入胡椒粉，即可起鍋裝碗。

絲瓜鮮蝦湯

材 料
絲瓜 200 克，鮮蝦 100 克，香菜少許。

調味料
鹽、紹興酒、胡椒粉、蛋清、太白粉、雞粉、海鮮醬、腐乳汁、高湯、香油各少許。

做 法
1. 將鮮蝦去殼，挑除沙腸，洗淨瀝乾，放入碗中，用鹽、紹興酒、雞粉、蛋清、麵粉上漿，再放入冰箱

冷藏 10 分鐘，取出備用。

2. 將絲瓜洗淨、去皮，切成圓片，用小刀挖去中間的籽，製成環片，再將蝦串入瓜環中。

3. 鍋中加入高湯燒開，先放入穿好的蝦環，再放入鹽、紹興酒、胡椒粉、雞粉煮至去腥，撈入碗中備用。再將香油、香菜煮開，澆在蝦環上即可。食用時蘸海鮮醬和腐乳汁調成的醬汁。

酸菜燉烤鴨

材 料
烤鴨 1/2 隻，東北酸菜 1 棵，冬粉 1束。

調味料
蔥段、薑片、鹽、花椒、八角、辣椒油、腐乳、薑醋汁各適量。

做 法
1. 將烤鴨切成粗條。酸菜洗淨，切成細絲。冬粉剪斷，用溫水泡軟備用。

2. 將烤鴨、酸菜、冬粉分層擺入陶鍋中，再加入鹽、花椒、八角、蔥段、薑片，添入清水，蓋緊鍋蓋，開火燉至熟爛，連鍋一起上桌，配辣椒油、腐乳、薑醋汁蘸食即可。

花瓣魚丸湯

材　料

魚肉 200 克，白菊花瓣 25 克，雞蛋清 1 個，菠菜葉少許。

調味料

蔥段、薑片、鹽、紹興酒、白胡椒粉、太白粉、雞湯、雞油、沙拉油各適量。

做　法

1. 將菊花瓣、菠菜葉分別洗淨，撈出瀝乾。淨魚肉剁成魚蓉，放入鍋中，加入鹽、白胡椒粉、蛋清及少許熟油，用手攪勻，製成魚漿備用。

2. 鍋中加入溫水，將魚漿擠成丸子，下入鍋中氽熟，撈出待用。

3. 炒鍋燒熱，加油，先下蔥、薑炒出香味，再撈出蔥、薑，加入雞湯、白胡椒粉、紹興酒調勻，然後用太白粉水勾芡，放入魚丸、菠菜葉、菊花瓣煮勻，再淋入少許雞油，即可裝碗上桌。

紫菜蝦米湯

材　料

蝦米、白菜葉各 50 克，紫菜 25 克，雞蛋 1 個。

調味料

蔥末、鹽、香油、沙拉油各少許。

做　法

1. 將蝦米用溫水泡軟。雞蛋打入碗中攪散。紫菜撕碎，放入碗中備用。

2. 鍋中加油燒熱，先放入蔥末炒出香味，再添入適量開水，放入蝦米，用小火煮至熟透，然後加入鹽、白菜葉，淋入蛋液，待蛋花浮出湯麵時，倒入裝有紫菜的碗中即可。

小提醒

紫菜有化痰、清熱利尿之功效，能治療水腫、腳氣、甲狀腺腫大等症。

火腿魚頭湯

材　料

鰱魚頭 1/2 個，熟火腿、青江菜各 50 克。

調味料

蔥段、薑片、鹽、紹興酒、香油、沙拉油各適量。

做　法

1. 將魚頭去鰓洗淨，將鰓肉及下頜處剖開，再用滾水氽燙一下，撈出沖淨。熟火腿切成薄片。青江菜洗淨備用。

2. 在鍋中加油燒熱，先將魚頭放入鍋中（剖面朝上）略煎，再加入紹興酒、蔥段、薑片，然後將魚頭翻面，加入滾水，蓋緊鍋蓋，大火燒約 8 分鐘，再放入青江菜續燒 1 分鐘，然後將魚頭取出，盛入湯鍋中，擺上火腿片，圍上青江菜待用。

3. 將鍋中蔥段、薑片挑起，撇淨浮沫，加入鹽調味，過濾後倒入湯鍋中，再淋上香油，即可上桌。

蝦丸銀耳湯

材　料
銀耳 100 克，大蝦 200 克。
調味料
鹽、紹興酒、清水、高湯、太白粉
各適量。
做　法
1. 將銀耳用冷水泡軟，去除老根，
撕成小朵備用。
2. 將大蝦去殼取肉，剁成肉蓉，放
入碗中，加入紹興酒、鹽、太白粉

及少許清水，順一個方向攪勻，再
擠成丸子，下入溫水鍋中，用小火
煮熟，撈出待用。
3. 另取一湯鍋，加入高湯，放入銀
耳，小火煮約 15 分鐘，再下入蝦
丸，加入鹽調勻，然後轉中火燒
開，即可起鍋裝碗。

奶湯鯽魚

材　料
鯽魚 1 條，白蘿蔔 150 克，豌豆苗 25
克。
調味料
蔥段、薑片、鹽、紹興酒、沙拉油
各適量。
做　法
1. 將鯽魚去鱗、去鰓、除內臟，洗
滌整理乾淨，在魚身兩側劃斜刀。
白蘿蔔去皮、洗淨，切成細絲，放

入滾水中汆燙，撈出沖涼。豌豆苗
擇取嫩尖，洗淨備用。
2. 起鍋點火，加入底油燒熱，先放
入鯽魚兩面煎成金黃色，再烹入紹
興酒，加入蔥段、薑片，然後添入
開水，用大火燒開，再轉小火燉煮
30 分鐘，見魚湯呈奶白色時，放入
蘿蔔絲，轉中火，加入鹽調勻，盛
入碗中，最後撒上豌豆苗即可。

雪棉魚羹

材　料
鱈魚 500 克，雞蛋清 3 個。
調味料
蔥段、薑片、鹽、胡椒粉、太白
粉、清湯、香油各適量。
做　法
1. 將鱈魚洗淨後放入蒸鍋，加入蔥
段、薑片，上火蒸至熟爛，取出後
剔下魚肉（去刺）。蛋清放入碗中，
打發成雪棉狀備用。

2. 將湯鍋點火，添入清湯，先放入
鹽、香油燒開，再下入魚肉，然後
用太白粉水勾芡，轉小火，撒上胡
椒粉，倒入棉狀蛋清，用湯汁澆燙
至熟，即可起鍋裝碗。

醋椒魚頭尾湯

材　料
魚頭、魚尾各 1 個，白蘿蔔絲 100 克，香菜末少許。

調味料
蔥段、薑片、薑絲、鹽、紹興酒、雞湯、香油、胡椒粉、白醋、沙拉油各適量。

做　法
1. 將魚頭去鰓，魚尾刮鱗，洗淨。魚頭由魚鰓處劈開（中間相連），魚尾兩面劃上十字花刀，均用滾水稍燙，再以冷水沖淨備用。

2. 起鍋點火，加入底油燒熱，先下入蔥段、薑片炒出香味，再烹入紹興酒，加入雞湯、魚頭、魚尾，用大火燒開，然後轉小火燉煮 20 分鐘，揀去蔥、薑，放入蘿蔔絲、薑絲、鹽燒至入味，再淋入香油、白醋，撒上香菜末，即可起鍋裝碗。

鯉魚燉冬瓜

材　料
鯉魚 1 條，冬瓜 200 克，香菜末 25 克。

調味料
蔥段、薑片、鹽、紹興酒、胡椒粉、高湯、沙拉油各適量。

做　法
1. 將鯉魚去鱗、去鰓、除內臟，洗淨，在魚身兩側劃上棋盤花刀。冬瓜去皮、去瓤，洗淨後切成骨牌片備用。

2. 起鍋點火，加入底油燒熱，放入鯉魚煎至兩面金黃色，撈出瀝油待用。

3. 鍋中留少許底油，先下蔥段、薑片熗鍋，再烹入紹興酒，放入煎好的鯉魚，然後加入高湯、冬瓜片，放入鹽燒開，再轉小火燉至入味，揀出蔥、薑，加入胡椒粉、香菜末，即可起鍋裝入湯鍋中。

什錦酸辣湯

材　料
水發魷魚 150 克，熟火腿、熟雞肉、水發冬菇各 50 克。

調味料
蔥絲、鹽、胡椒粉、白醋、醬油、香油各少許，雞湯、沙拉油各適量。

做　法
1. 將水發魷魚洗滌整理乾淨，斜刀切成薄片。熟雞肉、熟火腿均切成薄片；水發冬菇洗淨，切片備用。

2. 將蔥絲、胡椒粉、白醋放入碗中，調拌均勻待用。

3. 起鍋點火，加入雞湯燒開，先下入魷魚、冬菇、火腿、雞片大火燒開，再加入鹽、醬油調勻，待湯再開時，淋上香油，即可起鍋裝碗。

金箱豆腐湯

材　料

豆腐1塊，絞肉100克，草菇、鮮海帶絲各50克，蝦米25克。

調味料

蔥末、薑末、鹽、紹興酒、醬油、雞粉、高湯、沙拉油各少許。

做　法

1. 將豆腐洗淨，切成長方塊。蝦米、草菇洗淨，切成碎末。海帶絲洗淨備用。

2. 起鍋點火，加油燒至七分熱，放入豆腐塊炸至兩面金黃色，撈出待用。

3. 鍋中留少許底油，先放入蔥末、薑末、絞肉炒至變色，再加入紹興酒、醬油、鹽、蝦米末、草菇末翻炒均勻，盛出備用。

4. 將豆腐上端切一個口，挖去1/2豆腐，再釀入炒好的肉餡，然後用海帶絲系好待用。

5. 另起一鍋，加入高湯、豆腐、鹽、雞粉略煮，開鍋後倒入湯盤中即可。

蓴菜蝦片羹

材　料

蓴菜、蝦仁各100克，蛋皮絲50克，香菜葉25克。

調味料

鹽、紹興酒、醬油、胡椒粉、太白粉、高湯、蛋清、雞粉、薑汁、香油各適量。

做　法

1. 將蓴菜摘洗乾淨。蝦仁去沙腸、洗淨，片成薄片，再用鹽、紹興酒、薑汁、蛋清、太白粉上漿拌勻。香菜葉洗淨備用。

2. 起鍋點火，加入高湯燒開，先放入蓴菜、鹽、醬油、胡椒粉、雞粉略煮，再下入蛋皮絲、蝦片攪散，然後用太白粉水勾成薄芡，淋入香油，撒上香菜葉，即可起鍋裝碗。

百合南瓜羹

材　料

南瓜150克，鮮百合100克，枸杞5克。

調味料

白糖1小匙，冰糖、蜂蜜各1大匙。

做　法

1. 將南瓜洗淨，去皮及瓤，切成大塊，再放入蒸鍋中蒸至熟爛，取出放涼，然後裝入果汁機中，加入蜂蜜打成蓉狀。鮮百合去黑根、洗淨，掰成小瓣；枸杞洗淨，泡軟備用。

2. 起鍋點火，加入適量清水，先放入枸杞、白糖、冰糖、百合燒沸，再轉小火煮至熟透，然後加入南瓜蓉熬至濃稠，起鍋裝碗即可。

小提醒

南瓜是最佳美容食品，也是較好的保健蔬菜，可有效調整醣類代謝，並具有防癌、助消化等功效。

翡翠芙蓉湯

材　料
水發猴頭菇200克，雞蛋清5個，豌豆苗50克。

調味料
鹽、紹興酒、太白粉、清湯各適量。

做　法
1. 將猴頭菇洗淨，片成大片，再用滾水汆燙，撈入碗中，然後加入紹興酒、清湯，放入蒸籠蒸爛，取出擰乾備用。

2. 將蛋清、太白粉攪成粉糊，把猴頭菇片放入裏勻待用。

3. 起鍋點火，加入清水燒開，將猴頭菇片逐片下水滑汆一下，撈出備用。

4. 將蛋清加少許清湯攪勻，放入蒸鍋蒸透，製成「芙蓉蛋糕」，再用大匙挖入湯碗中。

5. 另起一鍋，加入清湯燒開，先放入鹽調味，再下入猴頭菇片略煮，然後撒上豌豆苗，立刻離火，倒入湯碗中即成。

蘑菇豆芽湯

材　料
鮮蘑菇、黃豆芽各100克。

調味料
鹽、雞粉、香油各少許。

做　法
1. 將黃豆芽掐去兩端，洗淨瀝乾。蘑菇洗淨，切片備用。

2. 起鍋點火，加入清水燒開，先下入黃豆芽煮約20分鐘，再放入蘑菇片、鹽、雞粉續煮3分鐘，起鍋裝碗，淋上香油即可。

小提醒
蘑菇不但能治療高血壓，而且還能防治多種疾病：降低血液中的膽固醇，防止動脈硬化；改善植物神經，增強迴圈功能，使血壓穩定；對病毒產生抗體，防止傷風感冒；增強對癌細胞的抵抗能力，有預防、治療癌症的作用。

香菇甲魚湯

材　料
甲魚1隻，水發香菇、火腿片、冬筍片各50克。

調味料
蔥段、薑片、鹽、雞粉、胡椒粉、紹興酒、雞湯各適量。

做　法
1. 將甲魚宰殺，放入滾水中汆燙至變色，撈出瀝乾，刮淨黑質及老皮，剁掉爪尖、尾巴，去除內臟、奶油，洗淨後剁成小塊。香菇洗淨，撕成大塊備用。

2. 取一湯碗，放入甲魚肉、紹興酒、蔥段、薑片、雞湯，上蒸鍋蒸50分鐘，取出後放入燉盅內，上面放上火腿片、冬筍片、香菇塊、蔥段、薑片、雞粉、紹興酒、鹽、胡椒粉，倒入過濾後的原湯，用透明玻璃紙封好，放入蒸鍋續蒸15分鐘，再揀出蔥、薑，即可上桌食用。

鑲鯽魚豆腐湯

材 料

鯽魚1條，豆腐1塊，豬肉餡50克，韭菜末少許。

調味料

蔥花、薑末、蒜片、鹽、紹興酒、高湯、沙拉油各少許。

做 法

1. 將豆腐沖淨，切成骨牌塊，再用滾水汆燙一下，撈出備用。
2. 將鯽魚洗淨，兩面劃上花刀，再將豬肉餡、蔥花、薑末、鹽、紹興酒拌勻，鑲入魚肚內待用。
3. 起鍋點火，加油燒熱，先用蔥、薑、蒜熗鍋，再添入高湯燒開，然後放入鯽魚和豆腐，加入適量鹽，用大火燉至入味，再放入韭菜末調勻，即可裝碗上桌。

小提醒

鯽魚對慢性腎小球腎炎水腫和營養不良性水腫等病症有較好的調補和治療作用，還可補氣血、暖胃。

蘿蔔球牛尾湯

材 料

牛尾1根，白蘿蔔200克，青木瓜100克。

調味料

蔥段、薑片、鹽、紹興酒、雞湯各適量。

做 法

1. 將牛尾用火清掉殘毛，放入溫水中泡軟，再用小刀刮淨表面黑皮，由骨節處斷成段備用。
2. 起鍋點火，加入清水、蔥段、薑片燒開，再放入牛尾燙透，然後撈出沖淨，放入湯碗中，加入紹興酒、鹽、蔥段、薑片、雞湯，放入鍋中蒸約2小時待用。
3. 將白蘿蔔、青木瓜挖成直徑3公分的圓球，再用滾水煮透，撈入蒸牛尾的湯中，續蒸20分鐘，再撇去浮油，撈出蔥、薑，即可上桌食用。

蘿蔔豬肉湯

材 料

豬腿肉200克，白蘿蔔150克。

調味料

蔥段、薑塊、蔥花、蒜泥、薑末、花椒、胡椒粉、鹽、香油、醬油、辣椒油、紹興酒、花椒粉、香醋、肉湯、沙拉油各適量。

做 法

1. 將豬肉刮洗乾淨，放入清水鍋中煮沸，再撇去浮沫，加入蔥段、薑塊、紹興酒煮至八分熟，撈出備用。
2. 將白蘿蔔洗淨、去皮，切成3公分長的薄片，再用滾水汆燙一下，撈出瀝乾待用。
3. 起鍋點火，加入底油，先下入花椒炸香，再加入紹興酒、肉片、蘿蔔片略炒，然後添入肉湯，用大火燜燒30分鐘，再加入鹽、胡椒粉調味，待湯沸時起鍋，揀去花椒，裝入碗中，最後淋上香油、辣椒油、香醋，撒上蒜泥、蔥花、薑末、花椒粉即可。

板栗燉排骨

材 料
豬排骨 250 克，熟板栗 100 克。
調味料
蔥段、薑片、鹽、紹興酒、醬油、沙拉油各適量。
做 法
1. 將豬排骨洗淨，剁成 5 公分長段，再用滾水汆燙一下，撈出沖淨。板栗去皮備用。
2. 起鍋點火，加少許底油燒熱，先用蔥、薑熗鍋，再烹入紹興酒，加入醬油，下入排骨、板栗翻炒片刻，然後添入開水，轉小火燉至排骨酥爛，再用鹽調好口味，即可起鍋裝碗。
小提醒
粟子含有不飽和脂肪酸、多種維生素和無機鹽，能防治高血壓、冠心病、動脈硬化、骨質疏鬆等疾病，是抗衰老、延年益壽的滋補佳品。

三鮮豆苗湯

材 料
豬瘦肉、豬腰子、魚肉各 100 克，豌豆苗 50 克。
調味料
鹽、胡椒粉、紹興酒、太白粉、蛋清、高湯各少許。
做 法
1. 將豬腰子洗淨、片開，去除腰臊，沖洗乾淨，切成薄片。豬肉、魚肉洗淨，片成薄片。一起放入碗中，加入鹽、紹興酒、蛋清、太白粉抓匀。豌豆苗摘洗乾淨備用。
2. 起鍋點火，加入清水燒開，放入豬腰片、豬肉片、魚肉片汆燙至熟，撈出裝碗，上面撒上豌豆苗待用。
3. 炒鍋上火，加入高湯燒開，放入鹽、胡椒粉調匀，起鍋倒入碗中即可。

清湯肉丸

材 料
豬里肌肉 250 克，肥豬肉 50 克，白菜 100 克，蝦米 25 克，香菜段少許。
調味料
蔥末、薑末、蔥絲、薑絲、鹽、花椒水、紹興酒、胡椒粉、白醋、蛋清、雞湯、香油各適量。
做 法
1. 將肥豬肉洗淨，切成小丁。白菜洗淨，切成小粒。蝦米泡透，切末備用。
2. 將豬里肌肉洗淨，剁成肉餡，放入大碗中，加入蛋清、雞湯、鹽、蔥末、薑末、肥肉丁、白菜粒、蝦米末攪匀，再擠成核桃大小的丸子，下入滾水鍋中汆熟，撈出裝碗待用。
3. 另起一鍋，加入雞湯燒開，放入鹽、花椒水、白醋、胡椒粉、蔥絲、薑絲、香菜段調匀，再淋入香油，倒入裝有肉丸的碗中即可。

菠菜丸子湯

材　料

豬里肌肉 200 克，菠菜、黃瓜各 50 克。

調味料

鹽、太白粉、紹興酒、香油、雞湯各適量，蛋清 1 個。

做　法

1. 將豬肉洗淨，剁成肉蓉。菠菜摘洗乾淨，切成小段；黃瓜洗淨，切成菱形備用。

2. 將肉泥放入碗中，加入蛋清、紹興酒、鹽、太白粉攪勻，製成肉餡待用。

3. 起鍋點火，加入雞湯燒開，將肉餡擠成小丸子下入鍋中，再放入黃瓜片、菠菜葉煮沸，然後撇去浮沫，加入鹽調好口味，再淋入香油，即可起鍋裝碗。

小提醒

吃菠菜時，最好在烹調前先用滾水汆燙一下，以去除過多的草酸。

花生鳳爪湯

材　料

雞爪 150 克，花生米 100 克。

調味料

薑片、鹽、胡椒粉、紹興酒、醬油、沙拉油各適量。

做　法

1. 將花生米用溫水泡軟，洗淨瀝乾。雞爪洗淨，用滾水燙透，去除黃皮，斬去爪尖，沖淨備用。

2. 炒鍋上火燒熱，加入適量底油，先下入雞爪煸炒片刻，再放入薑片，添入適量清水，加入鹽、紹興酒煮約 10 分鐘，然後放入花生米續煮 10 分鐘，再轉成中火，撇去浮沫，待雞爪、花生米熟透時，滴入醬油，撒上胡椒粉，即可起鍋裝碗。

小提醒

花生可以降低膽固醇、防止皮膚老化、增強記憶力，是一種長壽食品。

五絲酸辣湯

材　料

白蘿蔔 150 克，豬瘦肉、海帶、黑木耳、筍片各 50 克。

調味料

薑絲、鹽、紹興酒、醬油、胡椒粉、白醋、太白粉、香油各適量。

做　法

1. 將白蘿蔔、豬肉、海帶、黑木耳、筍片分別洗淨，均切成細絲備用。

2. 將肉絲放入碗中，加入鹽、紹興酒、太白粉拌勻，醃至入味待用。

3. 起鍋點火，加油燒至五成熱，先下入薑絲爆香，再放入肉絲炒熟，然後加入其他絲料煸炒，再添入適量清水煮沸，用醬油、白醋、胡椒粉調味，以太白粉水勾薄芡，淋入香油，即可起鍋裝碗。

火腿白菜湯

材料

白菜心 200 克，熟雞肉、熟火腿各 50 克。

調味料

鹽、胡椒粉、雞湯、雞油、沙拉油各適量。

做　法

1. 將白菜心洗淨，切成小段，再放入滾水中汆燙一下，撈出瀝乾。熟雞肉、熟火腿均切片備用。

2. 起鍋點火燒熱，加入適量底油，先放入白菜心、火腿片、雞肉片煸炒一下，再加入雞湯、胡椒粉、鹽燒至入味，然後淋入雞油，即可起鍋裝碗。

小提醒

大白菜味甘、性平，有解毒、除煩、通腸、利胃的功效，可治療肺熱咳嗽、便秘等症。

醋椒鴨架湯

材料

鴨骨架 1/2 個，鴨頭 1 個，鴨翅膀 2 只，黃瓜 50 克，香菜 25 克。

調味料

鹽、紹興酒、白醋、胡椒粉、香油、沙拉油各少許。

做　法

1. 將鴨架、鴨頭、鴨翅洗滌整理乾淨，放入清水鍋中煮約 30 分鐘，製成鮮鴨湯備用。

2. 將黃瓜洗淨，切成小片。香菜摘洗乾淨，切末待用。

3. 起鍋點火，加少許底油燒熱，先放入胡椒粉煸炒片刻，再烹入紹興酒，放入鮮鴨湯、鹽、黃瓜片煮開，然後撇去浮沫，加入白醋調好口味，再淋入香油，撒上香菜末，即可起鍋裝碗。

雞絲海蜇湯

材料

雞胸肉 150 克，水發海蜇頭 100 克，香菜段少許。

調味料

蔥絲、薑絲、蒜片、鹽、太白粉水、蛋清、白醋、胡椒粉、香油、雞湯、沙拉油各適量。

做　法

1. 將雞胸肉洗淨，切成細絲，放入碗中，加入蛋清、太白粉抓勻。水發海蜇頭洗去泥沙，切成細絲，滾水燙透，撈出備用。

2. 起鍋點火，加油燒至四成熱，放入漿好的雞絲滑散滑透，撈出待用。

3. 鍋中留少許底油，先下入蒜片熗鍋，再烹入白醋，加入雞湯、雞絲、海蜇、鹽、蔥絲、薑絲燒沸，然後撇去浮沫，撒上胡椒粉、香菜段，淋入香油，即可起鍋裝碗。

海帶鴨舌湯

材 料

鴨舌 200 克,鮮海帶絲 50 克。

調味料

鹽、白糖、紹興酒、香油各少許,鴨清湯 500c.c.。

做 法

1. 將鴨舌洗滌整理乾淨,放入清水中煮熟,撈出放涼,抽去舌中軟骨和肥油,再用滾水汆燙一下,然後用冷水沖淨,撈入大碗中,再加入燒開的鴨湯、鹽、白糖、紹興酒,放入蒸鍋蒸 5 分鐘,取出備用。

2. 將海帶絲洗淨泥沙,瀝乾待用。

3. 將海帶絲放入鴨湯中燒沸,撈出墊入碗底,再將蒸好的鴨舌裝入碗中,然後倒入燒開的鴨湯,淋上少許香油,即可上桌食用。

銀耳鴿蛋湯

材 料

銀耳 100 克,鴿蛋 6 個。

調味料

冰糖、豬油各適量。

做 法

1. 將銀耳用溫水泡透,除去雜質,撕成小朵備用。

2. 取 6 個酒盅,抹上豬油,打入鴿蛋,上籠用小火蒸約 3 分鐘至熟,取出後將鴿蛋夾出,放在清水中漂涼待用。

3. 起鍋點火,加入適量清水,先放入銀耳熬煮 3 小時至熟爛,再放入冰糖續煮 20 分鐘,然後下入鴿蛋煮約 3 分鐘,即可起鍋裝碗。

小提醒

鴿蛋中含有優良蛋白質和脂肪,並含少量糖分及多種維生素和鈣、磷、鐵等成分,易於人體消化吸收,是理想的營養食品。

椰盅雞球湯

材 料

椰子1個,雞胸肉200克,蓮子、白果仁各 50 克。

調味料

薑片、鹽、紹興酒、牛奶、雞湯各適量,蓮藕粉 2 大匙,沙拉油少許。

做 法

1. 將雞胸肉洗淨,去除筋絡,剁成肉蓉,再加入蓮藕粉、鹽攪勻,擠成小丸子。蓮子、白果仁分別洗淨,下油鍋炒至半熟。雞湯中加入鹽、薑片、紹興酒略煮一下,盛出備用。

2. 將椰子頂部剖開,挖去肉瓤,放入雞球、蓮子、白果仁、雞湯、牛奶,蓋上頂蓋,放入鍋中,隔水燉至雞球熟透,即可上桌食用。

小提醒

如無椰子,可用椰奶罐頭 3 個做湯代替,效果亦同。

干貝蘿蔔湯

材　料
白蘿蔔400克，干貝25克，香菜15克。

調味料
薑絲5克，鹽1/2小匙，鮮湯500c.c.，沙拉油1大匙。

做　法
1. 將白蘿蔔去皮、洗淨，切成細絲。香菜摘洗乾淨，切成小段。干貝放入清水中泡軟、洗淨，撕成細絲備用。

2. 起鍋點火，加油燒至四成熱，先下入薑絲炒出香味，再添入鮮湯，放入白蘿蔔絲、干貝絲煮沸，然後加入鹽調好口味，撒上香菜段，即可起鍋裝碗。

小提醒
中醫學認為，蘿蔔性涼、味甘辛，可「行氣，去邪熱，禦風寒」。由於蘿蔔屬於鹼性食品，又含有多量的水分和維生素，且嘌呤成分很少，所以特別適合痛風病人食用。

蜜橘銀耳湯

材　料
銀耳200克，蜜橘1個。

調味料
白糖、太白粉水各少許。

做　法
1. 將銀耳泡發去根及雜質，洗淨後撕成小朵，再放入碗中，加入少許清水，入籠蒸約1小時，取出備用。

2. 將蜜橘剝皮，去除筋絡待用。

3. 起鍋點火，加入適量清水，先放入銀耳、橘瓣、白糖燒開，再用太白粉水勾薄芡，起鍋裝碗即可。

小提醒
此湯甜酸可口，生津止渴。銀耳、蜜橘要選用新鮮上等之品，才能保證湯味的純正。

碧綠蠶豆羹

材　料
鮮蠶豆200克，糖水櫻桃（罐裝）數粒，菠菜汁1碗。

調味料
冰糖、太白粉水、豬油各適量。

做　法
1. 將蠶豆洗淨、去皮，放入清水鍋中煮熟，撈出瀝乾，壓成泥狀。豬油切塊，熬至溶化。冰糖放入碗中，用清水化開備用。

2. 起鍋點火，加入豬油燒熱，先下入蠶豆泥用微火炒至起沙，再加入菠菜汁、糖水煮開，然後撇去浮沫，用太白粉水勾芡，熬成羹狀，再裝入碗中，點綴上櫻桃即可。

小提醒
炒豆泥時火不宜過大，要邊炒邊轉動鍋子，以免糊鍋。

菜心豆漿湯

材 料

菜心 200 克,豆漿 500 克。

調味料

蔥段、薑片、鹽、沙拉油各適量。

做 法

1. 將菜心去皮、洗淨,切成 6 公分長、1 公分寬的條備用。

2. 起鍋點火,加油燒至六成熱,先下入蔥段、薑片熗鍋,再放入菜心條、鹽煸炒,然後揀去蔥、薑,倒入豆漿燒開,再加入鹽調味,即可裝碗上桌。

小提醒

豆漿中的營養成分溶於水中,食入後在體內易被人體消化吸收,每天喝 1 杯豆漿(250 毫升)即可增加 8 克蛋白質。豆漿中富含植物蛋白,脂肪含量不高,老年人食用尤佳。

竹笙蘑菇湯

材 料

水發竹笙 100 克,鮮蘑菇 80 克,青菜 50 克。

調味料

鹽、雞湯、香油各適量。

做 法

1. 將竹笙洗淨,放入清水中泡透,再下入滾水中汆燙一下,除去異味,然後撈出瀝乾,切成 3 公分長段備用。

2. 將青菜摘洗乾淨,放入滾水中燙透,撈出沖涼。蘑菇洗淨,切成薄片,汆燙後撈出待用。

3. 起鍋點火,加入雞湯、鹽燒開,再放入燙好的青菜、竹笙、蘑菇片煮沸,起鍋裝入碗中,淋上香油即可。

小提醒

竹笙又稱竹蓀、竹菌,名列「四珍」之首,是一種高蛋白、低脂肪的保健食品,常食可提高機體免疫抗病能力。

雪菜蠶豆湯

材 料

雪裡紅 200 克,鮮蠶豆 100 克。

調味料

蔥絲、薑絲、雞湯、紹興酒、雞粉、香油、沙拉油各適量。

做 法

1. 將雪裡紅(醃好的)洗淨,放入清水中浸泡 1 小時,沖去多餘鹽分,頂刀切末備用。

2. 將鮮蠶豆洗淨、去皮,掰成蠶豆瓣,再放入滾水鍋中煮熟,撈出瀝乾待用。

3. 起鍋點火,加入適量底油,先下入蔥絲、薑絲、雪裡紅末煸炒一下,再烹入紹興酒,加入雞湯、雞粉,待鍋開後轉小火煮約 5 分鐘,然後放入蠶豆瓣,淋入香油,即可起鍋裝碗。

奶香芹菜湯

材　料
芹菜 150 克，牛奶 100c.c.。
調味料
鹽、雞湯、太白粉、香油各適量。
做　法
1. 將芹菜摘洗乾淨，斜刀切成 4 公分長的段，再放入滾水中燙透，撈出瀝乾備用。
2. 起鍋點火，放入雞湯、芹菜、鹽煮至將開，再加入牛奶燒沸，然後用太白粉水勾芡，淋入香油，即可裝碗上桌。
小提醒
奶類是鈣的最好來源，同時含有豐富的優質蛋白質，其必需氨基酸比例適於人體吸收，還含有人體所需的多種維生素。

酸辣豆皮湯

材　料
豆腐皮150克，黑木耳100克，菠菜50克。
調味料
蔥段、薑片、醬油、白醋、胡椒粉、太白粉水、香油、清湯、沙拉油各適量。
做　法
1. 將豆腐皮洗淨，放入滾水中汆燙一下，撈出瀝乾，切成細絲。木耳洗淨，切成細絲。菠菜洗淨，切段備用。
2. 起鍋點火，加少許底油燒熱，先用蔥、薑熗鍋，再烹入白醋，添入清湯，然後依次下入豆皮絲、木耳絲、菠菜段，加入醬油煮開，再撇去浮沫，以太白粉水勾薄芡，撒上胡椒粉，淋入香油，即可起鍋裝碗。

家居番茄湯

材　料
蔬菜各適量（高麗菜、洋蔥、胡蘿蔔、白蘿蔔等），鮮蘑菇80克，熟雞絲、熟火腿絲各25克。
調味料
鹽、胡椒粉、香葉、番茄醬、高湯、奶油各少許。
做　法
1. 將各種蔬菜分別洗滌整理乾淨，均切成 5 公分長的細絲。鮮蘑菇去柄、洗淨，切成小片備用。
2. 起鍋點火，加入奶油燒熱，先下入各種蔬菜絲炒至嫩黃色，再放入番茄醬和香葉煸炒片刻，然後加入高湯，轉小火煮約 30 分鐘，再放入鮮蘑菇片、鹽、胡椒粉調勻，煮至入味待用。
3. 將雞絲、火腿絲裝入碗中，食用前澆入調好的濃湯即可。

綠豆芽甜椒湯

材　料
綠豆芽 200 克，甜椒 50 克，韭菜 25 克。

調味料
鹽、香油、清湯各適量。

做　法
1. 將綠豆芽掐去兩端，洗淨瀝乾。韭菜摘洗乾淨，切成 4 公分長的段。甜椒洗淨，去蒂及籽，切絲備用。

2. 起鍋點火，加入清湯燒開，依次放入綠豆芽、甜椒絲、韭菜段煮至去腥，再用鹽、香油調好口味，即可裝碗上桌。

小提醒
綠豆芽是袪痰火、濕熱的家常蔬菜，凡體質屬痰火濕熱者，血壓偏高或血脂偏高，而且多嗜煙酒、肥膩者，常吃綠豆芽可起到清腸胃、解熱毒、潔齒牙的作用。注意食材下鍋的順序，湯要沸，火要旺，動作宜快，原料斷生即可起鍋。

金針番茄湯

材　料
番茄 200 克，鮮金針菇、黑木耳各 50 克。

調味料
鹽、高湯、香油各適量。

做　法
1. 將番茄去蒂、洗淨，用開水燙一下，撈出沖涼，撕去外皮，切成薄片。金針菇、木耳摘洗乾淨，瀝乾備用。

2. 起鍋點火，加入高湯，放入金針菇、木耳、鹽、番茄煮至入味，再淋入香油，即可起鍋裝碗。

小提醒
將番茄放入盆中，澆淋開水，然後浸泡一會，再用冷水沖涼，則可輕而易舉地撕去番茄的外皮。

素三絲豆苗湯

材　料
豆苗 150 克，冬筍、乾香菇、胡蘿蔔各 50 克。

調味料
薑末、鹽、紹興酒、香油、沙拉油各適量。

做　法
1. 將豆苗摘洗乾淨。冬筍、香菇、胡蘿蔔分別洗淨，切成細絲。分別放入滾水中汆燙一下，撈起瀝乾備用。

2. 起鍋點火，加油燒熱，先用薑末熗鍋，再烹入紹興酒，添入適量開水，然後放入三絲及豆苗煮沸，再加入鹽調好口味，淋入香油，即可裝碗上桌。

小提醒
胡蘿蔔又稱黃蘿蔔、紅蘿蔔等，性味甘、平，有健脾、化滯、明目的功效，常吃對身體有很大益處。

水產品類

　　水產品主要指魚類及蝦、蟹、貝類等鮮活的水產品原料。其品種繁多，味道鮮美，營養豐富，是人們非常喜愛的食品。常用的烹調方法有：生吃、醃醉、白煮、乾炸、清蒸、爆炒、椒鹽、糖醋溜、紅燒、乾燒、家燜、清燉、香煎、烤等。

羔蟹戲雙龍

材　料

螃蟹1隻，大蝦2隻，花枝1塊，鮮竹筍、胡蘿蔔片各少許。

做　法

1. 將螃蟹洗滌整理乾淨，開殼改刀剁成10塊，放入蒸籠蒸熟，取出擺放在圓盤的一邊，扣上蟹蓋備用。

2. 大蝦整理乾淨，在背部劃花刀呈「蝦球」狀，加鹽、紹興酒基本調味，裹上蛋白，下溫油滑散滑透，倒入漏勺。花枝整理乾淨，劃斜十字花刀，下滾水汆燙透，見捲曲，即刻撈出，瀝乾水分。鮮竹筍洗淨切段，與胡蘿蔔片一起汆燙處理。

3. 用一小碗加鹽、胡椒粉、白糖、鮮湯、太白粉水調成芡汁。

4. 炒鍋燒熱加底油，用蔥、薑、蒜末熗鍋，烹紹興酒，下入蝦球、花枝及配料，加入事先調好的芡汁，大火快速翻拌均勻，淋香油，起鍋裝入盤中即可。

竹筒枸杞燜蝦

材　料

草蝦10隻，枸杞10克，洋蔥20克，巴西利少許。

調味料

鹽、胡椒粉、麵粉、豬油各適量。

做　法

1. 從草蝦背部挑除沙腸，洗滌整理乾淨；枸杞用溫水浸泡回軟。洋蔥去皮，切瓣備用。

2. 炒鍋上火燒熱，加適量豬油，下入洋蔥煸炒，加入少許麵粉，炒出香味後添湯，加鹽、胡椒粉，見湯沸，下入草蝦和枸杞，蝦變色即刻撈出，分裝在竹筒內，蓋緊蓋，放入蒸鍋蒸燜8分鐘，起鍋點綴巴西利，連竹筒一起上桌即可。

沙鍋燉魚頭

材　料

魚頭1個，香菇30克，豆腐2塊，芹菜、紅乾椒、冬筍、香蔥、薑、大蒜各適量。

做　法

1. 魚頭去鰓，整理乾淨，一開兩半，用熱油沖炸片刻，除去異味，撈出瀝油。香菇用溫水浸泡回軟，剪去菇柄，洗淨。豆腐切長方形厚片，過油炸至金黃色，撈出瀝油。芹菜摘洗乾淨，切段。紅乾椒用涼水泡軟，剪去蒂頭，去籽洗淨。冬筍洗淨切片。香蔥摘洗淨切段。薑去皮洗淨，切片。大蒜去皮洗淨，分瓣備用。

2. 炒鍋上火燒熱，加少許底油，放蔥、薑、蒜、紅乾椒熗鍋，烹紹興酒、醋，加醬油、白糖，添湯，下入炸好的魚頭、豆腐和泡發好的香菇，用大火燒沸，再倒入大沙鍋中，開火加熱，加入啤酒、冬筍片，轉小火慢燉至酥爛，加鹽調味，見湯濃，下入芹菜段，再轉大火燒沸，離火，連沙鍋一起上桌即可。

蟹卵蒜蓉包

材　料

蟹卵 30 克，法國麵包 1 個，大蒜 10 瓣。

調味料

鹽、沙拉油、奶油各少許。

做　法

1. 將大蒜去皮、洗淨，拍碎，剁成粒，過油炸至金黃色，用紗網撈出，趁熱拌入鹽，攪成蒜蓉。法國麵包去皮，切成 0.5 公分厚的圓片備用。

2. 奶油放入鍋內，開小火燒至溶化，離火稍晾涼，加入蒜蓉拌勻，再均勻地抹在麵包片上。

3. 烤箱預熱200℃，烤盤刷一層沙拉油，擺入蒜蓉麵包片，入烤箱烘烤5分鐘取出，趁熱抹上蟹卵即可。

小提醒

操作簡便，主副食皆宜，洋為中用，鮮香酥脆。此菜最好用鹹麵包製作，否則既影響口味，又易焦糊。

鮑汁海螺

材　料

海螺肉 200 克，豬肉、老雞、火腿各適量，銀芽、綠花椰菜各少許。

做　法

1. 海螺肉下滾水鍋中氽燙透，撈出整理乾淨。豬肉、老雞、金華火腿分別剁塊，氽燙後洗淨。

2. 上述原料一起放入鍋內，加清水上火煮沸15分鐘，轉小火慢煨3小時至酥爛，將海螺肉撈出，瀝乾水分。

3. 銀芽、綠花椰菜分別擇洗淨，過水處理。

4. 炒鍋上火燒熱，加少許底油，放蔥、薑絲熗鍋，烹紹興酒、醋，加鹽，下入銀芽翻炒均勻，勾薄芡，淋香油，起鍋裝入盤中墊底。另起鍋製作「清炒花椰菜」圍邊。

5. 炒鍋上火燒熱，加少許油，用蔥、薑末熗鍋，烹紹興酒，加入鮑汁、白糖、鹽、胡椒粉，添適量湯，再下入海螺肉，燒至入味，見湯汁稠濃時，勾芡，淋香油，起鍋蓋在銀芽上即可。

貼餅子熬黃魚

材　料

玉米粉，白麵，小黃魚，雪裡紅，豬絞肉，青、紅椒絲，蔥、薑絲，香菜段。

做　法

1. 小黃魚去鱗、去鰓、除內臟，整理乾淨，在魚身兩側劃兩刀，過油炸透。雪裡紅洗淨，切段備用。

2. 炒鍋上火燒熱，加少許底油，下入豬絞肉煸炒至變色，烹紹興酒、醋，加醬油、白糖，再下入雪裡紅煸炒片刻，添湯，加鹽調味，滾沸後倒入燒熱的小鐵鍋內，開火加熱，下入小黃魚轉小火熬製。

3. 玉米粉2/3，白麵1/3，加入適量水和酵母及蛋液調和勻，揉成較軟的麵團，放 5 分鐘待發透，搓成條狀，掰成一個個25 克小塊，按扁成小圓餅，貼入鐵鍋四周，蓋緊鍋蓋，燜至熟透，掀蓋撒入蔥絲、薑絲、青椒絲、紅辣椒絲、香菜段、胡椒粉，連鍋一起上桌。

玉米脆皮蝦

材　料

蝦 150 克，玉米粒 50 克，青、紅椒粒各 15 克。

調味料

蔥末、薑末、椒鹽、紹興酒、白糖、太白粉、鹽、胡椒粉、沙拉油各適量。

做　法

1. 蝦挑除沙腸，整理乾淨，加鹽、紹興酒、胡椒粉醃製 15 分鐘，再沾上乾太白粉，過油炸至酥脆，撈出瀝油。玉米粒沾酥炸粉過油炸透，撈出備用。

2. 炒鍋上火燒熱，加少許底油，用蔥末、薑末熗鍋，下入青椒粒、紅椒粒、椒鹽、白糖及上述原料，快速翻炒掛勻，起鍋裝盤即可。

小提醒

酥脆甜辣，鮮香味美。是一種創新口味和製法的嘗試。

板栗蘑菇炒螺花

材　料

海螺肉 250 克，小蘑菇 25 克，熟板栗 30 克，青、紅椒各適量。

調味料

蔥、薑、蒜、紹興酒、白醋、鹽、白糖、太白粉水、沙拉油各適量。

做　法

1. 將海螺肉洗淨，切成薄片。小蘑菇泡發回軟，去蒂洗淨。青、紅椒去蒂及籽，切成小塊。分別放入滾水中汆燙備用。

2. 將熟板栗下入熱油中炸酥，撈出瀝油待用。

3. 炒鍋上火燒熱，加適量底油，先用蔥、薑、蒜熗鍋，再烹入紹興酒、白醋，加入鹽、白糖，然後放入海螺肉、小蘑菇、青紅椒翻炒均勻，再以太白粉水勾芡，淋上香油，即可起鍋裝盤。

海膽爆蝦球

材　料

海膽 3 隻，青、紅椒各 20 克，胡蘿蔔片 15 克，大蝦 5 隻。

調味料

蔥末、薑末、鹽、紹興酒、蛋清、白糖、沙拉油各適量。

做　法

1. 海膽沖洗淨，從上端剪開圓口，取出海膽黃，加水稍加煮沸並調味，再盛入原殼中，擺在盤子的一邊。

2. 大蝦去頭、尾、皮，從背部取出沙腸，洗淨，劃刀呈蝦球狀，用鹽、紹興酒基本調味，上蛋清漿，下溫油滑透，倒入漏勺。

3. 炒鍋上火燒熱，加少許底油，用蔥、薑末熗鍋，烹紹興酒，下青椒、紅椒、胡蘿蔔片，添少許鮮湯，加鹽、白糖，下入蝦球，勾芡，淋香油，翻拌均勻，起鍋裝盤即可。

栗子燒元魚

材　料
甲魚 1 隻，熟板栗 10 粒。

調味料
蔥段、薑片、蒜瓣、紹興酒、白醋、醬油、白糖、雞粉、鹽、胡椒粉、香油、沙拉油各適量。

做　法
1. 將甲魚宰殺，開殼後除內臟，洗滌整理乾淨，剁成大塊，再下入滾水中汆燙一下，除去腥味，撈出沖淨。熟板栗去殼，過油炸至金黃色，撈出瀝油備用。

2. 炒鍋上火燒熱，加少許底油，先用蔥段、薑塊、蒜瓣熗鍋，再烹入紹興酒、白醋，加入醬油、白糖、雞粉、鹽，然後添湯，下入甲魚燒至熟爛入味，見湯汁稠濃時，撒上胡椒粉，以太白粉水勾芡，淋入香油，最後放入栗子翻炒均勻，即可起鍋裝盤。

鳳梨鱈魚球

材　料
銀鱈魚 1 條，鳳梨 1 個，洋蔥 1 個，西洋芹 1 棵。

調味料
鹽、紹興酒、白醋、番茄醬、白糖、沙拉油各少許。

做　法
1. 將銀鱈魚洗滌整理乾淨，切成小段，再加入鹽、紹興酒調味，裹上全蛋糊，過油炸至金黃色、呈球狀，倒入漏勺。鳳梨洗淨，一切兩半，挖出鳳梨肉，用淡鹽水浸泡去澀味，再改刀切片。洋蔥去皮，洗淨後切瓣。西洋芹摘洗乾淨，切片備用。

2. 炒鍋上火燒熱，加適量底油，先下入洋蔥煸炒一下，再烹入紹興酒、白醋，加入番茄醬、鹽、白糖，然後添湯炒勻，見湯沸時勾芡，再下入鳳梨片、鱈魚球、西洋芹翻炒均勻，淋上香油，起鍋裝入鳳梨盅內即可。

香辣雙魚卷

材　料
鮮魷魚 150 克，鯛魚片 1 片，鮮蘆筍少許。

調味料
蔥、薑、蒜、鹽、胡椒粉、紹興酒、辣豆瓣醬、白糖、香油、沙拉油各適量。

做　法
1. 鮮魷魚整理乾淨，刻花刀，下入滾水中汆燙透，呈魚卷狀，撈出，瀝乾水分。鯛魚片切成條狀，加鹽、胡椒粉、紹興酒基本調味，沾裹酥炸粉，下油炸透，見呈金黃色，撈出備用。

2. 將炸好的魚條逐個包裹在魷魚卷內，排擺在盤中，用「清炒蘆筍」飾邊點綴。

3. 炒鍋上火燒熱，加少許底油，用蔥、薑、蒜末熗鍋，烹紹興酒，下入辣豆瓣醬、鹽、白糖炒勻，勾芡，淋香油，起鍋澆在雙魚卷上即可。

醬香響螺片

材料

響螺1隻，青、紅椒各15克，西洋芹1棵。

調味料

豆豉、嫩精、蔥、薑、蒜、紹興酒、辣椒醬、白醋、醬油、白糖、鹽、香油、沙拉油各適量。

做法

1. 將響螺去殼取肉，洗滌整理乾淨，切成長方片，再用嫩精醃製2小時，撈出沖淨。青、紅椒洗淨，去蒂及籽，切成小片。西洋芹摘洗乾淨，抹刀切片。豆豉用溫水泡軟備用。

2. 炒鍋上火燒熱，加適量底油，先用蔥末、薑末、蒜末、豆豉熗鍋，再烹入紹興酒、白醋，加入辣椒醬、醬油、白糖、鹽，然後添少許清湯，下入汆燙好的響螺片、青椒、紅椒、西洋芹翻炒均勻，再以太白粉水勾芡，淋上香油，起鍋裝入螺殼內即可。

白帶魚燒豆腐

材料

白帶魚1條，芥藍菜50克，豆腐2塊。

調味料

蔥段、薑塊、蒜片、紹興酒、醬油、白糖、鹽、雞粉、蠔油、魚露、沙拉油各適量。

做法

1. 將白帶魚洗滌整理乾淨，剁成小段，在魚身兩側劃上花刀，過油炸透，倒入漏勺。芥藍菜摘洗乾淨，下入滾水中汆燙，撈出瀝乾。豆腐切成厚片，過油炸至金黃色，倒入漏勺。

2. 炒鍋上火燒熱，加少許底油，先用蔥段、薑塊、蒜片熗鍋，再烹入紹興酒，加入醬油、白糖、鹽、雞粉、蠔油，然後添湯，下入白帶魚、豆腐燒至入味，見湯汁稠濃時勾芡，淋上香油，起鍋裝在盤子兩邊，再將芥藍菜用大火翻炒，以魚露調味，起鍋擺在中間即可。

酒香烤吳郭魚

材料

吳郭魚1條，洋蔥、巴西利各少許。

調味料

薑末、蒜末、鹽、紹興酒、高粱酒、紅葡萄酒、香油各適量。

做法

1. 將吳郭魚去鱗、去鰓、除內臟，洗滌整理乾淨，在魚身兩側劃上花刀，再用高粱酒、葡萄酒、紹興酒、薑末、蒜末、鹽醃製入味備用。

2. 烤箱預熱230℃，將吳郭魚放入烤盤中，尾部用洋蔥瓣墊起，放入烤箱烤至熟透，取出裝盤，再用熱香油澆淋，點綴巴西利即可。

小提醒

酒香濃郁，酥脆可口，為佐酒佳餚。

鯉魚躍龍門

材 料
鯉魚1條，蝦仁50克，洋蔥、榨菜、豌豆、冬菇、冬筍各少許，豬肉餡50克，紅乾椒適量。

做 法
1. 鯉魚去鱗、去鰓、除內臟，洗淨後，在魚身兩側劃上花刀，然後一分兩段，下熱油炸至金黃色，撈出瀝淨。蝦仁挑除沙腸，洗淨，用鹽、紹興酒基本調味，打入蛋清抓勻，下溫油過油，倒入漏勺。洋蔥、榨菜、冬菇、冬筍、紅乾椒均切丁備用。
2. 炒鍋上火燒熱，加適量底油，用蔥、薑、蒜末熗鍋，烹紹興酒及醋，下入洋蔥、紅乾椒、榨菜、冬菇、冬筍、豬肉餡、辣豆瓣醬煸炒出香味，加醬油、白糖、鹽，添湯，下入炸好的鯉魚，用大火燒沸，轉小火燒至入味，見湯汁稠濃時，下入豌豆，取出鯉魚裝盤，將餘汁炒濃澆在魚身上，中間用蝦仁擺飾即可。

鮮果福壽龍蝦

材 料
大龍蝦1隻，什錦水果粒1罐，雞蛋1個，熟芝麻少許。

調味料
鹽、紹興酒、美乃滋、煉乳、蜂蜜、白醋、沙拉油各適量。

做 法
1. 將龍蝦宰殺取肉，洗淨後，頭、尾放入蒸鍋蒸至金紅色，取出裝在盤子兩邊。龍蝦肉切段，用鹽、紹興酒調味，裹上全蛋糊，下油炸至金黃色、呈球狀，撈出瀝油。什錦水果粒放入滾水中燙透，撈出瀝乾備用。
2. 將美乃滋放入碗中，加入煉乳、蜂蜜、白醋調拌均勻成奇妙醬。
3. 炒鍋上火燒熱，加適量底油，下入調好的「奇妙醬」炒開，再放入炸好的龍蝦球和什錦水果粒翻拌均勻，然後撒上熟芝麻，淋上香油，起鍋盛在盤中即可。

河蟹辣炒烏龍麵

材 料
河蟹4隻，韭黃、紅乾椒各適量，烏龍麵1束。

調味料
蔥段、薑絲、鹽、紹興酒、奶油、太白粉、辣椒醬、白糖、沙拉油各適量。

做 法
1. 將河蟹開殼，洗淨，剁成大塊，再加入鹽、紹興酒調味，沾少許太白粉，過油炸至金紅色，倒入漏勺。韭黃、香蔥摘洗乾淨，切成小段。紅乾椒洗淨，去蒂後切段。烏龍麵下入滾水中汆燙透，撈出瀝乾備用。
2. 炒鍋上火燒熱，加適量奶油，先下入蔥段、薑絲、紅乾椒熗鍋，再烹入紹興酒，加入辣椒醬、白糖、鹽，然後添入少許清湯，下入烏龍麵煸炒片刻，再加入蟹塊、韭黃翻炒均勻，最後淋上香油，即可起鍋裝碗。

奶汁蟹塊小窩頭

材料

螃蟹 1 隻，小窩頭適量，花椰菜少許。

調味料

蔥段、薑片、鹽、紹興酒、太白粉、白醋、三花奶水、麵粉、雞粉、白糖、豬油各適量。

做法

1. 將螃蟹洗滌整理乾淨，剁成大塊，再用鹽、紹興酒基本調味，然後裹上乾太白粉，過油炸透。小窩頭放入蒸鍋蒸透備用。

2. 炒鍋上火燒熱，加少許豬油，先用蔥段、薑片熗鍋，再烹入紹興酒、白醋，加入三花奶水、麵粉、雞粉、鹽、白糖，然後下入蟹塊、小窩頭翻炒均勻，再淋上香油，起鍋裝盤，用氽燙過，調好味的花椰菜點綴即可。

茶香墨魚丸

材料

墨魚丸 300 克，烏龍茶葉 5 克。

調味料

蜂蜜 4 小匙，桂花醬 2 小匙，麵粉少許，沙拉油適量。

做法

1. 將茶葉用熱水泡開，漇出茶水，留下茶葉，瀝乾備用。

2. 起鍋點火，加油燒至六成熱，將墨魚丸裹勻麵粉，下入油中炸熟，撈出瀝油，待油溫升至八成熱時，再下入茶葉炸酥，撈出瀝油待用。

3. 另取一鍋上火，加入少許清水，先放入蜂蜜、桂花醬用大火熬稠，再下入墨魚丸、茶葉翻炒均勻，即可起鍋裝盤。

蜜瓜海中寶

材料

哈密瓜 1 個，蝦仁、干貝、螺片、小魚乾、草菇、胡蘿蔔片、西洋芹段各適量。

調味料

蔥末、薑末、鹽、紹興酒、蛋清、白糖、沙拉油各適量。

做法

1. 將哈密瓜用插刀刻成瓜盅，取出瓜肉切塊。蝦仁挑除沙腸、洗淨，瀝乾水分，再加入鹽、紹興酒，裹上蛋清漿，下入溫油滑透。干貝、螺片、小魚乾與草菇、西洋芹段、胡蘿蔔片一起過水燙透備用。

2. 炒鍋上火燒熱，加少許底油，先用蔥末、薑末熗鍋，再烹入紹興酒，添入清湯，加入鹽、白糖，然後放入瓜肉、蝦仁、干貝、螺片、小魚乾、草菇、胡蘿蔔片、西洋芹段炒勻，再以太白粉水勾芡，淋入香油，起鍋裝入瓜盅內即可。

火腿燜鱔段

材 料
鱔魚250克，火腿腸100克，青椒50克。

調 料
鹽、薑、紹興酒、白醋、白糖、白胡椒粉、雞粉、沙拉油各適量。

做 法
1. 將鱔魚宰殺，洗淨切成段。火腿腸切成段。青椒洗淨切成條。薑洗淨切成片。

2. 炒鍋上火加底油，油溫五成熱時，倒入鱔魚段、薑片煸炒，烹紹興酒、白醋，撒白胡椒粉，再加入火腿段、青椒條、白糖、鹽、雞粉和適量清水，燜5分鐘起鍋即可。

小提醒
鱔魚不易宰殺，如將鱔魚用水洗後撈入容器內，倒1小杯濃度高的酒，鱔便會發出聲響。聲響消失，表示鱔魚已醉，即可取出宰殺。

椒鹽銀魚卷煎餅

材 料
小銀魚100克，玉米麵煎餅2張，青、紅椒粒各適量。

調味料
蔥、薑、蒜、鹽、紹興酒、胡椒粉、椒鹽、香油、沙拉油各少許。

做 法
1. 將小銀魚洗滌整理乾淨，加入鹽、紹興酒、胡椒粉醃製15分鐘，再裹上全蛋糊，過油炸透，倒入漏勺備用。玉米麵煎餅放入蒸鍋蒸軟，改刀切成長方片備用。

2. 炒鍋上火燒熱，加少許底油，先用蔥末、薑末、蒜末熗鍋，再放入青、紅椒粒，烹入紹興酒，然後加入炸好的小銀魚和椒鹽翻炒均勻，再淋入少許香油，起鍋裝盤，用煎餅卷食即可。

蝦仁炒鮮奶

材 料
蝦仁200克，鮮牛奶150克，火腿末50克，雞蛋清100克，青豆25克。

調味料
鹽、雞粉、紹興酒、太白粉水、清湯、沙拉油各適量。

做 法
1. 將蝦仁洗淨瀝乾，放入碗中加鹽、雞粉、紹興酒、雞蛋清、太白粉水抓勻，下入四成熱油中，過油撈出瀝乾。青豆下滾水汆燙透，撈出備用。

2. 將牛奶倒入碗中，放入鹽、雞粉、太白粉水調成汁，下熱油炒至見呈雲朵狀盛出備用。

3. 鍋內油熱後加入清湯、鹽、紹興酒、雞粉燒開，用太白粉水勾成薄芡，倒入奶塊、蝦仁、青豆翻炒均勻，起鍋裝入盤中，撒上火腿末即成。

杏仁銀鱈魚

材　料

杏仁 50 克，鱈魚肉 300 克，芹菜、麵粉、雞蛋各 50 克。

調味料

白葡萄酒、檸檬汁、鹽、胡椒粉、奶油各適量。

做　法

1. 將鱈魚肉洗淨切段，放入器皿中加鹽、胡椒粉、白葡萄酒、檸檬汁拌勻入味，醃製 20 分鐘。芹菜洗淨，切成末。雞蛋打入碗中，攪勻備用。

2. 將醃製好的魚塊逐個沾勻麵粉，裹上蛋液待用。

3. 炒鍋上火燒熱，放入奶油，油溫四成熱時，放入魚塊煎至兩面金黃色，再撒入杏仁、芹菜末翻炒均勻，起鍋裝入盤中即可。

孜然烤鮮魷

材　料

魷魚 300 克，香蔥 100 克。

調味料

紹興酒、孜然、辣椒粉、鹽、沙拉油各適量。

做　法

1. 將魷魚洗淨，切成圓圈，放入瓷盤中加鹽、紹興酒、孜然、辣椒粉醃製 30 分鐘。香蔥洗淨，切成段。

2. 在電磁爐專用烤盤中抹一層底油，放入魷魚及香蔥，按下定溫可調鍵，調至最大功率，翻烤 3 分鐘左右，即可食用。

小提醒

新鮮的魷魚可鹽烤、涼拌。乾魷魚較適合碳烤。水發魷魚在烹調前需先泡水，重新吸收水分，以去除雜質和異味，再紅燒、油爆或香炒皆可。

魚香小魚

材　料

丁香魚 300 克，香菜末 25 克，泡椒絲 25 克。

調味料

蔥末、薑絲、花椒粉、醬油、白糖、白醋、紹興酒、雞粉、沙拉油各適量。

做　法

1. 將丁香魚剪去頭部、清理內臟，洗淨瀝乾後用醬油、紹興酒塗抹其表面和腹腔，除去土腥味待用。

2. 炒鍋上火放油，燒至六成熱時，放入小魚炸至外表起脆殼，撈出瀝油。

3. 鍋內留底油，放入蔥、薑、泡椒絲煸炒出香味，再倒入丁香魚，加入醬油、白糖和水燒開入味，再加入白醋、雞粉收乾汁，撒上花椒粉，淋上香油拌勻，起鍋裝盤撒上薑絲、香菜末即可。

鯰魚燉酸菜

材　料

活鯰魚 500 克，酸菜絲 100 克，冬筍、豆芽、青蒜各 25 克。

調味料

蔥段、薑片、鹽、胡椒粉、高湯、雞粉各適量。

做　法

1. 將鯰魚洗淨，切成大塊。豆芽、青蒜葉洗淨。冬筍去皮、洗淨，切絲備用。

2. 炒鍋上火添湯，開鍋後加入冬筍絲、薑片、豆芽、酸菜絲、鯰魚塊、蔥段、青蒜、鹽、胡椒粉、雞粉，小火燉煮 15 分鐘，即可起鍋裝碗。

小提醒

鯰魚有滋陰開胃，催乳利尿之功效，可用於虛損不足，乳汁不多，水氣浮腫，小便不利，痔瘡出血等症的調理。

乾燒紅目鰱

材　料

紅目鰱 1 條，五花豬肉、冬筍各 50 克，芽菜 25 克。

調味料

蔥末少許，薑末 15 克，鹽、白糖各 1/2 小匙，米醋 1 小匙，紹興酒 2 小匙，豆瓣醬 3 大匙，鮮湯200c.c.，沙拉油 100c.c.。

做　法

1. 將五花豬肉、冬筍分別洗淨，切成小丁。芽菜洗淨，切成細末。紅目鰱去鱗、去鰓、除內臟，洗淨後在兩側劃上菱形花刀，再放入盤中，加入鹽、薑末、蔥末醃至入味備用。

2. 起鍋點火，加油燒至七成熱，下入紅目鰱炸至魚皮收緊，撈出瀝油待用。

3. 鍋中留少許底油燒熱，先下入五花肉丁、冬筍丁、豆瓣醬、芽菜末、薑末炒香，再放入紅目鰱，烹入紹興酒，添入鮮湯，然後加入白糖、米醋燒至入味，即可起鍋裝盤。

白灼鮮鱸魚

材　料

鮮鱸魚 500 克，乾紅辣椒 25 克。

調味料

蔥末、薑末、蒜末、鹽、紹興酒、醬油、雞粉、花椒、高湯、沙拉油各少許。

做　法

1. 將鱸魚去鱗、去鰓、除內臟，洗滌整理乾淨，再去骨、去刺，片成魚片。高湯、鹽、紹興酒、醬油、雞粉放入碗中調勻，製成海鮮汁備用。

2. 將鱸魚片放入滾水中，加入鹽、紹興酒、薑末、蔥末汆燙去腥，撈出擺在盤中待用。

3. 炒鍋上火，加油燒至四成熱，下入乾辣椒、花椒炸出香味，倒入裝有魚片的盤中，再澆入調好的海鮮汁拌勻，即可食用。

紅燒蹄筋魚唇

材 料
魚唇、蹄筋、香菇各30克，青菜少許。

調味料
蔥末、薑末、蒜片、紹興酒、鹽、海鮮醬、高湯、花生醬、雞粉、醬油、太白粉水各適量。

做 法
1.將魚唇、蹄筋、香菇用清水漲發至軟，洗淨備用。

2.炒鍋上火燒熱，加入底油，先下蔥末、薑末、蒜片爆香，再烹入紹興酒，添入高湯，然後加入魚唇、蹄筋、香菇、鹽、海鮮醬、花生醬、雞粉，燒至汁濃肉香，再加入醬油調成金紅色，最後用太白粉水勾芡，淋上香油，即可起鍋裝盤。

3.青菜燴炒入味，伴邊點綴。

孜然鮮卷

材 料
吉利丁、羊絞肉各150克，雞蛋4個。

調味料
蔥花、薑末各少許，鹽1/2大匙，孜然、辣椒粉、胡椒粉、紹興酒各1小匙，沙拉油1000c.c.。

做 法
1.將吉利丁和羊絞肉放入碗中，加入薑末、蔥花、胡椒粉、紹興酒攪

拌均勻，製成餡料。雞蛋磕入碗中攪散，再下入熱油鍋中攤成蛋皮備用。

2.將蛋皮平鋪在砧板上，放入餡料，卷成5公分長、1公分粗的鮮卷待用。

3.起鍋點火，加油燒至七成熱，下入鮮卷炸約5分鐘，撈出瀝油備用。

4.鍋中留少許底油燒熱，先下入孜然、辣椒粉炒香，再放入炸好的鮮卷翻炒均勻，即可盛出切段，裝盤上桌。

乾煎明蝦

材 料
明蝦2隻，洋蔥末少許。

調味料
蒜蓉少許，醬油、太白粉、番茄醬、清湯牛肉粉、辣椒粉、胡椒粉、沙拉油各適量。

做 法
1.將明蝦取出沙腸，用醬油醃製一下，再拍上少許太白粉備用。

2.起鍋點火，加油燒至七成熱，下

入明蝦煎炸至脆，撈出待用。

3.炒鍋上火燒熱，加少許底油，先下入洋蔥末、蒜蓉炒香，再放入明蝦，加入番茄醬、清湯牛肉粉、辣椒粉、胡椒粉翻炒均勻，即可起鍋裝盤。

小提醒
明蝦要新鮮，火候不宜過老，可半煎半炸，皮脆即好。

鴛鴦魚條春餅

材料

鯛魚片 250 克，魚子醬 30 克，春餅 10 張，小洋蔥、香菜各少許。

調味料

鹽、雞粉、雞蛋清、太白粉、胡椒粉、醬油、牛油各適量。

做法

1. 將鯛魚片洗淨，切成細絲，再放入碗中，加入鹽、雞粉、雞蛋清和適量油拌勻，醃至入味備用。

2. 取一半魚肉拍上太白粉，下入七成熱油中炸至酥脆，撈出瀝油裝盤。另一半魚肉下入溫油中過油，撈出瀝乾待用。

3. 起鍋點火，加入牛油燒熱，先下入小洋蔥炒香，再放入過油的魚肉絲拌炒，然後加入香菜段、胡椒粉、醬油翻炒均勻，起鍋裝在盤中。

4. 用春餅卷上鴛鴦魚條及魚子醬，即可食用。

蔥辣草蝦

材料

草蝦 500 克，燈籠乾辣椒 50 克。

調味料

蔥段、薑片各 10 克，紹興酒、糖色各 1 小匙，高湯、沙拉油各適量。

做法

1. 將草蝦洗淨，在背部劃上一刀，挑除沙腸，沖淨備用。

2. 起鍋點火，加油燒至八成熱，下入草蝦略炸，撈出瀝油待用。

3. 鍋中留底油燒熱，先下入乾辣椒炒香，再添入高湯，放入草蝦、蔥段、薑片、紹興酒、糖色，小火煮至收汁，即可起鍋裝盤。

小提醒

蝦的營養極為豐富，所含蛋白質是魚、蛋、奶的幾倍至幾十倍，還含有豐富的鉀、碘、鎂、磷等礦物質和維生素A、氨茶鹼等成分，對身體虛弱和病後需要調養的人十分有益。

清蒸河蟹

材料

河蟹 250 克。

調味料

生薑、香醋、花椒各適量。

做法

1. 將生薑洗淨，切成細末，放入碗中，加入香醋拌勻備用。

2. 將河蟹沖洗乾淨，放入蒸鍋中，加入幾粒花椒蒸 7～8 分鐘，取出後裝盤，蘸薑醋汁食用即可。

小提醒

蟹肉鮮美而不膩，因此要注意節制食量，食得過多會造成消化不良。有過敏體質的人或食蟹過敏者不能食用，氣喘、哮喘、皮膚病（如濕疹、皮炎）、蕁麻疹、過敏性結腸炎等病人也不宜食用，以免發生過敏反應或加重病情。

醬燒飛蟹

材 料

飛蟹1隻，馬鈴薯、番茄、洋蔥各1個，青紅椒塊、泡椒、香茅、芹菜段、香菜葉各少許。

調味料

高湯、牛肉清湯粉、番茄醬、椰漿、麵粉、胡椒粉、沙拉油各適量。

做 法

1. 將飛蟹開殼，洗淨後，剁成大塊，再拍上麵粉，下入六成熱油中炸透，撈出瀝乾備用。

2. 將馬鈴薯去皮、蒸熟，切成小塊。番茄洗淨、切塊。洋蔥去皮、洗淨，切塊待用。

3. 炒鍋上火燒熱，加少許底油，先下入洋蔥塊、青紅椒塊、泡椒、香茅、芹菜段煸炒一下，再加入高湯、牛肉清湯粉、番茄醬、椰漿和其他原料同煮至汁濃，然後撒上香菜葉、胡椒粉，即可起鍋裝盤。

炒魷魚絲

材 料

水發魷魚300克，黃瓜絲100克。

調味料

蔥末、薑末各少許，紹興酒、醬油各1大匙，鹽1/2小匙，花椒粉、太白粉各適量，沙拉油750c.c.。

做 法

1. 將魷魚洗淨，撕去外膜，切成4公分長的絲，再下入六成熱油中沖炸一下，撈出瀝乾備用。

2. 鍋中留少許底油燒熱，先用蔥末、薑末熗鍋，再烹入紹興酒，加入黃瓜絲、魷魚絲、花椒粉、鹽、醬油翻炒均勻，然後添入少許清湯，用太白粉水勾芡，淋上香油，即可起鍋裝盤。

小提醒

炒魷魚時，要大火速成。

鮮蝦墨魚蒸豆腐

材 料

豆腐1塊，墨魚肉30克，鮮蝦仁50克，香菜段少許。

調味料

鹽、雞粉、太白粉、雞蛋清、花椒油、醬油各適量。

做 法

1. 將豆腐去硬邊、切塊，放入盤中，挖出小洞備用。

2. 將墨魚肉洗淨，剁成細蓉，加入鹽、雞粉、太白粉、雞蛋清，攪打成魚膠，鑲入豆腐中待用。

3. 將鮮蝦仁去沙腸、洗淨，用鹽、太白粉、雞蛋清醃製一下，放在墨魚肉上面。

4. 將鑲好的豆腐放入蒸籠蒸熟，取出，再淋上花椒油、醬油，撒上香菜段，即可上桌食用。

乾煸鱔絲

材料

鱔魚肉 750 克，芹菜段、乾椒絲各 10 克，香菜段少許。

調味料

蔥絲、薑絲、蒜片各少許，花椒 10 克，白糖、紅糟汁、烏醋各 1 小匙，香油 2 小匙，沙拉油適量。

做法

1. 將鱔魚肉洗淨，切成粗絲，放入滾水中汆燙一下，撈出瀝乾備用。

2. 起鍋點火，加油燒至七成熱，分次下入鱔魚絲炸約 1 分鐘後撈出，待油溫升至八成熱時，再下油炸約 2 分鐘，待呈金黃色時撈出，瀝油待用。

3. 鍋中留少許底油燒熱，先下入花椒煸炒至香，再揀除花椒，放入乾椒絲、蒜片、薑絲、蔥絲煸炒一下，然後下入鱔魚絲，加入紅糟汁、芹菜段翻炒片刻，再放入白糖，烹入烏醋翻炒均勻，最後撒上香菜段，淋入香油，即可起鍋裝盤。

麻辣蝦串

材料

草蝦 400 克，乾辣椒 50 克。

調味料

蔥花、薑絲各 5 克，花椒 10 克，鹽 1/2 大匙，紹興酒 4 小匙，香辣醬 3 大匙，香辣油 75c.c.，沙拉油 1000c.c.。

做法

1. 將草蝦洗淨，在背部劃一刀，挑除沙腸，放入碗中，加入薑絲、蔥花、鹽、紹興酒醃製 30 分鐘，再用竹籤串好備用。

2. 起鍋點火，加入沙拉油燒至七成熱，下入草蝦串炸至皮酥肉嫩，撈出瀝油待用。

3. 另起一鍋，加入香辣油燒熱，先下入乾辣椒、花椒、香辣醬炒出香味，再放入草蝦串翻炒 2 分鐘，即可起鍋裝盤。

紅燒黃魚

材料

黃魚 1 條（約 500 克）。

調味料

蔥花、薑片、蒜片各 5 克，鹽、醬油各 1 小匙，紹興酒、雞粉各 2 小匙，白醋 1 大匙，香油、太白粉水各少許，麵粉 50 克，清湯、沙拉油各適量。

做法

1. 將黃魚去鱗、去鰓、除內臟，洗淨後在魚身兩側各劃幾刀，再拍勻麵粉。

2. 起鍋點火，加油燒熱，先下入黃魚煎至兩面金黃色，再放入薑片、蔥花、蒜片，烹入紹興酒，加入白醋、醬油、清湯略燒，然後加入鹽、白糖、雞粉，大火燒開後轉用小火燜燒 10 分鐘，盛入盤中待用。

3. 鍋中原汁繼續加熱，挑除蔥、薑，用太白粉水勾芡，淋入香油，澆在魚上即可。

雙椒鰱魚頭

材 料
鰱魚頭 1200 克，乾辣椒 50 克。

調味料
蔥段、薑片各 10 克，花椒 25 克，鹽、醬油各 1 小匙，白糖、紹興酒各 2 小匙，豆瓣醬 3 大匙，香辣油、鮮湯各 500c.c.，沙拉油 1000c.c.。

做 法
1. 將鰱魚頭洗滌整理乾淨備用。
2. 起鍋點火，加入沙拉油燒至七成熱，下入鰱魚頭浸炸 2 分鐘，撈出瀝油待用。
3. 鍋中加入 250c.c.香辣油燒熱，先下入豆瓣醬炒香，再加入薑片、蔥段、紹興酒、鮮湯、醬油、鹽、白糖燒沸，然後放入鰱魚頭燒約 30 分鐘，待湯汁濃稠時，起鍋裝入盤中。
4. 另起一鍋，加入剩餘的香辣油燒熱，再放入乾辣椒、花椒炸香，均勻地澆在魚頭上即可。

辣汁煎鮑魚

材 料
鮑魚 5 個，綠花椰菜 25 克，熟芝麻少許。

調味料
蔥末、薑末、醬油、紹興酒、雞粉、辣椒醬、牛油各適量。

做 法
1. 將鮑魚肉取出，洗滌整理乾淨，吸乾水分備用。
2. 將醬油、紹興酒、雞粉、辣椒醬放入碗中，調成醬汁待用。
3. 起鍋點火，加入牛油燒熱，先將蔥末、薑末炒香，再放入鮑魚肉煎至兩面金黃色，然後烹入調好的醬汁燒濃，起鍋分裝在貝殼中，再撒上少許芝麻，用汆燙過的綠花椰菜裝飾即可。

小提醒
煎製鮑魚時，火候不宜過老。

蒜粉香帶魚

材 料
白帶魚 500 克。

調味料
蒜末 50 克，鹽 2 小匙，紹興酒、蒜香粉各 4 小匙，太白粉 3 大匙，沙拉油 1000c.c.。

做 法
1. 將白帶魚洗滌整理乾淨，切成 4 公分長的段，再放入大碗中，加入蒜香粉、蒜末、鹽、紹興酒及適量清水，醃製 10 分鐘，撈出瀝乾水分，拍勻太白粉備用。
2. 起鍋點火，加油燒至七成熱，下入白帶魚段炸成金黃色，撈出瀝油，裝入盤中即可。

小提醒
白帶魚的脂肪含量很高，且多為不飽和脂肪酸，具有降低膽固醇的作用。

辣炒田螺

材 料
田螺 500 克，紅乾椒丁、香菜段各 10 克。

調味料
鹽、雞粉、白糖、醬油、蒜蓉辣醬、紹興酒、太白粉水、辣椒油各1小匙，沙拉油少許。

做 法
1. 將田螺洗滌整理乾淨，放入清水中煮熟，撈出瀝乾備用。

2. 起鍋點火，加油燒熱，先下入紅乾椒丁炒香，再放入田螺，加入鹽、雞粉、白糖、蒜蓉辣醬、醬油、紹興酒翻炒均勻，然後用太白粉水勾芡，淋入辣椒油，撒上香菜段，即可起鍋裝盤。

小提醒
螺肉富含蛋白質、維生素和人體必需的氨基酸和微量元素，是典型的高蛋白、低脂肪、高鈣質的天然動物性保健食品。

荷葉飄香蟹

材 料
肉蟹 500 克，鮮荷葉 1 張。

調味料
蔥花、薑絲各5克，鹽1小匙，紹興酒2小匙，柴魚粉適量，太白粉150克，沙拉油1000c.c.。

做 法
1. 將肉蟹去殼、洗淨，剁成 6 塊，再放入碗中，加入鹽、紹興酒、薑絲、蔥花醃製 30 分鐘，然後拍勻太

白粉。鮮荷葉洗淨備用。

2. 起鍋點火，加油燒至七成熱，下入肉蟹炸熟，撈出瀝油待用。

3. 另起一鍋，下入蟹塊和柴魚粉，小火煸炒 5 分鐘，盛出後用荷葉包好，再放入烤箱烤約 1 分鐘，即可取出食用。

火爆鴨腸

材 料
鴨腸600克，西洋芹150克，紅椒、泡椒末各50克。

調味料
鹽1/2大匙，紹興酒、太白粉水各1小匙，白糖、胡椒粉各1/2小匙，鮮湯2小匙，沙拉油適量。

做 法
1. 將鴨腸洗滌整理乾淨，切成小段；西洋芹去皮、洗淨，切成長

條。紅椒去籽及蒂，洗淨後切條。分別下入滾水中汆燙一下，撈出瀝乾備用。

2. 將鹽、白糖、胡椒粉、太白粉水、紹興酒、鮮湯放入碗中調勻，製成鹹味芡汁待用。

3. 鍋中加入底油燒熱，先下入泡椒末炒香，再放入鴨腸段、西洋芹條、紅椒條炒勻，然後用鹹味芡汁勾芡，即可起鍋裝盤。

醬燜泥鰍

材 料

泥鰍魚 500 克。

調味料

薑片、蒜片、蔥花各少許，八角 5 克，鹽、雞粉、胡椒粉、白糖、醬油、太白粉水各 1 小匙，豆瓣醬 3 大匙，高湯、沙拉油各適量。

做 法

1. 將泥鰍宰殺，洗滌整理乾淨，再放入滾水中汆燙一下，撈出瀝乾備用。

2. 鍋中加入底油燒熱，先下入薑片、蒜片、蔥花、豆瓣醬、八角炒香，再放入泥鰍魚，添入高湯，大火燒開後加入鹽、雞粉、胡椒粉、白糖、醬油，轉小火燜燒至入味，然後用太白粉水勾芡，淋入少許香油，即可起鍋裝盤。

高山茶香蝦

材 料

海蝦 500 克，烏龍茶葉 25 克。

調味料

蜂蜜、冰糖各 1 小匙，沙拉油 150c.c.。

做 法

1. 將海蝦洗滌整理乾淨。烏龍茶葉用滾水泡開，放入海蝦浸泡 10 分鐘，再撈出海蝦及茶葉，瀝乾備用。

2. 起鍋點火，加油燒至八成熱，放入茶葉炸酥後撈出，再下入海蝦炸至酥脆，撈出瀝油待用。

3. 鍋中加入少許清水，下入蜂蜜、冰糖，小火熬至黏稠狀，再放入海蝦、茶葉翻炒均勻，即可起鍋裝盤。

小提醒

海蝦以體型完整，外殼硬實，頭體連接緊密，有彈性有光澤，顏色青綠者品質較佳。

水煮牛蛙

材 料

牛蛙 500 克，絲瓜 400 克，乾辣椒 100 克。

調味料

花椒 25 克，鹽、太白粉各 1/2 大匙，雞粉、胡椒粉各 1 小匙，紹興酒 2 小匙，沙拉油 1000c.c.。

做 法

1. 將牛蛙宰殺，洗淨後切成 2 公分的塊，再放入鍋中，加入少許鹽、雞粉、紹興酒、胡椒粉、太白粉，醃製 10 分鐘備用。

2. 將絲瓜去皮、洗淨，切成 5 公分長的粗條，用少許鹽清炒一下，放入大碗中待用。

3. 起鍋點火，加油燒至八成熱，放入乾辣椒、花椒炸香，再慢慢澆淋在牛蛙上，即可上桌食用。

小提醒

牛蛙營養豐富，味道鮮美，有滋補解毒、促進人體氣血旺盛、養心、安神、補氣之功效。

乾煸魷魚絲

材 料

魷魚 750 克，芹菜段、紅乾椒絲各
10 克，香菜段少許。

調味料

蔥絲、薑絲、蒜片各 5 克，花椒 10
克，白糖、酒糟汁、米醋各 1 小
匙，香油 2 小匙，沙拉油適量。

做 法

1. 將魷魚撕去外膜，洗淨後切成粗
絲，再用滾水中氽燙一下，撈出瀝
乾備用。

2. 起鍋點火，加油燒至七成熱，分
次下入魷魚絲炸約 1 分鐘，撈出拔
散，待油溫升至八成熱時，再下油
炸約 2 分鐘，待呈金黃色時撈出，
瀝油待用。

3. 鍋中留少許底油燒熱，先下入花
椒煸炒至香，再揀除花椒，放入紅乾
椒絲、蒜片、薑絲、蔥絲煸炒一下，
然後下入魷魚絲，加入酒糟汁、芹菜
段翻炒片刻，再放入白糖，烹入米醋
翻炒均勻，最後撒上香菜段，淋入香
油，即可起鍋裝盤。

鍋仔魚咬羊

材 料

草魚 400 克，羊肉片 200 克，青菜
150 克，香菜末少許。

調味料

蒜末、蔥花各 5 克，鹽 1/2 大匙，雞
粉、太白粉、紹興酒各 2 小匙，豆
瓣醬 3 大匙，鮮湯 1000 克，沙拉油
75c.c.。

做 法

1. 將草魚去鱗、去鰓、除內臟，洗

淨後去骨，再斜刀切成大片，然後
放入碗中，加入少許鹽、紹興酒、
太白粉抓勻；青菜摘洗乾淨，切段
備用。

2. 起鍋點火，加入少許沙拉油燒熱，
下入青菜略炒一下，起鍋裝入鍋中。

3. 另起一鍋，加油燒熱，先下入豆
瓣醬、薑末、蔥花炒出香味，再添
入鮮湯燒沸，然後下入魚片、羊肉
片，大火燒約 1 分鐘，再用鹽、雞
粉調好口味，起鍋裝入鍋中，最後
撒上香菜末，即可上桌食用。

珍菌燉吳郭魚

材 料

吳郭魚 1 條，杏鮑菇、牛肝菌各 25
克，香菜末少許。

調味料

蔥段、薑片、紹興酒、雞粉、胡椒
粉、鹽、醬油、沙拉油各適量。

做 法

1. 將吳郭魚去鱗、去鰓、除內臟，
洗滌整理乾淨，在魚身兩側劃上棋
盤花刀，再吸乾水分，用煎鍋把魚

煎透取出；杏鮑菇、牛肝菌分別洗
淨備用。

2. 炒鍋上火燒熱，加適量底油，先
下入蔥段、薑片炒香，再烹入紹興
酒，放入吳郭魚、杏鮑菇、牛肝
菌，然後添入清湯，加入雞粉、胡
椒粉、鹽、醬油燉至入味，再撒上
香菜末，即可起鍋裝盤。

章魚燜排骨

材　料

小章魚150克，排骨200克，油菜50克。

調味料

薑片、蒜片各5克，鹽、雞粉、白糖、紹興酒、蠔油、醬油、太白粉水、香油各1小匙，沙拉油適量。

做　法

1.將小章魚洗滌整理乾淨，切成大塊。排骨洗淨，剁成小段。油菜洗淨，切段備用。

2.起鍋點火加油燒熱，分別下入小章魚、排骨炸熟，撈出瀝乾待用。

3.鍋中留少許底油燒熱，先下入薑片、蒜片炒香，再烹入紹興酒，放入小章魚、排骨、油菜，然後加入鹽、雞粉、白糖、蠔油、醬油，小火燜約2分鐘，再用太白粉水勾芡，淋入香油，即可起鍋裝盤。

翡翠蝦仁

材　料

蝦仁300克，菠菜250克。

調味料

蔥花、薑末各5克，鹽1小匙，胡椒粉少許，清湯50c.c.，沙拉油1500c.c.。

做　法

1.將蝦仁去沙腸、洗淨，放入碗中，用太白粉水抓勻。菠菜摘洗乾淨，放入果汁機中打成菜汁備用。

2.起鍋點火，加油燒至六成熱，下入蝦仁滑炒1分鐘，撈出待用。

3.鍋中留少許底油燒熱，先放入蔥花、薑末炒香，再添入清湯、菠菜汁，然後加入鹽、胡椒粉燒開，再撇去浮沫，放入蝦仁燒至入味，最後用太白粉水勾芡，淋入香油，即可起鍋裝盤。

珊瑚魚

材　料

吳郭魚1條，青豆、胡蘿蔔丁各20克。

調味料

白糖、白醋、太白粉各少許，番茄醬3大匙，橙汁2小匙，沙拉油適量。

做　法

1.將吳郭魚去鱗、去鰓、除內臟，洗淨後切下魚頭，剔除魚骨，取下淨肉，劃上花刀，再將魚頭和魚肉拍勻太白粉備用。

2.起鍋點火，加油燒至七成熱，分別下入魚頭、魚肉炸成金黃色，撈出瀝油，裝入盤中待用。

3.鍋中留少許底油燒熱，先放入白糖、白醋、太白粉、番茄醬、橙汁炒勻，再添入少許清水燒開，然後加入青豆、胡蘿蔔丁略煮，再用太白粉水勾芡，澆入盤中即可。

蒜香蒸海蟶

材　料

海蟶 5 隻，冬粉、蒜蓉各適量。

調味料

鹽、雞粉、胡椒粉、白糖、沙拉油
各少許。

做　法

1. 將冬粉用清水泡軟，瀝乾水分後
剪斷，再加入鹽、雞粉拌勻備用。
2. 將海蟶開邊，用清水洗淨，放入
原殼中待用。

3. 取一半蒜蓉，放入熱油中炸成金
黃色，再與另一半放在一起，拌入
鹽、雞粉、胡椒粉、白糖，然後熗
入熱油，撒在海蟶和冬粉上面，再
送入蒸鍋蒸熟，即可取出裝盤。

小提醒

注意，要依據海蟶的大小，控制好
蒸製的時間及火候，不宜過老。

乾隆蝦米盞

材　料

鯛魚肉 200 克，高麗菜少許，鮮人
參 1 根，蝦米 15 克，青豆、松子、
枸杞子各適量。

調味料

鹽、雞粉、雞蛋清、紹興酒、胡椒
粉、太白粉水、香油、沙拉油各少
許。

做　法

1. 將鯛魚肉洗淨，切成米狀，再放

入碗中，用鹽、雞粉、雞蛋清醃製
備用。
2. 將鮮人參洗淨，切成米狀。高麗
菜撕成瓣狀，洗淨後放入盤中待用。
3. 將青豆過水。松子炸熟；枸杞子
泡軟備用。
4. 炒鍋上火燒熱，加少許底油，先
用薑末、蝦米熗鍋，再烹入紹興
酒，放入所有原料翻炒，然後加入
雞粉、鹽、胡椒粉、香油炒至入
味，再用太白粉水勾芡，淋入香
油，裝入高麗菜盞即可。

辣炒毛蚶

材　料

毛蚶 500 克，青椒塊、紅椒塊、紅
乾椒丁、香菜段各 10 克。

調味料

鹽、雞粉、蒜蓉辣醬、紹興酒、辣椒
油、醬油各 1 小匙，沙拉油少許。

做　法

1. 將毛蚶洗滌整理乾淨，放入清水
中煮熟，撈出瀝乾備用。
2. 起鍋點火，加油燒熱，先下入青

椒塊、紅椒塊、紅乾椒丁炒香，再
放入毛蚶，加入鹽、雞粉、蒜蓉辣
醬、醬油、紹興酒翻炒均勻，然後
淋入辣椒油，起鍋裝盤，再撒上香
菜段即可。

小提醒

毛蚶屬於高蛋白、低脂肪食品，含有
多種氨基酸、維生素等營養成分，易
被人體吸收利用。毛蚶還具有補血、
溫中、健胃、消食等功效。

黑白螺片

材 料
海螺肉 150 克，黑木耳、銀耳、甜蜜豆、青紅椒塊、胡蘿蔔片各適量。

調味料
蒜片、高湯、雞粉、紹興酒、蠔油、醬油、濃縮雞汁、胡椒粉、太白粉水、香油、沙拉油各少許。

做 法
1. 將木耳、銀耳泡發，切成大小適中的片。甜蜜豆洗淨，切段備用。

2. 將海螺肉洗淨，切成薄片，用高湯、雞粉汆燙去腥，撈出瀝乾。甜蜜豆加雞粉燴炒至熟待用。

3. 起鍋點火，加油燒熱，先下入青紅椒塊、蒜片、胡蘿蔔片炒香，再加入海螺肉、黑木耳、銀耳、甜蜜豆炒勻，然後烹入紹興酒，加入蠔油、醬油、濃縮雞汁、胡椒粉炒至入味，再用太白粉水勾芡，淋入香油，即可起鍋裝盤。

豆瓣吳郭魚

材 料
活吳郭魚 1 條（約 650 克）。

調味料
蔥花、薑末、蒜末各 10 克，鹽 1/3 小匙，醬油、白醋、太白粉水各 1 大匙，白糖 1 小匙，紹興酒、豆瓣醬各 2 大匙，肉湯 300c.c.，沙拉油 500c.c.。

做 法
1. 將吳郭魚宰殺，洗淨，在魚身兩側劃上指花刀，再用少許紹興酒、鹽醃製片刻，然後放入七成熱油中沖炸一下，撈出瀝乾備用。

2. 鍋中留少許底油，先下入豆瓣醬、薑末、蒜末炒成金紅色，再放入吳郭魚，烹入紹興酒，加入醬油、肉湯，然後放入白糖、鹽，大火燒開後轉小火慢煨至熟，盛入盤中待用。

3. 鍋中餘汁用太白粉水勾芡，淋入白醋，撒上蔥花，澆在魚上即可。

燒汁墨魚

材 料
墨魚 1 條，芝麻少許。

調味料
薑汁、醬油、白糖、雞粉、高湯、香油、太白粉、沙拉油各適量。

做 法
1. 將墨魚洗滌整理乾淨，用薑汁、醬油醃製入味備用。

2. 將白糖、雞粉、高湯、芝麻、香油放入碗中，調成燒汁待用。

3. 將醃好的墨魚瀝乾，拍上少許太白粉，下入七成熱油中炸至金黃色，撈出待涼，切片裝盤，食用時蘸燒汁即可。

小提醒
炸墨魚不宜過老，八分熟即可。墨魚有養血滋陰之功效，適用於面色無華、唇舌淡白、心悸膽怯、耳聾、腰膝酸麻、月經失調、產後乳汁不足、皮膚乾燥等症。

菊花鱸魚

材　料

活鱸魚1條（約650克），芥藍菜葉
2片。

調味料

鹽1/2小匙，白糖3大匙，番茄醬、紹
興酒、太白粉水各1大匙，米醋2大
匙，太白粉100克，沙拉油1000c.c.。

做　法

1. 將鱸魚宰殺，洗淨後橫刀片成兩
片，再去刺、去骨，劃上花刀，然
後切成大塊，用少許鹽、紹興酒醃
至入味，再沾勻太白粉備用。

2. 將芥藍菜葉洗淨，剪成菊花葉
狀，再放入滾水中氽燙一下，撈出待
用。

3. 起鍋點火，加油燒至五成熱，放
入魚塊炸至外脆裡嫩、呈菊花狀，
撈出瀝乾，配芥藍菜葉擺盤。

4. 鍋中留少許底油燒熱，先下入番
茄醬炒開，再添入適量清水、白糖、
鹽、米醋，調成糖醋汁，然後用太白
粉水勾芡，均勻地澆在鱸魚上即可。

炒蝦片

材　料

草蝦400克，胡蘿蔔片少許。

調味料

蔥末、薑末各少許，鹽1/3小匙，紹
興酒1大匙，蛋清1個，太白粉適
量，豬油750克。

做　法

1. 將草蝦去頭、去尾、去殼，挑除
沙腸，洗滌整理乾淨，片成薄片，
裝入碗中，再加入少許鹽基本調
味，裹上蛋清，下入四成熱油中滑
散滑透，倒入漏勺備用。

2. 鍋中留少許底油燒熱，先用蔥
末、薑末熗鍋，再烹入紹興酒，下
入蝦片、胡蘿蔔片翻炒均勻，然後
加入鹽炒至入味，再用太白粉水勾
芡，淋上香油，即可起鍋裝盤。

蘆筍炒淡菜

材　料

活淡菜150克，蘆筍、胡蘿蔔片、
青紅椒塊各25克。

調味料

蒜蓉、薑末、蔥段各少許，鹽、紹
興酒、雞粉、蠔油、胡椒粉、太白
粉水、沙拉油各適量。

做　法

1. 將活淡菜開殼取肉，洗淨後用鹽
醃製15分鐘備用。

2. 將蘆筍摘洗乾淨，抹刀切段，與
胡蘿蔔片一起放入滾水中燙透，撈
出瀝乾備用。

3. 炒鍋上火燒熱，加少許油，先用
蔥段、薑末、蒜蓉熗鍋，再加入活
淡菜、蘆筍、青紅椒塊，然後烹入
紹興酒，加入鹽、雞粉、蠔油、胡
椒粉，快速翻炒，再以太白粉水勾
芡，淋上香油，即可起鍋裝盤。

香蔥炒蝦

材　料
活蝦 150 克，香蔥 50 克。
調味料
醬油、牛肉清湯粉、白糖、沙拉油
各少許。
做　法
1. 將香蔥摘洗乾淨，切成小段。活
蝦剪去鬚足，去除沙腸，洗淨備用。
2. 起鍋點火，加油燒熱，放入鮮蝦
炸至外皮酥脆，撈出瀝油待用。

3. 鍋中留少許底油燒熱，先下入爆
香蔥段炒香，再加入魚露、牛肉清
湯粉、白糖調勻，然後放入小蝦，
快速翻炒均勻，即可起鍋裝盤。
小提醒
翻炒要快速，大火快炒不易出湯。
小蝦的鈣質極高，適宜生長發育期
的兒童食用，可預防佝僂病的發
生；同時對預防中老年人骨質疏鬆
症和骨軟化症有特殊意義。

辣炒海蟶

材　料
海蟶 500 克，青椒塊、紅椒塊、紅
乾椒丁、香菜段各 20 克。
調味料
鹽、雞粉、白糖、醬油、蒜蓉辣醬
各 1 小匙，紹興酒 2 小匙，辣椒油、
沙拉油各少許。
做　法
1. 將海蟶洗淨，放入清水中煮熟，
撈出去殼，摘除黑線，瀝乾備用。

2. 起鍋點火，加油燒熱，先下入青
椒塊、紅椒塊、紅乾椒丁炒香，再
放入海蟶，加入鹽、雞粉、白糖、
醬油、蒜蓉辣醬、紹興酒翻炒均
勻，然後淋入辣椒油，撒上香菜
段，即可起鍋裝盤。
小提醒
煮海蟶時，不開口的不新鮮，最好
不要食用。

冬粉乾炒飛蟹

材　料
飛蟹 1 隻，冬粉 1 束，洋蔥絲、紅椒
絲各適量。
調味料
薑絲、太白粉、黑胡椒醬、蠔油、
醬油、濃縮雞汁、紹興酒、沙拉油
各少許。
做　法
1. 將飛蟹洗淨後開殼，剁成大塊。
冬粉用清水泡軟，剪斷備用。

2. 將飛蟹拍上太白粉，過油炸透，
倒入漏勺待用。
3. 取一沙鍋，加入適量底油，先爆
香洋蔥絲、薑絲、紅椒絲，再放入
冬粉、飛蟹略炒，然後加入黑胡椒
醬、蠔油、醬油、濃縮雞汁，快速
翻炒均勻，再烹入紹興酒，即可起
鍋裝盤。
小提醒
冬粉要泡透，炒時不宜加湯。

清炒魚丁

材 料

魚肉 350 克,青、紅椒丁各 50 克。

調味料

蔥末、薑末、蒜末各少許,鹽、胡椒粉各 1/3 小匙,紹興酒 2 大匙,白醋、白糖各 1 小匙,蛋清 2 個,太白粉適量,香油 1/2 大匙,豬油 750c.c.。

做 法

1. 將魚肉切成小丁,裝入碗中,加入少許鹽、紹興酒、胡椒粉基本調味,再裹上蛋清漿,下入五成熱油中滑散滑透,倒入漏勺備用。

2. 小碗中放入鹽、白糖、白醋和適量鮮湯調勻,製成清汁待用。

3. 炒鍋上火燒熱,加少許油,先用蔥末、薑末、蒜末熗鍋,再烹入紹興酒,加入青、紅椒丁略炒,然後下入魚丁,潑入清汁,快速翻炒均勻,再淋上香油,即可起鍋裝盤。

蔥香鴨腸

材 料

鴨腸 150 克,韭菜 100 克,青、紅椒絲各 15 克。

調味料

蔥末、薑末、蒜末、紹興酒、蒜蓉辣醬、雞粉、醬油、胡椒粉、蔥油、沙拉油各適量。

做 法

1. 將鴨腸翻洗乾淨,切成長段,再放入滾水中汆燙一下,撈出瀝乾。韭菜摘洗乾淨,切段備用。

2. 炒鍋上火燒熱,加少許底油,先用蔥末、薑末、蒜末熗鍋,再烹入紹興酒,加入蒜蓉辣醬、雞粉、醬油、胡椒粉,然後下入鴨腸、青紅椒絲、韭菜,大火速炒,再淋上蔥油,即可起鍋裝盤。

小提醒

炒鴨腸時動作要快,否則質感易老。

酥炸蝦段

材 料

草蝦 200 克,雞蛋 1 個。

調味料

鹽 1/3 小匙,麵粉、太白粉各 2 大匙,紹興酒 1/2 大匙,胡椒粉少許,花椒鹽適量,沙拉油 1000c.c.。

做 法

1. 將草蝦去頭、去尾、去殼,挑除沙腸,洗滌整理乾淨,坡刀切成 3 段,再裝入小碗中,加入紹興酒、鹽、胡椒粉,基本調味備用。

2. 將雞蛋打入碗中攪勻,再加入麵粉、太白粉及 2 大匙油調成酥糊待用。

3. 將醃好的蝦段裹上酥糊,逐塊下入六成熱油中炸透,呈金黃色時撈出,瀝油裝盤,跟花椒鹽上桌即可。

原汁海螺

材 料

活海螺 1000 克，香蔥花少許。

調味料

蔥段、薑片各少許，鹽1/2小匙，胡椒粉 1/3 小匙，紹興酒 2 大匙，鮮湯適量。

做 法

1. 將海螺去殼取肉，洗滌整理乾淨，再放入滾水鍋中，加少許紹興酒汆燙一下，去除腥味，撈出瀝乾備用。

2. 取一快鍋，加入鮮湯、蔥段、薑片、鹽、胡椒粉、紹興酒及海螺肉，開火燒開，再轉小火悶煮 10 分鐘，取出海螺肉裝碗，澆上原湯，撒上香蔥花，即可上桌食用。

小提醒

海螺肉含有豐富的維生素 A、蛋白質、鐵和鈣，可治療眼疾，且所含熱量較低，是減肥者的理想食品。

溜魚段

材 料

魚肉 250 克，洋蔥瓣、胡蘿蔔片各少許，雞蛋 1 個。

調味料

蔥末、薑末、蒜片各少許，鹽1/3小匙，紹興酒、醬油各 1 大匙，白醋、白糖各1/2小匙，太白粉適量，沙拉油 1000c.c.。

做 法

1. 將魚肉切成 4 公分長的菱形段，再裝入碗中，加入鹽、紹興酒基本調味，然後裹上全蛋汁，下入七成熱油中炸至表皮稍硬，撈出，待油溫升高，再下油炸透，呈金黃色時撈出，倒入漏勺備用。

2. 小碗中放入鹽、醬油、白醋、白糖、太白粉水調勻，製成芡汁待用。

3. 炒鍋上火燒熱，加少許底油，先用蔥、薑、蒜熗鍋，再下入洋蔥瓣、胡蘿蔔片略炒，然後烹入紹興酒，放入炸好的魚段，潑入芡汁，快速翻炒均勻，淋入香油，即可起鍋裝盤。

醬燜鯉魚

材 料

鯉魚 1 條，五花肉 100 克，胡蘿蔔 50 克。

調味料

蔥段、薑片各少許，鹽1/2小匙，紹興酒、醬油各 3 大匙，黃豆醬、白糖、白醋、花椒油各 1 大匙，太白粉適量，沙拉油 300c.c.。

做 法

1. 將鯉魚去鱗、鰓、內臟，洗滌整理乾淨，在魚身兩側劃上斜十字花刀，再抹勻黃豆醬，下入熱油中煎至兩面金黃色，撈出瀝油。豬五花肉、胡蘿蔔分別洗淨，切成小片備用。

2. 炒鍋上火燒熱，加適量底油，先用蔥、薑熗鍋，再放入肉片、胡蘿蔔片略炒，然後烹入紹興酒、白醋，加入醬油、白糖、鹽，再添湯燒開，下入煎好的鯉魚，移小火燜至湯汁稠濃，然後揀去蔥、薑，再用太白粉水勾芡，淋上花椒油，即可起鍋裝盤。

荷包蛋燜蟹

材　料

河蟹 500 克，雞蛋 3 個。

調味料

薑末 5 克，蔥花 10 克，鹽、胡椒粉各 1/2 小匙，醬油 1 大匙，白糖 1 小匙，太白粉水 2 小匙，鮮湯 100c.c.，沙拉油 2 大匙。

做　法

1. 將河蟹刷洗乾淨，宰殺後去除沙袋，切成大塊備用（蟹殼保持原狀）。

2. 將雞蛋打入抹油的盤中，放入蒸鍋蒸成荷包蛋，裝入盤中待用。

3. 起鍋點火，加油燒熱，先放入薑末炒香，再下入河蟹炒至去腥，然後加入鹽、醬油、白糖、胡椒粉、鮮湯、太白粉水，小火燜至湯汁略稠，再取出河蟹，蓋上蟹殼，放在荷包蛋上，最後澆上原汁，撒上蔥花，即可上桌食用。

紅燒頭尾

材　料

草魚頭、尾各 1 個（約 1000 克），胡蘿蔔、黃瓜、冬菇丁各 25 克。

調味料

蔥末、薑末、蒜片各少許，鹽 1/2 小匙，紹興酒、醬油各 2 大匙，白醋、白糖各 1 大匙，太白粉適量，沙拉油 2000c.c.。

做　法

1. 將魚頭去鰓、洗淨，剁成兩半。魚尾刮鱗、洗淨。一起放入大碗中，用少許紹興酒、醬油醃拌均勻，再放入六成熱油中炸至熟透，撈出，待油溫升至八成熱時，再下油炸酥，撈出瀝油備用。

2. 鍋中留適量底油，先用蔥、薑、蒜熗鍋，再放入胡蘿蔔、黃瓜、冬菇丁煸炒片刻，然後烹入紹興酒、白醋，加入醬油、白糖、鹽，再添湯燒開，下入炸好的魚頭尾，燒至酥爛入味，用太白粉水勾芡，淋上香油，即可起鍋裝盤。

醬爆墨魚

材　料

鮮墨魚 300 克。

調味料

蔥段、蒜片、薑末各少許，鹽 1/2 小匙，味噌 2 大匙，紹興酒 1 大匙，香油 1/2 大匙，太白粉適量，沙拉油 750c.c.。

做　法

1. 將墨魚洗滌整理乾淨，劃上斜十字花刀，再改刀成 5 公分長、3 公分寬的長條，然後放入滾水中汆燙至捲曲，即刻撈出，瀝乾水分，再下入八成熱油中沖炸一下，倒入漏勺備用。

2. 鍋中留少許底油，先用蔥、薑、蒜熗鍋，再烹入紹興酒，加入味噌、鹽炒香，然後添湯燒開，用太白粉水勾芡，下入墨魚卷翻爆均勻，再淋入香油，即可起鍋裝盤。

炸蒲棒魚

材料
魚肉 250 克，豬肥肉 150 克，雞蛋 2 個，麵包粉適量。

調味料
蔥末、薑末各少許，鹽、胡椒粉各 1/3 小匙，紹興酒 1 大匙，太白粉、花椒鹽各適量，沙拉油 1000c.c.。

做法
1. 將魚肉、豬肥肉一起剁成細泥，裝入碗中，放入蔥末、薑末、鹽、胡椒粉、紹興酒，打入雞蛋，加入適量太白粉，調成餡狀，製成蒲棒形，再沾勻麵包粉，穿入竹籤，逐一做好備用。
2. 起鍋點火，加油燒至六成熱，將魚肉蒲棒下油炸透，呈金黃色時撈出，瀝油裝盤，跟花椒鹽上桌即可。

炸芝麻魚片

材料
魚肉 300 克，芝麻 75 克，雞蛋 1 個，麵粉適量。

調味料
鹽 1/3 小匙，紹興酒 1/2 大匙，花椒鹽適量，沙拉油 1000c.c.。

做法
1. 將魚肉切成大片，放入碗中，加入鹽、紹興酒基本調味備用。
2. 將雞蛋打入碗中，加入適量麵粉調勻，製成蛋糊待用。
3. 將魚片裹上蛋糊，沾勻芝麻，壓實後下入五成熱油中炸透，呈金黃色時撈出，瀝油裝盤，跟花椒鹽上桌即可。

小提醇
魚片裹麵糊時要均勻，芝麻要壓實。

乾煎明蝦

材料
明蝦 2 隻，雞蛋 1 個，麵粉適量。

調味料
鹽、胡椒粉各少許，花椒鹽適量，紹興酒 1/3 大匙，沙拉油 150c.c.。

做法
1. 將明蝦剪去鬚、足，留下頭、尾，挑除沙腸，去皮洗淨，再從背部片開（腹部相連），斬斷蝦筋，用刀背拍平，然後用鹽、胡椒粉、紹興酒醃製入味備用。
2. 將雞蛋打入碗中攪勻，將明蝦沾勻乾麵粉，裹上蛋液，下油鍋煎至兩面金黃色，撈出瀝油裝盤，跟花椒鹽上桌即可。

小提醇
油炸時油溫不宜過高，六分熱即可。

椒鹽墨魚卷

材　料
墨魚肉 300 克。

調味料
鹽、胡椒粉各 1/3 小匙，紹興酒 1 大匙，蛋清 1 個，太白粉、花椒鹽各適量，沙拉油 1000c.c.。

做　法
1. 將墨魚肉洗滌整理乾淨，劃上斜「十字花刀」，再改刀成 3 公分寬、5 公分長的條，然後裝入大碗中，加入鹽、胡椒粉、紹興酒、蛋清、太白粉，醃拌均勻備用。
2. 起鍋點火，加油燒至七成熱，將魚條下油炸至淺黃色，見成魚卷，撈出瀝油裝盤，再將花椒鹽撒在墨魚卷上即可。

小提醒
醃拌時，太白粉不可多用，否則影響成菜品質。

乾煎黃魚

材　料
黃魚500克，雞蛋1個，香菜段少許。

調味料
蔥絲、薑絲各少許，鹽、白醋各1/2小匙，紹興酒 1 大匙，白糖、胡椒粉各 1/3 小匙，麵粉適量，沙拉油250c.c.。

做　法
1. 將黃魚去鱗、去鰓、除內臟，洗滌整理乾淨，在魚身兩側劃上花刀（深至脊骨），再用鹽、胡椒粉、紹興酒基本調味，然後沾勻麵粉，裹上蛋液，下油鍋煎至兩面金黃色，倒入漏勺備用。
2. 鍋中留少許底油，先用蔥絲、薑絲熗鍋，再烹入紹興酒、白醋，加入白糖、鹽，然後添適量清湯燒開，放入黃魚，轉小火慢煎至熟透，待湯汁收乾時，再撒上香菜段，淋入香油，即可起鍋裝盤。

炒鱔魚絲

材　料
鱔魚肉 400 克，胡蘿蔔絲 50 克。

調味料
蔥末、薑末、蒜末各少許，鹽、胡椒粉各 1/3 小匙，花椒油、紹興酒各 1 大匙，白糖 1/2 大匙，白醋 1 小匙，蛋清 2 個，太白粉適量，沙拉油750c.c.。

做　法
1. 將鱔魚肉斜刀切成粗絲，裝入碗中，加入鹽、紹興酒、胡椒粉、蛋清、太白粉拌勻，再下入五成熱油中滑散滑透，然後放入胡蘿蔔絲滑炒片刻，一齊倒入漏勺備用。
2. 鍋中留少許底油，先用蔥、薑、蒜熗鍋，再烹入紹興酒、白醋，放入鱔魚絲、胡蘿蔔絲略炒，然後加入鹽、白糖，添少許鮮湯翻炒均勻，再撒上胡椒粉，淋入花椒油，即可起鍋裝盤。

炒花枝片

材 料
花枝 400 克，黃瓜片 50 克。

調味料
蔥段、薑絲、蒜片各少許，鹽1/2小匙，紹興酒、白醋各1/2大匙，太白粉適量，豬油 1 大匙。

做 法
1. 將花枝撕去外膜，去除腹內墨袋，洗淨後抹刀切成薄片，再放入滾水中燙透，撈出瀝乾備用。

2. 炒鍋上火燒熱，加入底油，先用蔥、薑、蒜熗鍋，再烹入紹興酒、白醋，添入清湯燒開，然後加入鹽調好口味，下入黃瓜片、花枝炒勻，再用太白粉水勾芡，淋入香油，即可起鍋裝盤。

小提醒
花枝切片要薄而均勻，過水時間不宜過長，翻炒時須大火速成。

糖醋片魚

材 料
鯛魚 300 克，洋蔥丁、冬筍丁、胡蘿蔔丁、香菇丁、豌豆各適量。

調味料
蔥段、薑末、蒜片、鹽、紹興酒、白糖、白醋、醬油、番茄醬各少許，太白粉、沙拉油各適量。

做 法
1. 將鯛魚片洗淨，斜刀切成片，再加入鹽、紹興酒醃拌均勻，裹上薄麵糊，下入七成熱油中炸至稍硬撈出，待油溫升高，再下油炸至熟透，呈金黃色時撈出，倒入漏勺。

2. 鍋中留適量底油，先用蔥、薑、蒜熗鍋，再烹入紹興酒、白醋，加入番茄醬、洋蔥、冬筍、胡蘿蔔、香菇丁煸炒片刻，然後加入醬油、白糖、鹽，添適量清湯燒開，再用太白粉水勾芡，下入炸好的魚片和豌豆翻溜均勻，淋上香油，即可起鍋裝盤。

焦炒魚片

材 料
魚肉 300 克，雞蛋 1 個，青、紅椒塊各少許。

調味料
蔥段、蒜片、薑末各少許，鹽1/3小匙，紹興酒、醬油各 1 大匙，香油、白糖各1/2大匙，白醋 1 小匙，沙拉油 1000c.c.。

做 法
1. 將魚肉切成斜片，裝入碗中，加入鹽、紹興酒調味，再裹上蛋糊，下入七成熱油中炸至表皮稍硬後撈出，待油溫升高，再下油炸透，呈金黃色時撈出，瀝油備用。

2. 小碗中放入鹽、醬油、白糖和適量鮮湯調勻，製成清汁待用。

3. 炒鍋燒熱，加少許底油，先用蔥、薑、蒜熗鍋，再放入魚片、青紅椒塊略炒，然後烹入白醋、紹興酒，加入調好的清汁翻炒均勻，再淋上香油，即可起鍋裝盤。

乾炸秋刀魚

材 料
秋刀魚 4 條（約 200 克）。
調味料
鹽 1/2 小匙，香油 1/2 大匙，胡椒粉 1 小匙，太白粉、沙拉油各適量。
做 法
1. 將秋刀魚去鱗、去鰓、除內臟，洗滌整理乾淨，在魚身兩側劃上花刀，再加入鹽、胡椒粉醃至入味，然後用竹籤串起備用。

2. 起鍋點火，加油燒至六成熱，將醃好的秋刀魚兩面沾勻乾太白粉，下油炸至熟透，呈金黃色時撈出，瀝油裝盤即可。
小提醒
秋刀魚洗滌要徹底，魚腹內的黑膜一定要清洗乾淨，否則會有腥味。

河蟹燉南瓜

材 料
河蟹 300 克，南瓜 250 克。
調味料
蔥末、薑末各少許，鹽 1/2 小匙，胡椒粉 1/3 小匙，雞粉 1 小匙，紹興酒、沙拉油各 1 大匙。
做 法
1. 將河蟹洗滌整理乾淨，一切兩半；南瓜洗淨，去皮及瓤，切成滾刀塊備用。

2. 炒鍋上火燒熱，加入底油，先用蔥、薑熗鍋，再烹入紹興酒，添入清湯燒開，然後放入河蟹、南瓜，加入鹽、胡椒粉、雞粉調好口味，再撇淨浮沫，用中火燉至南瓜軟爛入味，即可起鍋裝碗。
小提醒
河蟹一定要選鮮活的。燉煮時間不宜過長。

碎燒魚

材 料
草魚 1 條，黃瓜 50 克。
調味料
蔥段、薑末、蒜片各少許，鹽 1/3 小匙，紹興酒、醬油各 2 大匙，白醋 1 大匙，白糖 1/2 大匙，太白粉適量，沙拉油 1000 c.c.。
做 法
1. 將草魚洗滌整理乾淨，順長片成兩片，再剁成 4 公分見方的塊（包括

魚頭、尾），裝入鍋中，然後加入紹興酒、鹽調味，下入七成熱油中炸至金黃色時撈出，倒入漏勺。黃瓜洗淨，切成小片備用。

2. 炒鍋燒熱，加入底油，先用蔥、薑、蒜熗鍋，再放入黃瓜片略炒，然後烹入紹興酒、白醋，加入醬油、白糖、鹽，再添湯燒開，放入炸好的魚塊，用中火燒至入味，見湯汁稠濃時，用太白粉水勾芡，淋入香油，即可起鍋裝盤。

拌海螺

材　料

活海螺300克，黃瓜100克，香菜50克。

調味料

薑末少許，醬油2大匙，白醋1大匙，香油1/2大匙。

做　法

1.將海螺去殼取肉，洗淨後片成薄片。黃瓜洗淨，切成小片。香菜摘洗乾淨，切成1公分長的段。

2.起鍋點火，加入清水燒開，放入海螺片燙透，即刻撈出，放入冰水中過水，瀝乾備用。

3.將黃瓜片墊入盤底，放上海螺片，加入醬油、白醋、香油、薑末，撒上香菜段，拌勻即可食用。

小提醒

可根據個人喜好，加一些辣椒油、芥末、蒜泥等調味料拌食，風格各異。

辣炒文蛤

材　料

活文蛤400克，青、紅椒塊各50克。

調味料

蔥花、薑末、蒜片、辣醬、紹興酒、醬油、白醋、白糖、胡椒粉各少許，香油1/2大匙，沙拉油適量。

做　法

1.將文蛤洗滌整理乾淨，放入滾水中燙至開口，即刻撈出，再用原湯將文蛤沖洗一遍。

2.炒鍋上火燒熱，加入底油，先用蔥、薑、蒜熗鍋，再放入辣醬煸炒一下，然後烹入紹興酒、白醋，加入醬油、白糖、胡椒粉，再下入青紅椒塊、文蛤快速翻炒，最後淋入香油，即可起鍋裝盤。

小提醒

用滾水汆燙時，不開口的文蛤不新鮮，不能食用。辣炒時須大火速成。

炒肉蜇頭

材　料

豬里肌肉200克，海蜇頭150克，香菜段50克。

調味料

蔥段、薑絲、蒜末各少許，鹽1/2小匙，紹興酒、花椒水各1大匙，白醋、香油各1小匙，太白粉適量，沙拉油2大匙。

做　法

1.將豬肉洗淨，切成細絲。海蜇頭切成細絲，洗淨泥沙，用滾水燙透，撈出瀝乾備用。

2.炒鍋上火燒熱，加入底油，先用蔥、薑、蒜熗鍋，再放入肉絲煸炒至變色，然後烹入紹興酒、白醋，下入蜇頭絲、花椒水、鹽翻炒均勻，再用太白粉水勾芡，淋上香油，撒上香菜段，即可起鍋裝盤。

木犀蝦片

材 料

大蝦 200 克,雞蛋 3 個。

調味料

蔥絲、薑絲各少許,鹽1/2小匙,紹興酒、花椒水各1大匙,蛋清1個,太白粉適量,沙拉油 500c.c.。

做 法

1. 將大蝦去頭、去尾、去皮,挑除沙腸,洗滌整理乾淨,再片成薄片,裝入碗中,然後加入鹽調味,裹上蛋清,下入四成熱油中滑散滑透,撈出瀝油備用。

2. 將雞蛋打入碗中攪勻,倒入熱油鍋中炒成穗狀,再放入蔥絲、薑絲,烹入紹興酒,加入花椒水、蝦片翻炒均勻,然後用鹽調好味,淋上香油,即可起鍋裝盤。

清炒蝦仁

材 料

蝦仁 200 克,胡蘿蔔丁、黃瓜丁、豌豆各 25 克。

調味料

蔥末、薑末、蒜末各少許,鹽1/2小匙,紹興酒1大匙,白醋1小匙,蛋清1個,太白粉適量,豬油500克。

做 法

1. 將蝦仁挑除沙腸,洗滌整理乾淨,再放入大碗中,加入少許鹽、紹興酒調味,然後裹上蛋清,下入四成熱油中滑散滑透,倒入漏勺。

2. 小碗中放入鹽、紹興酒、鮮湯調勻,製成清汁待用。

3. 炒鍋上火燒熱,加少許底油,先用蔥、薑、蒜末熗鍋,再烹入白醋,下入胡蘿蔔、黃瓜、豌豆煸炒片刻,然後加入蝦仁,潑入調好的清汁,快速翻炒均勻,即可起鍋裝盤。

薑拌牡蠣

材 料

鮮牡蠣 250 克。

調味料

薑末少許,醬油 2 大匙,白醋 1 大匙,香油 1/2 大匙。

做 法

1. 將牡蠣去殼取肉,洗淨泥沙,再放入滾水中汆燙至八分熟,撈出瀝乾備用。

2. 小碗中放入醬油、白醋、香油、薑末調勻,再加入牡蠣翻拌均勻,即可裝盤上桌。

小提醒

牡蠣選購時,應挑選形狀完整、有光澤,且不黏手者為佳。若要生吃,應挑選帶殼的牡蠣,現吃現開殼較好。牡蠣烹調前,應先放入漏勺中,加鹽抓洗,再用清水沖去雜質及黏液,以免影響口感。

滷蝦片

材 料
明蝦肉 150 克，菠菜 200 克。

調味料
鹽 1/2 小匙，花椒水 2 大匙。

做 法
1. 將蝦肉洗淨，去除沙腸，片成薄片。菠菜摘洗乾淨，切成 3 公分長段備用。
2. 起鍋點火，加入清水燒開，先放入蝦片燙透，再撈出沖涼，然後放入菠菜段汆燙一下，即刻撈出，投涼瀝乾待用。
3. 取一大碗，放入鹽、花椒水、蝦片，滷約 1 小時，撈出裝盤，再碼上菠菜段即可。

小提醒
過水處理時不要時間過長，去除腥味即可。滷製的口味不宜太重。

冬菜蒸鱈魚

材 料
銀鱈魚 250 克，冬菜 100 克。

調味料
香蔥末、胡椒粉各少許，鹽、雞粉各 1/3 小匙，香油、太白粉各 1 小匙。

做 法
1. 將銀鱈魚去鱗，洗滌整理乾淨，切成 2 公分厚的大片。冬菜洗淨，剁成碎粒，再加入雞粉、太白粉、香油調拌均勻備用。
2. 將銀鱈魚片放入碗中，加入少許鹽、胡椒粉醃製 3 分鐘，再放上拌好的冬菜，放入蒸鍋蒸 8 分鐘至熟，取出裝盤，再撒上香蔥末即可。

小提醒
冬菜本身有一定鹽分，所以在做菜的過程中要注意鹽和雞粉的用量。

炒海螺片

材 料
活海螺 750 克，香菜段 50 克。

調味料
蔥絲、薑絲、鹽、紹興酒、花椒水各少許，太白粉、沙拉油各適量。

做 法
1. 將海螺去殼取肉，割掉硬皮，去掉內臟，洗淨後切成薄片，再放入滾水中燙透，即刻撈出，瀝乾備用。
2. 炒鍋上火燒熱，加入底油，先用蔥絲、薑絲熗鍋，再烹入紹興酒，加入海螺片煸炒一下，然後放入鹽、花椒水調勻，用太白粉水勾芡，快速翻炒均勻，再淋入香油，撒上香菜段，即可起鍋裝盤。

小提醒
汁芡要薄而均勻。操作速度要快，大火速成，以免肉質老硬。

紅燒鰈魚頭

材　料

鰈魚頭 1 個（約 1000 克）。

調味料

蔥段、薑塊、蒜片、鹽、八角、醬油、紹興酒、白醋、白糖、胡椒粉、香油各少許，太白粉適量，沙拉油 2000c.c.。

做　法

1. 將鰈魚頭去鰓，洗滌整理乾淨，再下入七成熱油中炸透，見呈金黃色時撈出，瀝乾油分備用。

2. 另起鍋，加少許底油，先用蔥、薑、蒜、八角熗鍋，再烹入紹興酒、白醋，加入醬油、白糖、鹽，然後添湯燒開，下入炸好的鰈魚頭，用中火燒至熟爛入味，見湯汁稠濃時，再加入胡椒粉調勻，然後揀去蔥、薑、八角，將鰈魚頭撈出裝盤。

3. 將原汁用太白粉水勾芡，淋上香油，澆在鰈魚頭上即可。

酥鯽魚

材　料

鯽魚 4 條，海帶、胡蘿蔔各適量。

調味料

大蒜 150 克，大蔥、白糖、醬油各 300 克，鮮薑、香油各 50 克，桂皮 5 克，花椒、八角各適量，白醋 500 克，鹽 20 克，紹興酒 100c.c.。

做　法

1. 將鯽魚去鱗、去鰓、除內臟，洗滌整理乾淨。海帶、胡蘿蔔分別切片備用。

2. 在鍋底墊上一層大蔥，放上一層海帶、胡蘿蔔片，再將鯽魚擺在上面，然後放上一層蔥段、薑片、大蒜，再加入花椒、八角、桂皮、白醋、白糖、紹興酒、香油，然後添少許清湯燒開，燜煮約 10 分鐘，開蓋後加入鹽、醬油，加湯淹過主料，調好口味，再蓋嚴燒開，然後移微火燜約 3～4 小時，至魚骨酥軟為止，最後離火晾涼，起鍋裝盤，澆上餘汁即可。

泥鰍鑽豆腐

材　料

活泥鰍 350 克，豆腐 1 塊，香蔥花少許。

調味料

蔥段、薑末、蒜片各少許，花椒 10 粒，鹽 1/2 小匙，胡椒粉 1/3 小匙，香油 1/2 大匙，紹興酒、醬油、豬油各 1 大匙。

做　法

1. 將泥鰍放入清水中，加入少許鹽，餵養 30 分鐘，待泥鰍吐淨腹內雜物後，撈出瀝乾備用。

2. 炒鍋上火燒熱，加入底油，先用蔥、薑、蒜、花椒粒熗鍋，再烹入紹興酒，加入醬油、鹽，然後添入清湯，放入豆腐、活泥鰍魚，蓋上鍋蓋，大火燒開，撇去浮沫，燉至熟透，再加入胡椒粉調味，淋入香油，撒上香蔥花，即可起鍋裝碗。

炸蝦肉丸子

材 料
蝦仁 150 克，豬肥肉 50 克，雞蛋 1
個。

調味料
鹽 1/2 小匙，紹興酒 1/2 大匙，花椒
水 1 小匙，太白粉適量，花椒鹽少
許，沙拉油 1000c.c.。

做 法
1. 將蝦仁去沙腸、洗淨，與豬肥肉
一起剁成細泥，再打入雞蛋，加入
鹽、紹興酒、花椒水、太白粉攪拌
均勻，製成餡料備用。
2. 起鍋點火，加油燒至四成熱，將
蝦泥餡擠成蛋黃大的丸子，下油炸
至熟透，呈金黃色時撈出，瀝油裝
盤，跟花椒鹽上桌即可。

小提醒
餡要用力攪，基本調味不宜太重。
丸子大小要均勻，油炸的油溫和火
候要控制好。

刮燉桂花鱸

材 料
桂花鱸 1 條，豬肥肉、冬菇各 50
克，胡蘿蔔片少許。

調味料
蔥段、薑塊各少許，花椒 10 粒，鹽
1/2 小匙，紹興酒、白醋各 1/2 大
匙，豬油 1 大匙。

做 法
1. 將桂花鱸去鰓、除內臟，洗滌整
理乾淨，再放入滾水中汆燙一下，
刮去魚皮，沖洗乾淨，然後在魚身
兩側劃上花刀。肥肉、冬菇分別洗
淨，切片備用。
2. 炒鍋上火燒熱，加入底油，先用
蔥段、薑塊、花椒粒熗鍋，再烹入
紹興酒、白醋，添入清湯燒開，然
後放入肉片、冬菇、胡蘿蔔片、
鹽，撇淨浮沫，放入桂花鱸，移微
火燉約 10 分鐘，再揀去蔥、薑、花
椒，轉大火收汁至濃，即可起鍋裝
盤。

白菜燉魚子

材 料
大白菜 250 克，魚子 150 克。

調味料
蔥段、薑片各少許，鹽 1/2 小匙，紹
興酒、白醋各 1 小匙，胡椒粉 1/3 小
匙，香油 1/2 大匙，沙拉油 1 大匙。

做 法
1. 將魚子洗淨，放入滾水中汆燙，
撈出瀝乾。大白菜摘洗乾淨，切段
備用。
2. 炒鍋上火燒熱，加少許底油，先
用蔥、薑熗鍋，再烹入紹興酒、白
醋，下入魚子煸炒片刻，然後添湯
燒開，放入白菜段、鹽、胡椒粉燉
約 5 分鐘，再淋入香油，即可起鍋
裝碗。

小提醒
魚子汆燙處理是為了去腥，但不可
時間過長，以免肉質老化。

乾炸黃魚

材　料

黃魚 250 克，雞蛋 1 個。

調味料

鹽、胡椒粉各1/3小匙，紹興酒、蔥薑水各 1 大匙，太白粉、花椒鹽、辣椒醬各適量，沙拉油 1000c.c.。

做　法

1. 將黃魚去鱗、去鰓、除內臟，洗滌整理乾淨，在魚身兩側劃上花刀，再用紹興酒、蔥薑水、鹽、胡椒粉醃至入味。

2. 將雞蛋打入碗中，加入太白粉攪拌均勻，製成蛋糊待用。

3. 起鍋點火，加油燒至七成熱，將醃好的黃魚裹上蛋糊，下油炸至熟透，呈金黃色時撈出，瀝油裝盤，另用雙味碟裝上花椒鹽和辣椒醬，即可上桌蘸食。

木犀鮮貝

材　料

鮮貝肉 200 克，雞蛋 3 個。

調味料

蔥絲、鹽少許，紹興酒 1 大匙，太白粉適量，沙拉油 500c.c.。

做　法

1. 將鮮貝肉洗滌整理乾淨，放入碗中，加入鹽、紹興酒調味，再裹上蛋清，下入四成熱油中滑散滑透，撈出瀝油備用。

2. 將雞蛋打入碗中，加入鹽、蔥絲、滑熟的鮮貝攪勻待用。

3. 炒鍋上火燒熱，加適量底油，倒入攪勻的雞蛋和鮮貝翻炒至熟，再烹入紹興酒，即可起鍋裝盤。

小提醒

鮮貝裹蛋清前要擠乾水分，以免脫漿。滑製時掌握好油溫及火候。翻炒時火力不宜過旺。

醬爆鮮干貝

材　料

鮮干貝 2 只，黃瓜、胡蘿蔔各 5 0 克。

調味料

蔥末、薑末、蒜末、辣椒醬、紹興酒、香油、胡椒粉各少許，太白粉適量，沙拉油 750c.c.。

做　法

1. 將鮮干貝去殼取肉，洗滌整理乾淨，切成 2 公分見方的小粒。黃瓜、胡蘿蔔分別洗淨，切成小丁備用。

2. 將鮮干貝放入碗中，加入少許太白粉拌勻，再下入四成熱油中滑散滑透，撈出瀝乾待用。

3. 鍋中留少許底油，先用蔥、薑、蒜熗鍋，再烹入紹興酒，下入辣椒醬、黃瓜丁、胡蘿蔔丁煸炒片刻，然後加入胡椒粉，放入帶子翻炒均勻，再用太白粉水勾芡，淋入香油，起鍋裝盤即可。

薑蓉毛蚶

材　料
毛蚶肉 300 克，鮮薑 50 克。

調味料
鹽 1/2 小匙，白醋 2 大匙，白糖 1/2 大匙，胡椒粉 1/3 小匙。

做　法
1. 將毛蚶肉洗滌整理乾淨，放入滾水中燙透，撈出瀝乾水分，再泡入冷水中。生薑去皮、洗淨，切成薑末備用。

2. 小碗中放入白醋、白糖、鹽、胡椒粉、薑末調勻，製成薑汁待用。

3. 將毛蚶肉瀝乾水分裝盤，再用「薑汁」拌勻，即可上桌食用。

小提醒
選擇毛蚶肉一定要新鮮，並用滾水燙透，以保證衛生安全。

蒸文蛤

材　料
文蛤 400 克，牛肉 50 克，雞蛋 2 個，松子末、紫菜絲、乾紅辣椒絲各少許。

調味料
蔥末、薑末、蒜末各少許，鹽 1/3 小匙，香油、醬油各 1/2 大匙，熟芝麻面適量。

做　法
1. 將文蛤洗淨，用滾水汆燙一下，開殼取肉，洗淨後切成小塊。牛肉洗淨，剁成細泥，放入碗中，加入香油、鹽、醬油、熟芝麻面、蔥末、薑末、蒜末攪勻成餡。雞蛋打入碗中，攪散備用。

2. 將每個洗淨的文蛤殼內放入一塊文蛤肉，再添入調好的牛肉餡，澆上少許蛋液，撒上松子末、紫菜絲、乾紅辣椒絲，然後把殼對好蓋緊，放入蒸鍋蒸 20 分鐘取出，開殼裝盤即可上桌。

紅燒明蝦

材　料
明蝦 250 克，胡蘿蔔、香菜各適量。

調味料
蔥絲、薑絲、鹽、紹興酒、醬油、白醋、花椒水、白糖、沙拉油各少許，太白粉適量。

做　法
1. 將明蝦剪去蝦槍、蝦須，挑除沙腸，洗滌整理乾淨。胡蘿蔔洗淨，切成片。香菜摘洗乾淨，切成 3 公分長段備用。

2. 炒鍋上火燒熱，加入底油，先用蔥、薑熗鍋，再烹入紹興酒、白醋，加入醬油、白糖、明蝦、胡蘿蔔片煸炒一下，然後放入鹽、花椒水，添入清湯燒開，蓋上鍋蓋，移小火上慢燒 3 分鐘後，轉大火，用太白粉水勾芡，淋入香油，撒上香菜段，即可起鍋裝盤。

燴酸辣魚絲

材料
魚肉 200 克，黃瓜絲 50 克，香菜少許。

調味料
蔥絲、薑絲、鹽、胡椒粉、醬油、紹興酒、香油、太白粉各適量，蛋清 1 個，白醋 2 大匙，豬油 500 克。

做法
1. 將魚肉切成細絲，裝入碗中，加入蛋清、太白粉抓勻漿好，再下入

四成熱油中滑散滑透，撈出瀝油備用。

2. 鍋中留少許底油燒熱，先用蔥絲、薑絲燴鍋，再烹入白醋，添入清湯，加入紹興酒、醬油、鹽燒開，然後下入魚絲、黃瓜絲煮沸，再撇淨浮沫，加入胡椒粉調味，最後用太白粉水勾薄芡，淋上香油，撒上香菜葉，即可起鍋裝碗。

拌魚絲

材料
鱈魚 200 克，熟芝麻 25 克，香菜段少許。

調味料
薑絲、花椒粒各少許，醬油、白醋、芥末各 1 大匙，香油 1/2 大匙。

做法
1. 將鱈魚剝皮，去頭、除內臟，洗滌整理乾淨備用。
2. 將鱈魚放入盤中，加入薑絲、花

椒粒，放入蒸鍋蒸至熟透，取出去骨，將魚肉撕成細絲，再加入醬油、白醋、芥末、香油、香菜段調拌均勻，即可裝盤上桌。

小提醒
鱈魚放入蒸鍋後要蒸透，約蒸 30 分鐘。拌製時要將調味料充分拌勻。

溜蝦段

材料
大蝦 300 克，雞蛋 1 個，洋蔥瓣 50 克。

調味料
蔥末、薑末、蒜片、鹽、紹興酒、醬油、白醋、白糖各少許，太白粉適量，沙拉油 1000c.c.。

做法
1. 將大蝦去頭、去尾、去皮，挑除沙腸，洗滌整理乾淨，再片成兩段，放入大碗中，加入少許鹽、紹興酒基

本調味，然後裹上全蛋糊，下入七成熱油中炸至表皮稍硬，撈出後，待油溫升高，再下油炸至熟透，見呈金黃色時撈出，瀝油備用。

2. 碗中放入紹興酒、醬油、白糖、鹽、鮮湯、太白粉水調勻，製成芡汁待用。

3. 炒鍋上火燒熱，加入底油，先用蔥、薑、蒜燴鍋，再下入洋蔥瓣略炒，然後烹入白醋，加入炸好的蝦段，潑入調好的芡汁，大火翻溜均勻，再淋上香油，即可起鍋裝盤。

炸魚丸

材　料

旗魚肉 250 克，雞蛋 1 個。

調味料

鹽、胡椒粉各 1/3 小匙，紹興酒 1 大匙，蔥薑水 1/2 大匙，太白粉、花椒鹽各適量，沙拉油 1000c.c.。

做　法

1. 將魚肉剁成細泥，裝入碗中，加入鹽、胡椒粉、紹興酒、蔥薑水攪勻入味，再放入蛋液、太白粉，攪拌成餡備用。

2. 起鍋點火，加油燒至四成熱，將魚肉餡擠成丸子，下油炸至表面稍硬，撈出後，待油溫升高，再下油炸至熟透，呈金黃色時撈出，瀝油裝盤，跟花椒鹽上桌即可。

小提醒

炸魚丸時先用溫油，再用熱油回炸一遍，口感才能酥脆嫩香。

油爆蝦丁

材　料

蝦仁 250 克，乾香菇、青椒各 25 克。

調味料

蔥末、薑末、蒜末各少許，鹽 1/3 小匙，紹興酒 1 大匙，蛋清 1 個，太白粉適量，沙拉油 750c.c.。

做　法

1. 將蝦仁去沙腸、洗淨，切成 1 公分見方的小丁，再裝入碗中，加入少許鹽、紹興酒基本調味，然後裹上蛋清漿，下入四成熱油中滑散滑透，撈出瀝油。香菇、青椒分別洗淨，切成小丁備用。

2. 小碗中加入鹽、紹興酒、鮮湯、太白粉水調勻，製成芡汁待用。

3. 炒鍋上火燒熱，加入底油，先用蔥、薑、蒜熗鍋，再下入冬菇丁、青椒丁煸炒一下，然後放入蝦丁，潑入調好的芡汁，大火翻爆均勻，再淋入香油，即可起鍋裝盤。

紅燜鯉魚

材　料

鯉魚 1 條，豬肉片 100 克，香菇片 50 克。

調味料

蔥花、薑絲、蒜片、花椒、八角、鹽、紹興酒、醬油、白醋、白糖、香油各少許，麵粉、太白粉各適量，沙拉油 2000c.c.。

做　法

1. 將鯉魚宰殺，洗滌整理乾淨，在魚身兩側劃上花刀，再沾勻麵粉，下入八成熱油中炸透，見呈金黃色時撈出，瀝油備用。

2. 鍋中留少許底油，先用蔥、薑、蒜熗鍋，再放入肉片、香菇片略炒，然後烹入紹興酒、白醋，加入醬油、白糖、鹽、花椒、八角，再添湯燒開，下入炸好的鯉魚，移小火燜約 30 分鐘，取出裝盤待用。

3. 原湯繼續加熱，揀去花椒、八角，用太白粉水勾芡，淋上香油，澆在盤中魚上即可。

熗蝦片

材　料

蝦仁 200 克，黃瓜 50 克。

調味料

薑片少許，鹽 1/3 小匙，花椒油 1 大匙。

做　法

1. 將蝦仁去沙腸、洗淨，片成薄片。黃瓜洗淨，切成小片備用。
2. 將蝦片放入滾水中燙透，撈出沖涼，瀝乾待用。

3. 將黃瓜片墊在盤底，放上蝦片，再加入鹽、薑絲、花椒油，拌勻即可食用。

小提醒

切蝦片時薄厚要均勻，過水時間不宜過長，只要去腥即可。

蛋黃飛蟹

材　料

飛蟹 1 隻，鹹蛋黃 100 克。

調味料

紹興酒、香油、雞粉、胡椒粉、太白粉各適量，沙拉油 1000c.c.。

做　法

1. 將飛蟹洗滌整理乾淨，剁成大塊，再拍上一層乾太白粉，下入六成熱油中炸透，撈出瀝油備用。
2. 鍋中留少許底油，先下入鹹蛋黃

炒碎，再烹入紹興酒，加入雞粉、胡椒粉，然後添入少許清湯，炒製成蓉，再下入炸好的蟹塊翻炒均勻，淋上香油，起鍋裝盤，擺回蟹型即可。

小提醒

炒蛋黃前，先將其蒸熟或烤熟、壓碎，再炒效果更好。下入炸好的蟹塊後，一定要翻炒均勻，使蛋黃包裹住蟹塊。

蒜蓉淡菜

材　料

淡菜 250 克。

調味料

蒜蓉 50 克，鹽 1/3 小匙，雞粉 1 小匙，胡椒粉少許，太白粉適量，雞油 60 克。

做　法

1. 將淡菜開殼取肉，洗滌整理乾淨備用。
2. 小碗中放入蒜蓉、鹽、雞粉、胡

椒粉、太白粉、雞油調勻，製成蒜蓉汁待用。

3. 將淡菜肉瀝乾水分，拌入蒜蓉汁，放入原殼中，放入蒸鍋蒸 6 分鐘至熟，取出裝盤即可。

小提醒

蒸煮時一定要注意時間的控制，不能蒸過火，否則肉質老硬，口感不佳。

燒魚串

材　料

魚肉 250 克。

調味料

蔥末、蒜末各少許，鹽、胡椒粉各 1/3 小匙，醬油、白醋各 3 大匙，白糖 2 大匙，香油 1 大匙。

做　法

1. 將魚肉切成 10 公分長、2 公分寬、2 公分厚的條，再放入大碗中，加入香油、鹽、醬油、胡椒粉基本調味，醃製 10 分鐘備用。

2. 碗中放入醬油、白醋、白糖、蔥末、薑末調勻，製成味汁待用。

3. 將醃好的魚條用竹籤串起，放在無煙的炭火上烘烤，邊烤邊翻面，再淋上味汁，烤至金黃色，離火裝盤，即可上桌食用。

白汁鯉魚

材　料

活鯉魚 1 條，鮮牛奶 1 杯。

調味料

蔥末、薑末各少許，鹽 1/2 小匙，紹興酒 1 大匙，麵粉少許，太白粉適量，豬油 2 大匙。

做　法

1. 將鯉魚去鱗、去鰓、除內臟，洗滌整理乾淨，在魚身兩側劃上花刀，再放入滾水中燙透，撈出瀝乾備用。

2. 炒鍋上火燒熱，加入底油，先用蔥末、薑末熗鍋，再下入麵粉炒香，然後烹入紹興酒，添入清湯，加入牛奶煮沸，再加入鹽，放入鯉魚，蓋上鍋蓋，轉小火燉煮 5 分鐘至入味，取出裝盤。

3. 原湯繼續加熱，用太白粉水勾芡，起鍋澆在魚上即可。

紅燒帶魚段

材　料

白帶魚 300 克。

調味料

蔥花、薑末、蒜片、花椒各少許，鹽 1/3 小匙，紹興酒、醬油各 2 大匙，香油、白醋、白糖各 1/2 大匙，太白粉適量，沙拉油 1000c.c.。

做　法

1. 將白帶魚剁去頭和細尾，剪去背鰭，剖腹去內臟，刮洗乾淨，在魚身兩側劃上花刀，剁成 6 公分長的段，再下入八成熱油中炸透，呈金黃色時撈出，瀝油備用。

2. 鍋中留少許底油，先用花椒、蔥、薑、蒜熗鍋，再烹入紹興酒、白醋，加入醬油、白糖、鹽，然後添湯燒開，下入炸好的魚段，轉小火燒至入味，見湯汁稠濃時，移大火收汁，再用太白粉水勾芡，淋上香油，即可起鍋裝盤。

拌魷魚絲

材　料
鮮魷魚 300 克，黃瓜 50 克。

調味料
醬油 1 大匙，白醋、辣椒油、麻醬
各 1/2 大匙。

做　法
1. 將鮮魷魚洗滌整理乾淨，用刀片
開，切成粗絲，再放入滾水中燙
透，撈出沖涼，瀝乾水分。黃瓜洗
淨，切絲備用。

2. 碗中放入醬油、白醋、辣椒油、
麻醬調勻，製成味汁待用。

3. 將黃瓜絲墊在盤底，再放上魷魚
絲，澆上味汁拌勻，即可上桌食
用。

小提醒
魷魚絲汆燙時間不宜過長，去腥就
好。

滑炒魚片

材　料
魚肉 400 克，胡蘿蔔片 25 克。

調味料
蔥花、薑絲、蒜片各少許，鹽、胡
椒粉各 1/3 小匙，紹興酒 1 大匙，蛋
清 2 個，太白粉適量，豬油 1000
克。

做　法
1. 將魚肉片成薄片，裝入碗中，加
入蛋清、胡椒粉和少許鹽基本調

味，再裹上蛋清漿，下入四成熱油
中滑散滑透，撈出瀝油備用。

2. 碗中放入鹽、胡椒粉、鮮湯、太
白粉水調勻，製成芡汁待用。

3. 炒鍋上火燒熱，加少許底油，先
用蔥、薑、蒜熗鍋，再放入胡蘿蔔
片煸炒一下，然後烹入紹興酒，下
入魚片，潑入調好的芡汁，快速翻
炒均勻，再淋入香油，即可起鍋裝
盤。

炸芝麻蝦排

材　料
明蝦 3 隻，雞蛋 1 個，芝麻 50 克。

調味料
鹽 1/3 小匙，紹興酒 1/2 大匙，麵粉
適量，沙拉油 750c.c.。

做　法
1. 將明蝦剪去蝦槍、蝦須，留下
頭、尾，去除蝦皮，再從背部剖開
（腹部相連），去除沙腸，洗滌整理
乾淨，然後平放在砧板上，再撒上

鹽、紹興酒，醃製 5 分鐘備用。

2. 將雞蛋打入碗中，攪勻待用。

3. 將蝦排拍上麵粉，裹上蛋液，沾
勻芝麻，壓實後整好形，再下入四
成熱油中炸透，呈金黃色時撈出，
整齊地擺在盤中即可。

南燒蝦丁

材 料

蝦仁 250 克，青椒丁、紅椒丁、黃瓜丁各 50 克。

調味料

蔥末、薑末、蒜片、鹽、紹興酒、醬油、白糖、白醋各少許，蛋清 1 個，太白粉適量，沙拉油 750c.c.。

做 法

1. 將蝦仁去沙腸、洗淨，切成小丁，再裝入碗中，加入少許鹽、紹興酒基本調味，然後裹上蛋清漿，下入四成熱油中滑散滑透，撈出瀝油備用。

2. 鍋中留少許底油燒熱，先用蔥、薑、蒜熗鍋，再烹入紹興酒、白醋，加入醬油、白糖、鹽，然後添湯燒開，下入蝦丁、黃瓜丁、青椒丁、紅椒丁燒至入味，以太白粉水勾芡，淋上香油，即可起鍋裝盤。

煎蒸黃魚

材 料

黃魚 1 條，雞蛋 1 個，香菜段少許。

調味料

蔥末、薑末各少許，鹽 1/2 小匙，紹興酒 2 大匙，香油 1 大匙，白醋 1 小匙，太白粉、麵粉各適量，豬油 3 大匙。

做 法

1. 將黃魚去鱗、去鰓、除內臟，洗滌整理乾淨，在魚身兩側劃上花刀，再放入大碗中，加入鹽、紹興酒醃製備用。

2. 將雞蛋打入碗中，加入太白粉攪成蛋糊。將黃魚沾勻麵粉，裹上雞蛋糊，下入五成熱油中煎至兩面金黃色，取出裝盤待用。

3. 魚盤內再加入鹽、白醋、紹興酒、蔥末、薑末，添入適量鮮湯，放入蒸鍋蒸透取出。

4. 將原湯倒回鍋中調味，再用太白粉水勾薄芡，淋上香油，撒上香菜段，澆在盤中魚上即可。

香煎大蝦

材 料

大蝦 300 克，豌豆苗 10 克。

調味料

鹽 1/2 小匙，胡椒粉 1 小匙，紹興酒 2 小匙，沙拉油 100c.c.。

做 法

1. 將大蝦剪去蝦足和蝦須，洗淨後在背部開一刀，去除沙腸，用清水沖淨，再用廚房紙巾擦乾水分，然後放入碗中，加入鹽、紹興酒、胡椒粉，醃製 15 分鐘備用。

2. 將豌豆苗去根、洗淨，放入滾水中略燙一下，撈出沖涼，瀝乾後擺在盤邊待用。

3. 起鍋點火，加油燒熱，放入大蝦煎約 3 分鐘，再逐一翻個續煎 2 分鐘，待大蝦色澤金紅、香味四溢時，盛入盤中即可。

一品海鮮卷

材　料

金針菇、海參、蝦仁、蔥段各 100 克，蟹肉棒、香菜段各 50 克，雞蛋 4 個，蝦皮 10 克。

調味料

鹽、胡椒粉各 1/2 小匙，蒜蓉辣醬、太白粉各 1 小匙，醬油 2 大匙，香油 1 大匙，沙拉油適量。

做　法

1. 將蝦仁去沙腸、洗淨，和海參、蟹肉棒一同切絲，再與金針菇一起過水，撈出後沖涼瀝乾，加入蒜蓉辣醬、鹽、胡椒粉拌勻備用。

2. 將雞蛋打入碗中攪勻，再倒入熱油鍋中攤成蛋皮，然後將拌好的原料捲入，用蛋粉糊封口待用。

3. 起鍋點火，加油燒至六成熱，放入蛋卷炸透，撈出瀝油，改刀成斜段，擺在盤邊。

4. 將香菜段、蔥段、蝦皮放入碗中，用香油、醬油拌勻，擺在盤中即可。

燒魚丁

材　料

魚肉 250 克，雞蛋 1 個，黃瓜、胡蘿蔔各 25 克。

調味料

蔥片、薑末、蒜末、鹽、紹興酒、醬油、白醋、白糖各少許，太白粉適量，沙拉油 750c.c.。

做　法

1. 將魚肉切成小丁，裝入碗中，先加入少許鹽、紹興酒調味，再裹上全蛋糊，下入五成熱油中炸至外皮稍硬，撈出後，待油溫升至七成熱時，再下油炸透，呈金黃色時撈出。

2. 將黃瓜、胡蘿蔔洗淨，均切成 1 公分見方的小丁。胡蘿蔔過水後放涼備用。

3. 炒鍋上火燒熱，加入底油，先用蔥、薑、蒜熗鍋，再放入黃瓜、胡蘿蔔煸炒，然後烹入紹興酒、白醋，加入醬油、白糖、鹽，再添湯燒開，下入魚丁燒至入味，待湯汁稠濃時，用太白粉水勾芡，淋入香油，即可起鍋裝盤。

籠蒸螃蟹

材　料

河蟹 12 隻，鮮荷葉 1 張，草繩 24 根。

調味料

薑末 25 克，鹽 1 大匙，鎮江香醋 3 大匙。

做　法

1. 將草繩放入淡鹽水中浸泡回軟，撈出沖淨備用。

2. 將河蟹刷洗乾淨，用泡好的草繩將每隻蟹的蟹腿捆牢。

3. 將香醋和薑末放入碗中調勻，製成薑醋汁待用。

4. 將鮮荷葉洗淨，鋪在蒸籠內，再將螃蟹臍朝下放在荷葉上，然後用大火蒸約 16 分鐘（蒸鍋一定要先上氣，再放入螃蟹），取出裝盤，食用時蘸薑醋汁即可。

蛋黃炒河蟹

材料

河蟹500克，南瓜100克，鹹鴨蛋黃150克。

調味料

鹽1小匙，太白粉3大匙，沙拉油2000c.c.。

做法

1. 將河蟹開殼，洗滌整理乾淨，切成大塊，再用太白粉拍勻，放入熱油中炸至外脆裡嫩，撈出瀝油備用。

2. 將南瓜洗淨，去皮及籽，切成厚片，再拍勻太白粉，放入熱油中炸熟，撈出瀝乾待用。

3. 將鹹鴨蛋黃放入碗中，入蒸鍋蒸熟，取出後搗成泥狀。

4. 起鍋點火，加入適量底油，先放入鹹蛋黃炒香，再加入鹽調好味，然後下入河蟹、南瓜片翻炒均勻，即可裝盤上桌。

蒲棒鮮貝

材料

鮮貝肉500克，豬肥肉100克，麵包粉150克，雞蛋3個，竹籤12根（40公分長）。

調味料

鹽、香油、胡椒粉各1小匙，太白粉100克，沙拉油1500c.c.。

做法

1. 將鮮貝肉和肥肉洗淨，放入絞肉機中絞成泥狀，再加入鹽、太白粉、香油、胡椒粉調勻，攪至出筋，製成鮮貝漿。雞蛋打入碗中，攪勻備用。

2. 用鮮貝膠包裹住竹籤的一半，然後拍上太白粉、裹上蛋液、裹勻麵包粉，放入五成熱油中炸至金黃色，即可撈出食用。

竹網黃魚羹

材料

黃魚乾300克，蔥白100克，香菜梗50克，竹網2張，竹籤4根。

調味料

胡椒粉1小匙，紹興酒3大匙，沙拉油適量。

做法

1. 將黃魚乾洗淨，放入大碗中，加入紹興酒、胡椒粉，醃製10分鐘備用。

2. 將一張竹網展開，墊上一層蔥白，放上醃好的黃魚乾，再鋪上香菜梗和蔥白，然後用另一張竹網蓋住，四周用竹籤固定。

3. 起鍋點火，加油燒至三成熱，放入竹網黃魚乾，小火浸炸至熟（中途要將黃魚乾翻面），撈出瀝乾油分，裝入盤中，上桌時將上面的竹網掀開即可。

海鮮炒韭黃

材 料
中卷 300 克，蝦仁、韭黃、木耳各 100 克，雞蛋 2 個，紅尖椒 50 克。
調味料
鹽 1 小匙，紹興酒 1 大匙，沙拉油 2 大匙。
做 法
1. 將韭黃摘洗乾淨，切成 3 公分長的段。木耳泡發，洗淨後切絲。紅尖椒去蒂及籽，洗淨後切絲備用。

2. 將雞蛋打入碗中攪勻，再放入熱油鍋中攤成蛋皮，取出切絲待用。
3. 將中卷洗滌整理乾淨，切成小塊。蝦仁去沙腸，沖洗乾淨。一起放入滾水中汆燙一下，撈出瀝乾。
4. 起鍋點火，加入少許底油，先放入中卷、蝦仁翻炒一下，再烹入紹興酒，加入韭黃、木耳、紅尖椒、鹽、蛋皮炒勻，即可裝盤上桌。

茼蒿梗爆墨魚

材 料
茼蒿 500 克，墨魚 250 克，青椒、紅椒各 10 克。
調味料
蒜末 5 克，鹽、胡椒粉、香油各 1 小匙，太白粉水 2 小匙，沙拉油 3 大匙。
做 法
1. 將茼蒿去葉、洗淨，切成小段，再放入滾水中汆燙一下，撈出瀝乾。青椒、紅椒分別去蒂、洗淨，切絲備用。

2. 將墨魚撕去外皮，去除內臟，洗滌整理乾淨，切成大段，再放入滾水中燙透，撈出沖涼待用。
3. 起鍋點火，加少許底油燒熱，先放入蒜末、青椒絲、紅椒絲炒香，再下入茼蒿和墨魚快速翻炒，然後加入鹽、胡椒粉調味，再以太白粉水勾薄芡，淋上香油，即可起鍋裝盤。

三椒鯧魚

材 料
鯧魚 1 條，野山椒末、指天椒末、小青椒末各 20 克。
調味料
鹽、雞粉、胡椒粉各 1 小匙，醬油 3 小匙，沙拉油少許。
做 法
1. 將鯧魚洗滌整理乾淨，劃上花刀，放入盤中備用。
2. 起鍋點火，加油燒熱，先下入野

山椒末炒香，再加入鹽、雞粉、胡椒粉翻炒均勻，澆在鯧魚上，然後放入蒸鍋中蒸熟，取出待用。
3. 鍋中留少許底油燒熱，下入指天椒、小青炒香，澆在多寶魚上，即可上桌食用。

花椰菜泡椒貝

材料
鮮貝肉800克，花椰菜120克，紅椒條50克，西洋芹20克。

調味料
薑末5克，鹽、白糖各1/2小匙，紹興酒、太白粉水各1小匙，蛋清1個，高湯、橄欖油、太白粉各2小匙，沙拉油1000c.c.。

做法
1.將鮮貝肉洗淨，下入滾水中汆燙2分鐘，撈出瀝乾，切成小片，再加入鹽、蛋清、太白粉抓拌均勻。花椰菜、西洋芹分別洗淨，切成小塊，再用滾水汆燙一下，撈出瀝乾備用。

2.起鍋點火，加油燒熱，下入貝肉滑熟，撈出瀝油待用。

3.鍋中留少許底油燒熱，先下入薑末炒香，再烹入紹興酒，放入貝肉、紅椒條、花椰菜、西洋芹，然後加入胡椒粉、白糖、鹽、高湯翻炒均勻，再用太白粉水勾芡，淋入橄欖油，即可裝盤。

家燜黃魚

材料
大黃魚1條（約750克），香菜少許。

調味料
蔥花、薑片、蒜片各少許，八角5克，鹽、雞粉、白糖、醬油、花椒水、紹興酒、太白粉各1小匙，老湯、沙拉油各適量。

做法
1.將黃魚去鱗、去鰓、除內臟，洗淨後劃上花刀。香菜摘洗乾淨，切段備用。

2.起鍋點火，加油燒熱，下入黃魚炸至定型，撈出瀝油待用。

3.鍋中留少許底油燒熱，先下入蔥花、薑片、蒜片、八角炒香，再添入老湯，放入黃魚，然後加入鹽、雞粉、白糖、醬油、花椒水燜約10分鐘，待黃魚入味後取出裝盤。

4.鍋中原汁繼續加熱，挑出雜質，用太白粉水勾芡，再撒上香菜段，均勻地澆在魚上即可。

麻辣爆烤蝦

材料
草蝦500克，紅乾椒50克。

調味料
蔥花、薑絲、花椒各5克，鹽1/2大匙，紹興酒2小匙，香辣油50c.c.，沙拉油1000c.c.。

做法
1.將草蝦洗淨，在背部劃一刀，挑除沙腸，放入碗中，加入薑絲、蔥花、鹽、紹興酒醃製30分鐘備用。

2.起鍋點火，加油燒至八成熱，放入草蝦炸至皮酥肉嫩，撈出瀝油待用。

3.鍋中加入香辣油燒熱，放入乾辣椒、花椒、草蝦煸炒2分鐘，即可起鍋裝盤。

小提醒
經常食用蝦肉，能保護心血管系統，預防高血壓和心肌梗死。

糊辣鯧魚

材料

鯧魚1條,香菇片、五花肉片各50克。

調味料

蔥、薑絲、蒜片各10克、鹽、白糖各1/2小匙、胡椒粉1小匙、醬油2小匙、太白粉水少許、乾辣椒、豬油各3大匙、肉湯750c.c.、沙拉油1500c.c.。

做法

1. 將鯧魚洗淨,劃上花刀備用。
2. 起鍋點火,加油燒至八成熱,下入鯧魚炸3分鐘,撈出瀝油待用。
3. 另起一鍋,加入豬油燒熱,先下入五花肉片煸焦,再放入蔥花、薑絲、蒜片、乾辣椒炒出香味,待油呈紅色時添入肉湯,加入胡椒粉、白糖、鹽、醬油、香菇片,然後下入鯧魚,用小火燒至湯汁紅亮,揀去肉片、香菇,盛入盤中,再將原湯用太白粉水勾芡,澆入盤中即可。

開邊酸辣蝦

材料

草蝦250克,泡椒末15克,野山椒末5克。

調味料

蔥花10克,蒜末、薑末各15克、胡椒粉1/2小匙、白糖1小匙、太白粉150克,清湯少許,沙拉油適量。

做法

1. 將草蝦洗淨,在背部劃一刀至2/3處,保持頭尾相連,再用刀背碾成薄片,裹勻太白粉備用。
2. 起鍋點火,加油燒至七成熱,下入蝦片炸成金黃色,撈出瀝油,擺入盤中待用。
3. 鍋中留底油燒至八成熱,先下入泡椒末、蒜末、薑末、野山椒末炒出香味,再添入清湯,加入白糖、胡椒粉燒開,然後用太白粉水勾薄芡,澆淋在蝦上,再撒上蔥花,即可上桌食用。

剁椒魚頭

材料

鰱魚頭1個(約1200克),剁椒150克。

調味料

蔥花、薑末、蒜末各5克,胡椒粉、蠔油各1小匙,蒸魚豉油、沙拉油各3大匙。

做法

1. 將魚頭洗滌整理乾淨,從底部切開,放入盤中備用。
2. 起鍋點火,加油燒至六成熱,下入剁椒、鹽、薑末、蒜末、蠔油、蒸魚豉油,用小火炒約5分鐘,盛出後均勻地澆在魚頭上,再放入蒸鍋中,用大火蒸10分鐘,取出後撒上蔥花,即可上桌食用。

生燻帶魚

材 料

白帶魚 500 克，茶葉 10 克。

調味料

蔥段、薑片各5克，紹興酒1小匙，白糖、胡椒、花椒、八角各少許，沙拉油適量。

做 法

1. 將白帶魚洗滌整理乾淨，切成小段，再放入大碗中，用蔥段、薑片、八角、花椒、胡椒、紹興酒醃製2小時備用。

2. 起鍋點火，放入茶葉、白糖略炒，再架上鐵網，放上白帶魚，蓋緊鍋蓋，用小火燻蒸 10 分鐘，取出待用。

3. 另起一鍋，加油燒至六成熱，下入白帶魚段炸成金紅色，撈出瀝油，裝盤上桌即可。

鐵板串燒蝦

材 料

大蝦 12 隻，洋蔥絲 150 克，香菜段 50 克，竹籤數根。

調味料

陳年醋 3 大匙，醬油、白糖、香油各 1 大匙，太白粉水適量，沙拉油 750c.c.。

做 法

1. 將大蝦去除沙腸，洗滌整理乾淨，再用竹籤串好，下入七成熱油中炸至金紅色，撈出瀝油備用。

2. 鍋中留少許底油燒熱，放入陳年醋、醬油、白糖調勻，再以太白粉水勾芡，淋入香油，製成芡汁待用。

3. 取一鐵板燒熱，放上洋蔥絲、香菜段墊底，擺上大蝦，澆勻芡汁即可。

麒麟蒸鱸魚

材 料

鱸魚1條（約750克），冬菇20克，青江菜9棵，火腿少許。

調味料

雞粉、紹興酒各 1 小匙，鹽、胡椒粉、太白粉水、沙拉油各少許。

做 法

1. 將鱸魚去鱗、去鰓、除內臟，洗滌整理乾淨。冬菇、火腿分別洗淨、切片。青江菜洗淨，放入滾水中汆燙一下，撈出瀝乾備用。

2. 將鱸魚頭、尾切下，擺在盤子兩端，放入大碗中，加入鹽、雞粉、胡椒粉、紹興酒醃製5分鐘，然後將火腿片、冬菇片夾入魚片中待用。

3. 將魚片擺入盤中，放入蒸鍋蒸 10 分鐘，取出後裝入另一盤中，再將青江菜圍擺在盤邊。

4. 將盤中的湯汁倒回鍋中，用太白粉水勾薄芡，均勻地澆在魚片上。

油鍋香白蝦

材　料

白蝦10隻，紅乾椒15克，芹菜、香菜各少許。

調味料

蔥段、薑片各10克，八角、香葉、桂皮、草果、丁香各3克，鹽、胡椒粉各1/2小匙，米酒2小匙，沙拉油少許。

做　法

1. 將白蝦挑除沙腸、洗淨。芹菜、香菜分別摘洗乾淨，切段備用。

2. 鍋中加入清水燒開，放入蔥段、薑片、八角、香葉、桂皮、草果、丁香、芹菜段、香菜段及少許紅乾椒煮出香味，再加入鹽、胡椒粉調勻，起鍋倒入大碗中晾涼，然後加入米酒，再放入白蝦浸泡2小時待用。

3. 鍋中留底油燒熱，先下入紅乾椒炒香，再放入白蝦翻炒至熟，即可起鍋裝盤。

大蒜燒鯰魚

材　料

鯰魚1條，大蒜150克，泡椒50克。

調味料

白糖1小匙，胡椒粉1/2小匙，紹興酒、醬油各2小匙，豆瓣醬、熟豬油各3大匙，太白粉水5大匙，肉湯500c.c.，沙拉油1500c.c.。

做　法

1. 將鯰魚宰殺，洗滌整理乾淨，擦淨身上黏液，從尾部起刀，切成3公分寬的段（不要切斷）。大蒜去皮、洗淨。泡椒切成碎末備用。

2. 起鍋點火，加油燒至八成熱，將鯰魚放入漏勺中，下油炸成金黃色，撈出瀝油待用。

3. 鍋中加入豬油燒熱，先下入豆瓣醬、泡椒末炒成紅色，再撈除雜質，放入蒜瓣炒成金黃色，然後烹入紹興酒，添入肉湯，下入炸好的鯰魚，再加入白糖、胡椒粉，用小火燜至入味，然後撈出裝盤，再將原湯用太白粉水勾芡，澆在魚上即可。

淋香酥鯽魚

材　料

鯽魚500克，香菜、青椒、紅椒各30克，熟芝麻10克。

調味料

蔥花、八角各10克，鹽、雞粉、胡椒粉各4小匙，白糖2大匙，陳年醋、紹興酒、辣椒油各3大匙，太白粉、沙拉油各適量。

做　法

1. 將青椒、紅椒去蒂及籽，洗淨後切成小丁。香菜摘洗乾淨，切成細末。鯽魚去鱗、去鰓、除內臟，洗淨後從背部片開（保持尾部相連），加入鹽、雞粉、八角、紹興酒、胡椒粉醃製10分鐘，再拍勻太白粉備用。

2. 起鍋點火，加油燒至八成熱，下入鯽魚浸炸至酥脆，撈出待用。

3. 將白糖、陳年醋、芝麻、青椒丁、紅椒丁放入碗中拌勻，再將辣椒油燒熱倒入，然後均勻地澆在魚上，再撒上蔥花、香菜末，即可上桌食用。

醬燜吐魠魷魚

材 料
魷魠魚 700 克，紅乾椒少許。

調味料
蔥花、薑片各 5 克，鹽、醬油、白醋各 1/2 小匙，紹興酒 1 小匙，白糖 1/2 大匙，胡椒粉少許，太白粉水 2 小匙，鮮湯 800c.c.，沙拉油適量。

做 法
1. 將魷魠魚洗滌整理乾淨，擺入盤中備用。

2. 起鍋點火，加油燒至五成熱，放入魷魠魚煎至兩面金黃色，撈出瀝油待用。

3. 鍋中留少許底油燒熱，先下入蔥花、薑片、紅乾椒炒香，再放入魷魠魚，然後添入鮮湯，加入鹽、白糖、白醋、胡椒粉、醬油、紹興酒燒開，再轉小火燜燒 10 分鐘，用太白粉水勾芡，即可起鍋裝盤。

家常泡菜魚

材 料
鮮魚 750 克，泡菜 100 克，泡紅椒 30 克。

調味料
蔥花、薑末、蒜末各 15 克，鹽 1/2 小匙，醬油、紹興酒各 2 小匙，白醋 4 小匙，太白粉水 2 大匙，鮮湯 250c.c.，沙拉油 150c.c.。

做 法
1. 將鮮魚洗滌整理乾淨，在魚身兩側各劃幾刀，再用少許鹽、紹興酒醃至入味。泡菜洗淨，用刀切成細絲。泡紅椒去蒂及籽，洗淨後切絲備用。

2. 起鍋點火，加油燒至六成熱，下入鮮魚煎至兩面金黃色，撈出瀝油待用。

3. 鍋中留底油燒熱，先下入薑末、蒜末、泡椒絲炒香，再添入鮮湯，放入鮮魚，加入醬油、紹興酒燒沸，然後下入泡菜絲燒至入味（中途將魚翻面兩次），盛入盤中，再將鍋中湯汁用太白粉水勾芡，淋入白醋，撒上蔥花，起鍋澆在魚上即可。

豆瓣鯉魚

材 料
鯉魚 1 條（約 750 克）。

調味料
蔥花 50 克，薑末 10 克，蒜末 30 克，豆瓣 3 大匙，鹽 1/2 小匙，醬油、白糖、米醋各 2 小匙，紹興酒 2 大匙，太白粉水 1 大匙，肉湯 30c.c.，沙拉油 500c.c.。

做 法
1. 將鯉魚洗淨後瀝乾水分，在魚身兩側各劃幾刀（深度接近魚骨），再用紹興酒、鹽醃製片刻備用。

2. 起鍋點火，加油燒熱，下入鯉魚炸至兩面金黃色，撈出瀝油待用。

3. 鍋中留少許底油燒熱，先下入豆瓣、薑末、蒜末炒成紅色，再放入鯉魚，添入肉湯燒沸，然後加入醬油、白糖，用小火燒至鯉魚熟透，起鍋裝入盤中。

4. 鍋中原汁繼續加熱，用太白粉水勾芡，淋入米醋，撒上蔥花，燒開後均勻地澆在魚上，即可上桌食用。

畜肉類

　　畜肉類食材主要指豬、牛、羊肉及其內臟（肝、肚、腸、心、腰子等），約占肉食品消費總量的 80%，是人類千百年來形成的飲食習慣。另外還有其他畜肉的加工製品，如：煙肉、臘腸、火腿等，都是菜餚製作中用途較廣的原料。常用的烹調方法有煎、炒、烹、炸、爆、扒、溜、燜、燒、燜、煨、蒸等。

　　畜肉類原料的烹製講究「肥而不膩，瘦而不柴」，尤重刀工切配技巧。

招財進寶

材 料

乳豬腳，冬瓜，鹹鴨蛋黃，蔥花。

做 法

1. 豬腳用火烤至金黃色，見皮面呈現小泡，離火，刮洗乾淨，放入醬湯鍋中，加蔥段、薑塊、紹興酒、醬油、鹽、白糖、蠔油、雞粉、花椒、八角、桂皮等調味料，添湯上火燉至酥爛入味，見呈金紅色時，撈出裝入盤中。

2. 另起鍋上火燒熱，加少許底油，用蔥花熗鍋，烹紹興酒，添湯，加醬油、白糖、鮑汁、雞汁，待湯沸，勾芡，淋香油，起鍋澆在乳豬腳上。

3. 將冬瓜雕刻成元寶狀，用滾水汆燙透，撈出瀝乾水分備用。

4. 鹹鴨蛋黃加入紹興酒、白糖、胡椒粉和鮮湯攪拌成蛋黃醬，放入微波爐3分鐘，見起小泡取出。

5. 炒鍋上火燒熱，加少許底油，下入蛋黃醬炒勻，再下入汆燙好的元寶，翻拌均勻，起鍋擺在乳豬腳邊即可。

辣白菜炒肥腸

材 料

豬肥腸300克，辣白菜1/2棵，洋蔥1個。

調味料

紹興酒、白醋、醬油、白糖、鹽、太白粉水、辣椒油、沙拉油各適量。

做 法

1. 將豬肥腸洗滌整理乾淨，下入滾水中燙透，除去腥異味。辣白菜切片。洋蔥去皮，切瓣備用。

2. 炒鍋上火，加油燒至七成熱，下入豬肥腸沖炸至金黃色，倒入漏勺待用。

3. 鍋中留少許底油燒熱，先下入洋蔥煸炒一下，再烹入紹興酒、白醋，加醬油、白糖、鹽，然後添入少許清湯，加入辣白菜、肥腸翻炒至入味，再以太白粉水勾芡，淋上辣椒油，即可起鍋裝盤。

人參五福扒金肘

材 料

豬腳1個，鮮人參1根，玉米筍、豌豆、大棗、冬菇、冬筍各適量。

調味料

蔥末、薑末、花椒、八角、紹興酒、醬油、糖色、鹽、白糖、沙拉油各適量。

做 法

1. 豬腳用中火燒烤至皮面起酥，呈現小泡，再用刀刮洗淨，加蔥、薑、花椒、八角、紹興酒、醬油、糖色、鹽、白糖，下湯鍋，用大火燒沸，轉小火慢煮至熟爛入味，撈出裝盤。玉米筍、冬菇、冬筍切丁。大棗用涼水泡軟備用。

2. 炒鍋上火燒熱，加少許底油，用蔥、薑末熗鍋，烹紹興酒，下入鮮人參、玉米筍、冬菇、冬筍煸炒片刻，添入過濾後的原湯，加鹽調味，再下入豌豆、大棗，見湯沸，勾芡，淋香油，起鍋澆在豬腳上即可。

鐵板牛肉燒

材　料

牛肉350克，雞蛋2個，洋蔥1個。

調味料

蔥花、黑胡椒碎、紹興酒、鹽、白糖、醬油、燒肉汁、香油、沙拉油各適量。

做　法

1. 將牛肉洗滌整理乾淨，切成薄片，再加入鹽、紹興酒基本調味，裹上蛋漿，然後下入溫油滑散滑透，倒入漏勺。洋蔥去皮、洗淨，切絲備用。

2. 炒鍋上火燒熱，加適量底油，先下入洋蔥絲煸炒一下，再加入黑胡椒碎，烹入紹興酒，放入鹽、白糖、醬油及燒肉汁，再下入滑熟的牛肉片，勾薄芡，淋香油，起鍋裝在燒熱的鐵板上，圍成一圈，中間煎一個雞蛋，撒上蔥花即可。

麻仁羊肉盒

材　料

羊絞肉500克，山藥200克，白芝麻100克，雞蛋5個。

調味料

蔥末、薑末、紹興酒、太白粉水、香油各少許，鹽、胡椒粉各1小匙，麵粉100克，沙拉油適量。

做　法

1. 將山藥去皮、洗淨，切成小丁，放入滾水中汆燙一下，撈出瀝乾備用。

2. 將羊絞肉加入蔥末、薑末、紹興酒、鹽和1個雞蛋攪勻，再放入山藥丁及少許太白粉、香油拌勻。剩下的雞蛋打入碗中，加入太白粉水調成蛋液待用。

3. 起鍋點火，倒入蛋液攤成兩張蛋皮（碗中留少許蛋液），取出後鋪在砧板上，放上調好的羊肉餡，卷成長卷，再撒上少許麵粉，然後抹上剩餘的蛋液，撒上白芝麻，壓實備用。

4. 鍋中加油燒至五成熱，將肉卷放在漏勺中，下油炸至兩面金黃，撈出瀝油，切塊裝盤即可。

菜根酒香排

材　料

豬肉排350克，胡蘿蔔條、白蘿蔔條各適量。

調味料

蔥末、薑末、蜂蜜汁、紹興酒、醬油、白糖、鹽、雞粉、紅葡萄酒、太白粉水、沙拉油各適量。

做　法

1. 將豬肉排洗滌整理乾淨，剁成小段，再用蜂蜜汁走紅，過油炸至金紅色，然後加入蔥末、薑末、紹興酒、醬油、白糖、鹽、雞粉，添入清湯，放入蒸鍋蒸至熟爛，取出後趁熱抽出排骨，插入胡蘿蔔條和白蘿蔔條備用。

2. 炒鍋上火燒熱，加少許底油，先用蔥末、薑末熗鍋，再烹入紹興酒，加入紅葡萄酒、鹽、白糖，然後添入清湯，下入豬肉排燒至入味，再以太白粉水勾芡，淋上香油，即可起鍋裝盤。

枸杞菊花牛鞭

材　料

牛鞭1件，枸杞、乾菊花各少許。

調味料

蔥段、薑片、紹興酒、鹽、白糖、雞粉、清湯各適量。

做　法

1. 將牛鞭洗滌整理乾淨，泡軟後，用刀切成鞭花。枸杞、乾菊花用溫水浸泡回軟備用。

2. 不銹鋼鍋中加入清湯、紹興酒、鹽、白糖、雞粉、蔥段、薑片，上火燒沸，再下入牛鞭燉至入味，撈出分裝在紫砂燉盅內，再加入枸杞和菊花，澆入原汁，放入蒸鍋蒸15分鐘即可。

小提醒

酥爛軟嫩，湯鮮味濃，具有滋陰壯陽，益精明目之功效。牛鞭漲發要徹底，可加少許紹興酒醃製，以去除異味。

羊肉扒酸菜

材　料

羊腩350克，酸菜、冬粉、蝦米、牡蠣各適量。

調味料

蔥末、薑末、蒜末、花椒、桂皮、鹽、雞粉、醬油、白糖、紹興酒、清湯、沙拉油各適量。

做　法

1. 將羊腩洗淨、切塊，放入滾水中汆燙一下，再加入蔥、薑、紹興酒、花椒、桂皮、醬油、白糖、清湯，放入蒸鍋蒸至熟爛，取出晾涼，切片擺盤備用。

2. 將酸菜洗淨切絲。蝦米泡軟。牡蠣洗淨。冬粉泡軟，一剪兩段。

3. 炒鍋上火燒熱，加適量底油，先用蔥、薑、蒜熗鍋，再放入酸菜絲、蝦米、牡蠣煸炒，然後添入清湯，加入鹽、雞粉、白糖煨至入味，再下入冬粉翻炒均勻，起鍋裝盤。

麻花溜腰花

材　料

豬腰子1個，麻花1根，青、紅椒各適量。

調味料

蔥末、薑末、紹興酒、白醋、醬油、白糖、香油、沙拉油各少許。

做　法

1. 將豬腰子洗滌整理乾淨，劃上花刀，再下入滾水中燙透，撈出瀝乾。小麻花過油炸酥。青、紅椒洗淨，切塊備用。

2. 炒鍋上火燒熱，加少許底油，先用蔥末、薑末熗鍋，再加入青、紅椒，烹入紹興酒、白醋，然後放入醬油、白糖，添入清湯，湯滾勾芡，再加入麻花、腰花翻溜均勻，淋上香油，即可起鍋裝盤。

小提醒

此菜為傳統菜「溜腰花」的創新之作，將地方名小吃「酥炸小麻花」融入菜中，主副食搭配成菜，既鮮嫩又酥香，相得益彰。

竹夾牛柳

材 料

牛里肌肉500克,雞蛋1個,芝麻、香菜、香蔥各適量。

調味料

鹽、紹興酒、嫩精、香油、沙拉油各少許。

做 法

1. 將牛肉去筋膜、洗淨,切成薄片,再加入鹽、紹興酒、嫩精、香油醃製20分鐘,然後裹上蛋漿,下入溫油中滑散滑透,撈出瀝油備用。

2. 將竹簾洗淨燙軟,包入香菜、香蔥及滑好的牛柳,用竹籤封口,再下入熱油中浸炸至熟,待香味溢出,撈出裝盤,打開封口,澆牛柳汁,撒上芝麻即可。

小提醒

牛肉滑油時,油溫不宜過熱,去腥即可撈出。浸炸時用高溫熱油,這樣才能外酥裡嫩,口感好。

牛肉片炒酸黃瓜

材 料

牛肉片350克,酸黃瓜2根,胡蘿蔔片適量。

調味料

蔥絲、薑末、蒜片、嫩精、紹興酒、醬油、白糖、雞粉、沙茶醬、太白粉水、香油各少許。

做 法

1. 將牛肉片用些許醬油、酒調味,再用嫩精醃製20分鐘,然後下溫油滑透,倒入漏勺備用。

2. 將酸黃瓜切成滾刀塊,與胡蘿蔔片一起下入滾水中燙透,撈出瀝乾待用。

3. 炒鍋上火燒熱,加少許香油,先用蔥絲、薑末、蒜片熗鍋,再烹入紹興酒,加入醬油、白糖、雞粉、沙茶醬,然後添湯,下入牛肉片、酸黃瓜、胡蘿蔔片翻炒均勻,再以太白粉水勾薄芡,淋入香油,即可起鍋裝盤。

稻草紮肉卷餅

材 料

帶皮豬五花肉1000克,稻草10根,春卷皮15張,蔥絲、青紅椒圈、熟花生碎各適量。

調味料

蔥末、薑末、花椒、八角、桂皮、紹興酒、醬油、白糖、鹽、蜂蜜、甜麵醬、沙拉油各適量。

做 法

1. 將豬五花肉洗滌整理乾淨,抹上蜂蜜,再過油將皮面炸酥,然後改刀成片,用稻草捆紮成肉方。

2. 大沙鍋上火,加少許底油,先用蔥末、薑末、花椒、八角、桂皮熗鍋,再烹入紹興酒,加入醬油、鹽、白糖,然後添入清湯,下入稻草紮肉方,小火燒至熟爛入味,起鍋裝盤。

3. 用薄春卷皮包卷肉片、蔥絲、青椒圈、紅椒圈、熟花生碎,蘸甜麵醬食用即可。

咖哩牛肉

材 料

熟牛腩肉200克，馬鈴薯1個，洋蔥末、青椒末、紅椒末各適量。

調味料

蒜蓉、薑末、咖哩粉、八角粉、小茴香粉、紹興酒、鹽、牛肉清湯粉、花生醬、椰漿、太白粉、牛油各適量。

做 法

1. 將熟牛肉切成大塊。馬鈴薯去皮、洗淨，切成小塊，下入熱油中炸至金黃色，撈出瀝油備用。

2. 起鍋點火，加入牛油燒熱，先下入洋蔥末、蒜蓉、薑末炒香，再加入咖哩粉、八角粉、小茴香粉、牛腩，然後烹入紹興酒，添入鮮湯燒開，再撇去浮沫，加入鹽、牛肉清湯粉、花生醬、馬鈴薯，小火燒至湯汁稠濃，最後加入青、紅椒末，調入椰漿，用太白粉勾薄芡，淋入香油，即可起鍋裝碗。

石鍋牛肉

材 料

熟牛肉350克，蘑菇、香菇、蘿蔔各適量。

調味料

薑片、蒜末、香葉、陳皮末、八角、柱侯醬、紹興酒、雞粉、蠔油、花生醬、沙拉油各適量。

做 法

1. 將熟牛肉、蘿蔔分別切塊。香菇、蘑菇分別泡軟備用。

2. 將石鍋燒熱，加少許底油，先炒香薑片、蒜末、香葉、陳皮末，再放入牛肉、八角、柱侯醬，然後烹入紹興酒，添入鮮湯燒開，再撇淨浮沫，調進雞粉、蠔油、花生醬，最後加入蘿蔔、蘑菇、香菇燉至入味，即可連鍋上桌食用。

柱侯醬作法

用麻油將蒜茸和紅蔥頭末各半斤炒香，再加1斤的豆腐乳與糖、4兩豆瓣醬、水適量，一起炒煮成稠糊狀即成。

蜜汁烤羊腰

材 料

羊腰子2個。

調味料

薑片、蔥花、紹興酒、牛肉清湯粉、雞粉、醬油、沙爹粉、丁香粉、八角粉、玉桂粉、當歸粉、甘草粉、胡椒粉、蜂蜜各少許。

做 法

1. 將羊腰子洗滌整理乾淨，切成厚片，先用薑片、蔥花、紹興酒稍醃片刻，再撈出瀝乾，加入牛肉清湯粉、雞粉、醬油、沙爹粉、丁香粉、八角粉、玉桂粉、當歸粉、甘草粉、胡椒粉醃製備用。

2. 將醃好的羊腰子用竹籤串起，置於碳火上烤至乾香，再抹上蜂蜜略烤上色，即可離火裝盤。

金菇沙鍋肥牛卷

材料

肥牛片 100 克，鮮金針菇、花椰菜、冬粉、洋蔥末、青紅椒末各適量。

調味料

蒜蓉、薑末、紹興酒、沙爹醬、椰漿、花生醬、蝦粉、雞粉、鹽、辣椒醬、沙拉油各適量。

做法

1. 將金針菇洗滌整理乾淨，分別用肥牛片卷起備用。

2. 將花椰菜、冬粉煮熟後放入小沙鍋中，再將肥牛卷擺在冬粉上待用。

3. 炒鍋上火燒熱，加少許底油，先爆香蒜蓉、薑末、洋蔥末、青紅椒末，再烹入紹興酒，添入鮮湯，然後加入沙爹醬、椰漿、花生醬、蝦粉、雞粉、鹽、辣椒醬燒開成汁，澆入小沙鍋內，即可上桌。

家常扒五花肉

材料

帶皮豬五花肉500克，酸菜150克。

調味料

蔥段、薑片、鹽、醬油、白醋、豆瓣醬、甜麵醬、紹興酒、雞粉、太白粉水、沙拉油各適量。

做法

1. 將帶皮豬五花肉洗淨，放入清水鍋中煮至八分熟，撈出裝盤，晾涼後在肉皮上抹勻醬油、甜麵醬及紹興酒，醃製上色備用。

2. 起鍋點火，加油燒至七成熱，將五花肉皮朝下放入油中，炸至金紅色撈出，晾涼切片，放入器皿中待用。

3. 炒鍋上火燒熱，加少許底油，先放入薑片、蔥段、豆瓣醬、酸菜、紹興酒、鹽、白醋、雞粉、醬油翻炒均勻，再倒入裝有五花肉的器皿中，然後放入蒸鍋蒸 30 分鐘，取出後扣在盤中，最後將原汁勾薄芡，澆在五花肉上即可。

黑椒烤牛柳

材料

牛柳 300 克，洋蔥絲、蔥段、黃瓜片、小番茄、巴西利各少許。

調味料

蒜末、百里香、迷迭香、嫩精、黑胡椒汁、醬油、白蘭地酒、海鮮醬、太白粉、美乃滋各適量。

做法

1. 將牛柳洗淨，切成 1 公分厚的片，再用嫩精醃製備用。

2. 將洋蔥絲、蔥段、百里香、迷迭香、黑胡椒汁、醬油、白蘭地酒、蒜末、海鮮醬、太白粉攪拌成汁，再將牛柳醃製入味待用。

3. 將醃好的牛柳放入烤箱烘烤至熟，取出裝盤，澆上烤肉原汁，再用黃瓜片、小番茄、巴西利點綴，跟美乃滋上桌蘸食即可。

它似蜜

材　料

羊里肌肉 300 克。

調味料

薑末、醬油、白糖、白醋、香油各少許，太白粉適量，沙拉油 1000c.c.。

做　法

1. 將羊里肌肉洗淨，切成 3 公分長、1.5公分寬、0.2公分厚的薄片，再裝入碗中，加入 1 大匙醬油、適量太白粉抓拌均勻，上漿備用。

2. 小碗中放入醬油、白醋、白糖、太白粉調勻，製成芡汁待用。

3. 起鍋點火，加油燒至五成熱，放入羊肉片滑散滑透，倒入漏勺備用。

4. 鍋中留少許底油，先用薑末熗鍋，再放入羊肉片，潑入調好的芡汁，大火翻溜均勻，然後淋上香油，即可起鍋裝盤。

炸千子

材　料

豬肉 250 克，雞蛋 3 個。

調味料

蔥末、薑末各少許，紹興酒、醬油各 1/2 大匙，鹽 1/2 小匙，五香粉 1/3小匙，麵粉、太白粉各適量，花椒鹽 1 大匙，沙拉油 1000c.c.。

做　法

1. 將豬肉剁成泥狀，裝入碗中，加入蔥末、薑末、清水攪勻，再用鹽、五香粉、醬油、紹興酒調味，製成千子餡備用。

2. 將 2 個雞蛋打入碗中，加入鹽、太白粉攪勻，下油鍋攤成薄蛋皮。另 1 個雞蛋加入麵粉，調成糊待用。

3. 將蛋皮從中間一劃兩半，鋪在砧板上，抹勻麵粉糊，一端放上千子餡，卷成蛋捲，再用麵糊封口，下入五成熱油中炸透，見呈金黃色時撈出，瀝乾油分，改刀切成馬蹄段，裝入盤中，跟花椒鹽上桌即可。

溜三樣

材　料

豬腰 1 個，豬肝、豬里肌肉各 150 克，雞蛋1個，青、紅椒角各少許。

調味料

蔥段、蒜片、薑末、醬油、紹興酒、白糖、白醋、鹽各少許，太白粉適量，沙拉油 750c.c.。

做　法

1. 將豬腰片成兩半，洗滌整理乾淨，劃上斜十字花刀，再改刀成小塊。豬肝、豬里肌肉分別洗淨，切成薄片。一起裝入碗中，加入鹽、紹興酒、雞蛋、太白粉漿拌均勻，再下入五成熱油中滑散滑透，倒入漏勺備用。

2. 小碗中加入醬油、白糖、太白粉調勻，製成芡汁待用。

3. 炒鍋燒熱加油，先用蔥、薑、蒜、青紅椒角熗鍋，再烹入白醋、紹興酒，下入滑好的豬腰、豬肝、豬里肌，然後潑入調好的芡汁翻炒均勻，淋上香油，即可起鍋裝盤。

油炸響鈴

材　料
豬絞肉 200 克，麵粉 250 克。
調味料
蔥末、薑末、花椒粉各少許，醬油、紹興酒各 1/2 大匙，鹽 1/2 小匙，太白粉適量，沙拉油 1000c.c.。
做　法
1. 將豬絞肉加入醬油、紹興酒、鹽、花椒粉、蔥末、薑末調拌均勻。麵粉用冷水和成較硬的麵團，

再用濕布蓋緊，醒麵備用。
2. 將麵團擀成麵皮，切成三角形的餛飩皮，再將肉餡包成餛飩狀，下入六成熱油中炸透，見餛飩浮起、呈金黃色時，撈出裝盤。
3. 炒鍋上火，加少許底油，先用蔥末、薑末熗鍋，再烹入紹興酒、鮮湯，加入醬油、鹽燒開，再用太白粉水勾芡，淋入香油，製成沾醬，跟炸好的餛飩上桌即可。

乾炸丸子

材　料
豬肉 200 克，雞蛋 1 個。
調味料
紹興酒、甜麵醬、蔥薑水、鹽、五香粉各少許，太白粉適量，花椒鹽 1 大匙，沙拉油 1000c.c.。
做　法
1. 將豬肉剁成泥狀，裝入碗內，加入紹興酒、蔥薑水、雞蛋攪拌均勻，再放入甜麵醬、鹽、五香粉調

好味，最後加入適量太白粉，調成稠餡備用。
2. 起鍋點火，加油燒至四成熱，將調好的肉餡逐個擠成丸子，下油炸至半熟撈出，待油溫升至七成熱時，再下油炸至熟透，呈金黃色時撈出，瀝乾油分裝盤，跟花椒鹽上桌即可。

乾炸羊肉片

材　料
羊里肌肉 200 克。
調味料
醬油 1/2 大匙，鹽 1/2 小匙，香油 1 小匙，太白粉適量，花椒鹽 1 大匙，沙拉油 750c.c.。
做　法
1. 將羊肉切成 1 公分厚的片，裝入碗中，加入鹽、醬油、香油醃拌均勻，再用太白粉抓勻備用。

2. 起鍋點火，加油燒至七成熱，將羊肉片逐片下油炸至表皮稍硬，先行撈出，待油溫升高，再放入肉片炸透，見呈金黃色時撈出，瀝乾油分裝盤，跟花椒鹽上桌即可。
小提醒
羊肉重複炸，才能外酥裡嫩。基本調味時不能過鹹。

紅燒獅子頭

材　料

豬絞肉400克，雞蛋1個，蝦米、乾香菇各50克。

調味料

蔥段、薑片各少許，鹽1/2小匙，紹興酒、醬油、白糖各1小匙，太白粉適量，沙拉油1500c.c.。

做　法

1. 將蝦米洗淨、剁碎。香菇洗淨，切成小丁，放入滾水中汆燙，撈出備用。

2. 將豬絞肉加入蝦米、香菇、紹興酒、鹽、蛋液、太白粉攪勻，捏成4個肉丸，再下入六成熱油中炸至定型，見表面略硬、呈金黃色時撈出，瀝乾油分，裝入沙鍋中。

3. 鍋中留少許底油，先用蔥、薑熗鍋，再烹入紹興酒、清湯，然後加入醬油、白糖燒開，倒入沙鍋中，再移小火慢燒1小時，揀去蔥、薑。

4. 另起鍋燒熱，瀝出原汁，加入鹽調味，再用太白粉水勾芡，淋入香油，起鍋澆在獅子頭上即可。

鍋爆肉片

材　料

豬瘦肉200克，雞蛋黃2個，胡蘿蔔絲、香菜段各少許。

調味料

蔥花、薑絲、蒜片各少許，鹽、白糖各1/2小匙，紹興酒、醬油、花椒水各1/2大匙，麵粉、太白粉各適量，沙拉油200c.c.。

做　法

1. 將豬肉洗淨，切成薄片，加入鹽、蛋黃、胡蘿蔔絲、少許麵粉抓拌均勻，攤成圓餅狀備用。

2. 炒鍋上火燒熱，加入適量底油，下入肉餅煎至兩面金黃色，倒入漏勺。

3. 鍋中留少許底油，先用蔥、薑、蒜熗鍋，再烹入紹興酒，添入清湯，然後加入肉餅、醬油、白糖、花椒水、鹽，用中火燒開，轉微火慢燒至入味，見湯汁稠濃時，轉大火收汁，再用太白粉水勾芡，淋上香油，撒上香菜段，即可起鍋裝盤。

紅扒豬舌

材　料

熟豬舌300克。

調味料

蔥絲、薑絲、紹興酒、醬油、白糖、鹽、香油各少許，太白粉適量，沙拉油500c.c.。

做　法

1. 將熟豬舌切成長條片，下入五成熱油中滑散滑透，倒入漏勺，瀝乾油分，整齊地擺在盤中備用。

2. 炒鍋上火燒熱，加少許底油，先用蔥絲、薑絲熗鍋，再烹入紹興酒，加入醬油、白糖、鹽，然後添湯燒開，再下入豬舌，撇淨浮沫，轉小火煮至入味，見湯汁稠濃時，轉大火，用太白粉水勾芡，淋上香油，即可起鍋裝盤。

腐乳肉

材　料

帶皮豬五花肉 500 克，綠花椰菜少許。

調味料

蔥段、薑塊各少許，腐乳 2 塊，醬油 1 大匙，白糖 3 大匙，豬油 1 小匙。

做　法

1. 將豬肉洗淨，放入清水鍋中煮至六分熟，撈出晾涼，切成 8 公分見方、1 公分厚的片（皮面保持完整）。

2. 將皮面朝下，擺在大碗中，加入醬油、白糖、蔥段、薑塊（拍鬆）、腐乳（研碎），放入蒸鍋蒸 1 小時取出，揀去蔥、薑，將湯汁瀝入碗中，乳腐肉扣入盤中待用。

3. 起鍋點火，倒入蒸肉原湯燒開，再用大火收濃湯汁，然後淋入豬油，澆在盤中肉上，再用清炒花椰菜點綴即可。

清炒牛肚片

材　料

熟牛肚 350 克，青、紅椒塊各少許。

調味料

蔥段、薑末、蒜片各少許，鹽 1/3 小匙，紹興酒、醬油各 2 大匙，白醋、白糖各 1/2 大匙，胡椒粉 1/2 小匙，花椒油 1 大匙，太白粉、沙拉油各適量。

做　法

1. 將熟牛肚抹刀切片，下入滾水中汆燙，撈出瀝乾備用。

2. 起鍋點火，加少許底油燒熱，先用蔥、薑、蒜熗鍋，再烹入紹興酒、白醋，加入醬油、白糖、胡椒粉、鹽，然後添入少許清湯，放入牛肚片、青椒塊、紅椒塊翻炒均勻，再用太白粉水勾芡，淋上花椒油，即可起鍋裝盤。

手把羊肉

材　料

帶骨羊肋肉 500 克，香菜段少許。

調味料

蔥段、薑片、蒜泥、花椒、八角、桂皮、小茴香各少許，鹽、胡椒粉各 1 小匙，醬油 5 大匙，辣椒油 3 大匙，香油 2 大匙。

做　法

1. 將羊肋肉洗淨，分條劃開，剁成 15 公分長的段，再放入滾水中煮 5 分鐘，撈出沖淨，瀝乾備用。

2. 起鍋點火，加入清水燒開，放入羊肋肉、蔥段、薑片、鹽、花椒、八角、桂皮、小茴香，用中火煮至熟透，撈出裝盤待用。

3. 小碗中放入醬油、辣椒油、香油、胡椒粉、蒜泥、香菜段，調成蘸味汁，跟煮熟的羊肋肉一起上桌即可。

炸八塊

材　料

土雞1隻。

調味料

鹽、紹興酒、醬油、香油、太白粉各
少許，花椒鹽適量，沙拉油1500c.c.。

做　法

1. 將土雞去除雞爪，洗滌整理乾
淨，先剁下兩隻翅膀，再剁下兩條
大腿（用刀背將翅骨及腿骨拍碎），
然後將雞胸肉拍平，剁成兩塊，雞
背為一塊，雞脖稍拍扁，連頭成一
塊，全雞共剁成八塊，裝入大碗
內，加入紹興酒、醬油、鹽、太白
粉醃拌入味。

2. 起鍋點火，加油燒至六成熱，將
醃好的雞塊下油炸至表皮稍硬撈
出，待油溫升至八成熱時，再放入
雞塊炸透，倒入漏勺待用。

3. 另起一鍋，加入香油燒熱，放入
炸好的雞塊放入翻抄，起鍋裝盤，
跟花椒鹽上桌即可。

蔥爆肉

材　料

豬里肌肉250克，雞蛋1個，大蔥白
100克。

調味料

薑末、蒜末各少許，鹽1/2小匙，紹
興酒、醬油各1大匙，白醋、白糖
各1小匙，太白粉適量，沙拉油
750c.c.。

做　法

1. 將豬肉洗淨，切成薄片，加入
鹽、紹興酒調味，裹上蛋漿，再下
入四成熱油中滑散滑透，倒入漏
勺。大蔥白洗淨，切成片備用。

2. 起鍋點火，加少許底油燒熱，先
下入蔥片、薑末、蒜末炒香，再烹
入紹興酒、白醋，加入醬油、白
糖，然後添入少許清湯燒開，用太
白粉水勾薄芡，再放入滑好的肉片
翻炒均勻，淋上香油，即可起鍋裝
盤。

紅燒牛蹄筋

材　料

熟牛蹄筋500克，高麗菜200克。

調味料

蔥段、薑片、八角、桂皮、鹽、冰
糖、胡椒粉、香油各少許，紹興酒、
醬油、白糖各1大匙，太白粉適量，
沙拉油2大匙。

做　法

1. 將牛蹄筋切成7公分長的段，粗
的切開，使其均勻一致，再放入滾
水中汆燙，撈出瀝乾備用。

2. 將高麗菜洗淨、切絲，用沙拉
油、鹽炒熟，裝在盤子兩端。

3. 起鍋點火，加入底油燒熱，先用
蔥、薑、八角、桂皮熗鍋，再烹入
紹興酒，加入醬油、白糖、冰糖、
鹽，然後添湯燒開，放入牛蹄筋略
煮，撇淨浮沫，移微火燒至入味，
待湯汁稠濃時揀去八角、桂皮，再
用胡椒粉調好口味，轉大火收汁，
用太白粉水勾芡，淋上香油，起鍋
裝在高麗菜絲中間即可。

芝麻牛排

材料
牛里肌肉 300 克，芝麻 50 克，雞蛋 2 個。

調味料
鹽 1/2 小匙，紹興酒 1 大匙，胡椒粉少許，麵粉、花椒鹽各適量，沙拉油 1500c.c.。

做法
1. 將牛肉洗淨，切成 12 公分長、8 公分寬、0.5 公分厚的片，再用刀背拍鬆，裝入小碗中，加入鹽、紹興酒、胡椒粉調勻，醃至入味備用。
2. 雞蛋打入碗中攪勻，將牛排兩面拍勻乾麵粉，裹勻蛋液，沾勻芝麻，壓實待用。
3. 起鍋點火，加油燒至四成熱，將牛排逐片下油炸約 2 分鐘，再翻面炸 1 分鐘至熟，見呈金黃色時撈出，瀝乾油分，改刀成條，擺在盤中，跟花椒鹽上桌即可。

蔥燒肉段

材料
豬瘦肉 300 克，大蔥白 200 克。

調味料
薑末、蒜片、鹽、紹興酒、醬油、白糖、白醋各少許，太白粉適量，沙拉油 1000c.c.。

做法
1. 將豬肉洗淨，切成 1 公分見方、4 公分長的段，再將鹽、紹興酒加入豬肉段中抓勻，下入七成熱油中炸透，見呈金黃色時撈出，倒入漏勺。大蔥白洗淨，對半剖開，再切成 3 公分長段備用。
2. 起鍋點火，加少許底油燒熱，先下入蔥段、薑末、蒜片炒香，再烹入紹興酒、白醋，加入醬油、白糖，然後添入少許清湯，放入肉段燒至入味，再以太白粉水勾芡，淋入香油，即可起鍋裝盤。

栗子燜羊肉

材料
羊肋肉 300 克，栗子 150 克，芹菜段少許。

調味料
醬油 3 大匙，紅腐乳汁、白糖、白醋各 1 大匙，香油 1 小匙，太白粉適量。

做法
1. 將羊肉洗淨，切成 3 公分見方的塊，再用滾水煮 10 分鐘，撈出沖淨；栗子洗淨。放入滾水中煮 2 分鐘，撈出沖涼，剝殼去膜備用。
2. 起鍋點火，加入適量清水，放入肉塊、紅腐乳汁、醬油、白糖，用中火燒約 20 分鐘，再加入栗子、白醋，移微火燜燒 1 小時左右，然後轉大火收汁，加入芹菜段，再用太白粉水勾芡，淋上香油，即可起鍋裝盤。

紅燒肚塊

材料
熟豬肚 500 克，洋蔥瓣 25 克。

調味料
蔥段、薑塊、花椒、八角各少許，鹽 1/2 小匙，紹興酒、醬油各 2 大匙，白糖 1 大匙，白醋 1/2 大匙，太白粉、沙拉油各適量。

做法
1. 將豬肚切成4公分長、3公分寬的塊，再放入滾水中汆燙，撈出瀝乾備用。

2. 起鍋點火，加入底油燒熱，先下入洋蔥瓣、蔥段、薑塊、花椒、八角、豬肚塊煸炒一下，再烹入白醋、紹興酒，加入醬油、白糖、鹽，然後添湯燒開，蓋上鍋蓋，移小火燒至肚爛湯濃，再揀去蔥、薑、花椒、八角，撇淨浮沫，轉大火收汁，用太白粉水勾芡，淋入香油，即可起鍋裝盤。

紅燜羊肉

材料
羊肉、蘿蔔各250克，熟板栗50克。

調味料
香蔥段、薑末各少許，鹽1/2小匙，番茄醬、白糖各2大匙，辣椒油、白醋、紹興酒、醬油各1大匙，太白粉適量，沙拉油750c.c.。

做法
1. 將羊肉洗淨，切成3公分見方的塊，再用醬油拌勻，下入七成熱油中炸至金黃色，倒入漏勺。蘿蔔去皮、洗淨，切成菱形塊，放入滾水中汆燙，撈出瀝乾備用。

2. 起鍋點火，加入底油燒熱，先用薑末熗鍋，再放入番茄醬煸炒一下，然後烹入紹興酒、白醋，加入白糖、鹽，再添湯燒開，下入羊肉，移微火燜至八分熟，然後加入蘿蔔塊和熟板栗，續燜至熟爛入味，再轉大火收汁，用太白粉水勾芡，撒入香蔥段，淋上辣椒油，即可起鍋裝盤。

糖醋肥腸

材料
熟豬肥腸 250 克。

調味料
蔥末、薑末、蒜末、鹽、白醋、醬油、番茄醬、紹興酒各少許，白糖3大匙，太白粉適量，沙拉油1000c.c.。

做法
1. 將肥腸斜刀片開，下入滾水中汆燙，撈出瀝乾，裝入碗中，加入鹽、紹興酒調味，下入七成熱油中炸至外皮稍硬，暫時撈出，待油溫升至八成熱時，再下油炸成金黃色，倒入漏勺備用。

2. 鍋中留適量底油，先用蔥、薑、蒜熗鍋，再烹入白醋，加入番茄醬炒開，然後放入白糖、醬油、鹽，添少許清湯燒開，再用太白粉水勾芡，放入炸好的肥腸翻炒均勻，淋上香油，即可起鍋裝盤。

滑溜里肌

材料

豬里肌肉 250 克，黃瓜片 50 克，雞蛋清 1 個。

調味料

蔥花、薑末、蒜片各少許，鹽 1/2 小匙，紹興酒 1 大匙，白糖 1 小匙，太白粉、香油各適量，豬油 750 克。

做法

1. 將豬里肌肉洗淨，去除筋膜，切成薄片，再加入鹽、蛋清、太白粉攪勻，然後下入四成熱油中滑散滑透，倒入漏勺。小碗中加入鹽、白糖、太白粉，調成芡汁備用。

2. 起鍋點火，加少許底油燒熱，先用蔥、薑、蒜熗鍋，再烹入紹興酒，放入黃瓜片煸炒一下，然後加入肉片，潑入調好的芡汁，大火翻炒均勻，再淋上香油，即可起鍋裝盤。

溜肉段

材料

豬瘦肉 300 克，青、紅椒塊各少許，雞蛋 1 個。

調味料

蔥末、薑末、蒜片各少許，鹽 1/3 小匙，紹興酒、醬油各 1 大匙，香油 1 小匙，白醋、白糖各 1/2 小匙，太白粉適量，沙拉油 1000c.c.。

做法

1. 將豬肉洗淨切片，再加入鹽、紹興酒、雞蛋、太白粉攪勻，然後下入七成熱油中炸透，見呈金黃色時撈出，倒入漏勺。小碗中加入少許鮮湯、醬油、白糖、太白粉，調成芡汁備用。

2. 起鍋點火，加少許底油燒熱，先用蔥、薑、蒜熗鍋，再烹入紹興酒、白醋，放入青、紅椒塊煸炒片刻，然後加入炸好的肉段，潑入調好的芡汁，大火翻溜均勻，再淋上香油，即可起鍋裝盤。

海帶燉牛肉

材料

牛肉 300 克，海帶 200 克。

調味料

蔥片、花椒、八角、茴香各少許，鹽 1/2 小匙，紹興酒、醬油各 2 大匙，白糖 1/2 大匙，沙拉油 750c.c.。

做法

1. 將牛肉洗淨，切成 3 公分見方的塊，再下入七成熱油沖炸至變色，即刻倒入漏勺。海帶洗淨，切段備用。

2. 起鍋點火，加入底油燒熱，先用蔥片、花椒、八角、茴香熗鍋，再烹入紹興酒，加入醬油、白糖、鹽，然後添湯燒開，下入牛肉塊略煮，撇淨浮沫，蓋上鍋蓋，移微火燉至八分熟，再加入海帶片續燉至熟爛入味，揀去花椒、八角，即可起鍋裝碗。

麻辣羊肉

材 料
熟羊肉 500 克，乾紅辣椒 25 克。

調味料
蔥花少許，鹽 1/3 小匙，醬油 2 大匙，花椒粉 1/2 小匙，白醋 1 小匙，香油 1/2 大匙，沙拉油 1000c.c.。

做 法
1. 將羊肉切成長方片。乾紅辣椒用清水泡軟，切段備用。
2. 起鍋點火，加油燒至七成熱，下入羊肉片炸至熟透，倒入漏勺待用。
3. 鍋中留少許底油，先用蔥花、紅辣椒熗鍋，再放入羊肉片煸炒片刻，然後烹入白醋，加入醬油、鹽，再添湯燒開，放入花椒粉，移小火燒至湯汁稠濃，最後淋入香油，即可起鍋裝盤。

辣子肉丁

材 料
豬瘦肉 300 克，雞蛋 1 個，黃瓜丁、乾紅辣椒丁各少許。

調味料
蔥花、薑末、蒜片各少許，鹽各 1/2 小匙，紹興酒、醬油各 1 大匙，白糖 1/2 大匙，太白粉適量，沙拉油 1000c.c.。

做 法
1. 將豬肉洗淨，切成小丁，放入碗中，加入鹽、紹興酒、蛋液、太白粉，拌勻備用。
2. 將肉丁放入四成熱油中滑散滑透，倒入漏勺。小碗中加入醬油、鹽、白糖、太白粉、鮮湯，調成芡汁。
3. 起鍋點火，加入底油燒熱，先用蔥、薑、蒜熗鍋，再烹入紹興酒，下入紅乾辣椒丁、黃瓜丁煸炒片刻，然後放入肉丁，潑入芡汁，快速翻炒均勻，再淋入香油，即可起鍋裝盤。

溜腰花

材 料
豬腰子 1 對，黃瓜片少許，蛋清 1 個。

調味料
蔥花、蒜片、薑末各少許，鹽 1/2 小匙，紹興酒、醬油各 1 大匙，白醋、白糖各 1 小匙，花椒油 1/2 大匙，太白粉適量，沙拉油 500c.c.。

做 法
1. 將豬腰子洗淨，剖成兩半，除掉脂皮，片去腰臊，劃上斜十字花刀，然後改刀成塊，裝入碗中，加入蛋清及少許太白粉，漿拌均勻備用。
2. 小碗中加入醬油、白糖、白醋、鹽、太白粉，調成芡汁待用。
3. 起鍋點火，加油燒至八成熱，下入漿好的腰花滑散滑透，倒入漏勺。
4. 鍋中留少許底油，先用蔥、薑、蒜熗鍋，再烹入紹興酒，加入黃瓜片煸炒一下，然後放入腰花，潑入芡汁溜溜均勻，再淋上花椒油，即可起鍋裝盤。

乾炸肉段

材 料

豬瘦肉 300 克，雞蛋 1 個。

調味料

鹽、胡椒粉、香油各 1/3 小匙，紹興酒 1/2 大匙，太白粉適量，花椒鹽少許，沙拉油 1000c.c.。

做 法

1. 將豬肉洗淨，切成 1 公分見方、4 公分長的段，再裝入碗中，加入鹽、紹興酒、香油、胡椒粉醃拌均勻，裹上全蛋糊備用。

2. 起鍋點火，加油燒至七成熱，逐塊下入肉段，炸至表皮稍硬，先撈出，待油溫升高，再倒入油中複炸一遍，見呈金黃色時撈出，瀝油裝盤，跟花椒鹽上桌即可。

溜肝尖

材 料

豬肝 300 克，胡蘿蔔片、黃瓜片各少許。

調味料

蔥花、薑末、蒜片各少許，鹽 1/3 小匙，紹興酒、醬油各 1 大匙，白糖 1/2 大匙，白醋 1/2 小匙，花椒油 1 小匙，太白粉適量，沙拉油 1000c.c.。

做 法

1. 將豬肝洗淨，切成 0.5 公分厚的片，再裝入碗中，加入鹽、紹興酒、太白粉抓拌均勻，然後下入五成熱油中滑散滑透，倒入漏勺備用。

2. 小碗中加入紹興酒、醬油、白糖、太白粉，調成芡汁待用。

3. 起鍋點火，加少許底油燒熱，先用蔥、薑、蒜熗鍋，再烹入白醋，放入胡蘿蔔片、黃瓜片煸炒片刻，然後加入豬肝片，潑入芡汁，快速翻溜均勻，再淋入花椒油，即可起鍋裝盤。

焦溜里肌條

材 料

豬里肌肉 200 克，雞蛋 1 個，青、紅椒條各少許。

調味料

蔥花、蒜片、薑末各少許，鹽 1/2 小匙，紹興酒、醬油各 1 大匙，白醋、白糖各 1/2 大匙，香油 1 小匙，太白粉適量，沙拉油 1000c.c.。

做 法

1. 將豬肉洗淨，切成小條，加入鹽、蛋液、太白粉拌勻，再下入七成熱油中炸透，倒入漏勺備用。

2. 小碗中加入醬油、白糖、太白粉，調成芡汁待用。

3. 起鍋點火，加入底油燒熱，先用蔥、薑、蒜熗鍋，再烹入紹興酒、白醋，放入青、紅椒條煸炒一下，然後加入炸好的里肌條，潑入調好的芡汁，快速翻溜均勻，再淋入香油，即可起鍋裝盤。

炒肚絲

材　料

熟豬肚300克,胡蘿蔔150克,香菜段少許。

調味料

蔥花、薑絲、蒜片各少許,鹽1/3小匙,紹興酒、醬油各1大匙,白醋、白糖各1/2小匙,花椒油1小匙,太白粉適量,沙拉油2大匙。

做　法

1. 將豬肚切成細絲,下入滾水中汆燙,撈出瀝乾。胡蘿蔔去皮、洗淨,切絲備用。

2. 起鍋點火,加入底油燒熱,先用蔥、薑、蒜熗鍋,再放入肚絲、胡蘿蔔絲煸炒片刻,然後烹入紹興酒、白醋,加入醬油、白糖、鹽,添少許清湯,快速翻炒均勻,再用太白粉水勾芡,淋入花椒油,撒上香菜段,即可起鍋裝盤。

煎燜肉餅

材　料

豬絞肉250克,雞蛋2個。

調味料

蔥花、薑末、蒜片、鹽、紹興酒、醬油、白糖、香油各少許,太白粉適量,沙拉油200c.c.。

做　法

1. 將豬絞肉放入碗中,加入鹽、蔥末、薑末、蛋液、太白粉調勻,製成直徑4公分、厚1公分的肉餅備用。

2. 起鍋點火,加入底油燒熱,先下入肉餅煎呈兩面金黃色,再瀝去餘油,放入蔥、薑、蒜爆香,然後烹入紹興酒,添入清湯,加入醬油、白糖調味,再蓋上鍋蓋,轉小火慢燜至熟,見湯汁稠濃時,轉大火收汁,淋入香油,即可起鍋裝盤。

溜肥腸

材　料

熟豬肥腸300克,黃瓜片50克。

調味料

蔥花、蒜片、薑末、鹽、白醋、白糖、香油各少許,紹興酒、醬油各1大匙,太白粉適量,沙拉油600c.c.。

做　法

1. 將熟豬肥腸順長切成兩半,再斜刀切成4公分長的段,然後放入滾水中汆燙,撈出瀝乾,再下入七成熱油沖炸片刻,倒入漏勺備用。

2. 小碗中加入醬油、白糖、鹽、太白粉調勻,製成芡汁待用。

3. 起鍋點火,加入底油燒熱,先用蔥、薑、蒜熗鍋,再烹入白醋、紹興酒,下入肥腸、黃瓜片煸炒一下,然後潑入調好的芡汁,淋入香油,即可起鍋裝盤。

鍋包肉

材料

豬後腿肉 300 克，香菜段少許。

調味料

蔥花、薑絲、鹽、白糖、白醋、紹興酒、醬油各少許，太白粉水適量，沙拉油 1000c.c.。

做法

1. 將豬肉洗淨，切成0.5公分厚的大片，再加入鹽、紹興酒拌勻，下入七成熱油中炸透，見呈金黃色時撈出，倒入漏勺。小碗中加入白糖、白醋、醬油、鹽調勻，製成芡汁備用。

2. 鍋中留少許底油，先用蔥花、薑絲熗鍋，再烹入紹興酒，放入炸好的肉片，然後潑入芡汁，大火翻炒均勻，再淋入香油，撒上香菜段，即可起鍋裝盤。

清烹里肌

材料

豬里肌肉 200 克。

調味料

蔥花、薑末、蒜片各少許，鹽1/2小匙，醬油、紹興酒各1/2大匙，白醋1小匙，麵粉適量，沙拉油1000c.c.。

做法

1. 將豬里肌肉洗淨，切成 4 公分長、3公分寬、1公分厚的條，再裝入碗中，加入鹽、醬油、紹興酒拌勻，然後沾上一層麵粉，下入六成熱油中炸至表皮稍硬，撈出瀝油，待油溫升高，再下油炸至熟透，倒入漏勺備用。

2. 小碗中放入鹽、白醋、少許清湯，調成芡汁待用。

3. 鍋中留少許底油燒熱，先用蔥、薑、蒜熗鍋，再烹入紹興酒，放入炸好的里肌條，然後潑入芡汁翻炒均勻，即可起鍋裝盤。

黃燜羊肉

材料

羊肉 250 克，芋頭 150 克。

調味料

蔥花、薑末、花椒粉、八角各少許，鹽1/2小匙，醬油2大匙，白糖1大匙，香油，甜麵醬各1小匙，太白粉適量，沙拉油750c.c.。

做法

1. 將羊肉洗淨，切成3公分長、2公分寬的塊。芋頭去皮、洗淨，切成滾刀塊，再下入七成熱油中炸透，見呈金黃色時撈出，倒入漏勺備用。

2. 鍋中留少許底油，先用蔥、薑、八角熗鍋，再放入甜麵醬、醬油、鹽、白糖、花椒粉，然後添湯燒開，加入羊肉、芋頭，移微火，蓋上蓋，燜至肉爛汁濃，再揀去八角，轉大火，用太白粉水勾芡，淋入香油，即可起鍋裝盤。

回鍋肉

材 料

豬五花肉 250 克，紅乾椒、木耳、青江菜各少許。

調味料

蔥片少許，鹽1/2小匙，紹興酒、醬油各1大匙，白醋1/2大匙，白糖、辣椒醬各1小匙，沙拉油750c.c.。

做 法

1.將五花肉切成長方形薄片，下入五成熱油中滑散滑透，倒入漏勺。

紅乾椒、木耳用清水泡至回軟，洗滌整理乾淨。青江菜洗淨，切段備用。

2.起鍋點火，加入底油燒熱，先用蔥片熗鍋，再烹入紹興酒，加入辣椒醬、白醋、白糖、醬油、鹽，然後添入少許清湯，下入肉片、紅乾椒、木耳、青江菜煸炒至入味，再淋上香油，即可起鍋裝盤。

扒牛腩條

材 料

牛腩 500 克。

調味料

蔥花、蒜片、薑末各少許，鹽1/2小匙，白糖1/2大匙，紹興酒、醬油、花椒油各1大匙，太白粉適量，沙拉油2大匙。

做 法

1.將牛腩切成9公分長、0.5公分厚的條，再放入滾水中汆燙，撈出瀝

乾，整齊地擺在盤中備用。

2.起鍋點火，加入底油燒熱，先用蔥、薑、蒜熗鍋，再烹入紹興酒，加入醬油、白糖、鹽，然後添湯燒開，下入牛肉條，移小火扒至酥爛入味，見湯汁稠濃時，轉大火，用太白粉水勾芡，淋上花椒油，即可起鍋裝盤。

紅燒牛尾

材 料

牛尾 750 克。

調味料

蔥花、薑絲、蒜片各少許，鹽1/2小匙，甜麵醬、紹興酒、香油、醬油各1大匙，白糖1/2大匙，太白粉適量，沙拉油2大匙。

做 法

1.將牛尾洗淨，順骨縫剁成大段，再放入清水鍋中煮至熟爛，撈出瀝

乾備用。

2.起鍋點火，加入底油燒熱，先用蔥、薑、蒜熗鍋，再放入甜麵醬煸炒一下，然後烹入紹興酒，加入醬油、白糖、鹽，再添湯燒開，下入牛尾，轉微火燒至入味，見湯汁稠濃時，轉大火收汁，用太白粉水勾芡，淋上香油，即可起鍋裝盤。

東坡羊肉

材　料

羊肋肉250克，馬鈴薯150克，胡蘿蔔100克。

調味料

蔥段、蒜片、薑末、花椒、八角各少許，鹽1/2小匙，紹興酒、醬油各2大匙，白糖1大匙，沙拉油750c.c.。

做　法

1. 將羊肉洗淨，切成大塊。馬鈴薯、胡蘿蔔去皮、洗淨，切成滾刀塊。分別放入七成熱油中炸透，倒入漏勺。

2. 起鍋點火，加少許底油燒熱，先用蔥、薑、蒜、花椒、八角熗鍋，再烹入紹興酒，加入醬油、白糖、鹽，然後添湯燒開，撇淨浮沫，揀出花椒、八角，放入羊肉塊、馬鈴薯塊、胡蘿蔔塊，再移微火，蓋上蓋，燜至熟爛，見湯汁稠濃時，轉大火收汁，淋上香油，即可起鍋裝盤。

清炸腰片

材　料

羊腰子250克。

調味料

鹽1/2小匙，醬油1大匙，紹興酒1/2大匙，香油1小匙，花椒鹽、太白粉各適量，沙拉油1000c.c.。

做　法

1. 將羊腰子洗淨，剖成兩半，去掉脂皮，片去腰臊，切成薄片，再放入碗中，加入鹽、醬油、紹興酒、香油醃拌均勻，裹上太白粉備用。

2. 起鍋點火，加油燒至七成熱，放入腰片炸透，撈出瀝油裝盤，跟花椒鹽上桌即可。

小提醒

抹刀切片，薄厚要均勻。醃拌時底口不要過重。要掌握好油炸時的油溫和火候。

糖醋里肌

材　料

豬里肌肉200克，雞蛋1個，洋蔥、胡蘿蔔各少許。

調味料

鹽少許，白糖3大匙，白醋、番茄醬各1大匙，醬油1/2大匙，太白粉適量，沙拉油1000c.c.。

做　法

1. 將里肌肉洗淨，切成薄片，加入鹽、蛋液、太白粉調勻，再放入七成熱油中炸透，見呈金黃色時撈出，倒入漏勺。洋蔥去皮、洗淨，切成小瓣。胡蘿蔔洗淨，切成小片備用。

2. 小碗中加入白糖、白醋、醬油、番茄醬、鹽、太白粉水，調成芡汁待用。

3. 起鍋點火，加入底油燒熱，先放入洋蔥、胡蘿蔔片煸炒一下，再倒入芡汁炒勻，然後下入炸好的肉段翻溜均勻，再淋上香油，即可起鍋裝盤。

鍋煽香腸

材 料

香腸 1 根，雞蛋 1 個，胡蘿蔔絲少許。

調味料

蔥絲、蒜末、胡椒粉、鹽少許，麵粉適量，紹興酒 1 大匙，沙拉油 250c.c.。

做 法

1. 將香腸切成0.5公分厚的圓片，兩面沾勻麵粉。雞蛋打入碗中，攪勻備用。

2. 起鍋點火，加油燒熱，將香腸片裹勻蛋液，下油煎至兩面金黃色，倒入漏勺待用。

3. 鍋中留少許底油，先用蔥絲、蒜末熗鍋，再放入胡蘿蔔絲煽炒一下，然後烹入紹興酒，添入清湯，加入鹽、胡椒粉，再下入煎好的香腸，小火燒至入味，然後轉中火收汁，淋入香油，即可起鍋裝盤。

大棗燜肘子

材 料

豬腳 1250 克，大棗 50 克，枸杞 10 克。

調味料

料包 1 個（八角、花椒、小茴香），蔥段、薑塊、鹽、紹興酒、醬油、雞粉、冰糖、太白粉、高湯、沙拉油各適量。

做 法

1. 將豬腳用中火去除殘毛，放入滾水中汆燙一下，撈出後刮洗乾淨。大棗用溫水泡軟，去核備用。

2. 取出快鍋的內鍋，放入豬腳、高湯、大棗、冰糖、枸杞、醬油、紹興酒、鹽、雞粉、料包、薑塊、蔥段，蓋上鍋蓋，將快鍋的安全閥拉起，煮約 1 小時，待安全閥落下後取出裝盤。

3. 將原汁揀去蔥、薑、料包，倒入炒鍋內，開火調味，用太白粉水勾芡，淋上香油，澆在豬腳上即可。

溜胸口

材 料

熟牛胸口 500 克，胡蘿蔔 150 克。

調味料

蔥花、薑末、蒜片各少許，鹽1/2小匙，紹興酒、醬油、花椒油各 1 大匙，白糖1/2大匙，太白粉適量，沙拉油 1000c.c.。

做 法

1. 將熟牛胸口切成大薄片，下入滾水中汆燙，撈出瀝乾，再放入大碗中，加入少許醬油抓勻，然後下入六成熱油中滑散滑透，倒入漏勺。胡蘿蔔洗淨，切成半圓形薄片，再放入滾水中汆燙，撈出瀝乾備用。

2. 小碗中加入鹽、醬油、白糖、太白粉，調成芡汁待用。

3. 鍋中留少許底油，先用蔥、薑、蒜熗鍋，再放入胡蘿蔔片煽炒一下，然後烹入紹興酒，下入牛肉片，倒入調好的芡汁，大火翻溜均勻，再淋上花椒油，即可起鍋裝盤。

涼拌豬心

材 料
豬心 250 克，蔥絲、香菜段、熟芝麻各 25 克，乾紅辣椒絲 15 克。

調味料
蔥段、薑塊各少許，紹興酒 2 大匙，鹽 1 小匙，辣椒油 1 大匙，清湯適量。

做 法
1. 將豬心用冷水浸泡 2 小時，去除腥異味，撈出洗淨備用。

2. 起鍋點火，加入清湯、蔥段、薑塊、紹興酒、鹽燒開，再放入泡好的豬心，用大火煮約 3 分鐘，然後轉中火煮至熟透，撈出晾涼待用。

3. 用手將豬心順絲撕成細條，裝入小碗內，加入蔥絲、香菜段、熟芝麻、乾紅辣椒絲、鹽、辣椒油拌勻，即可裝盤上桌。

乾煎牛排

材 料
牛肉 300 克，洋蔥丁、胡蘿蔔丁各 50 克，雞蛋 2 個，麵包粉、麵粉各適量。

調味料
白糖、白醋、檸檬汁、鹽、胡椒粉各少許，太白粉適量，沙拉油 250c.c.。

做 法
1. 將牛肉洗淨，切成厚片，在兩面劃上十字花刀，再放入碗中，加入鹽、胡椒粉拌勻。雞蛋打入碗中，攪勻備用。

2. 將牛肉片沾上麵粉，裹上蛋糊，滾上麵包粉，下入四成熱油中煎至兩面金黃色，再倒入漏勺晾涼，切成 1 公分寬的條，整齊地擺入盤中。

3. 起鍋點火，加入底油燒熱，先放入洋蔥丁、胡蘿蔔丁煸炒一下，再烹入白醋，加入白糖、檸檬汁、鹽，然後添湯燒開，用太白粉水勾芡，淋上香油，起鍋澆在肉排上即可。

乾炸腰花

材 料
豬腰子 1 對。

調味料
鹽 1/3 小匙，紹興酒、醬油各 1/2 大匙，麵粉、花椒鹽各適量，沙拉油 1000c.c.。

做 法
1. 將豬腰子洗淨，剖成兩半，除去脂皮、腰臊，劃上十字花刀，再改切刀成小塊，裝入碗中，加入紹興酒、醬油、鹽，醃拌均勻備用。

2. 起鍋點火，加油燒至七成熱，將醃好的腰花沾勻麵粉，下入油中炸透，撈出瀝油裝盤，跟花椒鹽上桌即可。

小提醒
刀工必須均勻，劃刀深度為食材的 4/5。油炸時需大火熱油，小心炸過老。

煎串肉

材　料

牛肉250克，雞蛋1個，蔥白100克，竹籤、麵粉各適量。

調味料

薑末、蒜末、鹽少許，醬油、紹興酒、香油、白醋、辣椒粉、熟芝麻各1小匙，沙拉油250c.c.。

做　法

1. 將牛肉洗淨，切成1公分厚、2公分寬、4公分長的片，再放入碗中，加入紹興酒、醬油、鹽、香油、薑末拌勻，醃製10分鐘。蔥白洗淨，順切成兩半，再切成2公分長的段。雞蛋打入碗中，加入麵粉攪勻，製成蛋糊備用。

2. 將牛肉片、蔥段用竹籤間隔穿成數串，再裹勻蛋糊，下入四成熱油中煎至熟透，起鍋裝盤待用。

3. 小碗中加入醬油、辣椒粉、白醋、蒜末、熟芝麻，調成調味汁，跟煎串肉上桌蘸食即可。

烤羊腿

材　料

羊腿1隻，雞蛋2個，麵粉適量。

調味料

蔥絲適量，鹽、胡椒粉各1小匙，甜麵醬75克，沙拉油3大匙。

做　法

1. 將羊腿洗滌整理乾淨，劃上十字花刀，再將鹽、胡椒粉調和在一起，均勻地擦抹在羊腿上，醃製20分鐘備用。

2. 小碗中放入麵粉，打入雞蛋攪勻，將蛋糊均勻地塗抹在羊腿上待用。

3. 將烤盤刷上沙拉油，放上羊腿，送進230℃烤箱內，烘烤45分鐘左右至熟，見色澤金黃、香氣溢出，即可取出去骨，切塊裝盤，跟甜麵醬、蔥絲上桌佐食即可。

涼吃五花肉

材　料

豬五花肉750克，香菜、熟芝麻各少許。

調味料

蒜泥、醬油、辣椒油各2大匙，韭菜花、香油、白醋各1大匙，花椒油1小匙。

做　法

1. 將豬五花肉放入冷水中浸泡3～4小時，撈出洗淨，再放入清水鍋中燒開，撇去浮沫，然後用微火煮熟，撈出晾涼，切成大薄片，整齊地擺在盤中備用。

2. 小碗中加入醬油、辣椒油、蒜泥、韭菜花、香油、白醋、花椒油拌勻，再撒上香菜末和熟芝麻，調勻後澆在五花肉片上即可。

燒蒸扣肉

材料
帶皮豬五花肉 500 克。

調味料
蔥段、薑片、花椒、八角各少許，鹽 1/3 小匙，紹興酒、醬油各 2 大匙，白糖、冰糖、糖色各 1 小匙，太白粉適量，沙拉油 1000c.c.。

做法
1. 將豬肉皮面刮洗乾淨，放入滾水鍋中煮至八分熟，撈出沖淨瀝乾，在皮面上抹勻糖色，下入七成熱油中炸至金黃色，倒入漏勺備用。

2. 將炸好的肉塊切成 1 公分厚的大片，皮面朝下整齊地擺在小大碗中，再加入紹興酒、醬油、鹽、白糖、冰糖、蔥段、薑片、花椒、八角，添適量清湯，放入蒸鍋蒸 45 分鐘，然後揀出蔥、薑、花椒、八角，瀝出湯汁，扣在盤中待用。

3. 將原湯倒入鍋中燒開，用太白粉水勾芡，澆在盤中肉上即可。

扒羊蹄

材料
羊蹄 600 克。

調味料
蔥花、薑末、蒜片各少許，鹽 1/3 小匙，紹興酒、醬油、花椒油、甜麵醬、白糖各 1 大匙，白醋 1/2 大匙，太白粉適量，沙拉油 2 大匙。

做法
1. 將羊蹄每隻切成兩半，放入滾水中汆燙一下，撈出沖淨備用。

2. 起鍋點火，加入底油燒熱，先用蔥、薑、蒜熗鍋，再放入甜麵醬煸炒一下，然後烹入紹興酒、白醋，加入醬油、白糖、鹽，再添入清湯，放入羊蹄燒開，然後撇淨浮沫，蓋上鍋蓋，移微火悶約 20 分鐘，見湯汁稠濃時撈出羊蹄，裝入盤中待用。

3. 鍋中餘汁繼續加熱，轉大火，用太白粉水勾芡，淋入花椒油，澆在羊蹄上即可。

清爆羊肚

材料
羊肚 600 克。

調味料
蔥花、蒜片、薑末各少許，花椒 10 粒，鹽 1/3 小匙，白醋、紹興酒各 1 大匙，太白粉適量，沙拉油 1000c.c.。

做法
1. 將羊肚去除脂皮、洗淨，切成 2 公分見方的塊，再放入滾水中汆燙一下，即刻撈出瀝乾，然後下入八成熱油中爆約 2 分鐘，倒入漏勺備用。

2. 小碗中加入白醋、鹽、蔥花、薑末、蒜片、太白粉水，調拌成芡汁待用。

3. 起鍋點火，加入底油燒熱，先下入花椒粒炸出香味，再撈出花椒粒，然後放入羊肚，烹入紹興酒，潑入調好的芡汁，大火翻爆均勻，迅速起鍋裝盤即可。

紅燒大排

材 料
豬排骨 500 克。

調味料
蔥段、薑片各少許，鹽 1/3 小匙，醬油、紹興酒、白糖各 2 大匙，太白粉適量，沙拉油 3 大匙。

做 法
1. 將豬排骨洗滌整理乾淨，剁成 9 公分長的段，再放入滾水中汆燙，撈出沖淨備用。

2. 起鍋點火，加入底油燒熱，先用蔥段、薑片熗鍋，再烹入紹興酒，加入醬油、白糖、鹽，然後添入清湯燒開，放入排骨燒至熟爛入味，再揀去蔥段、薑片，用太白粉水勾芡，淋入香油，即可起鍋裝盤。

小提醒
燒排骨時，湯要一次加足，中途不要添湯，以免影響口感。

醬香蒸羊排

材 料
羊排 300 克，米粉 100 克。

調味料
蔥末、薑末、香蔥末、鹽、白糖、紹興酒、腐乳、甜麵醬、豆瓣醬、醬油、香油、沙拉油各適量。

做 法
1. 將羊排洗滌整理乾淨，剁成大塊備用。

2. 取一小大碗，放入羊排，加入鹽、腐乳、紹興酒、豆瓣醬、甜麵醬、醬油、白糖、蔥末、薑末，醃製 30 分鐘，再用米粉裹勻羊排，滴入少許香油拌勻，裝入蒸籠中待用。

3. 起鍋點火，加入清水燒開，將醃好的羊排放入蒸籠蒸約 50 分鐘，起鍋後撒上香蔥末，即可上桌食用。

乾炸雞塊

材 料
雞胸肉 300 克。

調味料
鹽 1/3 小匙，太白粉適量，香油 1 小匙，胡椒粉、花椒鹽各少許，沙拉油 1000c.c.。

做 法
1. 將雞胸肉片切成 4 公分長、1 公分見方的段，裝入碗中，加入鹽、胡椒粉、香油，醃拌均勻備用。

2. 將醃好的雞胸肉下入七成熱油中炸至表面稍硬，撈出備用，待油溫升至八成熱時，再下油炸透，撈出裝盤，配花椒鹽上桌蘸食即可。

仙人掌燜蹄筋

材料

仙人掌 200 克，發好的豬蹄筋 250 克。

調味料

蔥絲、薑絲、蒜末、鹽、醬油、紹興酒、雞粉、太白粉水、蠔油、高湯、沙拉油各適量。

做法

1. 將蹄筋洗滌整理乾淨，切成粗條，再放入滾水中汆燙，撈出瀝乾。仙人掌去皮、去刺，洗淨後切成粗條，放入滾水汆燙一下，撈出瀝乾備用。

2. 起鍋點火，加少許底油燒熱，先用蔥、薑、蒜熗鍋，再放入蹄筋，烹入紹興酒，加入蠔油、鹽、醬油、高湯燒開，然後轉小火燜約 10 分鐘，再放入仙人掌，以太白粉水勾薄芡，起鍋裝盤即可。

番茄燉牛肉

材料

牛肋肉 350 克，番茄 150 克。

調味料

蔥段、薑末、草果、鹽、醬油、紹興酒、沙拉油各適量。

做法

1. 將牛肉洗淨，切成小塊。番茄洗淨，放入滾水中浸泡片刻，撈出剝皮，切成橘子瓣狀備用。

2. 起鍋點火，加油燒至六成熱，放入牛肉塊炸至變色，倒入漏勺待用。

3. 鍋中留少許底油，放入炸過的牛肉，再加入清水（以淹過肉面為宜）、醬油、薑末、紹興酒、蔥段、草果、鹽燒沸，然後放入番茄，轉小火燉約 1 小時，待牛肉熟爛時，起鍋裝碗即可。

紅燒肉燜豇豆

材料

豬五花肉 300 克，豇豆 150 克。

調味料

蔥段、薑片、蒜瓣、鹽、甜麵醬、白糖、紹興酒、沙拉油各適量。

做法

1. 將豇豆洗淨，撕去老筋，掐成 4 公分長的段。豬肉刮洗乾淨，切成 3 公分見方的塊備用。

2. 起鍋點火，加油燒至五成熱，放入蒜瓣炸成金黃色，撈出瀝油待用。

3. 鍋中留少許底油燒熱，先放入肉塊煸炒出油，再加入紹興酒、蔥段、薑片、甜麵醬、鹽和少許開水，大火燒沸後轉小火燜至八分熟，然後下入豇豆、蒜頭、白糖燒至肉爛豆熟，再用大火收汁，即可裝盤上桌。

飄香肉串

材　料

豬里肌肉 250 克，洋蔥、紅椒、青椒各 50 克。

調味料

蔥末、薑末、蒜末、香菜籽粉、小茴香粉、沙薑粉、鹽、白糖、醬油、紹興酒、辣椒油、沙拉油各適量。

做　法

1. 將豬肉洗淨，切成大片。洋蔥、紅椒、青椒分別洗淨，切成小片備用。

2. 將豬肉片放入碗中，加入香菜籽粉、小茴香粉、沙薑粉、鹽、紹興酒、醬油、蔥末、薑末、蒜末和少許沙拉油，醃拌 2 小時待用。

3. 取用竹籤，穿入一片豬肉，再穿上一片洋蔥和一片紅綠青椒，按順序穿滿竹籤。

4. 起鍋點火，加油燒至七成熱，放入肉串反覆炸兩遍，再用油刷抹上辣椒油，即可上桌食用。

仙人掌煲豬腳

材　料

豬蹄 300 克，仙人掌 150 克，黃豆 25 克。

調味料

蔥段、薑片、鹽、紹興酒、醬油、白糖、雞粉、高湯各適量。

做　法

1. 將仙人掌去皮、去刺，洗淨瀝乾，切成大塊。黃豆放入清水中泡發，洗淨備用。

2. 將豬蹄洗滌整理乾淨，切成大塊，放入清水鍋中煮透，撈出沖淨待用。

3. 起鍋點火，加入高湯，先放入豬蹄略煮，再加入醬油、鹽、紹興酒、白糖、蔥段、薑片、雞粉燒開，然後撇去浮沫，轉小火將豬蹄燒至七八分熟，再加入黃豆、仙人掌煮約 3 分鐘，即可起鍋裝盤。

胡蘿蔔燒雞肉

材　料

胡蘿蔔 100 克，帶骨雞肉 450 克。

調味料

蔥末、蒜末、薑絲、八角、茴香、花椒粉、鹽、醬油、雞粉、高湯、沙拉油各適量。

做　法

1. 將雞肉洗滌整理乾淨，切成大塊，再放入滾水中汆燙一下，撈出沖淨。胡蘿蔔洗淨，切塊備用。

2. 起鍋點火，加油燒至七分熱，先下入蔥末、蒜末、薑絲炒出香味，再放入雞肉塊、花椒粉、八角、茴香翻炒均勻，然後加入胡蘿蔔塊、醬油、鹽、高湯煮開，再轉小火燉煮 45 分鐘，起鍋前調入雞粉即可。

九轉大腸

材　料

豬大腸 300 克，香菜段少許。

調味料

蔥末、薑末、蒜末各少許，鹽1/3小匙，醬油、白糖、白醋各 1 大匙，花椒水 1/2 大匙，胡椒粉 1/4 小匙，辣椒油 1 小匙，沙拉油 750c.c.。

做　法

1. 將豬大腸切成 3 公分長的段，下入滾水中燙透撈出，再放入熱油中炸至金黃色，倒入漏勺備用。

2. 鍋中留少許底油，先用蔥、薑、蒜熗鍋，再烹入白醋，加入醬油、白糖、花椒水、鹽，然後添湯燒開，下入豬大腸，蓋上鍋蓋，移微火悶 10 分鐘至湯濃肉爛，再將肥腸揀出，整齊地立擺在盤中待用。

3. 餘湯繼續加熱，用胡椒粉調味，澆在盤中大腸上，再撒上香菜段，淋上辣椒油即可。

爆羊肉片

材　料

羊後腿肉 400 克，洋蔥瓣 100 克。

調味料

蔥花、蒜片各少許，鹽1/3小匙，紹興酒、醬油各 2 大匙，白醋、白糖各 1 小匙，香油 1/2 大匙，太白粉適量，沙拉油 750c.c.。

做　法

1. 將羊肉洗淨，切成薄片，再下入七成熱油中滑散滑透，倒入漏勺備用。

2. 小碗中加入醬油、白醋、糖、鹽、太白粉調勻，製成芡汁待用。

3. 起鍋點火，加適量底油燒熱，先下入洋蔥煸炒片刻，再放入蔥花、蒜片、羊肉片翻炒均勻，然後烹入紹興酒，潑入調好的芡汁，大火翻爆均勻，再淋上香油，即可起鍋裝盤。

醬爆里肌丁

材　料

羊里肌肉 300 克，熟花生仁 50 克，雞蛋 1 個。

調味料

蔥花、薑末、蒜片各少許，鹽1/3小匙，白糖 1 大匙，黃醬、紹興酒各 2 大匙，香油 1 小匙，太白粉適量，沙拉油 750c.c.。

做　法

1. 將羊肉洗淨，切成 1 公分厚的大片，再劃上十字花刀，改刀成 1 公分見方的小丁，然後放入碗中，加入鹽、紹興酒、蛋液、太白粉抓勻漿好，再下入五成熱油中滑散滑透，倒入漏勺。花生仁過油炸酥，瀝油備用。

2. 起鍋點火，加少許底油燒熱，先用蔥、薑、蒜熗鍋，再烹入紹興酒，加入黃醬、白糖炒香，然後放入鹽，添入清湯燒開，再下入肉丁、花生仁翻拌均勻，用太白粉水勾芡，淋入香油，即可起鍋裝盤。

西芹炒豬肝

材料

西洋芹 250 克，豬肝 150 克。

調味料

蔥末、鹽、紹興酒、醬油、白糖、雞粉、白醋、香油、太白粉水、沙拉油各適量。

做法

1. 將西洋芹去葉、洗淨，斜刀切成大片。豬肝洗淨，切成薄片，再加入鹽、太白粉水拌勻備用。

2. 起鍋點火，加油燒至六成熱，放入漿好的豬肝滑散滑透，撈出瀝油待用。

3. 鍋中留少許底油，先放入蔥末、西芹煸炒一下，再加入紹興酒、醬油、雞粉、白糖炒勻，然後用太白粉水勾芡，放入滑好的豬肝，再淋上香油、白醋，拌勻裝盤即可。

啤酒燉牛肉

材料

牛肉300克，啤酒250克，胡蘿蔔50克，洋蔥 25 克。

調味料

薑片、蒜瓣、白糖、胡椒粉、番茄醬各適量。

做法

1. 將胡蘿蔔去皮、洗淨，切成滾刀塊。洋蔥去皮、洗淨，切瓣備用。

2. 將牛肉洗淨，切成小塊，放入滾水中汆燙一下，撈出沖淨待用。

3. 起鍋點火，加油燒至四成熱，先下入薑片、蒜瓣、洋蔥塊煸炒一下，再加入番茄醬、牛肉塊、醬油、白糖、啤酒燒開，然後放入胡蘿蔔塊、胡椒粉、鹽，再倒入沙鍋中，用小火燉煮 30 分鐘，即可上桌食用。

奇異果炒肉絲

材料

豬瘦肉 300 克，奇異果 100 克。

調味料

鹽、紹興酒、白糖、胡椒粉、雞蛋清、太白粉、高湯、沙拉油各適量。

做法

1. 將豬瘦肉洗淨，切成細絲，再用鹽、紹興酒、雞蛋清、太白粉上漿。奇異果去皮、洗淨，切絲備用。

2. 小碗中加入鹽、紹興酒、白糖、胡椒粉、高湯、太白粉，調成芡汁待用。

3. 起鍋點火，加油燒至五成熱，先下入漿好的豬肉絲炒散，再放入奇異果絲略炒，然後烹入調好的芡汁，大火收濃，即可裝盤上桌。

小提醒

本菜中的奇異果要選用較硬的，軟則易碎。

禽蛋類

　　豢養家禽在中國已有3000多年歷史，特別是雞、鴨、鵝，品種較多，應用較廣，是常用的烹調食材之一。禽蛋中含有人體所需的各種營養物質，尤其是動物性蛋白質、脂肪含量很高。其常用烹調方法除與畜肉類相同外，另有烤、焗，更具風味特色。

　　禽蛋類食材還有鴕鳥、鵪鶉、鴿子等，可以研製出豐富多彩的美饌佳餚。正所謂：「寧食飛禽一兩，不吃走獸半斤。」

　　禽類食材的烹製講究「酥爛脫骨而不失其形」，更重火候的運用。

筍乾香鵪煲

材料
鵪鶉1隻，筍乾50克，火腿25克，香菜少許。

調味料
蔥段、薑片、鹽、雞粉、胡椒粉、紹興酒、沙拉油各適量。

做法
1. 將鵪鶉洗滌整理乾淨，再放入滾水中汆燙去異味。筍乾洗淨，用溫水泡至回軟，切成小段。火腿蒸透，切成菱形片。香菜摘洗乾淨，切段備用。

2. 起鍋點火，加少許底油燒熱，先用蔥段、薑片熗鍋，再烹入紹興酒，添入清湯，加入鹽、雞粉，然後放入鵪鶉、筍乾、火腿燒沸，再倒入煲鍋中，轉小火慢煲至酥爛入味，最後撒入胡椒粉、香菜段，即可上桌食用。

黑椒吐司鵝肝

材料
法國鵝肝1個，吐司麵包5片，酸黃瓜粒少許。

調味料
鹽、胡椒粉、黑胡椒汁、白糖、牛肉清湯粉、濃縮雞汁、太白粉、高湯、牛油各適量。

做法
1. 將鵝肝洗淨，放入大碗中，加入鹽、胡椒粉醃至入味，取出切片備用。

2. 起鍋點火，加入牛油燒熱，將鵝肝兩面煎熟，裝盤待用。

3. 另起一鍋，加入黑胡椒汁、白糖、牛肉清湯粉、濃縮雞汁、高湯燒開，再用太白粉勾薄芡，淋在鵝肝上，跟吐司麵包片、酸黃瓜粒上桌即可。

小提醒
鵝肝不宜煎得過老。

煎鵝肝

材料
法國鵝肝1個，飛魚卵30克，香芹少許。

調味料
鹽、胡椒粉、濃縮雞汁、蠔油、白糖、太白粉、高湯、沙拉油各適量。

做法
1. 將香芹摘洗乾淨，切成碎末。鵝肝洗淨，切成大片，再放入大碗中，加入鹽、胡椒粉醃至入味，然後下入熱油中煎熟，裝入盤中備用。

2. 另起鍋燒熱，加入高湯、濃縮雞汁、蠔油、白糖、香芹末燒開，用太白粉勾薄芡，澆在鵝肝上，再撒上飛魚卵即可。

小提醒
鵝肝不宜煎得過老，以去腥為好。

香脆炸雞

材 料

雞1隻，洋蔥末少許。

調味料

蔥末、薑末、蒜末、沙薑粉、鹽、雞粉、麥牙糖水、奶香沙拉醬、雞醬各適量。

做 法

1. 將雞隻洗滌整理乾淨，再將蒜末、薑末、蔥末、洋蔥末、沙薑粉、鹽、雞粉調勻，塗抹在雞的內外，醃製2小時備用。

2. 將醃好的雞洗淨，放入滾水中略燙，撈出振乾，淋上麥牙糖水，晾乾待用。

3. 起鍋點火，加油燒至四成熱，放入雞淋炸至熟，呈金紅色時撈出，剁成大塊，擺回雞形，跟奶香沙拉醬、雞醬上桌即可。

蛋煎牛骨髓

材 料

雞蛋4個，牛骨髓50克，韭菜30克。

調味料

鹽、紹興酒、胡椒粉、沙拉油各適量。

做 法

1. 將雞蛋打入碗中攪勻。牛骨髓洗淨，切成小段，放入滾水中汆燙，撈出沖淨。韭菜摘洗乾淨，切末備用。

2. 將牛骨髓、韭菜末放入蛋液中，加入鹽、紹興酒、胡椒粉攪勻待用。

3. 起鍋點火，加油燒熱，倒入攪好的蛋液，小火煎成圓形蛋餅，見呈金黃色時翻面，再將另一面至同樣顏色，待熟透起鍋，瀝乾油分，改刀切成三角塊，即可裝盤上桌。

小提醒

此菜是最佳的營養組合，適宜婦女、兒童和老年人食用。

辣子雞丁

材 料

雞腿2條，乾紅辣椒適量。

調味料

香蔥段、蒜末、薑末、鹽、雞粉、醬油、紹興酒、太白粉、花椒、沙拉油各適量。

做 法

1. 將雞腿洗滌整理乾淨，剁成小塊，再用雞粉、鹽、醬油、紹興酒、太白粉醃製備用。

2. 起鍋點火，加油燒至七成熱，放入雞丁炸至乾香，撈出瀝油待用。

3. 鍋中留少許底油燒熱，先下入蒜末、薑末、花椒、乾紅椒爆香，再放入雞丁，烹入紹興酒，撒入香蔥段，大火速炒至熟，即可起鍋裝盤。

小提醒

注意控制油溫，不能炸得過老。

石鍋丸子鵪蛋

材料
豬肉丸、牛肉丸、花枝丸各 25 克，鵪鶉蛋 4 個，凍豆腐 1 塊，大白菜適量，寬粉少許。

調味料
蔥段、薑片、八角、鹽、雞粉、胡椒粉、紹興酒、沙拉油各適量。

做法
1. 將大白菜摘洗乾淨。凍豆腐放入清水中化開。寬粉泡至回軟備用。

2. 取一石鍋，加少許底油燒熱，先下入薑片、八角、蔥段煎香，再烹入紹興酒，添入清湯燒開，然後放入豬肉丸、牛肉丸、花枝丸、凍豆腐、大白菜、寬粉同煮，先用大火燒開後撇淨浮沫，再轉小火慢燉至熟，然後加入鹽、雞粉、胡椒粉調味，再打入鵪鶉蛋煮熟，即可上桌食用。

薑汁熱窩雞

材料
土雞 750 克。

調味料
蔥花 15 克，薑末 25 克，鹽、紹興酒、香油各 1/2 小匙，醬油、太白粉水各 2 小匙，黑醋 1 小匙，鮮湯適量，沙拉油 75 克。

做法
1. 將土雞宰殺，去毛及內臟，洗滌整理乾淨備用。

2. 起鍋點火，添入鮮湯，放入土雞煮至八分熟，撈出去骨待用。
3. 另起鍋，加少許底油燒熱，先下入薑末、蔥花炒出香味，再放入煮好的仔公雞，然後烹入紹興酒，放入鹽、醬油燒約 3 分鐘，再加入烏醋，用太白粉水勾芡，淋入香油，即可起鍋裝碗。

炒鴨肝

材料
鴨肝250克，胡蘿蔔50克，青椒塊少許。

調味料
蔥花、薑絲、蒜片各少許，鹽1/3小匙，紹興酒、醬油各 1 大匙，白醋、白糖各1小匙，蛋清1個，花椒油 1/2 小匙，太白粉適量，沙拉油500c.c.。

做法
1. 將鴨肝洗淨，抹刀切成薄片。胡蘿蔔去皮、洗淨，切成小片備用。
2. 將鴨肝裝入碗中，加入鹽、蛋清、太白粉拌均勻，再下入六成熱油中滑散滑透，倒入漏勺待用。
3. 鍋中留底油燒熱，先用蔥、薑、蒜熗鍋，再烹入紹興酒、白醋，加入醬油、白糖、鹽，然後添入少許清湯，放入鴨肝、胡蘿蔔片、青椒塊翻炒均勻，再用太白粉水勾芡，淋入花椒油，即可起鍋裝盤。

栗子雞塊

材 料
土雞 1/2 隻（約 500 克），板栗 100 克，青椒塊少許。

調味料
薑片、八角各少許，鹽 1/3 小匙，白糖 1/2 大匙，紹興酒、醬油各 1 大匙，太白粉適量，沙拉油 750c.c.。

做 法
1. 將雞宰殺，除去頭、爪，洗滌整理乾淨，剁成 3 公分見方的塊，再抹上少許醬油，下入七成熱油中炸至金黃色，倒入漏勺；板栗一切兩半，煮熟後去皮，再用熱油炸至金黃色備用。

2. 起鍋點火，加入底油燒熱，先用薑片、八角熗鍋，再烹入紹興酒，加入醬油、白糖、鹽，然後添湯燒開，放入雞塊、板栗，蓋嚴鍋蓋，轉小火慢燉至熟爛，再加入青椒塊炒勻，轉大火收汁，用太白粉水勾芡，淋上香油，即可起鍋裝盤。

炒雞雜

材 料
雞胗 150 克，雞心、雞肝各 100 克，黃瓜片、香菜段各少許。

調味料
蔥花、薑絲、蒜末、鹽、紹興酒、醬酒、白醋、白糖、花椒油各少許，太白粉適量，沙拉油 750c.c.。

做 法
1. 將雞胗、雞心、雞肝洗滌整理乾淨，均切成薄片，再裝入碗中，加入鹽、紹興酒、太白粉拌均勻，然後下入六成熱油中滑散滑透，倒入漏勺備用。

2. 鍋中留少許底油燒熱，先用蔥、薑、蒜熗鍋，再烹入紹興酒、白醋，加入醬油、白糖、鹽，然後添入少許清湯，放入雞雜、黃瓜片翻炒均勻，再用太白粉水勾芡，淋入花椒油，撒上香菜段，即可起鍋裝盤。

宮保雞丁

材 料
雞胸肉 250 克，熟花生仁、青椒塊各 50 克，雞蛋 1 個，紅辣椒少許。

調味料
蔥花、薑末、鹽、紹興酒、醬油、白糖、辣椒油各少許，太白粉、鮮湯各適量，沙拉油 1000c.c.。

做 法
1. 將雞胸肉洗淨，切成 1 公分的小丁，再放入碗中，加入鹽、紹興酒、蛋液、太白粉拌均勻，然後放入四成熱油中滑散滑透，再下入花生仁炸酥，一起倒入漏勺備用。

2. 小碗中加入醬油、白糖、鹽、鮮湯、太白粉，調成芡汁待用。

3. 起鍋點火，加入底油燒熱，先用蔥、薑、紅辣椒、青椒熗鍋，再烹入紹興酒，放入滑好的雞丁、花生仁，然後潑入芡汁，大火翻炒均勻，再淋上辣椒油，即可起鍋裝盤。

辣子雞丁

材　料
雞胸肉 250 克，乾紅辣椒 50 克，雞蛋 1 個。

調味料
蔥花、薑末各少許，鹽 1/3 小匙，白糖 1/2 大匙，紹興酒、醬油各 1 大匙，太白粉適量，沙拉油 750c.c.。

做　法
1. 將雞胸肉洗淨，切成 1 公分見方的小丁，再裝入碗中，加入鹽、紹興酒調味，然後裹上蛋漿，下入四成熱油中滑散滑透，倒入漏勺。乾紅辣椒洗淨，去蒂及籽，用溫水泡至回軟，切成小塊備用。

2. 起鍋點火，加少許底油燒熱，先用蔥、薑、紅辣椒熗鍋，再烹入紹興酒，加入醬油、白糖、鹽，然後添入少許清湯，放入滑好的雞丁翻炒均勻，再用太白粉水勾芡，淋上香油，即可起鍋裝盤。

釀一品鴨

材　料
鴨 1 隻，冬菇丁 150 克，糯米飯 500 克，冬筍丁、熟蓮子各 100 克，熟火腿丁、芡實各 50 克，乾貝丁、蝦米丁各 10 克。

調味料
蔥段、薑片、鹽、白糖、醬油各少許，沙拉油 3000c.c.。

做　法
1. 將鴨去爪及頭，在頭頸根部切一個直口，將整鴨脫骨，沖淨備用。

2. 將糯米飯、熟蓮子、芡實、鹽放入大碗中拌勻，一半裝入鴨腹內，用麻繩打成蝴蝶結，再將另一半裝入鴨胸內，用線縫好，呈葫蘆狀，然後抹勻醬油待用。

3. 起鍋點火，加油燒熱，放入鴨隻炸成金黃色，撈出瀝油，再裝入蒸碗中，加入蔥段、薑片、鹽、白糖，送入蒸鍋蒸至熟爛，取出拆線，然後將蒸汁倒入鍋中，用太白粉水勾薄芡，均勻地澆在鴨身上即可。

乾炸雞塊

材　料
雞 1 隻。

調味料
鹽 1/3 小匙，醬油 1 大匙，五香粉、胡椒粉各少許，椒鹽、太白粉各適量，沙拉油 1500c.c.。

做　法
1. 將雞隻洗滌整理乾淨，去除頭、爪，剁成 3 公分見方的塊，再裝入大碗中，加入醬油、鹽、五香粉、胡椒粉醃製 15 分鐘，然後用太白粉拌勻備用。

2. 起鍋點火，加油燒至五成熱，將雞塊逐塊炸至表皮略硬，撈出備用，待油溫升至八成熱時，再下油炸至金黃色，撈出瀝油裝盤，跟椒鹽上桌蘸食即可。

椒麻雞

材料

土雞1隻（約750克），熟花生仁、香菜、芝麻各少許。

調味料

蔥花少許，鹽1小匙，白糖、香油、辣椒油各2小匙。

做法

1. 將土雞洗滌整理乾淨，放入清水鍋中煮熟，再撈出瀝乾，剁成大塊，擺在盤中備用。

2. 將香菜摘洗乾淨，切成細末。熟花生仁碾碎待用。

3. 將蔥花、鹽、白糖、香油、辣椒油、香菜末、芝麻、花生碎放入碗中拌勻，調成椒麻汁，跟雞塊一起上桌蘸食即可。

滑溜雞片

材料

雞胸肉250克，黃瓜片50克，雞蛋清1個。

調味料

蔥花、蒜片各少許，鹽1/2小匙，紹興酒、香油、薑汁各1小匙，太白粉適量，沙拉油500c.c.。

做法

1. 將雞胸肉洗淨，抹刀片成薄片，再放入碗中，加入鹽、蛋清、太白粉拌均勻，然後下入四成熱油中滑散滑透，倒入漏勺備用。

2. 小碗中放入鹽、薑汁、鮮湯、太白粉，調成白色芡汁待用。

3. 起鍋點火，加少許底油燒熱，先用蔥花、蒜片熗鍋，再烹入紹興酒，放入黃瓜片煸炒片刻，然後加入雞片，潑入調好的芡汁，大火翻溜均勻，再淋入香油，即可起鍋裝盤。

桃仁脆皮乳鴿

材料

乳鴿1隻，桃仁100克。

調味料 0

蒜末、薑末、蔥末各5克，港式煲仔醬、白糖各2小匙，白醋1小匙，大紅浙醋1瓶，麥芽糖200克，沙拉油適量。

做法

1. 將乳鴿洗滌整理乾淨，從背部切開，攤平後抹上蒜末、薑末、蔥末、港式煲仔醬醃製3小時，再用竹籤撐平，放入滾水中汆燙一下，然後用白醋、大紅浙醋、麥芽糖調成的脆皮汁反覆澆淋三遍，掛在通風處晾乾，再放入七成熱油中炸成金紅色，撈出後拆去竹籤，瀝乾油分，切塊裝盤備用。

2. 將桃仁洗淨，放入滾水中汆燙一下，撈出瀝乾，再下入五成熱油中炸熟，撈出瀝油待用。

3. 另起鍋，加入少許清水，先放入白糖小火慢熬至起泡，再關火下入桃仁翻拌均勻，待桃仁呈琥珀色時，即可起鍋裝盤。

白果蒸雞

材料

雞 1 隻（約 2 斤），白果 250 克，油菜 150 克。

調味料

蔥段、薑片各 10 克，八角、山奈、白蔻各 5 克，鹽、冰糖、紹興酒各少許。

做法

1. 將雞洗滌整理乾淨，用滾水除去絨毛。油菜摘洗乾淨，放入滾水中燙熟，撈出瀝乾備用。

2. 將白果洗淨，放入碗中，加入冰糖水，送入蒸鍋蒸約 1 小時，取出待用。

3. 將雞裝入大碗中，腹中添入白果、八角、山奈、白蔻、蔥段、薑片，再加入紹興酒、鹽及適量清水，放入蒸鍋蒸 2～3 小時，取出後擺上油菜點綴，即可上桌食用。

燴雞腰

材料

雞腰子 600 克，香菇 30 克，冬筍片 20 克，青江菜 50 克。

調味料

蔥花、薑絲各少許，鹽、白糖、太白粉水各 1 小匙，雞粉 2 小匙，紹興酒 1 大匙，高湯 500 克，沙拉油適量。

做法

1. 將雞腰子洗淨，放入滾水中汆燙一下，撈出瀝乾。香菇去蒂、洗淨，撕成小朵。青江菜摘洗乾淨備用。

2. 起鍋點火，加油燒熱，先下入蔥花、薑絲炒出香味，再添入高湯，放入雞腰子、香菇、冬筍、青江菜，然後加入鹽、白糖、雞粉、紹興酒燒至入味，再用太白粉水勾芡，即可起鍋裝盤。

小提醒

雞腰就是公雞的睪丸。

燒椒鴨唇

材料

鴨唇 5 個，青尖椒 100 克，紅椒粒少許。

調味料

蔥段、薑片各 5 克，八角 2 粒，鹽 1 小匙，醬油 1 大匙，鮮湯 500 克。

做法

1. 將鴨唇洗滌整理乾淨，放入滾水中汆燙一下，撈出瀝乾。青尖椒洗淨，放在炭火上烤至微焦，撕去外皮，取出內瓤，切粒備用。

2. 起鍋點火，加入鮮湯，放入鴨唇、鹽、蔥段、薑片、八角煮熟，撈出瀝乾，再將鴨唇均勻地分成兩片，裝入盤中待用。

3. 將尖椒粒、紅椒粒、醬油放入小碗中調勻，均勻地淋在鴨唇上，即可上桌食用。

香酥雞翅

材　料
雞中翅 600 克，雞蛋 2 個。

調味料
炸雞粉 150 克，豬油 1 大匙，老醬湯 1500c.c.，沙拉油 2000c.c.。

做　法
1. 將雞中翅洗滌整理乾淨，放入滾水中汆燙 2 分鐘，撈出瀝乾。小碗中打入雞蛋攪勻，再加入炸雞粉、豬油調拌均勻，製成脆皮糊備用。

2. 起鍋點火，加入老醬湯燒開，放入雞中翅煮約 30 分鐘，撈出瀝乾待用。

3. 另起一鍋，加油燒至七成熱，將雞中翅沾勻脆皮糊，逐一下油炸成金黃色，撈出瀝油，裝盤上桌即可。

小提醒
雞翅中含有較多的脂肪，想減肥的人應少食，老年人和血脂高的人應慎食。

原汁鴨肝

材　料
鴨肝 800 克。

調味料
蔥段 100 克，薑片 60 克，花椒 25 克，香葉 10 克，鹽 6 大匙，白糖、雞粉各 2 小匙，紹興酒 1 大匙。

做　法
1. 將鴨肝洗淨，剪去鴨油及雜質，留下整肝備用。

2. 起鍋點火，加水燒至 30℃，放入鴨肝以中火煮開，立即關火，撇去浮沫待用。

3. 取一個大碗，放入花椒、香葉、蔥段、薑片，先用少許原湯將鹽、白糖、雞粉、紹興酒調勻，再將鴨肝和原湯倒入大碗中，將鴨肝浸泡至熟。

4. 待鴨肝晾涼後撈出，改刀裝盤即可。

麻辣鴨脖

材　料
鴨脖 500 克，乾椒丁 200 克，泡椒 15 克。

調味料
蔥段、薑片各 10 克，花椒、麻椒各 50 克，鹽 2 大匙，白糖 1 小匙，豆瓣醬、紹興酒各 1 大匙，香油少許，燉肉料 1 包，鮮湯 1500 克，沙拉油適量。

做　法
1. 將鴨脖洗滌整理乾淨，放入滾水中汆燙一下，撈出沖淨備用。

2. 起鍋點火，加油燒熱，先下入乾椒丁、花椒、麻椒炒出香味，再添入鮮湯，加入蔥段、薑片、鹽、白糖、豆瓣醬、紹興酒、燉肉料煮沸，然後撇除雜質，放入鴨脖煮至入味，撈出後刷勻香油，即可裝盤上桌。

芥末鴨掌

材 料

鴨掌 300 克。

調味料

蔥段、薑片、鹽、雞粉、芥末、白醋、香油各適量。

做 法

1. 將鴨掌洗滌整理乾淨，放入滾水中汆燙一下，撈出沖淨備用。

2. 起鍋點火，加入清水、蔥段、薑片燒開，再撇去浮沫，放入鴨掌小火煮約 40 分鐘，待鴨掌熟透撈出，用涼開水浸涼，拆去骨頭，剔淨老繭及雜質，漂洗乾淨，瀝乾裝盤待用。

3. 將芥末放入碗中，用滾水攪成稀糊狀，再封緊碗蓋，放在高溫處，燜發 30 分鐘，然後開蓋，注入適量涼開水調勻，再加入鹽、香油、白醋、雞粉，調成芥末汁備用。

4. 將芥末汁濾去細渣，倒在鴨掌上拌勻，即可上桌食用。

香糟雞

材 料

雞 1 隻，香糟 50 克。

調味料

蔥段、薑片、鹽、紹興酒、雞粉、白糖、雞湯各適量。

做 法

1. 將雞洗淨，放入滾水中汆燙一下，撈出沖淨備用。

2. 起鍋點火，加入清水、蔥段、薑片煮沸，再撇去浮沫，放入雞，轉小火煮至熟透，然後離火晾涼，將雞撈出，去骨待用。

3. 將香糟用紗布包好，放入容器中，加入紹興酒和適量清水，放入蒸鍋蒸 30 分鐘取出，再加入雞湯、鹽、白糖調勻，製成香糟汁備用。

4. 將煮熟的雞放入香糟汁中，浸泡20 小時左右，即可撈出食用。

鐵板煎土雞

材 料

土雞 1 隻（約 750 克），洋蔥 50 克，雞心椒少許。

調味料

蔥花 5 克，鹽、白糖、胡椒粉各少許，紹興酒、醬油各 1 小匙，沙拉油適量。

做 法

1. 將土雞去皮、去內臟、洗淨，剁成小塊，再加入鹽、白糖、胡椒粉、紹興酒，醃製 30 分鐘。洋蔥去皮、洗淨，切成細絲。雞心椒去蒂、洗淨，切成椒圈備用。

2. 取鐵板燒熱，淋上少許沙拉油，再放入洋蔥絲炒香待用。

3. 起鍋點火，加少許底油燒熱，先下入土雞塊炒至表面呈金黃色，再放入醬油燒至入味，然後盛出，放在鐵板上煎至熟透，即可上桌食用。

蠔油仔雞

材　料

雞 1 隻。

調味料

蔥段、薑片、蔥末、薑末、蒜末、鹽、雞粉、蠔油、紹興酒、香油、雞湯各適量。

做　法

1. 將雞洗淨，放入滾水中汆燙一下，撈出沖淨備用。

2. 起鍋點火，加入清水、紹興酒、蔥段、薑片燒沸，再撇淨浮沫，下入雞隻小火煮至去腥，撈出瀝乾，然後放入鹽水中浸泡至入味，撈出待用。

3. 另起一鍋，加入適量香油燒熱，先下入蔥末、薑末、蒜末炒香，再放入蠔油、紹興酒炒至起泡，然後加入雞湯、雞粉燒沸，倒入容器中晾涼。

4. 將雞隻改刀裝盤，再澆上晾涼的蠔油汁即成。

蛋黃鴨卷

材　料

鴨 1 隻，鹹鴨蛋 200 克。

調味料

蔥段、薑片、鹽、雞粉、紹興酒、胡椒粉、玉米粉各適量。

做　法

1. 將鴨子洗淨，先在背部劃一刀，再從頸處下刀，剔去鴨骨，放入容器中，用紹興酒、鹽、雞粉、胡椒粉、蔥段、薑片醃製 3 小時，再揀去蔥、薑備用。

2. 將醃好的鴨子平鋪在砧板上（皮面朝下），先在鴨肉上撒一層玉米粉，再取鹹鴨蛋黃（每個一切兩半，擺成一字形）置於鴨肉上，然後將鴨肉捲緊，用打濕擰乾的紗布裹起，再用線繩紮緊待用。

3. 將鴨卷放入蒸鍋蒸 40 分鐘左右取出，用重物壓至冷卻，使其固定成型，然後置於冰箱中存放。

4. 食用時拆去紗布，頂刀切片即可。

菊花鴨胗

材　料

鴨胗 400 克。

調味料

蔥段、薑片、鹽、紹興酒、白酒、花椒各適量。

做　法

1. 將鴨胗洗滌整理乾淨，劃上花刀。鹽、花椒放入無油的熱鍋中炒透，取出晾涼備用。

2. 將炒好的椒鹽搓擦在鴨胗上，再灑上一些白酒拌勻，然後用重物壓至扁平，醃製 10 分鐘入味，再用清水洗淨，放入滾水中汆燙一下，撈出沖淨待用。

3. 另起一鍋，加入清水、蔥段、薑片、紹興酒、鹽燒開，再放入鴨胗小火煮熟，撈出晾涼，即可切片裝盤。

五香醬鴨

材 料
鴨1隻。

調味料
蔥段、薑片、鹽、雞粉、紹興酒、滷湯、香油各適量。

做 法
1. 將鴨子去除翅尖、爪子，洗淨後瀝乾，用鹽、蔥段、薑片醃製4小時，然後放入滾水中汆燙一下，撈出沖淨備用。

2. 起鍋點火，加入滷湯燒開，放入鴨子再次煮沸，撇去浮沫，加入蔥段、薑片、紹興酒，轉微火煮熟，撈出晾涼裝盤，淋上香油即可食用。

小提醒
選購鴨隻時，應挑選表皮白淨，毛孔均勻，皮色白中略黃，脂肪稍薄，大小適中者為好。

清燉人參雞

材 料
雞1隻，鮮人參1根。

調味料
鹽、雞粉、胡椒粉、紹興酒、清湯各適量。

做 法
1. 將雞隻洗滌整理乾淨，去頭、去脖、去小翅，過水後再次沖淨。人參用刷子刷淨備用（注意不要把根須弄斷）。

2. 取用沙鍋，將雞、人參放入，添足清湯，用鹽、雞粉、胡椒粉、紹興酒調味，蓋上鍋蓋，放入蒸鍋蒸約1小時（火不要過大），至雞肉熟爛時，連同沙鍋一起上桌即可。

小提醒
以此方法，不放人參作配料，改用冬筍和冬菇，即為清蒸童子雞。雞的臀部肉加工時要去除，不能食用。

雪菜燒鴨

材 料
鴨1隻，雪裡紅60克，雞蛋清2個，生菜葉25克。

調味料
蔥絲、薑絲、鹽、雞粉、紹興酒、胡椒粉、中藥滷包、麵粉、沙拉油各適量。

做 法
1. 將鴨子斬去頭、脖、翅膀，洗淨後過水，再放入盛有中藥滷包的鍋中，調好口味，用小火煮爛，然後撈出拆去骨頭，皮面朝下擺在盤中（肉厚的地方片去，使其薄厚均勻）。

2. 將雞蛋清放入碗中，加入麵粉調成麵糊。雪裡紅洗淨，切成細末。生菜葉洗淨待用。

3. 將雪裡紅末、蔥絲、薑絲拌勻，鋪在鴨肉上，再倒上雞蛋糊抹勻，放入熱油鍋中炸透，撈出改刀裝盤。生菜葉擺在盤邊點綴即可。

銀絲鴨脯

材　料

鴨 1 隻，乾冬粉 30 克。

調味料

蔥段、薑片、鹽、雞粉、紹興酒、胡椒粉、醬油、白糖、豆瓣醬、雞湯、奶湯、雞油、沙拉油各適量。

做　法

1. 將鴨隻斬去頭和翅膀，從背部剖開（胸部要連接），洗淨後，用醬油、紹興酒抹勻，再用熱油炸成金黃色，撈出瀝油。冬粉用熱油炸過備用。

2. 起鍋點火，加入底油燒熱，先下入豆瓣醬炒香，再加入奶湯、醬油、紹興酒、鹽、雞粉、胡椒粉調味，放入鴨子、蔥段、薑片燒沸，再轉中火煮約 1 小時，取出拆骨待用。

3. 鍋中原湯過濾，澆入盛鴨的碗中，再上籠蒸透，取出扣入盤中。

4. 將湯汁瀝入鍋內調味，再放入冬粉稍煮，然後用太白粉水勾芡，淋入雞油，澆在鴨脯上即可。

三圓燉鴨

材　料

鴨 1 隻，桂圓肉、紅棗、鮮蓮子各少許，油菜數棵。

調味料

蔥段、薑片、鹽、雞粉、胡椒粉、紹興酒各適量。

做　法

1. 將鴨子洗淨，放入滾水中汆燙一下，撈出沖淨。桂圓肉洗淨。紅棗去核、洗淨。鮮蓮子去芯，煮熟備用。

2. 起鍋點火，加入清水、蔥段、薑片、桂圓、紅棗、蓮子和鴨子，再放入紹興酒、鹽、雞粉、胡椒粉、白糖調味，煮沸後轉小火將鴨子燉熟，然後撈入湯盅內（鴨胸朝上）。

3. 原湯過濾，倒入湯盅內，再將桂圓肉、紅棗、蓮子放在鴨子四周（即三圓），放入蒸鍋蒸至鴨子酥爛，取出待用。

4. 將油菜用奶湯、鹽、雞粉燒至入味，圍在鴨子旁邊即可。

烤雞翅

材　料

雞翅 300 克。

調味料

蔥段、薑片、鹽、雞粉、花椒粉、醬油、紹興酒、排骨醬、沙拉油各適量。

做　法

1. 將雞翅洗滌整理乾淨，放入容器中，加入醬油、紹興酒、鹽、排骨醬、雞粉拌勻，醃製 30 分鐘備用。

2. 取出快鍋的內鍋，用刷子刷上一層沙拉油，將雞翅逐個放入鍋內，再撒入花椒、蔥段、薑片，蓋上鍋蓋，以中大火煮至發出唧唧聲後轉小火，計時 30 分鐘熄火，待指示桿下降即可起鍋裝盤。

小提醒

雞翅因肉嫩味鮮，適於白切、滷、燜、紅燒、醬、湯、煮、燉等做法食用。

★快鍋使用方法僅供參考。

野山菌燒鴨掌

材 料

脫骨鴨掌150克，草菇、牛肝菌、冬菇各25克，青椒、紅椒各10克。

調味料

蔥末、薑末各10克，鹽1/2小匙，白糖、紹興酒、太白粉水、香油各少許，雞油2大匙，鮮湯500克。

做 法

1. 將草菇、牛肝菌、冬菇分別用溫水泡透，去除老根後洗淨，放入鍋中，再加入鮮湯，用小火煲至湯汁濃稠。鴨掌洗滌整理乾淨，放入滾水中汆燙一下，撈出瀝乾。青椒、紅椒分別去蒂及籽，洗淨後切片備用。

2. 起鍋點火，加入雞油燒熱，先下入蔥末、薑末、青椒片、紅椒片炒香，再烹入紹興酒，放入鴨掌、草菇、牛肝菌、冬菇，然後添入少許鮮湯，加入鹽、白糖燒至入味，再用太白粉水勾芡，淋入香油，即可起鍋裝盤。

碎米雞丁

材 料

雞胸肉250克，炸花生米50克，雞蛋清2個，紅辣椒泡菜25克。

調味料

蔥末、薑末、蒜末、鹽、雞粉、白醋、醬油、白糖、太白粉、高湯、沙拉油各適量。

做 法

1. 將炸熟的花生米去皮，壓成碎粒。辣椒泡菜切末備用。

2. 將雞胸肉洗淨，切成小丁，放入容器中，加入太白粉、蛋清、鹽拌勻，醃製入味待用。

3. 碗中加入白糖、醬油、雞粉、白醋、鹽、高湯、太白粉水，調成芡汁備用。

4. 起鍋點火，加油燒至三成熱，先下入雞丁炒至變色，再加入辣椒末、薑末、蒜末炒出香味，然後淋入芡汁，撒入蔥末、花生碎翻炒均勻，即可起鍋裝盤。

青椒燉雞

材 料

雞1隻，青椒、紅椒各25克，尖椒50克，青蒜30克。

調味料

薑片、蒜瓣、鹽、雞粉、豆瓣醬、辣椒油、啤酒、紹興酒、高湯、沙拉油各適量。

做 法

1. 將雞隻洗淨，剁成大塊。青椒、紅椒、尖椒分別去蒂及籽，洗淨後切塊。青蒜洗淨，切段備用。

2. 起鍋點火，加油燒至五成熱，先下入蒜瓣、薑片炒出香味，再放入雞塊炒至八分熟，然後加入豆瓣醬、青椒、紅椒、尖椒、紹興酒、鹽、辣椒油、雞粉、高湯、啤酒燉煮15分鐘，再放入青蒜續燉5分鐘，即可起鍋裝盤。

小提醒

在燉雞之前，用刀把雞胸肉拍鬆，將骨節拍斷，這樣雞肉燉好後，就能自動脫骨，也更容易入味。

油淋雞

材　料
雞1隻，香菜25克。

調味料
蔥段、薑塊、蒜片、鹽、紹興酒、醬油、白糖、花椒粉、甜麵醬、辣醬油、香油、沙拉油各適量。

做　法
1. 將雞隻洗滌整理乾淨，用花椒粉、鹽、蔥段、薑塊、蒜片、白糖、紹興酒醃製2小時，撈出沖淨晾乾，再用醬油抹勻雞身。
2. 起鍋點火，加油燒至七成熱，放入雞過油，再轉小火將雞焗熟撈出，待油溫升至八成熱時，放入雞隻複炸一遍，取出改刀，在盤內仍擺成雞形，然後淋上香油，將香菜放在盤邊，跟辣醬油、甜麵醬碟上桌蘸食即可。

綠花椰菜炒雞塊

材　料
雞胸肉250克，花椰菜100克，胡蘿蔔50克。

調味料
蒜末、醬油、雞粉、白糖、太白粉、香油、沙拉油各適量。

做　法
1. 將雞胸肉洗淨，切成小塊，再放入容器中，加入白糖、太白粉、醬油拌勻，上漿入味備用。
2. 將花椰菜洗淨，掰成小朵。胡蘿蔔去皮、洗淨，切成薄片。分別用滾水汆燙一下，撈出瀝乾待用。
3. 起鍋點火，加油燒至三成熱，放入適量鹽翻炒一下，待油溫升至七成熱時，下入雞塊、蒜末炒香，再加入花椰菜、胡蘿蔔、白糖、醬油、雞粉翻炒均勻，然後淋入香油，即可起鍋裝盤。

檸檬雞球

材　料
雞腿肉300克，檸檬1個，洋蔥、胡蘿蔔各25克。

調味料
鹽、雞粉、白糖、紹興酒、醬油、香油、高湯、沙拉油各適量。

做　法
1. 將檸檬洗淨，切開擠汁，果皮切成大塊。胡蘿蔔去皮、洗淨，切成滾刀塊。洋蔥洗淨，切成菱形片備用。
2. 將雞腿肉洗淨，切成小塊，放入容器中，用紹興酒、醬油醃製20分鐘待用。
3. 起鍋點火，加油燒至七成熱，放入雞塊炸至金黃色，撈出瀝油備用。
4. 鍋中留少許底油燒熱，放入洋蔥片、胡蘿蔔塊、檸檬塊、紹興酒、鹽、白糖、醬油、雞肉塊、少許高湯翻炒均勻，待湯汁濃稠時，加入雞粉、香油，淋入檸檬汁，即可起鍋裝盤。

蒸浸雞腿

材料

雞腿 250 克，胡蘿蔔 50 克。

調味料

蔥末、薑末、鹽、雞粉、花椒粉、紹興酒、香油各適量。

做法

1. 將雞腿洗滌整理乾淨，用刀沿腿骨兩側切開，在內側劃上花刀，放入盤中。胡蘿蔔去皮、洗淨，切成細絲備用。

2. 蒸鍋上火，加入清水燒開，放入雞腿蒸約 12 分鐘，取出雞腿，浸入蒸汁中，再加入蔥末、薑末、花椒粉、紹興酒、雞粉、鹽調勻，泡約 2～3 小時至入味，然後撈出瀝乾，刷上香油，改刀成塊，裝入盤中，最後撒上胡蘿蔔絲即可。

清蒸柴把鴨

材料

鴨胸肉 300 克，火腿、水發香菇、水發冬筍、水發海帶各 50 克。

調味料

蔥段、薑片、鹽、雞粉、胡椒粉、紹興酒、高湯各適量。

做法

1. 將鴨胸肉洗淨，放入清水鍋中煮至八分熟，撈出瀝乾，切成 6 公分長、4 公分寬的條。火腿、香菇、冬筍分別洗淨，切成寬條。海帶洗淨，放入滾水中汆燙一下，撈出沖涼，切成細絲備用。

2. 將鴨條、火腿條、冬筍條、香菇條用一根海帶絲捆成柴把狀，放入湯盤中，加入高湯、鹽、紹興酒、蔥段、薑片、少許胡椒粉，送入蒸鍋蒸 40 分鐘取出，即可上桌食用。

石燒鵝胗

材料

鵝胗 400 克，雞蛋 1 個，尖椒 10 克，洋蔥少許，鵝卵石適量。

調味料

鹽、雞粉各 1/2 小匙，白糖少許，沙拉油 350c.c.。

做法

1. 將洋蔥去皮、洗淨，切成細絲。尖椒去蒂及籽，洗淨後切絲備用。

2. 將鵝胗從中間剖開，用清水沖洗乾淨，瀝乾後切成薄片，放入碗中，加入鹽、雞粉、白糖、蛋液攪拌均勻。鵝卵石洗淨待用。

3. 起鍋點火，放入沙拉油、鵝卵石燒至七成熱，取出裝在石鍋中，再將鵝胗片、洋蔥絲、尖椒絲倒在鵝卵石上，即可上桌食用。

香溜皮蛋

材料
皮蛋200克，雞蛋2個，黑木耳、荸薺各50克。

調味料
蔥末、薑末、醬油、白糖、白醋、太白粉水、麵粉、香油、沙拉油各適量。

做法
1. 將皮蛋去殼，每個切成8瓣。雞蛋打入碗中，加入麵粉、太白粉水和少許清水調成稠糊。荸薺去皮、洗淨，和木耳均切成小片備用。
2. 起鍋點火，加油燒至五成熱，將皮蛋裏上麵糊，放入鍋中炸至外脆裡嫩、色澤金黃，撈出瀝油待用。
3. 鍋中留少許底油燒熱，先下入蔥末、薑末炒出香味，再放入木耳、荸薺片略炒，然後加入醬油、白糖和少許清水，用太白粉水勾芡，倒入炸好的皮蛋塊，淋入白醋，快速翻炒均勻，再淋入香油，即可起鍋裝盤。

蔥爆鴨塊

材料
鴨肉300克，大蔥100克。

調味料
鹽、雞粉、醬油、白糖、太白粉水、黃酒、香油、沙拉油各適量。

做法
1. 將鴨肉洗淨，切成大塊。大蔥摘洗乾淨，切段備用。
2. 起鍋點火，加油燒至六成熱，放入蔥段炸成金黃色，撈出瀝油待用。
3. 鍋中留少許底油燒熱，先下入鴨塊煸炒至香，再放入黃酒、白糖、鹽、醬油略燒，然後加入少許清水燒沸，用小火燜煮30分鐘，再加入蔥段、雞粉，轉大火收汁，用太白粉水勾薄芡，淋上香油，即可起鍋裝盤。

小提醒
黃酒有補血舒筋、健身通絡的功效，其調味作用主要在於去腥和增香。

蠔油鳳爪

材料
雞爪300克，蠔油50克。

調味料
蔥段、薑塊、陳皮、八角、花椒粉、鹽、雞粉、醬油、白糖、紹興酒、胡椒粉、清湯、香油、沙拉油各適量。

做法
1. 將雞爪洗淨，剝去外層老皮，切掉趾尖，用醬油拌勻上色，晾乾備用。
2. 起鍋點火，加油燒熱，放入雞爪炸至金黃色，撈出瀝油，再放入清水中浸泡1～2小時，撈出瀝乾待用。
3. 將炸好的雞爪放入碗中，加入蔥段、薑塊、白糖、雞粉、紹興酒、醬油、清湯、八角、陳皮、花椒粉，入蒸鍋大火蒸約20分鐘，取出備用。
4. 另起一鍋，加油燒熱，放入雞爪、紹興酒、清湯、白糖、雞粉、蠔油、蒸雞爪的原汁、胡椒粉燜燒2～3分鐘，再用太白粉水勾芡，淋上香油，即可起鍋裝盤。

白斬雞

材　料
土雞1隻。

調味料
蔥段、薑片、鹽、雞粉、紹興酒、胡椒粉、醬油、香油、雞湯各適量。

做　法
1. 將雞洗滌整理乾淨，放入滾水中汆燙一下，撈出沖淨備用。
2. 起鍋點火，加入清水、蔥段、薑片燒沸，再撇去浮沫，加入適量紹興酒，然後放入雞，轉小火煮至熟透，關火後再加入鹽，使雞浸泡入味，待涼撈出瀝乾，拆去骨頭，改刀裝盤待用。
3. 小碗中放入醬油、鹽、雞粉、胡椒粉、香油、雞湯，調成紅色滷汁，澆在改刀的雞上即可。

山茶雞片

即可

材　料
雞胸肉500克，茶葉少許。

調味料
鹽1小匙，雞粉2小匙，太白粉、沙拉油各適量。

做　法
1. 將雞胸肉洗淨，切成大片，再放入碗中，加入太白粉攪拌均勻。茶葉用熱水泡開，撈出瀝乾備用。
2. 起鍋點火，加油燒熱，下入雞肉片滑散滑透，撈出瀝油待用。
3. 鍋中留少許底油燒熱，先添入少許清水，再下入雞肉片、鹽、雞粉燒至入味，然後用太白粉水勾薄芡，撒上茶葉，即可起鍋裝盤。

小提醒
雞胸肉富含優質蛋白質、多種脂溶性維生素及鈣、磷、鉀等礦物質，易於人體消化吸收，可幫助恢復體力。

鹽焗雞

材　料
雞1隻。

調味料
蔥段、薑片、鹽、雞粉、白酒、胡椒粉、香油各適量。

做　法
1. 將雞隻洗淨、瀝乾，用鹽搓遍雞身，再淋上白酒，將蔥段、薑片裝入雞腹內，然後放入容器中，放入蒸鍋蒸20分鐘取出，撕去雞皮，用調過味的雞湯浸泡，再拆去骨頭，取出雞胸肉、雞腿肉，均撕成粗絲，置於兩個容器內，再分別用鹽、雞粉、胡椒粉、香油拌勻備用。
2. 先將雞腿絲裝在盤底，再鋪上雞胸肉絲，然後將雞皮從原湯中撈出，切成塊，蓋在雞胸肉絲上。
3. 將適量鹽、雞粉，再將燒熱的香油倒入，點些雞湯將其化開，隨雞一同上桌即可。

怪味雞

材　料

雞1隻。

調味料

蔥段、薑片、蔥末、薑末、蒜泥、鹽、雞粉、紹興酒、醬油、白醋、麻醬、熟芝麻粒、花椒粉、辣椒油、白糖、香油、雞湯各適量。

做　法

1. 將雞洗淨，放入滾水中汆燙一下，撈出沖淨備用。

2. 起鍋點火，加入清水、蔥段、薑片燒開，再撇去浮沫，加入適量紹興酒，然後放入雞，轉小火煮熟，關火後加入鹽，使雞浸泡入味，待涼撈出瀝乾，拆去骨頭，裝入盤中待用。

3. 小碗中放入蒜泥、蔥末、薑末、醬油、鹽、雞粉、白醋、辣椒油、白糖、花椒粉、麻醬、雞湯、芝麻粒、香油調開，製成怪味汁，再倒在雞肉上拌勻，即可上桌食用。

醬滷鴨

材　料

鴨1隻。

調味料

蔥段、薑片、鹽、雞粉、紹興酒、滷湯、香油各適量。

做　法

1. 將鴨子剁去翅尖、腳爪，洗淨瀝乾，再放入大碗中，加入鹽、蔥段、薑片醃製3小時，然後放入滾水中汆燙一下，撈出沖淨備用。

2. 起鍋點火，加入滷湯燒開，先放入鴨子煮沸，再撇去浮沫，加入雞粉、蔥段、薑片、紹興酒，轉微火煮熟，然後撈出晾涼，淋上香油，即可食用。

滷湯製法

1. 鍋中加水燒開，放入雞骨、蔥段、薑片和香料包（內裝花椒、八角、桂皮、砂仁、豆蔻、丁香、甘草、肉果、胡椒粒），再沸後撇去浮沫，轉小火熬成湯，然後撈出香料包、雞骨、蔥段、薑片，將湯過濾。

2. 另起一鍋，加入適量香油，將砸碎的冰糖下入炒成醬紫色，倒入湯中，再用醬油、鹽、紹興酒調好味，開火燒沸後即成。

麻辣雞串

材　料

雞肉300克，竹籤15根。

調味料

青花椒80克，乾海椒100克，乾海椒粉、孜然粉各10克，鹽、胡椒粉、紹興酒、沙拉油各適量。

做　法

1. 將雞肉洗淨，放入碗中，加入鹽、胡椒粉、紹興酒、沙拉油醃製一下，再用竹籤串起備用。

2. 起鍋點火，加油燒熱，放入雞肉串炸至金黃色，撈出瀝油待用。

3. 鍋中留少許底油，先下入乾海椒、青花椒炒出香味，再放入炸好的雞肉串，然後加入乾海椒粉、孜然粉翻炒均勻，再淋上香油，即可起鍋裝盤。

小提醒

剛宰殺的雞有一股腥味，將雞放在鹽、胡椒粉和啤酒中浸泡1小時，再烹調時就沒有異味了。

酒香雞

材 料
雞 1 隻，青江菜數棵。

調味料
蔥段、薑片、鹽、雞粉、紹興酒、胡椒粉、白糖、白酒、紅酒、玉米粉、奶湯、雞油各適量。

做 法
1. 將雞隻洗滌整理乾淨，剔除全部骨頭，切成 3 公分見方的塊。青江菜洗淨，放入滾水中汆燙一下，撈出備用。

2. 起鍋點火，加入雞油燒熱，先下入蔥、薑熗鍋，再放入雞塊煸炒至變色，然後烹入白酒、紅酒（先用一半），再加入雞湯、鹽、雞粉、胡椒粉，轉中火燒約 1 小時，待雞肉熟爛時，再加入另一半紅酒，轉大火收汁至濃，然後用少許玉米粉勾芡，起鍋裝盤待用。

3. 將青江菜用奶湯、鹽、雞粉燒至入味，圍在雞塊旁邊即可。

蔥扒全鴨

材 料
鴨 1 隻，蔥白 100 克。

調味料
薑片、鹽、雞粉、紹興酒、胡椒粉、醬油、白糖、玉米粉、香油、雞油、沙拉油各適量。

做 法
1. 將鴨子洗淨，從背部剖開（鴨胸相連），先用鹽、紹興酒醃製一下，再放入熱油中炸至金黃色，撈出瀝油。蔥白洗淨，切條備用。

2. 起鍋點火，加入清水、紹興酒、醬油、鹽、白糖、胡椒粉、蔥段、薑片燒開，再撇去浮沫，放入鴨子小火燉至熟爛，撈出裝盤待用（鴨胸朝上）。

3. 另起一鍋，加入適量香油燒熱，先下入蔥條煸炒一下，再倒入燉鴨的原湯燒開，然後用玉米粉勾芡，淋上香油，澆在鴨子上即可。

椿芽烘蛋

材 料
香椿芽 100 克，雞蛋 6 個。

調味料
鹽、胡椒粉各 1/2 小匙，太白粉水 1 小匙，清湯 100 克，沙拉油 150c.c.。

做 法
1. 將雞蛋打入碗中攪勻。香椿芽摘洗乾淨，切成小段，放入雞蛋碗中，加入鹽、胡椒粉、太白粉水，攪拌均勻備用。

2. 起鍋點火，加油燒至六成熱，先慢慢倒入蛋液，攤成一個大圓餅，待一面煎熟後再翻面續煎至熟透，然後添入清湯，蓋緊鍋蓋，小火燜燒 2 分鐘，待湯汁濃稠時盛出，切成小塊，即可裝盤上桌。

香燻鵪鶉蛋

材　料
鵪鶉蛋400克。

調味料
鹽150克，香油、茶葉各15克，白糖50克，米100克，滷料包1個（八角15克，雞油50克，肉蔻、砂仁、白芷、桂皮各10克，丁香、茴香各5克，鮮薑50克）。

做　法
1. 將鵪鶉蛋洗淨，放入清水鍋中煮熟，撈出後沖冷水，去皮備用。
2. 起鍋點火，加入適量清水，放入滷料包、鹽及25克白糖燒開，再下入鵪鶉蛋，用小火浸滷3分鐘，然後關火再燜5分鐘。
3. 取用鐵鍋，先在鍋底撒上一層米，再將茶葉和剩下的白糖撒入，然後架上鐵網，將鵪鶉蛋放在上面，蓋緊鍋蓋，用大火燒至冒煙時離火。
4. 待煙散盡後取出鵪鶉蛋，刷上香油，即可裝盤上桌。

山珍燉飛龍

材　料
雞1隻（約250克），冬筍、猴頭菇、杏鮑菇、香菇各100克，秀珍菇50克。

調味料
薑片15克，鹽2小匙，雞粉1小匙，胡椒粉1/2小匙，高湯1500克。

做　法
1. 將雞隻洗淨後過水備用。
2. 將冬筍洗淨，切成3公分長、2公分寬的薄片。猴頭菇、杏鮑菇、香菇、秀珍菇分別去蒂、洗淨。一起放入滾水中汆燙一下，撈出瀝乾待用。
3. 沙鍋上火，加入高湯，放入雞、猴頭菇、杏鮑菇、香菇、秀珍菇、薑片，先用大火燒開，再轉小火燉約1個半小時，然後加入鹽、雞粉、胡椒粉調味，即可上桌食用。

椒鹽鴨舌

材　料
鴨舌400克，青椒、紅椒、香菜各少許。

調味料
薑末、蒜片各少許，白糖、椒鹽、香油各1/2大匙，紹興酒、太白粉各2小匙，滷包、水適量，沙拉油1500c.c.。

做　法
1. 將鴨舌洗滌整理乾淨，放入滾水中汆燙一下，撈出後去除舌苔。青椒、紅椒分別去蒂及籽，洗淨後切成小丁。香菜摘洗乾淨，切末備用。
2. 起鍋點火，水燒開，加入滷包，放入鴨舌浸滷30分鐘，撈出晾涼，再用太白粉抓勻，然後下入七成熱油中浸炸2分鐘，撈出瀝油待用。
3. 鍋中留少許底油燒熱，先下入薑末、蒜片、青椒丁、紅椒丁炒香，再加入白糖、紹興酒、香油、椒鹽，放入炸好的鴨舌翻炒均勻，即可起鍋裝盤。

白菇枸杞燉雞

材料
雞1隻，白菇300克，枸杞、大棗各10克。

調味料
蔥段、薑片各10克，八角3粒，鹽1小匙，胡椒粉1/2小匙，紹興酒、醬油各2小匙，白糖、香油各1大匙，沙拉油2大匙。

做法
1. 將雞隻洗淨，剁成大塊，再用滾水中燙透，撈出備用。

2. 將白菇洗淨，撕成大朵，用滾水燙透。枸杞、大棗泡發，洗淨待用。

3. 起鍋點火，加入少許底油，先放入蔥段、薑片、八角略炒，再下入雞塊炒出香味，然後加入紹興酒、醬油、鹽、白糖、高湯，燉煮30分鐘至熟，再放入白菇、枸杞、大棗燉至酥爛，最後加入胡椒粉調味，淋入香油，即可起鍋裝碗。

風味炸雞翅

材料
雞翅400克，雞蛋1個。

調味料
鹽1/2小匙，蠔油、紹興酒各1小匙，太白粉100克，麵粉50克，沙拉油750c.c.。

做法
1. 將雞翅除去殘毛，洗滌整理乾淨，再剁成大塊，放入滾水中汆燙一下，撈出瀝乾備用。

2. 將雞翅放入碗中，加入蠔油、鹽、紹興酒醃製15分鐘，使其充分入味，再加入蛋液、太白粉、麵粉、少許沙拉油，調拌均勻待用。

3. 起鍋點火，加油燒至五分熱，放入雞翅炸至金黃酥脆，撈出瀝油，裝盤上桌即可。

酒釀清蒸鴨子

材料
鴨1隻，蓮子100克。

調味料
蔥段、薑片各50克，鹽、雞粉、胡椒粉各1大匙，紹興酒150c.c.，清湯2000c.c.。

做法
1. 將鴨子洗滌整理乾淨，放入滾水中汆燙一下，撈出沖淨，擦乾表皮，用鹽、紹興酒抹勻內外，然後將蔥段、薑片放入鴨腹內，醃製3小時備用。

2. 取一個大沙鍋，放入清湯和鴨子，上鍋蒸至七分熟（約40分鐘），取出鴨子，改刀切成3公分見方的小塊。

3. 將鴨塊和蓮子放入沙鍋中，開火再蒸20分鐘，然後加入雞粉、胡椒粉調味，即可上桌食用。

燒雞蛋

材　料
雞蛋 600 克。
調味料
鹽、雞粉各 1 小匙，高湯 300 克，沙拉油 200c.c.。
做　法
1. 將雞蛋打入大碗中攪勻，再加入鹽、雞粉、高湯，攪拌至調味料完全溶化。
2. 起鍋點火，加油燒至八成熱，倒入蛋液攤成圓餅，再蓋上鍋蓋，用小火燜燒 20 分鐘，待成熟後取出，切成大塊，盛入盤中即可。

小提醒
雞蛋中的蛋白質是自然界最優良的蛋白質。雞蛋富含 DHA 和卵磷脂，對神經系統和身體發育有利，能健腦益智，改善記憶力，並能促進肝細胞再生。

杯裝雞鬆

材　料
雞胸肉約 600 克，榨菜 200 克，松子、青椒粒、紅椒粒各 25 克，香菜段 10 克，蛋塔杯 10 個。
調味料
蔥末、薑末各 25 克，雞油 3 大匙，沙拉油 100c.c.。
做　法
1. 將雞胸肉剁成米粒狀。榨菜洗淨，切成米粒狀，再放入滾水中燙透。松子放入熱油中炸熟，撈出瀝油備用。
2. 起鍋點火，加入 2 大匙雞油，先放入雞胸肉煸炒至熟，再加入蔥末、薑末、榨菜炒開，待雞胸肉呈淡黃色時，加入香菜段、青椒粒、紅椒粒和剩餘的雞油炒勻，分別盛入 10 個蛋塔杯中，再用松子點綴，即可裝盤上桌。

山藥枸杞燉烏骨雞

材　料
烏骨雞 1 隻（約 650 克），山藥 200 克，枸杞子 20 克。
調味料
蔥段、薑片各 5 克，鹽、紹興酒各 1 小匙，胡椒粉 1/2 小匙，沙拉油 2 大匙。
做　法
1. 將烏骨雞宰殺，去毛、去內臟，洗滌整理乾淨，剁成大塊，再放入滾水中燙透，撈出瀝乾。山藥去皮、洗淨，切塊備用。
2. 起鍋點火，加油燒熱，先下入蔥段、薑片、雞塊煸炒片刻，再烹入紹興酒，添入適量清水，放入山藥、枸杞煲至湯味香濃，然後加入鹽、胡椒粉調好味，即可裝碗上桌。

氣鍋酸菜鵝

材　料

鵝腿、酸菜各 300 克，冬粉 50 克。

調味料

蔥段、薑片各 20 克，八角 1 粒，鹽 1 小匙，胡椒粉、雞粉各 1/2 小匙，雞油 2 大匙，鮮湯 500c.c.。

做　法

1. 將鵝腿去毛、洗淨，剁成大塊，放入滾水中煮約 10 分鐘，撈出後用冷水沖涼，再放入滾水中煮約 10 分鐘，然後再次撈出沖涼，如此反覆 6 次，去除多餘的油脂，瀝乾備用。

2. 將酸菜切成細絲，洗淨後擰乾待用。

3. 起鍋點火，加入雞油燒熱，先放入蔥段、薑片、八角炒香，再下入酸菜絲炒散，然後擺入氣鍋底部，將冬粉放在上面，再加入鵝肉塊、鮮湯、鹽、雞粉，蓋緊鍋蓋，上蒸鍋蒸 20 分鐘，最後加入胡椒粉調味，即可上桌食用。

紅酒煨鳳翅

材　料

雞中翅 10 隻。

調味料

蔥段、薑片各 10 克，八角 1 粒，桂皮 5 克，鹽 1 小匙，胡椒粉 1/2 小匙，白糖、太白粉水各 2 小匙，紅酒 2 大匙，鮮湯 200c.c.，沙拉油 1 大匙。

做　法

1. 將雞翅去淨殘毛、洗淨，在內側斜劃兩刀，再放入滾水中燙去血水，撈出沖淨備用。

2. 起鍋點火，加油燒至四成熱，先下入蔥段、薑片、八角、桂皮炒香，再放入雞翅、紅酒，添入鮮湯，然後加入鹽、白糖、胡椒粉煨燒 30 分鐘，待雞翅酥爛脫骨時取出，裝在盤中待用。

3. 鍋中湯汁繼續加熱，用太白粉水勾芡，淋入香油，澆在雞翅上即可。

人參枸杞燉鵪鶉

材　料

鵪鶉 8 隻，人參 2 根，枸杞子 15 克，桂圓肉 5 克。

調味料

鹽、白糖各 1 小匙，雞粉 1/2 小匙，雞湯 1500c.c.。

做　法

1. 將鵪鶉宰殺，去毛、除內臟，洗滌整理乾淨，再放入滾水中略燙一下，撈出沖淨。人參、枸杞、桂圓分別洗淨，撈出瀝乾備用。

2. 取一個大燉盅，加入雞湯，下入鵪鶉、鮮人參、枸杞、桂圓肉，蓋緊蓋子，放入蒸鍋蒸約 5 小時，取出後加入鹽、雞粉、白糖調味，即可上桌食用。

豆製品 蔬菜 食用菇菌類

　　豆腐是中國發明的一種傳統食品。常用的有大豆腐、小豆腐、凍豆腐、豆腐泡、豆腐乾、豆腐皮、乾豆腐、臭豆腐、素雞、腐竹等。

　　豆腐含植物性蛋白質豐富，所以遇熱後會凝固，因此有「千燉豆腐，萬燉魚」之說。豆腐口感軟嫩，且易於消化，特別適宜于老年人和婦女兒童食用。

　　蔬菜是植物新鮮的根、莖、葉、花果等可食用部分，含有大量的水分和一定量的太白粉、蛋白質、糖、有機酸、礦物質、維生素等，是人們平衡膳食，獲得人體所需營養物質的重要來源。某些蔬菜還含有芳香物質或辛辣成分，有刺激食欲、增進消化的作用，而且蔬菜可鮮食（包括生食與熟食），也可脫水加工成乾菜，醃製成醬菜或酸菜、泡菜等，別具風味。

　　食用菇類，是以大型的無毒真菌的子實體作為食用的烹調原料。如：香菇、蘑菇、木耳、白靈菇、草菇、猴頭菇、金針菇等，多為乾製或罐頭製品。

　　在「健康素食」的主題餐飲中，豆製品、蔬菜、食用菇類首當其衝，任你涼拌、煲湯、煎、炒、烹、炸，它們都魅力無窮，滋味萬千，讓您美不勝收，創意無限。

高湯焗靈菇

材料
白靈菇4朵，綠花椰菜適量。

調味料
鹽、雞粉、紹興酒、鮑汁、白糖、太白粉水、高湯、沙拉油各適量。

做法
1.將白靈菇洗滌整理乾淨，用刀修好形狀，放入大沙鍋中，加入紹興酒、鮑汁、白糖、雞粉、鹽、高湯，煲至入味備用。

2.將煲好的白靈菇分裝在湯碗中，再將原汁過濾，調好味，勾芡，淋香油，澆在上面。

3.每份配兩朵「清炒綠花椰菜」，跟刀、叉上桌即可。

小提醒
白靈菇因其色澤潔白如玉，側臥出菇的形態與靈芝相似而得名。白靈菇質地脆嫩，營養價值極高，烹調方法有炒、涮、煎、炸、燉、煲、扒等。

蝦蛄豆腐

材料
豆腐2塊，蝦蛄5隻，皮蛋2個。

調味料
蔥末、薑末、鹽、紹興酒、胡椒粉、沙拉油各少許。

做法
1.將蝦蛄洗淨，下滾水煮熟撈出，脫殼取肉，再將蝦肉切成小丁。豆腐放入蒸鍋蒸透取出。皮蛋去殼，洗淨後切丁備用。

2.起鍋點火，加少許底油燒熱，先用薑末熗鍋，再烹入紹興酒，放入蝦肉丁、皮蛋、蔥末、豆腐，然後加入鹽、胡椒粉翻炒均勻，再淋入香油，即可起鍋裝碗。

小提醒
豆腐是老人、兒童、孕婦、產婦、腦力工作者和經常加夜班者的理想食品，對於更年期、病後調養、肥胖、皮膚粗糙的人也很有好處。

山珍全家福

材料
蘑菇、牛肝菌、香菇、冬菇、杏鮑菇各25克，綠花椰菜、胡蘿蔔片各少許。

調味料
蔥末、薑末、鹽、紹興酒、醬油、蠔油、白糖、清湯、沙拉油各適量。

做法
1.將冬菇用溫水泡軟，去根、洗淨，與蘑菇、牛肝菌、香菇、杏鮑菇、胡蘿蔔片一起放入滾水中燙透，撈出瀝乾備用。

2.起鍋點火，加少許底油燒熱，先用蔥末、薑末熗鍋，再烹入紹興酒，加入醬油、蠔油、白糖、鹽，然後添入清湯，放入蘑菇、牛肝菌、香菇、冬菇、杏鮑菇燒至入味，再以太白粉水勾芡，淋入香油，起鍋裝入盤中，再用「清炒花椰菜」圍邊即可。

三鮮煮干絲

材 料
干絲、雞絲各50克，大蝦仁100克，水發海參1隻，青菜少許。

調味料
蔥末、薑末、鹽、紹興酒、蛋清、胡椒粉、清湯、沙拉油各適量。

做 法
1. 將大蝦仁挑除沙腸、洗淨，在背部劃上花刀。海參洗淨，抹刀切片；雞絲基本調味，裹上蛋清漿，下入溫油滑散滑透，倒入漏勺備用。

2. 將蝦仁、海參、干絲、青菜放入滾水中燙透，撈出瀝乾待用。

3. 起鍋點火，加少許底油燒熱，先用蔥、薑熗鍋，再烹入紹興酒，添入清湯，加入鹽、胡椒粉燒沸，然後放入蝦仁、海參、干絲、青菜和滑好的雞絲，煮至酥爛入味，盛入碗中即可。

鮮貝燒凍豆腐

材 料
凍豆腐、鴛鴦貝肉各50克，青椒片、紅椒片各少許。

調味料
蔥段、薑片、醬油、雞粉、紹興酒、蠔油、太白粉水、魚露、白糖、辣椒油、沙拉油各適量。

做 法
1. 將貝肉洗滌整理乾淨，放入滾水中汆燙一下，去除異味。凍豆腐解凍，切成骨牌條，擠淨水分備用。

2. 鍋中加底油燒熱，先用蔥段、薑片熗鍋，再烹入紹興酒，加入醬油、蠔油、魚露、白糖、雞粉，然後添湯，下入貝肉和凍豆腐燒至入味，再放入青椒、紅椒翻炒均勻，以太白粉水勾芡，淋入辣椒油，即可起鍋裝盤。

小提醒
貝類含較多的蛋白質，而且維生素B_{12}和鋅的含量遠比其他食物豐富。

蝦球腐竹炒時蔬

材 料
腐竹25克，明蝦6隻，高麗菜75克。

調味料
蔥末、薑末、鹽、紹興酒、白糖、太白粉水、鮮湯、沙拉油各適量。

做 法
1. 將明蝦去頭、去殼，挑除沙腸、洗淨，在背部劃上花刀，過水後成蝦球狀。腐竹漲發回軟，切成小段，擠乾水分。高麗菜洗淨，切片備用。

2. 鍋中加底油燒熱，先下入腐竹、高麗菜煸炒片刻，再放入蔥、薑爆香，然後烹入紹興酒，加入鹽、白糖及適量鮮湯，下入蝦球翻炒均勻，再以太白粉水勾芡，淋入香油，即可起鍋裝盤。

小提醒
此菜為平價食材結合，有海鮮，也有豆製品和時令蔬菜，價格適中，又可隨季節變化，使菜式色彩不斷更新，始終有新鮮感。

五色炒玉米

材　料

玉米粒 150 克，豌豆、小香菇、紅辣椒、冬筍各適量。

調味料

蔥末、薑末、鹽、紹興酒、奶油、沙拉油各適量。

做　法

1. 將香菇用溫水泡發回軟，洗淨瀝乾。紅辣椒、冬筍分別洗淨，切丁備用。

2. 將玉米粒、豌豆、小香菇、紅辣椒、冬筍放入滾水中燙透，撈出瀝乾待用。

3. 起鍋點火，加少許底油燒熱，先用蔥、薑熗鍋，再烹入紹興酒，添入清湯，然後加入鹽、奶油，下入五色食材炒至入味，再以太白粉水勾芡，淋入香油，即可起鍋裝盤。

小提醒

玉米具有利尿、利膽、止血、降壓等功效，對治療食欲不振、肝炎、水腫等症有一定的療效。

雙果百合甜豆

材　料

甜豆 250 克，夏威夷果、腰果、鮮百合各 25 克。

調味料

蔥花、薑末、鹽、紹興酒、清湯、白糖、沙拉油各適量。

做　法

1. 將夏威夷果、腰果分別放入熱油中炸透，見呈金黃色時撈出，瀝乾油分。鮮百合去皮、洗淨，掰成小瓣。甜豆摘洗乾淨，切去兩頭，與百合一起放入滾水中燙透，撈出瀝乾備用。

2. 起鍋點火，加少許底油燒熱，先用蔥花、薑末熗鍋，再烹入紹興酒，添入少許清湯，然後加入鹽、白糖調勻，見湯沸勾芡，再放入夏威夷果、腰果、百合、甜豆翻炒均勻，淋入香油，即可起鍋裝盤。

竹笙鑲蝦蓉豆腐

材　料

竹笙、蝦蓉各 50 克，豆腐 2 塊，青筍片、胡蘿蔔片、韭黃各少許。

調味料

蔥末、薑末、鹽、雞粉、胡椒粉、雞蛋清、紹興酒、太白粉水、雞湯、清湯、沙拉油各適量。

做　法

1. 將豆腐洗淨，碾成泥狀，再放入碗中，加入蝦蓉、鹽、胡椒粉、蛋清攪勻，調成餡料備用。

2. 將竹笙發好、洗淨，用雞湯煨透，撈出擠淨水分，鑲入調好的餡料，再用韭黃紮口，放入蒸鍋蒸熟取出，擺在盤中待用。

3. 起鍋點火，加少許底油燒熱，先用蔥、薑熗鍋，再烹入紹興酒，放入青筍片、胡蘿蔔片，然後添入清湯，加入鹽、雞粉燒沸，再以太白粉水勾芡，淋入香油，澆在竹笙上即可。

家常燜凍豆腐

材 料
凍豆腐2塊，黑木耳、蝦仁、豬肉片各25克，青椒塊、紅椒塊各15克，胡蘿蔔片少許。

調味料
蒜片、海鮮醬、雞粉、紹興酒、花生醬、太白粉、沙拉油各適量。

做 法
1. 將凍豆腐解凍後洗淨，切成長方塊。蝦仁挑除沙腸，洗淨備用。

2. 起鍋點火，加油燒熱，先下入青椒、紅椒、蒜片、胡蘿蔔、豬肉、蝦仁略炒，再烹入紹興酒，加入海鮮醬、雞粉、花生醬，然後添湯，放入凍豆腐、木耳，蓋緊鍋蓋，燜至湯汁濃稠，再用太白粉水勾芡，淋入香油，即可起鍋裝碗。

小提醒
燜煮時要轉小火，湯汁應一次加足。

金蠶吐絲

材 料
南瓜1個，豆沙餡100克，麵粉適量。

調味料
白糖300克，沙拉油適量。

做 法
1. 將南瓜洗淨，放入蒸鍋蒸熟，取出後打成泥狀，再加入麵粉和勻，製成麵皮備用。
2. 用南瓜面皮包入豆沙餡，揉成橢圓形，呈蠶蛹狀，下入五成熱油中炸熟，撈出瀝油待用。
3. 起鍋點火燒熱，放白糖和50c.c.清水，小火熬至出絲，甩糖絲，放入炸好的南瓜金蠶，逐個纏裹均勻，即可裝盤上桌。

小提醒
南瓜含有多種維生素及微量元素，有潤肺止咳、降血糖等功效，尤其適合糖尿病患者食用，是一種健康綠色食品。

鮮蔬天婦羅

材 料
番茄、茄子、百合瓣、四角豆（翼豆）各適量。

調味料
雞粉、太白粉、天婦羅粉、番茄醬、牛肉清湯粉、果醋、果汁、太白粉水、白糖、沙拉油各適量。

做 法
1. 將番茄、茄子、四角豆洗淨、切片，與百合瓣一起拍上雞粉、太白粉。用冰水調好天婦羅粉漿備用。
2. 將番茄、茄子、百合瓣、四角豆分別裹上天婦羅粉漿，下入七成熱油中炸至熟透，撈出瀝乾裝盤。
3. 將番茄醬、牛肉清湯粉、果醋、果汁、白糖調勻，放入鍋中加熱，再用太白粉水勾芡，跟碟上桌蘸食即可。

小提醒
天婦羅粉漿稀稠要調製適度，包裹原料要均勻。油炸時要掌握好油溫。

酸菜炒銀芽

材　料
酸菜300克，綠豆芽100克，豬絞肉50克，冬粉少許。

調味料
紹興酒、醬油、沙拉油各適量。

做　法
1. 將酸菜洗淨，切成細絲。綠豆芽掐去兩端，洗淨瀝乾。冬粉放入清水中泡至回軟，撈出剪斷，瀝乾備用。

2. 起鍋點火，加油燒熱，先放入豬絞肉煸炒至香，再烹入紹興酒，加入醬油、酸菜絲、綠豆芽翻炒均勻，然後放入冬粉，用大火收汁，再淋上香油，即可起鍋裝盤。

小提醒
酸菜味道鹹酸，口感脆嫩，色澤鮮亮，有開胃提神、醒酒去膩之功效。但酸菜只能偶爾食用，如長期貪食，可能會引起泌尿系統結石。

雪裡紅烤大白菜

材　料
大白菜300克，雪裡紅25克，豬肉餡50克，錫箔紙1張。

調味料
蒜蓉、雞粉、醬油、沙拉油各適量。

做　法
1. 將大白菜去葉留芯，洗淨後切成長條，排放在一張鋁箔紙上。雪裡紅放入清水中浸泡1小時，去除多餘鹽分，切末備用。

2. 起鍋點火，加少許底油燒熱，放入雪裡紅末、肉餡、蒜蓉、雞粉炒香，鋪在白菜條上待用。

3. 將白菜用錫箔紙包好，放入烤箱中烤熟，再跟一碟醬油，上桌蘸食即可。

小提醒
白菜不能直接放在烤板上烤，需先用錫箔紙包好。白菜中的膳食纖維不僅能起到潤腸、促進排毒的作用，還能提高人體對動物蛋白的吸收。

奶香花菜

材　料
花椰菜1個，蘑菇50克，青椒塊、紅椒塊各15克。

調味料
蒜片、紹興酒、花生醬、雞粉、三花奶水、太白粉、高湯、奶油、沙拉油各適量。

做　法
1. 將花椰菜洗淨，去根掰朵，與蘑菇一起放入滾水中燙透，撈出瀝乾備用。

2. 起鍋點火，加油燒熱，先下入青椒塊、紅椒塊、蒜片炒香，再放入花椰菜、蘑菇，然後烹入紹興酒，加入高湯燒開，再放入花生醬、奶油、雞粉燒至湯汁濃稠，最後加入三花奶水，用太白粉勾芡，淋入香油，即可起鍋裝盤。

小提醒
長期食用花椰菜可減少乳腺癌、直腸癌及胃癌等癌症的發病幾率，還可增強肝臟解毒能力，提高機體免疫力，防止感冒和壞血病的發生。

海皇豆腐

材料

豆腐3塊，蟹肉、蝦仁各25克，皮蛋2個，蟹卵、香菜末各少許。

調味料

蔥花、雞粉、濃縮雞汁、太白粉、高湯各適量。

做法

1. 將蝦仁去沙腸、洗淨，瀝乾水分。皮蛋去殼，切粒備用。
2. 將豆腐去掉外皮，切成大塊，裝入盤中，放上蟹肉、蝦仁、皮蛋，撒上雞粉，放入蒸鍋蒸熟，取出待用。
3. 鍋中加入高湯燒開，放入濃縮雞汁、太白粉勾芡，澆在蒸好的豆腐上，再撒上香菜末、蔥花、蟹子即可。

小提醒

蒸豆腐的時間不宜過長，5～7分鐘即可。

鹹魚炒豆芽

材料

黃豆芽300克，鹹魚粒50克，豬瘦肉丁25克。

調味料

薑末、蒜末、紹興酒、雞粉、蒜蓉辣醬、醬油、沙拉油各適量。

做法

1. 將黃豆芽摘洗乾淨，瀝乾備用。
2. 起鍋點火，加適量底油燒熱，先下入鹹魚粒、肉丁、蒜末、薑末炒香，再放入黃豆芽、紹興酒翻炒片刻，然後加入雞粉、蒜蓉辣醬大火快炒，再撒上醬油，大火翻炒均勻，即可起鍋裝盤。

小提醒

黃豆芽增加了黃豆原有的營養素，提高了維生素含量。在冬季、高寒地區或長期海上航行，最易發生維生素缺乏症，多吃些豆芽菜，對補充人體少量維生素不足，具有重要意義。

香煎雞腿菇

材料

雞腿菇30克，牛里肌肉200克。

調味料

太白粉、黑胡椒汁、蠔油、嫩精、清湯、沙拉油各適量。

做法

1. 將雞腿菇用清水泡軟，洗滌整理乾淨，再放入滾水中燙透，撈出瀝乾。牛里肌肉洗淨，切成大片，用嫩精醃製備用。
2. 將雞腿菇放入牛肉片中卷好，再用太白粉調糊封口，放入熱油鍋中煎熟，取出裝盤待用。
3. 另起鍋燒熱，加少許底油，先烹入紹興酒，添入清湯，再加入黑胡椒汁、蠔油調勻，然後以太白粉勾薄芡，淋在牛肉卷上即可。

鹹蛋黃炒玉米

材料
玉米粒 250 克，鹹鴨蛋黃 3 個。

調味料
雞粉、太白粉、香蒜炸粉、奶油、沙拉油各適量。

做法
1. 將鹹鴨蛋黃放入蒸鍋蒸熟，取出碾碎，再用雞粉、太白粉調勻，製成「味皇醬」備用。
2. 將玉米粒洗淨，撒上香蒜炸粉，放入熱油中炸至香脆，撈出瀝油待用。
3. 另起一鍋，加入奶油燒熱，放入「味皇醬」和炸好的玉米粒，快速翻炒均勻，即可起鍋裝盤。

小提醒
油炒時要注意油溫及火候，以避免糊底。鹹蛋黃含有豐富的維生素和脂肪，且極易為人體吸收，但膽固醇含量較高，中老年人應慎食。

百合甜豆

材料
甜豆 600 克，百合 30 克，白果 25 克。

調味料
蔥花、薑絲各 5 克，鹽、雞粉各 1/2 小匙，白糖少許，太白粉水 1 小匙，沙拉油 3 大匙。

做法
1. 將百合去黑根、洗淨，掰成小朵。白果洗淨。甜豆去頭、去尾、洗淨。分別放入加有少許鹽、沙拉油的滾水中汆燙一下，撈出瀝乾備用。
2. 起鍋點火，加油燒熱，先下入蔥花、薑絲炒香，再放入甜豆、白果、百合，加入鹽、雞粉、白糖翻炒均勻，然後用太白粉水勾芡，淋入少許香油，即可起鍋裝盤。

怡香茄盒

材料
茄子 2 條，五花肉 300 克，雞蛋 2 個。

調味料
泡紅椒、蒜蓉、鹽、雞粉、酥炸粉、嫩精、白糖、太白粉、紹興酒、白醋、醬油、清湯、沙拉油各適量。

做法
1. 將五花肉洗淨，剁成肉蓉，放入碗中，加入嫩精、鹽、雞粉、白糖、太白粉、蛋液，攪拌成餡備用。
2. 將茄子洗淨、去皮，切成夾刀片，內側拍上太白粉，鑲入肉餡，裹上酥炸粉，下入熱油中炸熟，撈出裝盤待用。
3. 鍋中留少許底油燒熱，先下入蒜蓉、泡紅椒炒香，再烹入紹興酒，添入清湯，加入鹽、雞粉、白醋、白糖、醬油燒沸，然後用太白粉勾芡，淋在茄盒上即可。

小提醒
裹粉不宜過厚，否則口感不好。

山珍素什菇

材　料
猴頭菇、竹笙、黑木耳、鴻禧菇、香菇、蘑菇、牛肝菌各適量。

調味料
薑片、鹽、紹興酒、牛肉清湯粉、胡椒粉、清湯、沙拉油各少許。

做　法
1. 將所有菇類原料漲發回軟，洗滌整理乾淨，再放入滾水中燙透，撈出瀝乾備用。

2. 沙鍋上火，加油燒熱，先下入薑片炒香，再烹入紹興酒，添入清湯，然後放入所有菇類食材，再加入牛肉清湯粉、鹽、胡椒粉燒沸，然後撇淨浮沫，續煲 30 分鐘至入味，即可起鍋裝碗。

小提醒
菌類食材要漲發徹底，清洗乾淨。煲煮時要用小火。

木犀金針

材　料
金針150克，雞蛋2個，蝦米25克。

調味料
蔥花、鹽、雞粉、香油、沙拉油各適量。

做　法
1. 將蝦米用清水泡發，洗淨瀝乾。金針泡透，洗淨後切段，再放入滾水中汆燙一下，撈出瀝乾。雞蛋打入碗中，加入少許鹽，攪散備用。

2. 起鍋點火，加油燒熱，先倒入蛋液攤開，再放入蔥花、金針、蝦米略炒，然後加入雞粉翻炒均勻，再淋入香油，即可起鍋裝盤。

小提醒
金針與滋陰潤燥、清熱利咽的雞蛋相配，具有清熱解毒、滋陰潤肺、止血消炎的功效，也可為人體提供豐富的營養成分。

山野菜炒蘑菇

材　料
山野菜 200 克，小冬菇 25 克，青椒塊、紅椒塊各 15 克。

調味料
蔥末、薑末、濃縮雞汁、紹興酒、牛肉清湯粉、蠔油、太白粉、高湯、沙拉油各適量。

做　法
1. 將山野菜摘洗乾淨，切成大段。小冬菇泡發、洗淨，裝入碗中，加入高湯、濃縮雞汁，放入蒸鍋蒸透，取出備用。

2. 起鍋點火，加少許底油燒熱，先用蔥、薑熗鍋，再烹入紹興酒，放入山野菜、小冬菇、青椒塊、紅椒塊略炒，然後添入少許清湯，加入牛肉清湯粉、蠔油翻炒均勻，再用太白粉勾薄芡，淋入香油，即可起鍋裝盤。

清湯松茸

材料
松茸 50 克，金華火腿少許。

調味料
鹽、紹興酒、濃縮雞汁、清湯各適量。

做法
1. 將松茸放入清水中漲發回軟，洗滌整理乾淨。金華火腿洗淨，切成薄片備用。
2. 起鍋點火燒熱，先烹入紹興酒，添入清湯，再加入松茸、金華火腿片，然後放入濃縮雞汁燒開，再加入鹽調味，即可起鍋裝碗。

小提醒
火腿不宜過多，以突出松茸的清香。

松茸含有蘑菇氨基酸和松茸醇等天然物質，藥食兼優，香味濃郁，有「食菌之王」的美譽。松茸可用來炒食、煲湯、燒烤等，可單獨成菜，也可葷素搭配。

香酥鮮菇

材料
秀珍菇 300 克，雞蛋 2 個。

調味料
鹽、雞粉各 1/2 小匙，椒鹽 1 大匙，太白粉 80 克，沙拉油 750c.c.。

做法
1. 將秀珍菇去蒂、洗淨，用手撕成粗條，再放入滾水中汆燙一下，撈出瀝乾，然後裝入碗中，加入鹽、雞粉拌勻，醃至入味備用。
2. 將雞蛋打入碗中，加入太白粉和適量沙拉油攪勻，調成軟炸糊待用。
3. 起鍋點火，加油燒至五成熱，將秀珍菇裹勻軟炸糊，下油炸至金黃色，盛出裝盤，配椒鹽蘸食即可。

小提醒
秀珍菇可用來炒、燉、燒、燜、煮、烤，也可做湯食用。

煎鑲鮮菇

材料
冬菇350克，豬五花肉200克，鮮香菇 25 克。

調味料
蔥花、鹽、雞粉、白糖、醬油、辣豆豉、清湯、沙拉油各適量。

做法
1. 將豬五花肉洗淨，切成細末；香菇去蒂、洗淨，切丁備用。
2. 將肉末、蔥花、香菇丁放入容器中，加入少許鹽、白糖、醬油攪勻成餡，鑲入冬菇內待用。
3. 起鍋點火，加油燒熱，先下入辣豆豉炒香，再放入鑲好的冬菇，然後添入清湯燒開，加入鹽、雞粉、白糖調勻，再以太白粉水勾薄芡，用少許醬油調成金黃色，即可起鍋裝盤。

苦瓜煎蛋

材 料

苦瓜 100 克，雞蛋 4 個。

調味料

鹽 1 小匙，胡椒粉 1/3 小匙，沙拉油 3 大匙。

做 法

1. 將苦瓜一切兩半，去瓤、洗淨，先切成6個小長條，再片成小薄片，然後放入加有少許鹽、沙拉油的滾水中汆燙一下，撈出瀝乾備用。

2. 將雞蛋打入碗中，加入鹽、胡椒粉打散，再放入苦瓜片攪勻待用。

3. 起鍋點火，加適量底油燒熱，先倒入苦瓜蛋液，用小火慢煎至底部凝固，再翻面續煎至金黃色、熟透，然後盛出瀝油，切成菱形小塊，即可裝盤上桌。

蠔皇竹笙

材 料

竹笙 50 克，白菜心 1 個，蝦米少許。

調味料

薑片、蒜末、鹽、雞粉、蠔油、醬油、太白粉、高湯各適量。

做 法

1. 將白菜心洗淨，放入裝有高湯的鍋中，加入雞粉、鹽、蝦米、薑片、蒜末，用小火煨透，撈出裝碗備用。

2. 將竹笙漲發回軟，洗滌整理乾淨，用高湯煨好，蓋在白菜心上待用。

3. 起鍋點火，加入高湯、蠔油、雞粉、鹽、醬油燒開，再用太白粉勾薄芡，澆在竹笙上即可。

小提醒

竹笙色澤淺黃，質地細軟，氣味清香，富含蛋白質、脂肪、糖類等營養成分。

火腿炒鴻禧菇

材 料

柳松菇 200 克，金華火腿 50 克，甜豆、青椒塊、紅椒塊各少許。

調味料

蒜片、鹽、雞粉、紹興酒、太白粉、沙拉油各適量。

做 法

1. 將甜豆摘洗乾淨，抹刀切成小段，與柳松菇一起放入滾水中燙透，撈出瀝乾。金華火腿洗淨，切片備用。

2. 起鍋點火，加油燒熱，先下入青椒塊、紅椒塊、蒜片、火腿片炒香，再烹入紹興酒，加入柳松菇、甜豆略炒，然後加入鹽、雞粉快速翻炒均勻，再用太白粉勾芡，淋入香油，即可起鍋裝盤。

小提醒

柳松菇要清洗徹底，不能有雜質。火腿含有豐富的蛋白質、脂肪及多種礦物質和氨基酸，易被人體所吸收。

炒肉白菜粉

材 料
大白菜250克，豬瘦肉150克，冬粉100克，香菜段、紅乾椒絲各少許。

調味料
蔥絲、薑末、蒜片各少許，鹽、白糖、胡椒粉各1/3小匙，醬油1大匙，紹興酒、白醋各1/2大匙，沙拉油適量。

做 法
1. 將豬肉、大白菜分別洗淨，均切成細絲。冬粉剪斷，瀝乾備用。

2. 起鍋點火，加適量底油燒熱，先用蔥絲、薑末、蒜片、紅乾椒絲熗鍋，再放入肉絲煸炒至變色，然後烹入紹興酒、白醋，下入白菜絲略炒一下，再加入醬油、白糖、鹽、胡椒粉、冬粉翻炒均勻，最後撒上香菜段，淋上香油，即可起鍋裝盤。

炸蘿蔔丸子

材 料
白蘿蔔250克，雞蛋1個。

調味料
蔥末、薑末、胡椒粉各少許，鹽1/2小匙，醬油1/2大匙，太白粉適量，花椒鹽1大匙，沙拉油1000c.c.。

做 法
1. 將白蘿蔔洗淨、去皮，先用刨絲器刨成細絲，再用刀剁碎，然後加入醬油、鹽、胡椒粉、蛋液、蔥末、薑末、太白粉水拌勻備用。

2. 將拌好的蘿蔔餡擠成蛋黃大小的丸子，再下入六成熱油中炸透，呈淺黃色時撈出，瀝乾油分，裝入盤中，跟花椒鹽上桌蘸食即可。

小提醒
擠丸子時大小要一致。掌握好油炸時的油溫及火候。

燴豆腐丁

材 料
豆腐1塊，菠菜100克，胡蘿蔔50克，蝦米25克。

調味料
蔥花、薑末、花椒粉各少許，鹽1/3小匙，醬油、紹興酒各2小匙，太白粉、清湯各適量，沙拉油1大匙。

做 法
1. 將豆腐、胡蘿蔔分別洗淨，均切成小丁。菠菜摘洗乾淨，切成長段。一起放入滾水中燙透，撈出瀝乾備用。

2. 起鍋點火，加入底油燒熱，先用蔥、薑、花椒粉熗鍋，再烹入紹興酒，添入清湯，然後放入豆腐、胡蘿蔔、蝦米、醬油、鹽燒至入味，再撇去浮沫，用太白粉水勾薄芡，撒上菠菜段，即可起鍋裝碗。

炸馬鈴薯丸子

材　料
馬鈴薯 300 克，麵粉 50 克。

調味料
蔥末、薑末各少許，鹽 1/2 小匙，五香粉 1/3 小匙，花椒鹽適量，沙拉油 1000c.c.。

做　法
1. 將馬鈴薯洗淨，煮熟後去皮，先搗成泥狀，再加入麵粉、五香粉、鹽、蔥末、薑末攪勻備用。

2. 起鍋點火，加油燒至七成熱，將馬鈴薯泥擠成小丸子，下入油中炸透，呈金黃色時撈出，瀝油裝盤，跟花椒鹽上桌蘸食即可。

小提醒
馬鈴薯是低熱能、高蛋白食品，含有多種維生素和礦物質，對消化不良的治療有特效，也是胃病、心臟病和糖尿病患者的保健食品。

百合蘆筍蝦球

材　料
蘆筍 400 克，蝦仁 100 克，百合 30 克，青椒塊、紅椒塊各 20 克。

調味料
蔥花 5 克，鹽 1/2 小匙，白糖少許，太白粉水 1 小匙，沙拉油 3 大匙。

做　法
1. 將蘆筍去皮、洗淨，切成小段。百合摘洗乾淨。蝦仁洗淨，挑除沙腸，從中間片開一刀。分別放入滾水中汆燙一下，撈出瀝乾備用。

2. 起鍋點火，加油燒熱，先下入蔥花炒香，再放入百合、蝦球、蘆筍略炒，然後加入鹽、白糖、青椒塊、紅椒塊翻炒均勻，再用太白粉水勾芡，淋入少許香油，即可起鍋裝盤。

麻醬豆腐

材　料
豆腐 1 塊，香菜末少許。

調味料
鹽 1/3 小匙，芝麻醬 2 大匙，辣椒油 1 小匙。

做　法
1. 將豆腐洗淨，切成 3 公分見方的塊，再放入滾水中燙透，撈出瀝乾，裝盤備用。

2. 將麻醬放入容器中，加入鹽、清水調開，澆在豆腐上，再淋上辣椒油，撒上香菜末，即可上桌食用。

小提醒
芝麻是一種營養價值很高的食品，含有許多人體必需的蛋白質、油、維生素及鐵、鈣等營養成分，可補血明目，祛風潤腸，生津養髮，補益肝腎，通乳。

香辣綠豆芽

材 料

綠豆芽300克，乾紅辣椒絲、香菜段各少許。

調味料

蔥絲少許，鹽1/2小匙，醬油、白醋各1小匙，花椒10粒，香油、沙拉油各適量。

做 法

1. 將綠豆芽摘洗乾淨，放入滾水中氽燙片刻，立即撈出，瀝乾水分備用。

2. 起鍋點火，加少許底油燒熱，先下入花椒粒炸出香味，撈出花椒不要，再放入蔥絲熗鍋，然後烹入白醋，放入綠豆芽、乾紅辣椒絲煸炒片刻，再加入鹽、醬油翻炒均勻，最後淋入香油，撒上香菜段，即可起鍋裝盤。

番茄炒馬鈴薯

材 料

馬鈴薯150克，小番茄100克，洋蔥、青椒各50克。

調味料

鹽1/3小匙，白糖、白醋各1/2大匙，番茄醬1大匙，太白粉適量，沙拉油750c.c.。

做 法

1. 將馬鈴薯洗淨、去皮，切成1公分厚的半圓片，再下入七成熱油中炸透，呈金黃色時撈出，瀝乾油分。小番茄、洋蔥、青椒分別洗淨，均切片備用。

2. 起鍋點火，加適量底油燒熱，先放入番茄醬、白糖、白醋、鹽，添入少許清湯，炒成甜酸適口的番茄汁，再放入洋蔥、番茄片、馬鈴薯片、青椒片翻炒均勻，然後用太白粉水勾芡，淋上香油，即可起鍋裝盤。

醬爆馬鈴薯丁

材 料

馬鈴薯250克，豬絞肉100克。

調味料

蔥花、薑末、蒜末各少許，味噌、紹興酒各1大匙，花椒粉1/2小匙，太白粉水適量，沙拉油1000c.c.。

做 法

1. 將馬鈴薯去皮、洗淨，切成1公分見方的小丁，再放入七成熱油中炸成金黃色，撈出瀝油備用。

2. 起鍋點火，加少許底油燒熱，先用蔥、薑、蒜、花椒粉熗鍋，再放入豬絞肉煸炒至變色，然後烹入紹興酒，加入味噌炒出香味，再下入炸好的馬鈴薯丁翻炒均勻，用太白粉水勾芡，淋上香油，即可起鍋裝盤。

豆瓣南瓜

材料

南瓜 600 克。

調味料

蔥花5克，醬油1小匙，白糖1/2小匙，太白粉水2小匙，鮮湯300c.c.，豆瓣醬75克、沙拉油75c.c.。

做法

1. 將南瓜去皮、去瓤、洗淨，切成菱形塊備用。

2. 起鍋點火，加油燒熱，先放入豆瓣醬炒出香味，再添入鮮湯，加入南瓜塊，然後放入醬油、白糖，用大火燒約20分鐘，再用太白粉水勾芡，即可起鍋裝盤。

小提醒

南瓜中含有較高量的鈷，是胰島細胞合成胰島素必需的元素，有助於防治糖尿病。

馬鈴薯片炒豬肝

材料

馬鈴薯250克，豬肝150克，胡蘿蔔、白菜葉各50克。

調味料

蔥花、蒜片、薑末各少許，鹽1/2小匙，花椒粉1/3小匙，紹興酒1大匙，白醋1小匙，沙拉油3大匙。

做法

1. 將豬肝洗滌整理乾淨，切成小薄片。馬鈴薯去皮、洗淨，切成薄片，先用冷水浸泡一會兒，再放入滾水中燙透，撈出沖涼，瀝乾水分。胡蘿蔔去皮、洗淨，切成小片，白菜葉摘洗乾淨，切成小塊，分別放入滾水中燙透，撈出瀝乾備用。

2. 起鍋點火，加適量底油燒熱，先用蔥、薑、蒜、花椒粉熗鍋，再放入豬肝片煸炒至變色，然後烹入紹興酒，加入馬鈴薯片、胡蘿蔔片、白菜葉，再烹入白醋，加入鹽翻炒均勻，即可起鍋裝盤。

肉末炒雪裡紅

材料

醃雪裡紅250克，豬五花肉150克。

調味料

蔥片、醬油、紹興酒、白糖、花椒水、清湯、香油、豬油各少許。

做法

1. 將豬肉洗淨，切成碎末。雪裡紅沖洗乾淨，用溫水浸泡20分鐘，撈出擠淨水分，切末備用。

2. 起鍋點火，加適量底油燒熱，先下入肉末炒至變色，再放入蔥片爆香，然後烹入紹興酒，下入雪裡紅末煸炒片刻，再加入醬油、花椒水、白糖，添少許清湯，轉小火慢煨5分鐘，最後轉大火收汁，淋入香油，即可起鍋裝盤。

小提醒

鹹雪裡紅要反覆沖洗，並要徹底泡透。雪菜喜油，炒時要煸透再煨至熟爛，最後用大火收汁。

炒鮮蘆筍

材　料

鮮蘆筍 300 克。

調味料

薑末少許，鹽1/3小匙，太白粉水、清湯各適量，蔥油 1 小匙。

做　法

1. 將鮮蘆筍洗淨，抹刀切成 3 公分長的段，再放入滾水中燙透，撈出沖涼，瀝乾備用。

2. 起鍋點火，加少許底油燒熱，先用薑末熗鍋，再添入少許清湯，然後加入鹽、鮮蘆筍翻炒均勻，再用太白粉水勾薄芡，淋入香油，即可起鍋裝盤。

小提醒

鮮蘆筍過水時間不宜過長。此菜須大火速成。

什錦番茄丁

材　料

小番茄150克，豬瘦肉100克，雞蛋2 個，青椒50克。

調味料

蔥末、薑末、蒜末各少許，鹽1/2小匙，白糖1小匙，太白粉、鮮湯各適量，豬油 2 大匙。

做　法

1. 將小番茄、青椒、豬瘦肉分別洗淨，均切成 1 公分見方的小丁。雞蛋打開，蛋清、蛋黃分裝在兩個小碗中，再分別加入少許鹽、太白粉攪勻，放入蒸鍋蒸熟，取出晾涼，切成 1 公分見方的小丁備用。

2. 小碗中加入白糖、鹽、鮮湯、太白粉水，調成白芡汁待用。

3. 起鍋點火，加入底油燒熱，先用蔥、薑、蒜熗鍋，再放入肉丁煸炒至變色，然後加入番茄、青椒、蛋黃丁、蛋白丁，潑入調好的芡汁，大火翻溜均勻，再淋入香油，即可起鍋裝盤。

扒三白

材　料

白菜 250 克，豆腐 200 克，熟白肉 300 克。

調味料

蔥段、薑片各少許，鹽1/2小匙，太白粉水適量，雞湯250克，沙拉油 1 大匙。

做　法

1. 將熟白肉切成薄片。豆腐洗淨，切成片。白菜洗淨、切條，用滾水燙透，撈出擠乾。一起擺在盤中備用。

2. 起鍋點火，加入底油燒熱，先用蔥、薑熗鍋，再添入雞湯，加入鹽燒開，然後撈出蔥、薑，將「三白」推入鍋中，轉小火慢扒至入味，再轉大火，用太白粉水勾芡，淋入香油，起鍋裝盤即可。

炸溜海帶

材　料
海帶 200 克，洋蔥塊、青椒塊、紅椒塊各少許。

調味料
蔥花、蒜片、薑末各少許，鹽1/3小匙，紹興酒、醬油、白醋、白糖各1大匙，番茄醬1小匙，麵粉、太白粉各適量，沙拉油 1000c.c.。

做　法
1. 將海帶洗淨，切成片，再沾勻乾麵粉。將適量麵粉放入碗中，加入太白粉水調勻，製成麵糊備用。

2. 碗中加入紹興酒、醬油、白醋、白糖、鹽、太白粉水，調成芡汁待用。

3. 起鍋點火，加油燒至六成熱，將海帶片裹勻麵糊，下油炸至金黃色，撈出瀝油備用。

4. 鍋中留少許底油，先放入蔥、薑、蒜熗鍋，再下入洋蔥塊、青椒塊、紅椒塊及炸好的海帶，然後潑入芡汁，淋入香油，快速翻溜均勻，即可起鍋裝盤。

肉絲炒酸菜

材　料
酸菜 300 克，豬瘦肉 150 克。

調味料
蔥絲、薑絲各少許，鹽1/3小匙，雞粉1小匙，花椒油、醬油各1大匙，太白粉適量，豬油 2 大匙。

做　法
1. 將豬肉洗淨，切成細絲。酸菜洗淨，先片成薄片，再切成細絲，然後放入溫水中浸泡20分鐘，撈出擠乾水分備用。

2. 起鍋點火，加適量底油燒熱，先用蔥絲、薑絲熗鍋，再放入肉絲炒至變色，然後下入酸菜絲炒透，再加入醬油、鹽、雞粉，添入適量清湯，大火翻炒至熟，然後用太白粉水勾芡，淋入花椒油，即可起鍋裝盤。

鍋煽番茄

材　料
番茄500克，雞蛋2個，麵粉適量，香菜段少許。

調味料
蔥絲、薑絲各少許，鹽1/3小匙，白糖1/2大匙，白醋1小匙，太白粉適量，清湯少許，沙拉油 75c.c.。

做　法
1. 將番茄去蒂、洗淨，切成0.5公分厚的圓片，再在每片上撒少許鹽調味，然後將兩面拍勻麵粉，沾勻蛋液，逐片下入四成熱油中煎成兩面金黃色，盛出備用。

2. 起鍋點火，加適量底油燒熱，先用蔥絲、薑絲熗鍋，再烹入白醋，添入清湯，加入鹽、白糖調勻，然後放入番茄煮透，再用太白粉水勾薄芡，撒入香菜段，淋上香油，即可起鍋裝盤。

開陽芹菜

材料

芹菜 250 克，蝦米 25 克。

調味料

蔥末、薑末各少許，鹽1/2小匙，紹興酒 1/2 大匙，太白粉適量，香油 1 小匙，沙拉油 1 大匙。

做法

1. 將芹菜去葉及老根，洗滌整理乾淨，抹刀切成 3 公分長的段，再放入滾水中燙透，撈出沖涼，瀝乾水分。蝦米泡發回軟，洗淨後瀝乾備用。

2. 起鍋點火，加少許底油燒熱，先用蔥、薑熗鍋，再放入蝦米煸炒片刻，然後烹入紹興酒，加入鹽，添入少許清湯，放入芹菜段翻炒均勻，再用太白粉水勾薄芡，淋入香油，即可起鍋裝盤。

小提醒

芹菜過水後要立即用冷水泡涼，纖維因熱脹冷縮而斷裂，口感才脆嫩。

炒鮮菇

材料

鮮鮑菇 200 克，香菜 25 克。

調味料

蔥花、薑絲各少許，鹽、雞粉各1/3小匙，醬油1/2大匙，白糖 1 小匙，太白粉、清湯各適量，沙拉油 1 大匙。

做法

1. 將鮮鮑菇去根、洗淨，切成厚片，再放入滾水中燙透，撈出瀝乾。香菜摘洗乾淨，切成小段備用。

2. 起鍋點火，加少許底油燒熱，先用蔥花、薑絲熗鍋，再放入鮑菇片煸炒片刻，然後添入少許清湯，加入醬油、白糖、鹽、雞粉翻炒均勻，再用太白粉水勾薄芡，淋入香油，撒入香菜段，即可起鍋裝盤。

小提醒

蘑菇清淨要徹底，過水時間不宜過長。

榨菜炒肉絲

材料

榨菜 250 克，豬瘦肉 150 克。

調味料

蔥花、薑絲各少許，醬油、紹興酒各 1 大匙，白糖、香油各 1/2 大匙，太白粉適量，沙拉油 2 大匙。

做法

1. 將豬肉洗淨，切成細絲。榨菜洗淨、切絲，放入溫水中浸泡 20 分鐘，撈出瀝乾備用。

2. 起鍋點火，加適量底油燒熱，先用蔥、薑熗鍋，再放入肉絲煸炒至變色，然後烹入紹興酒，加入榨菜絲、醬油、白糖，添入少許清湯，大火翻炒至熟，再用太白粉水勾薄芡，淋入香油，即可起鍋裝盤。

小提醒

榨菜是由芥菜頭醃製而成，可作鹹菜生吃，亦可炒食或做湯。榨菜鹹中有辣，可誘發食欲、增加食量。

醋溜白菜

材　料
大白菜 500 克，胡蘿蔔 50 克。

調味料
薑絲少許，鹽1/3小匙，陳年醋 1 大匙，白糖1/2大匙，太白粉適量，沙拉油 2 大匙。

做　法
1. 將大白菜洗淨、去葉，抹刀切成薄片，再放入滾水中燙透，撈出沖涼，瀝乾水分。胡蘿蔔洗淨，切成片，再放入滾水中汆燙一下，撈出瀝乾備用。

2. 起鍋點火，加適量底油燒熱，先用薑絲熗鍋，再放入白菜片、胡蘿蔔片略炒，然後烹入白醋，加入白糖、鹽翻炒均勻，再用太白粉水勾芡，淋入香油，即可起鍋裝盤。

小提醒
醋性味酸、甘、溫，有活血散瘀、消食化積、消腫軟堅、解毒殺蟲的功效。

豬肝炒芹菜

材　料
芹菜 300 克，豬肝 200 克。

調味料
蔥末、薑末、花椒粉各少許，鹽1/3小匙，醬油 1 大匙，紹興酒1小匙，太白粉適量，沙拉油 1000c.c.。

做　法
1. 將豬肝洗滌整理乾淨，切成薄片，再加入少許鹽、紹興酒、太白粉漿拌均勻，然後放入四成熱油中滑散滑透，倒入漏勺。芹菜去根、去葉、洗淨，切成 3 公分長段，再放入滾水中燙透，撈出後用冷水沖涼，瀝乾備用。

2. 起鍋點火，加少許底油燒熱，先用蔥、薑熗鍋，再放入芹菜、花椒粉、鹽、醬油煸炒一下，然後加入豬肝大火速炒，再用太白粉水勾薄芡，淋入香油，即可起鍋裝盤。

香椿炒肉絲

材　料
香椿 250 克，豬瘦肉 150 克。

調味料
蔥絲少許，鹽、雞粉、白糖各1/3小匙，醬油、香油各1/2大匙，太白粉適量，沙拉油 2 大匙。

做　法
1. 將豬肉洗淨，切成細絲。香椿摘洗乾淨，切成3公分長段，再放入溫水中浸泡 15 分鐘，撈出瀝乾備用。

2. 起鍋點火，加適量底油燒熱，先下入肉絲煸炒至變色，再放入蔥絲爆香，然後加入醬油、白糖、鹽、雞粉、香椿段翻炒均勻，再用太白粉水勾芡，淋入香油，即可起鍋裝盤。

小提醒
香椿的食用方法很多，通常有油炸、熗拌、鹽漬、烹炒等形式。

油燜豆腐

材 料

豆腐 2 塊。

調味料

蔥花、薑片、花椒、八角各少許,鹽 1/3 小匙,紹興酒、醬油各 1 大匙,白糖 1/2 小匙,沙拉油 1000c.c.。

做 法

1. 將豆腐洗淨,切成大塊,再放入八成熱油中炸至金黃色,撈出瀝油備用。

2. 鍋中留適量底油燒熱,先用蔥花、薑片、花椒、八角熗鍋,再烹入紹興酒,加入醬油、白糖,然後添湯燒開,下入炸好的豆腐,轉小火燜至入味,見湯汁稠濃時,加入鹽調好味,再揀去花椒、八角,用大火收汁,淋入香油,即可起鍋裝盤。

栗子燒白菜

材 料

白菜 250 克,板栗 150 克,紅椒、青椒各少許。

調味料

鹽 1/3 小匙,醬油、白糖各 1/2 大匙,太白粉、清湯各適量,沙拉油 750c.c.。

做 法

1. 將栗子切成兩半,放入滾水中煮約 10 分鐘,撈出後剝去外皮。白菜洗淨,去老根、菜葉,切成 1 公分寬、6 公分長的條,再放入七成熱油中炸透,倒入漏勺。紅椒、青椒分別洗淨,切成細條,過水後沖涼,撈出備用。

2. 起鍋點火,加入醬油、白糖、鹽、栗子,添入少許清湯,下入白菜,先用大火燒沸,再轉小火燒至入味,然後以太白粉水勾芡,快速翻拌均勻,淋入香油,即可起鍋裝盤。

糖醋豆腐丸子

材 料

豆腐 1 塊,洋蔥 15 克,青椒塊、紅椒塊各少許,雞蛋 1 個,麵粉適量。

調味料

蔥末、薑末各少許,鹽 1/3 小匙,白糖、番茄醬、白醋、紹興酒各 1 大匙,醬油、香油各 1/2 大匙,太白粉適量,沙拉油 1000c.c.。

做 法

1. 將豆腐洗淨、碾碎,加入鹽、蛋液、太白粉、麵粉拌勻,擠成蛋黃大小的丸子,再放入六成熱油中炸至金黃色,撈出瀝油備用。

2. 鍋中留少許底油,先用蔥、薑熗鍋,再放入洋蔥、青椒、紅椒煸炒一下,然後烹入紹興酒、白醋,加入番茄醬、白糖、醬油,添適量清湯燒開,再用太白粉水勾芡,放入豆腐丸子翻溜均勻,淋入香油,即可起鍋裝盤。

蝦米燒白菜

材料
大白菜 300 克，香菇 50 克，蝦米 25 克。

調味料
蔥絲、薑末各少許，鹽、花椒粉各 1/3 小匙，醬油 1/2 大匙，太白粉適量，沙拉油 1 大匙。

做法
1. 將白菜去葉、洗淨，切成 1 公分寬、6 公分長的條，再用熱油沖炸一下，撈出瀝油。香菇洗淨，切條備用。

2. 起鍋點火，加適量底油燒熱，先用蔥、薑熗鍋，再放入蝦米、白菜、香菇條煸炒一下，然後添湯燒開，加入鹽、醬油、花椒粉燒至入味，再用太白粉水勾薄芡，淋入香油，即可起鍋裝盤。

小提醒
白菜過油時間不宜過長，燒煮時添湯不宜過多。

香辣高麗菜

材料
高麗菜 300 克，紅乾椒絲少許。

調味料
蔥末、薑末、蒜末各少許，鹽、白糖各 1/2 小匙，香油 1 小匙，沙拉油 2 大匙。

做法
1. 將高麗菜除去外面老葉、洗淨，切成大塊。紅乾椒絲用冷水泡軟，撈出瀝乾備用。

2. 起鍋點火，加少許底油燒熱，先用蔥、薑、蒜熗鍋，再放入紅乾椒絲煸炒片刻，然後加入高麗菜、白糖、鹽，用大火翻炒至熟，再淋入香油，即可起鍋裝盤。

小提醒
高麗菜營養價值極高，尤其以維生素 C 的含量最為豐富，另外還含有維生素 B_2、蛋白質等，可用於炒、燉、涼拌等菜餚。

鹹蛋黃焗南瓜

材料
南瓜 250 克，鹹鴨蛋黃 4 個。

調味料
香蔥末少許，鹽、胡椒粉各 1/3 小匙，沙拉油 500 c.c.。

做法
1. 將南瓜去皮、去瓤、洗淨，切成骨牌片，再放入五成熱油中滑至八分熟，撈出瀝油備用。

2. 將鹹蛋黃放入蒸鍋蒸至熟透，取出晾涼，碾成粉狀待用。

3. 鍋中留少許底油，先放入鹹蛋黃、鹽、胡椒粉，再添入少許清湯炒勻，然後倒入滑好的南瓜片翻裹均勻，起鍋裝盤，撒上香蔥末即可。

小提醒
南瓜片滑油時要注意油溫，過火的南瓜易碎。鹹蛋黃一定要炒開，否則裹不均勻。

白灼芥藍

材 料
芥藍400克，青椒絲、紅椒絲各少許。

調味料
蔥絲、薑絲各5克，醬油2大匙，白糖1大匙，胡椒粉少許，雞粉、香油各1小匙，沙拉油3大匙。

做 法
1. 將醬油、白糖、雞粉、香油、胡椒粉放入小碗中調勻，製成白灼汁備用。

2. 將芥藍洗淨，放入滾水中燙透，撈出後用冰水沖涼，瀝乾裝盤，再撒上蔥絲、薑絲、青椒絲、紅椒絲待用。

3. 鍋中加油燒熱，淋在芥藍上，再將調好的白灼汁燒沸，澆在盤中即可。

小提醒
芥藍含有豐富的維生素、蛋白質、糖類，以及纖維、鈣、磷、鐵等，有養顏美容、幫助消化及去除食物油脂的功效。

炸青椒盒

材 料
青椒、豬絞肉各250克，雞蛋1個，麵粉100克。

調味料
蔥末、薑末各少許，鹽、五香粉各1/3小匙，醬油1大匙，太白粉、花椒鹽各適量，沙拉油1500c.c.。

做 法
1. 將青椒去蒂及籽、洗淨，除去辣筋，切成三角塊備用。

2. 將豬絞肉放入碗中，加入蔥末、薑末、鹽、醬油、五香粉及少許蛋清，調拌成餡。將雞蛋黃、麵粉、太白粉及適量清水放入碗中，調成蛋糊待用。

3. 取一塊青椒，抹上肉餡，再蓋上一塊青椒，沾上麵粉，逐塊做成「青椒盒」備用。

4. 鍋中加油燒至六成熱，將青椒盒裏勻蛋糊，下油炸至金黃色，撈出瀝油裝盤，跟花椒鹽上桌即可。

炒三鮮豆芽

材 料
綠豆芽150克，豬瘦肉100克，蝦米、韭菜各50克。

調味料
蔥末、薑末各少許，鹽1/3小匙，花椒水1小匙，太白粉適量，豬油1大匙。

做 法
1. 將豬瘦肉洗淨，切成細絲。韭菜摘洗乾淨，切成小段。蝦米泡水洗淨，大的片開備用。

2. 起鍋點火，加入豬油燒熱，先用蔥末、薑末熗鍋，再放入肉絲煸炒至變色，然後烹入花椒水，下入蝦米、綠豆芽翻炒片刻，再加入韭菜、鹽，用大火速炒，勾少許薄芡，淋入香油，即可起鍋裝盤。

奶油燒花椰菜

材料
花椰菜250克，鮮奶油50克。

調味料
薑末少許，鹽1/3小匙，太白粉、清湯各適量，豬油1大匙。

做法
1. 將花椰菜洗淨，掰成小朵，再放入滾水中煮熟，撈出瀝乾備用。
2. 起鍋點火，加適量底油燒熱，先用薑末熗鍋，再放入花椰菜、鹽略

炒，然後添入少許清湯燒開，再撇去浮沫，加入鮮奶油，用太白粉水勾芡，淋入香油，即可起鍋裝盤。

小提醒
花椰菜清淡爽口，沒有強烈的氣味，卻具有獨特的甜味。花椰菜除了製作沙拉，多半用於奶油燉菜等料理。

杭椒炒蝦皮

材料
杭椒250克，鮮蝦皮50克。

調味料
蔥末、薑末各少許，鹽、雞粉各1/3小匙，紹興酒1大匙，太白粉、清湯各適量，香油1小匙，沙拉油500c.c.。

做法
1. 將杭椒去蒂、洗淨，放入五成熱油中滑透，撈出瀝油備用。

2. 將鮮蝦皮用清水泡透，沖洗乾淨，撈出瀝乾待用。
3. 起鍋點火，加適量底油燒熱，先下入蔥末、薑末炒香，再放入蝦皮煸炒片刻，然後烹入紹興酒，加入鹽、雞粉，添入少許清湯，再放入杭椒翻炒均勻，用太白粉水勾薄芡，淋入香油，即可起鍋裝盤。

香菇燉豆腐

材料
豆腐1塊，乾香菇50克，胡蘿蔔少許。

調味料
蔥末、薑末、花椒粉各少許，鹽1/3小匙，醬油1/2大匙，香油、清湯各適量，沙拉油1大匙。

做法
1. 將香菇去蒂、洗淨，切成小塊。豆腐洗淨，切成小塊。胡蘿蔔去

皮、洗淨，切成小片。分別放入滾水中燙透，撈出瀝乾備用。
2. 起鍋點火，加入底油燒熱，先用蔥、薑、花椒粉熗鍋，再添入清湯，加入豆腐、香菇、胡蘿蔔片、醬油、鹽，然後用大火燒開，轉小火慢燉至入味，淋入香油，即可起鍋裝碗。

扒白菜條

材 料

大白菜 250 克，豬肉 100 克。

調味料

蔥片、薑末各少許，鹽 1/3 小匙，醬油 1 大匙，太白粉、清湯各適量，沙拉油 2 大匙。

做 法

1. 將豬肉洗淨、切片。白菜去葉、洗淨，切成 1 公分寬、6 公分長的條，再放入滾水中燙透，撈出瀝乾

備用。

2. 起鍋點火，加少許底油燒熱，先用蔥、薑熗鍋，再放入肉片煸炒至變色，然後加入白菜條、醬油、鹽，添入適量清湯，小火煨燒 5 分鐘，用太白粉水勾芡，即可起鍋裝盤。

小提醒

熱鍋涼油炒肉片不易糊底。勾芡時濃稠要適度。

糖醋藕片

材 料

鮮藕 250 克，青椒塊、紅椒塊各 25 克。

調味料

鹽 1/2 小匙，白醋、白糖各 2 大匙，花椒 10 粒，太白粉適量，香油、清湯各少許，沙拉油 1 大匙。

做 法

1. 將鮮藕去皮、去節、洗淨，頂刀切成薄片，再用涼水沖泡一下，撈

出瀝乾備用。

2. 起鍋點火，加入底油燒熱，先放入花椒粒炸出香味，撈出花椒不要，再放入藕片略炒，然後烹入白醋，加入白糖、鹽，添入清湯燒至入味，見湯汁稠濃時，放入青椒塊、紅椒塊翻炒均勻，再用太白粉水勾芡，淋入香油，即可起鍋裝盤。

小提醒

蓮藕切片後，用冷水可洗去黏液，並能防止氧化，保持潔白本色。

四喜豆腐盒

材 料

豆腐 1 塊，豬絞肉 150 克，蝦米、鮮蘑、胡蘿蔔各 50 克，香菜段少許。

調味料

蔥末、薑末、鹽、紹興酒、醬油、白糖、香油各少許，太白粉、清湯各適量，沙拉油 1000c.c.。

做 法

1. 將豆腐洗淨，切成 4 塊，再放入七成熱油中炸至金黃色，撈出瀝油。鮮香菇、胡蘿蔔分別洗淨，均

切成小丁，再放入滾水中燙透，撈出瀝乾備用。

2. 將蝦米洗淨、剁碎，加入絞肉中，再放入鹽、紹興酒、蔥末、薑末、香油調勻，製成餡料待用。

3. 用刀將豆腐切開一面，挖出裡面的嫩豆腐，鑲入調好的肉餡，蓋好蓋，擺入盤中，放入蒸鍋蒸熟取出。

4. 起鍋點火，加入底油，先放入鮮香菇、胡蘿蔔丁略炒，再添入清湯，加入醬油、鹽燒開，然後用太白粉水勾芡，澆在豆腐上，再撒上香菜段即可。

白菜炒香菇

材 料

大白菜 250 克，乾香菇 150 克。

調味料

蔥花、蒜片、薑末、胡椒粉各少許，鹽1/3小匙，紹興酒、醬油、白醋各1/2大匙，太白粉適量，沙拉油2大匙。

做 法

1. 將大白菜去葉、洗淨，抹刀切片，再放入滾水中燙透，撈出沖涼，瀝乾水分。香菇泡水去蒂、洗淨，抹刀切片，再放入滾水中燙透，撈出瀝乾備用。

2. 起鍋點火，加油燒熱，先用蔥、薑、蒜熗鍋，再烹入紹興酒、白醋，放入白菜片、香菇片煸炒片刻，然後加入醬油、鹽翻炒均勻，再撒入胡椒粉，用太白粉水勾芡，淋入香油，即可起鍋裝盤。

炸馬鈴薯肉餅

材 料

馬鈴薯200克，豬絞肉150克，芝麻50克。

調味料

蔥末、薑末各少許，鹽1/2小匙，花椒粉1/3小匙，醬油 1 大匙，沙拉油1500c.c.。

做 法

1. 將豬絞肉用刀剁成細蓉狀。馬鈴薯洗淨，煮熟去皮，放入肉蓉搗成馬鈴薯肉泥，再加入鹽、醬油、花椒粉攪勻備用。

2. 將馬鈴薯肉泥擠成蛋黃大小的丸子，再壓成約 1 公分厚的圓餅，然後將兩面沾勻芝麻待用。

3. 起鍋點火，加油燒至五成熱，放入馬鈴薯肉餅炸透，呈金黃色時撈出，即可裝盤上桌。

小提醒

豬絞肉要選四肥六瘦。馬鈴薯肉泥應攪至出筋，成品質感才鬆軟。

油燜茭白

材 料

茭白 300 克。

調味料

蔥花少許，鹽 1/2 小匙，白糖 1 小匙，太白粉適量，香油1/2大匙，沙拉油750c.c.。

做 法

1. 將茭白筍去皮、洗淨，切成滾刀塊，再放入五成熱油中炸透，撈出瀝油備用。

2. 鍋中留少許底油燒熱，先用蔥花熗鍋，再添入清湯燒開，然後加入鹽、白糖、茭白筍，用小火燜至入味，再轉大火收汁，以太白粉水勾芡，淋入香油，即可起鍋裝盤。

小提醒

茭白筍過油時要控制好油溫，燜煮時掌握好火候，以免影響菜餚口感。

炒黃瓜醬

材 料
黃瓜 250 克,豬瘦肉 150 克。

調味料
蔥末、薑末各少許,醬油 1 大匙,甜麵醬 1/2 大匙,太白粉適量,香油 1 小匙,沙拉油 2 大匙。

做 法
1. 將黃瓜洗淨,切成 1 公分見方的小丁,再用少許鹽醃製 10 分鐘,擠去水分。豬瘦肉洗淨,切丁備用。

2. 起鍋點火,加入底油燒熱,先下入肉丁煸炒至變色,再加入蔥末、薑末、甜麵醬、醬油炒出香味,然後放入黃瓜丁翻炒均勻,用太白粉水勾芡,淋入香油,即可起鍋裝盤。

小提醒
選用新鮮的黃瓜,才能清香味濃。煸炒肉丁和黃瓜丁時,火力不宜過旺。

水溜豆腐

材 料
豆腐 1 塊,豬瘦肉 150 克,胡蘿蔔、黃瓜各少許。

調味料
蔥末、薑末各少許,鹽 1/2 小匙,太白粉水適量,沙拉油 2 大匙。

做 法
1. 將豆腐洗淨,切成小塊。豬肉洗淨,切成薄片。胡蘿蔔、黃瓜分別洗淨,均切成小片備用。

2. 將豆腐、胡蘿蔔、黃瓜分別放入滾水中燙透,撈出瀝乾。小碗中加入鹽、太白粉水調勻,製成「白芡汁」待用。

3. 起鍋點火,加油燒熱,先下入肉片煸炒至變色,再加入蔥末、薑末爆香,然後放入豆腐、胡蘿蔔片、黃瓜片略炒,再潑入「白芡汁」翻溜均勻,淋入香油,即可起鍋裝盤。

蔥燒豆腐

材 料
豆腐 2 塊,豬瘦肉 150 克,大蔥 100 克。

調味料
薑末少許,鹽 1/3 小匙,醬油、紹興酒各 1 大匙,白糖 1/2 大匙,太白粉適量,沙拉油 1000c.c.。

做 法
1. 將豆腐洗淨,切成寬條,再放入七成熱油中炸透,呈金黃色時撈出。豬肉洗淨,切成小片。大蔥摘洗乾淨,切成長段備用。

2. 鍋中留適量底油,先下入肉片炒至變色,再放入蔥段、薑末炒香,然後烹入紹興酒,加入醬油、白糖、鹽,再添入少許清湯,放入炸好的豆腐,大火燒至入味,最後用太白粉水勾芡,淋入香油,即可起鍋裝盤。

炒桂花豆腐

材料
豆腐 1 塊,豬絞肉 100 克,雞蛋 2 個。

調味料
蔥花少許,鹽 1/2 小匙,沙拉油 3 大匙。

做法
1. 將雞蛋打入碗中攪散。豆腐洗淨,放入蒸鍋蒸熟,取出備用。
2. 起鍋點火,加油燒熱,先下入豬

絞肉炒至變色,再放入蔥花爆香,然後倒入蛋液翻炒至定漿,再加入豆腐、鹽翻炒均勻,即可起鍋裝盤。

小提醒
豆腐含水量較大,先蒸透再炒效果較好。炒煮時以中火為宜。

醬爆茄丁

材料
茄子 250 克,豬瘦肉 150 克,雞蛋 1 個。

調味料
蔥段、蒜片、花椒粉各少許,鹽 1/3 匙,味噌、紹興酒各 1 大匙,太白粉、清湯適量,沙拉油 750c.c.。

做法
1. 將茄子去蒂、去皮、洗淨,切成 1 公分見方的小丁,再放入六成熱

油中炸透,撈出瀝油備用。
2. 將豬瘦肉洗淨,切成小丁,再加入鹽調味,裹上蛋漿,放入溫油中滑散滑透,撈出瀝油待用。
3. 鍋中留少許底油,先用蔥、蒜、花椒粉熗鍋,再烹入紹興酒,加入味噌炒香,然後放入茄丁、肉丁、鹽,添入少許清湯,大火翻炒均勻,再用太白粉水勾芡,淋入香油,即可起鍋裝盤。

蘿蔔燉牛肉

材料
白蘿蔔 1 個,牛腩 250 克。

調味料
蔥段、薑片各少許,鹽 1/2 小匙,紹興酒、醬油各 2 大匙,五香粉 1/3 小匙,清湯適量,沙拉油 1 大匙。

做法
1. 將蘿蔔去皮、洗淨,切成大塊。牛腩洗淨,切成小塊。分別放入滾水中燙透,撈出沖涼,瀝乾備用。

2. 起鍋點火,加少許底油燒熱,先用蔥、薑熗鍋,再烹入紹興酒,添入清湯,放入牛肉塊燉至熟爛,然後加入蘿蔔、五香粉、醬油、鹽燒至入味,再揀出蔥、薑,撇淨浮沫,即可起鍋裝碗。

小提醒
牛肉熟爛前不要加鹽和醬油,否則牛肉不易燉爛。

濃汁鱈魚燴松茸

材料

松茸 150 克，鱈魚肉 200 克。

調味料

蔥末、鹽、濃縮雞汁、蠔油、紹興酒、胡椒粉、牛肉清湯粉、太白粉、鮮湯、沙拉油各適量。

做法

1. 將松茸洗淨，切成大片，再放入碗中，加入濃縮雞汁、蠔油、鮮湯調勻，放入蒸鍋蒸至入味，取出裝盤備用。

2. 將鱈魚肉洗淨、切粒，加入鹽、紹興酒、胡椒粉醃至入味，再放入四成熱油中滑散滑透，撈出瀝油待用。

3. 鍋中加入蠔油、牛肉清湯粉、鮮湯燒開，再放入鱈魚粒略煮，然後用太白粉勾薄芡，淋在松茸上，再撒上蔥末即可。

小提醒

挑選鱈魚，可先按一下魚腹，看是否有彈性。表面最好呈淡褐色，並有光澤。

乾炸藕盒

材料

蓮藕 300 克，豆沙餡 150 克，雞蛋 1 個，麵粉適量。

調味料

白糖 2 大匙，太白粉適量，沙拉油 1000c.c.。

做法

1. 將蓮藕去皮、去節、洗淨，頂刀切成夾刀片。雞蛋打入碗中，加入適量麵粉、太白粉調勻，製成蛋糊備用。

2. 將豆沙餡加入白糖調勻，裝入藕夾內，再沾上一層乾麵粉，裹勻蛋糊，放入五成熱油中炸透，見呈金黃色時撈出，瀝乾油分，即可裝盤。

小提醒

雞蛋糊中，麵粉與太白粉的比例為 1：2。豆沙餡內也可加入果乾、果仁之類，味道更佳。

燒馬鈴薯丸子

材料

馬鈴薯200克，豬瘦肉 150克，胡蘿蔔丁、青椒丁各50克，麵粉少許。

調味料

蔥末、薑末、花椒粉各少許，鹽1/2小匙，醬油 1 大匙，白糖 1 小匙，太白粉適量，沙拉油 1000c.c.。

做法

1. 將馬鈴薯洗淨，煮熟去皮，加入少許麵粉、鹽、花椒粉、蔥末、薑末及適量清水搗成泥狀，再擠成蛋黃大小的丸子，放入六成熱油中炸至金黃色，撈出瀝油。豬肉洗淨、切丁。胡蘿蔔、青椒分別過水，沖涼備用。

2. 鍋中留底油燒熱，先用蔥、薑熗鍋，再放入肉丁煸炒一下，然後加入醬油、鹽、白糖，添入清湯，放入馬鈴薯丸子燒至入味，見湯汁稠濃時，再放入青椒丁、胡蘿蔔丁，用太白粉水勾芡，淋入香油，即可起鍋裝盤。

素炸春捲

材 料
豆腐皮2張,馬鈴薯150克,胡蘿蔔絲 100 克,黑木耳絲 50 克,雞蛋 1個,麵粉適量。

調味料
蔥末、薑末各少許,鹽1/3小匙,香油 1 小匙,花椒鹽適量,沙拉油1000c.c.。

做 法
1. 將馬鈴薯洗淨,煮熟去皮,搗成馬鈴薯泥。雞蛋打入碗中,加入適量麵粉,攪成蛋糊。豆腐皮泡軟備用。

2. 將胡蘿蔔絲、木耳絲、馬鈴薯泥放入大碗中,加入蔥末、薑末、鹽、香油拌勻,製成餡料待用。

3. 將豆腐皮鋪在砧板上,抹上餡料卷起,用蛋糊封口,製成春捲。

4. 起鍋點火,加油燒至五成熱,放入春捲炸透,見呈金黃色時撈出,瀝乾油分,改刀切成斜段,整齊地擺在盤中,跟花椒鹽上桌即可。

蝦米燒花椰菜

材 料
花椰菜 250 克,蝦米 50 克。

調味料
蔥末、薑末各少許,鹽1/2小匙,紹興酒、花椒水各 1/2 大匙,白糖 1 小匙,太白粉適量,沙拉油 750c.c.。

做 法
1. 將花椰菜洗淨,掰成小朵,放入六成熱油中滑透,撈出瀝油備用。

2. 鍋中留少許底油燒熱,先用蔥末、薑末熗鍋,再放入蝦米炒香,然後烹入紹興酒、花椒水,放入花椰菜、鹽、白糖,再添湯燒至入味,用太白粉水勾芡,淋入香油,即可起鍋裝盤。

小提醒
蝦米煸出香味後再加入其他食材烹煮,才能體現此菜的特色。芡汁要使湯汁完全包裹在食材上,口感才佳。

紅燜四季豆

材 料
四季豆 250 克,豬五花肉 150 克。

調味料
蔥花、薑末、蒜片各少許,醬油1大匙,太白粉、清湯各適量,沙拉油750c.c.。

做 法
1. 將四季豆去筋、洗淨,抹刀切段。豬五花肉洗淨,切成薄片備用。

2. 起鍋點火,加油燒至七成熱,放入四季豆炸至五分熟,撈出瀝油待用。

3. 鍋中留少許底油,先用蔥、薑、蒜熗鍋,再放入肉片煸炒至變色,然後放入四季豆,加入醬油、鹽,添入清湯,蓋上鍋蓋,小火燜至熟爛,再轉大火收汁,用太白粉水勾芡,即可起鍋裝盤。

豬肝炒花椰菜

材料

花椰菜250克，豬肝150克，香菜段少許。

調味料

蔥花、薑末、蒜片各少許，鹽1/3小匙，醬油、紹興酒各1大匙，白糖1小匙，花椒粉、太白粉各適量，豬油2大匙。

做法

1. 將豬肝洗滌整理乾淨，切成薄片。花椰菜洗淨，掰成小朵，再放入滾水中燙透，撈出瀝乾備用。

2. 起鍋點火，加入豬油燒熱，先下入豬肝煸炒片刻，再放入蔥花、薑末、蒜片、花椒粉、花椰菜略炒，然後烹入紹興酒，加入醬油、白糖、鹽翻炒均勻，再用太白粉水勾芡，淋入香油，撒入香菜段，即可起鍋裝盤。

如意白菜卷

材料

白菜葉、豬肉各250克，雞蛋1個，麵粉少許。

調味料

蔥末、薑末各少許，鹽1/2小匙，花椒粉、太白粉各適量，香油1小匙。

做法

1. 將豬肉洗淨，剁成肉餡，放入碗中，加入鹽、花椒粉、蔥末、薑末、太白粉水、香油拌勻。白菜葉洗淨、燙軟，撈出沖涼，瀝乾水分。雞蛋打入碗中，加入少許麵粉，調成蛋糊備用。

2. 將白菜葉鋪在砧板上，先抹上一層蛋糊，再放上肉餡，然後卷成圓柱形，放入蒸鍋蒸熟，取出改刀裝盤即可。

小提醒

餡料調製的口味一定要適中。菜卷包裹要嚴緊，以免製作時鬆散。

關東醬茄子

材料

茄子400克，豬肉餡100克。

調味料

蔥末、薑末、蒜末各少許，醬油1/2大匙，味噌2大匙，紹興酒、白糖各1大匙，太白粉適量，沙拉油1000c.c.。

做法

1. 將茄子去蒂、洗淨，切成條狀，再放入六成熱油中炸透，撈出瀝油備用。

2. 鍋中留適量底油，先下入豬肉餡煸炒至變色，再放入蔥、薑、蒜爆香，然後烹入紹興酒，加入味噌、醬油、白糖，再添湯燒開，下入炸好的茄條，轉小火燒至入味後，轉至大火，用太白粉水勾芡，淋入香油，即可起鍋裝盤。

鮮菇燒菜豆

材　料

菜豆 300 克，鮮香菇 150 克。

調味料

蔥末、薑末、蒜末各少許，鹽1/3小匙，紹興酒、醬油各1大匙，太白粉適量，香油1小匙，沙拉油500c.c.。

做　法

1. 將菜豆去筋、洗淨，切成長段。鮮香菇洗淨，撕條備用。

2. 起鍋點火，加油燒至五成熱，放入菜豆滑至熟透，倒入漏勺。鮮香菇放入滾水中燙透，撈出瀝乾待用。

3. 另起一鍋，加少許底油燒熱，先用蔥、薑、蒜熗鍋，再烹入紹興酒，加入醬油、鹽，然後添入少許清湯，放入菜豆、鮮香菇快速翻炒均勻，再用太白粉水勾芡，淋入香油，即可起鍋裝盤。

炒豆腐皮

材　料

豆腐皮 250 克，豬里肌肉 150 克。

調味料

香蔥花、薑末、蔥末各少許，鹽1/3小匙，醬油、紹興酒各 1 大匙，白醋、白糖各 1 小匙，太白粉、清湯各適量，沙拉油 3 大匙。

做　法

1. 將豆腐皮泡軟、洗淨，豬肉洗淨，均切絲備用。

2. 起鍋點火，加適量底油燒熱，先下入肉絲煸炒至變色，再放入蔥末、薑末爆香，然後下入豆腐皮絲，烹入紹興酒、白醋，加入醬油、白糖、鹽翻炒均勻，再添入少許清湯，用太白粉水勾芡，淋入香油，撒入蔥花，即可起鍋裝盤。

肉絲燒金針

材　料

金針菇 300 克，豬肉 200 克。

調味料

蔥絲、薑絲各少許，鹽1/3小匙，白醋、醬油各1/2大匙，紹興酒、香油各1大匙，太白粉、清湯各適量，沙拉油 2 大匙。

做　法

1. 將豬肉洗淨，切成細絲。金針菇去根、洗淨，切段備用。

2. 起鍋點火，加適量底油燒熱，先下入肉絲煸炒至變色，再放入蔥絲、薑絲爆香，然後加入紹興酒、白醋、醬油、金針菇翻炒片刻，再添入少許清湯，放入鹽翻炒均勻，用太白粉水勾薄芡，淋入香油，即可起鍋裝盤。

小提醒

金針菇煸炒後，添入少許清湯，煨至熟透，再加以調味。

香辣馬鈴薯塊

材 料

馬鈴薯 500 克，乾紅辣椒 50 克。

調味料

蔥花、薑末各少許，鹽1/2小匙，白醋 1/2 大匙，清湯適量，沙拉油1000c.c.。

做 法

1. 將馬鈴薯洗淨、去皮，切成滾刀塊。乾紅椒椒去蒂及籽，洗淨泡軟備用。

2. 起鍋點火，加油燒至七成熱，放入馬鈴薯塊炸至熟透，呈金黃色時撈出，瀝油待用。

3. 鍋中留少許底油燒熱，先用薑末熗鍋，再放入乾紅辣椒炒出紅油，然後下入馬鈴薯塊，烹入白醋，添入清湯，加入鹽翻炒均勻，再撒入蔥花，即可起鍋裝盤。

小提醒

乾紅辣椒用清水泡軟，才能煸炒，否則易糊。

糖醋辣蘿蔔丁

材 料

白蘿蔔 300 克，乾紅辣椒 25 克。

調味料

薑末少許，鹽1/3小匙，白糖、白醋各 2 大匙，太白粉、清湯各適量，沙拉油 1 大匙。

做 法

1. 將白蘿蔔洗淨、去皮，切成1.5公分見方的丁，再放入滾水中煮至八分熟，撈出沖涼，瀝乾水分；乾紅辣椒洗淨、泡軟，切成小段備用。

2. 起鍋點火，加入底油燒熱，先用薑末熗鍋，再放入蘿蔔丁、乾紅辣椒段，然後烹入白醋，加入白糖、鹽，添入少許清湯，轉小火煨透，再用太白粉水勾芡，即可起鍋裝盤。

小提醒

蘿蔔要用小火燒至入味，見湯汁稠濃時，再轉大火勾芡，這樣效果最佳。

南煎豆腐

材 料

豆腐 1 塊，蝦米 50 克。

調味料

蔥花、薑末、蒜片各少許，鹽1/3小匙，醬油、紹興酒、白糖各 1 大匙，花椒水 1/2大匙，太白粉、清湯各適量，沙拉油 500c.c.。

做 法

1. 將豆腐洗淨，切成長方片，再放入五成熱油中煎至兩面金黃色，撈出瀝油備用。

2. 鍋中留少許底油燒熱，先下入蔥、薑、蒜、蝦米炒香，再烹入紹興酒，加入花椒水、醬油、白糖，然後添入清湯燒開，放入煎好的豆腐，加入鹽調好味，再用太白粉水勾芡，淋入香油，即可起鍋裝盤。

小提醒

煎豆腐時，要掌握好油溫及火候。

冬瓜燉羊肉

材料
冬瓜300克，羊腩肉200克，香菜末25克。

調味料
蔥段、薑片各少許，鹽1/2小匙，胡椒粉1/3小匙，香油1小匙。

做法
1. 將羊腩肉洗淨、切塊，放入滾水中燙透，撈出沖淨。冬瓜去皮及瓤，洗淨後切成菱形塊，再放入滾水中汆燙一下，撈出瀝乾備用。
2. 鍋中加水燒開，先下入羊肉、蔥段、薑片、鹽燉至八分熟，再放入冬瓜煮至熟爛，然後揀去蔥、薑，加入胡椒粉、香菜末，淋入香油，即可起鍋裝碗。

小提醒
燉煮時先用大火燒開，再轉小火慢燉，這樣原料易熟爛，湯汁醇濃，味道鮮美。

蝦米燒豆腐

材料
豆腐1塊，蝦米50克，黑木耳少許。

調味料
蔥片、薑末各少許，鹽1/3小匙，白糖1/2大匙，醬油、紹興酒各1大匙，太白粉、清湯各適量，沙拉油750c.c.。

做法
1. 將豆腐切成厚片，再放入七成熱油中炸透，撈出瀝油備用。
2. 鍋中留少許底油，先下入蝦米煸炒片刻，再放入蔥、薑爆香，然後烹入紹興酒，加入醬油、白糖、鹽，再添入適量清湯，放入豆腐片、木耳燒至入味，最後以太白粉水勾芡，淋入香油，即可起鍋裝盤。

醬爆椒圈

材料
青尖椒、紅尖椒各300克。

調味料
蔥末、薑末、蒜片各5克，鹽、醬油、豆豉醬、陳年醋各1小匙，太白粉水少許，沙拉油1大匙。

做法
1. 將青尖椒、紅尖椒分別去蒂及籽，洗淨瀝乾，切成椒圈備用。
2. 起鍋點火，加少許底油燒熱，先下入蔥末、薑末、蒜末炒香，再放入青、紅椒圈翻炒均勻，然後加入醬油、鹽、豆豉醬、陳年醋炒至入味，再用太白粉水收汁，即可裝盤上桌。

牛奶燉豆腐

材　料

豆腐 1 塊，牛奶 500c.c.。

調味料

鹽 1/3 小匙，沙拉油 1/2 大匙。

做　法

1. 將豆腐洗淨，切成 2 公分見方的塊，再放入滾水中燙透，撈出瀝乾備用。
2. 起鍋點火，加油燒熱，先添入適量清水，再加入鹽調勻，然後放入豆腐塊燒沸，再撇去表面浮沫，加入牛奶，轉小火燉至入味，即可起鍋裝碗。

小提醒

由於膳食中奶類和豆類攝入量很低，所以造成人們普遍缺鈣。奶的含鈣量高，且易於吸收利用，鈣與磷的比例也較合適，所以是促進兒童成長發育不可缺少的，也是預防中老年骨質疏鬆的良好食品。

金針花素魚翅

材　料

金針 100 克，香菇、筍片各 50 克，雞蛋 1 個。

調味料

鹽 1/2 小匙，太白粉水 1 小匙，高湯 500c.c.，沙拉油適量。

做　法

1. 將金針泡軟，掐去根莖、洗淨，用牙籤對剖成兩半，再挑成細絲，然後放入碗中，加入蛋液拌勻。香菇、筍片分別洗淨，切成細絲，再放入滾水中汆燙一下，撈出瀝乾，裝入盤中墊底備用。
2. 起鍋點火，加油燒至六成熱，放入金針炸成金黃色，撈出瀝油，一根根整理好，放在筍片、香菇上待用。
3. 另起一鍋，添入高湯燒開，先加入鹽調好味，再用太白粉水勾薄芡，起鍋澆在金針上，即可上桌食用。

麻辣豆腐

材　料

豆腐 1 塊，豬肉餡 100 克，紅椒、黃椒、青椒各少許。

調味料

蔥花少許，蔥末、薑末、蒜末各 5 克，鹽 1/3 小匙，醬油、辣椒醬、白糖、紹興酒各 1 大匙，香油、花椒粉各 1 小匙，太白粉適量，沙拉油 2 大匙。

做　法

1. 將豆腐洗淨，切成小塊，再放入滾水中燙透，撈出瀝乾。紅椒、黃椒、青椒分別去蒂及籽，洗淨切塊備用。
2. 起鍋點火，加適量底油燒熱，先下入豬肉餡煸炒至變色，再放入蔥、薑、蒜炒香，然後烹入紹興酒，加入醬油、辣椒醬、白糖、鹽、豆腐塊、三色椒翻炒均勻，再添入少許清湯燒至入味，最後用太白粉水勾芡，起鍋裝盤待用。
3. 鍋中加入香油燒熱，放入花椒粉熗鍋，撒入蔥花，澆在盤中豆腐上即可。

奶香蘑菇燒花菜

材　料
綠花椰菜 150 克，蘑菇 100 克。

調味料
鹽、雞粉、三花奶水、太白粉水、沙拉油各適量。

做　法
1. 將綠花椰菜洗淨，掰成小朵。蘑菇去根、洗淨，劃上十字花刀。一起放入滾水中燙透，撈出瀝乾備用。

2. 起鍋點火，加入三花奶水、鹽、雞粉燒開，再放入蘑菇、綠花椰菜燒至入味，然後以太白粉水勾薄芡，淋入香油，即可起鍋裝盤。

小提醒
綠花椰菜富含多種維生素和礦物質，其中維生素丙的含量最多，營養價值較高。

雞汁馬鈴薯泥

材　料
馬鈴薯 350 克，青椒、紅椒各 10 克。

調味料
鹽、雞粉、白糖各 1 小匙，雞汁 2 大匙，沙拉油少許。

做　法
1. 將馬鈴薯洗淨、去皮，放入蒸鍋中蒸熟，取出後碾成泥狀。青椒、紅椒分別去蒂及籽，洗淨後切丁備用。

2. 起鍋點火，加油燒熱，先下入馬鈴薯泥略炒，再加入鹽、雞粉、白糖、雞汁翻炒均勻，然後放入青椒丁、紅椒丁炒勻，即可起鍋裝盤。

小提醒
馬鈴薯未成熟、發青或生芽後會產生龍葵素，食用後會讓人頭暈和上吐下瀉。

麻醬空心菜

材　料
空心菜 750 克。

調味料
蒜蓉 5 克，鹽、香油、芥末各 1/2 小匙，麻醬 2 大匙，陳年醋、腐乳汁各 1 小匙，沙拉油 1 大匙。

做　法
1. 將空心菜摘洗乾淨，放入加有少許鹽、沙拉油的滾水中汆燙一下，撈出瀝乾備用。

2. 將麻醬放入小碗中，加入少許清水、鹽、腐乳汁、芥末、陳年醋、香油、蒜蓉，調拌均勻待用。

3. 將空心菜裝入盤中，淋入麻醬汁拌勻，即可上桌食用。

小提醒
空心菜性涼，體質虛弱的人不宜多吃。空心菜可化藥，病人服藥後不要食用。

雞蓉豆腐

材 料

豆腐 1 塊,雞胸肉 75 克,青豆 50 克,蛋白 1 個。

調味料

蔥末、薑末、鹽、雞粉、紹興酒、白胡椒粉、太白粉、雞油、高湯、沙拉油各適量。

做 法

1. 將豆腐洗淨,搗成泥狀。雞胸肉洗淨,剁成蓉狀。青豆洗淨,用滾水汆燙一下,撈出瀝乾備用。

2. 將豆腐泥、雞蓉、蔥末、薑末、鹽、紹興酒、白胡椒粉、雞粉、蛋白、太白粉放入碗中,攪拌均勻待用。

3. 鍋中加油燒至五成熱,將豆腐餡放入漏勺,用手擠出珍珠大小的丸子,下油炸至淺黃色,撈出瀝油。

4. 另起一鍋,加入高湯、鹽、白胡椒粉燒開,再放入豆腐丸子、青豆,然後用太白粉水勾薄芡,淋入雞油,待湯汁濃稠時起鍋即可。

金針炒肉絲

材 料

鮮金針 400 克,豬肉 100 克。

調味料

蔥花、薑絲各 5 克,鹽 1/2 小匙,胡椒粉、白糖各少許,太白粉水、紹興酒各 1 小匙,沙拉油 100c.c.。

做 法

1. 將豬肉洗淨,切成細絲,再放入大碗中,加入少許鹽、太白粉水拌勻。金針洗淨,剖開後挑去花莖,再放入鹽水中浸泡片刻,然後下入滾水中汆燙一下,撈出瀝乾備用。

2. 起鍋點火,加油燒熱,放入豬肉絲滑散滑透,撈出瀝油待用。

3. 鍋中留少許底油燒熱,先下入蔥花、薑絲炒香,再烹入紹興酒,放入肉絲、金針略炒,然後加入鹽、白糖、胡椒粉翻炒均勻,再用太白粉水勾芡,淋入少許香油,即可起鍋裝盤。

素炒辣豆丁

材 料

豆腐 1 塊,胡蘿蔔、豌豆、熟花生仁各 25 克。

調味料

蔥末、薑末、蒜末各少許,醬油、紹興酒各 1 大匙,辣椒醬、白糖各 1/2 大匙,太白粉適量,沙拉油 1000c.c.。

做 法

1. 將豆腐洗淨,切成小丁,再放入七成熱油中炸至金黃色,倒入漏勺。胡蘿蔔洗淨、切丁,與豌豆一起放入滾水中燙透,撈出沖涼,瀝乾備用。

2. 起鍋點火,加少許底油燒熱,先下入蔥、薑、蒜炒香,再烹入紹興酒,加入辣椒醬、白糖、醬油,然後添入少許清湯,放入豆腐、胡蘿蔔丁、熟花生仁、豌豆翻炒均勻,再用太白粉水勾芡,淋入香油,即可起鍋裝盤。

雞蛋炒苦瓜

材 料
苦瓜 500 克,雞蛋 5 個。

調味料
蔥花、薑絲各 5 克,鹽、雞粉各 1/2 小匙,白糖少許,沙拉油 80 克。

做 法
1. 將苦瓜去皮、去瓤、洗淨,對剖成 4 瓣,再切成薄片,放入加有少許鹽、沙拉油的滾水中汆燙一下,撈出沖涼瀝乾。雞蛋打入碗中,攪散備用。

2. 起鍋點火,加油燒熱,倒入蛋液炒成蛋花,盛出待用。

3. 鍋中留少許底油燒熱,先下入蔥花、薑絲炒香,再放入苦瓜片、蛋花、鹽、白糖、雞粉翻炒均勻,即可起鍋裝盤。

回鍋豆腐

材 料
豆腐 1 塊,青椒 50 克。

調味料
蔥末、薑末、蒜末、鹽、白糖、豆瓣醬、醬油、紹興酒、香油、沙拉油各適量。

做 法
1. 將豆腐洗淨,切成長方片,再放入熱油中炸至金黃色,撈出瀝油。青椒去蒂、洗淨,切塊備用。

2. 鍋中留少許底油燒熱,先下入蔥、薑、蒜及豆瓣醬炒出香味,再加入紹興酒、白糖、鹽、醬油調勻,然後放入豆腐、青椒炒約 2 分鐘,再淋入少許香油,即可起鍋裝盤。

小提醒
炸豆腐時要控制好油溫及火候,不要過火炸焦。

銀魚溜豆腐

材 料
豆腐 1 塊,銀魚 100 克,春筍 50 克,韭菜、黑木耳各 25 克。

調味料
鹽、雞粉、白糖、紹興酒、白胡椒粉、太白粉水、鮮湯、香油、沙拉油各適量。

做 法
1. 將銀魚洗滌整理乾淨。春筍去皮、洗淨,切成細絲,再放入滾水中汆燙一下。韭菜摘洗乾淨,切成小段。木耳洗淨、切絲。豆腐切丁備用。

2. 起鍋點火,加入底油燒熱,先放入豆腐、銀魚、鮮湯煮開,再加入紹興酒、白糖、鹽、雞粉、春筍、木耳,然後加蓋燜燒 3 分鐘,再用太白粉水勾薄芡,放入韭菜段,淋入香油,撒上胡椒粉,即可起鍋裝碗。

小提醒
銀魚除具有高蛋白、低脂肪,富含鈣、磷等特點外,還含有氨基酸、輔酶等成分,維生素E含量較其他魚類都高。

白菜豬肉卷

材　料

白菜葉300克，豬五花肉200克，蛋清2個。

調味料

蔥末、薑末、鹽、胡椒粉、太白粉、清湯各適量。

做　法

1. 將豬肉洗淨，剁成碎末，再放入碗中，加入胡椒粉、鹽、太白粉水拌勻，製成餡料。白菜葉洗淨，放入滾水中汆燙一下，撈出瀝乾。蛋清放入碗中，加入太白粉調成蛋清糊備用。

2. 將白菜葉鋪在砧板上，抹上蛋清糊，放入餡料，卷成直徑3公分的卷，然後用蛋清糊封口，裝碗放入蒸鍋蒸熟，取出後扣入盤中待用。

3. 起鍋點火，加入清湯、鹽燒開，再用太白粉水勾薄芡，澆在菜卷上即可。

麻婆豆腐

材　料

豆腐1塊，豬肉50克。

調味料

香蔥花10克，蔥末、薑末各5克，鹽、香油各1/2小匙，胡椒粉、白糖各少許，花椒粉1小匙，醬油2小匙，紹興酒1大匙，豆瓣醬、太白粉水各2大匙，肉湯500克，豬油3大匙。

做　法

1. 將豆腐洗淨，切成小塊，再放入加有鹽的滾水中煮約3分鐘，撈出瀝乾。豬肉洗淨、切丁。豆瓣醬剁碎，與醬油、胡椒粉、白糖、香油、太白粉水及適量肉湯調勻，製成芡汁備用。

2. 起鍋點火，加入豬油燒至八成熱，先下入肉丁炒散，再放入蔥末、薑末、豆瓣醬炒香，然後烹入紹興酒，添入肉湯，放入豆腐小火燉煮10分鐘，待湯汁濃稠時，淋入芡汁翻炒均勻，起鍋裝入盤中，再撒上花椒粉、香蔥花，即可。

韭菜炒蝦仁

材　料

韭菜200克，蝦仁50克。

調味料

蔥段、薑絲各少許，鹽1/2小匙，沙拉油3大匙。

做　法

1. 將韭菜摘洗乾淨，切成3公分長的段。蝦仁挑除沙腸，洗淨備用。

2. 起鍋點火，加油燒至六成熱，先下入薑絲、蔥段炒香，再放入蝦仁、韭菜快速翻炒，然後加入鹽調味，即可起鍋裝盤。

小提醒

放入韭菜後一定要用大火快速翻炒，以免炒得太爛，影響顏色和味道。此菜可補氣血、暖腎、降血壓，適宜高血壓腎陽虛型患者食用。

乾煸茶樹菇

材 料

茶樹菇 750 克，熟五花肉條、青蒜段、洋蔥絲各 50 克。

調味料

鹽、白糖各 1/2 小匙，辣椒油 3 大匙，滷汁適量，沙拉油 1000c.c.。

做 法

1. 將茶樹菇洗滌整理乾淨，切成長段，再放有滷包的滾水鍋中滷製一下，撈出瀝乾備用。

2. 起鍋點火，加油燒至八成熱，分別下入茶樹菇、肉條炸乾水分，撈出瀝油待用。

3. 鍋中留底油燒至七成熱，先放入洋蔥絲炒香，再加入少許鹽炒熟，盛入盤中墊底。

4. 另起鍋，加入辣椒油燒至六成熱，先下入青蒜段煸香，再放入茶樹菇、肉條，然後加入白糖、鹽翻炒均勻，起鍋盛在洋蔥絲上即可。

醬燜四季豆

材 料

四季豆 250 克。

調味料

蔥末、薑末、蒜片、醬油、白糖、甜麵醬、沙拉油各適量。

做 法

1. 將四季豆洗淨，撕去老筋，對切成兩段備用。

2. 起鍋點火放油，加入四季豆浸炸一下，待油溫三成熱時撈出，瀝油待用。

3. 鍋中留少許底油燒熱，先下入蔥末、薑末、蒜片炒出香味，再放入四季豆略炒，然後加入醬油、甜麵醬、白糖及少量清水燒至入味，即可起鍋裝盤。

小提醒

四季豆與油一起下鍋，小火慢慢燒透，顏色更易保持嫩綠。

酥香菠菜

材 料

菠菜 250 克，雞蛋 2 個。

調味料

鹽、太白粉、麵粉、番茄醬、沙拉油各適量。

做 法

1. 將菠菜洗淨、瀝乾，用刀削尖菠菜頭。雞蛋打入碗中，加入太白粉、麵粉和少許清水，調成全蛋糊，再加入鹽調勻備用。

2. 起鍋點火，加油燒至六成熱，將菠菜下半部裹上全蛋糊，下油炸至金黃色，撈出瀝油，裝入盤中，跟番茄醬小碟上桌佐食。

小提醒

菠菜梗裹糊，葉子不裹糊。炸菠菜宜用大火，以六成熱油快速油炸，不可久炸、炸乾。

桃仁Ａ菜心

材 料

Ａ菜心300克，核桃仁50克。

調味料

鹽、雞粉、香油各適量。

做 法

1. 將Ａ菜心去皮、洗淨，切成厚片，在每片中間連刀豎切一個口，使之保持不斷。核桃仁泡軟、去皮，切條備用。

2. 起鍋點火，加入清水燒開，分別放Ａ菜心片、核桃仁煮至變色，撈出沖涼，瀝乾待用。

3. 將Ａ菜心片中間開口處掀起，嵌入核桃仁，再放入容器中，加入鹽、香油、雞粉拌勻，擺入盤中即可。

小提醒

烹煮Ａ菜心時，時間不宜過長，否則容易變色。

素貝燒冬瓜

材 料

冬瓜300克，豆腐皮、芹菜丁、番茄丁各25克。

調味料

蔥絲、薑絲、鹽、雞粉、紹興酒、胡椒粉、蛋清、太白粉、高湯、香油、沙拉油各適量。

做 法

1. 將豆腐皮洗淨、燙軟，鋪在砧板上，先撒上鹽、胡椒粉、雞粉，再放入蛋清太白粉漿，然後卷成乾貝粗細的卷，用紗布包好，放入蒸鍋蒸5分鐘，取出後晾涼，切成小丁備用。

2. 將冬瓜去皮、瓤，洗淨後切片。芹菜、番茄分別洗淨，切丁待用。

3. 起鍋點火，加油燒至四成熱，先下入蔥絲、薑絲、冬瓜片炒勻，再加入紹興酒、高湯、胡椒粉、芹菜丁、番茄丁、腐皮丁燒約8～10分鐘，然後大火收汁，以太白粉水勾芡，淋入香油，即可起鍋裝盤。

芹香爆蝦米

材 料

芹菜250克，蝦米50克。

調味料

蔥末、薑末各5克，鹽、白糖各1/3小匙，雞粉1/2小匙，紹興酒1小匙，太白粉水、鮮湯、沙拉油各1大匙。

做 法

1. 將芹菜去葉、洗淨，切成小段，再放入加有少許鹽的滾水中燙至八分熟，撈出沖涼，瀝乾備用。

2. 將蝦米用温水泡軟，洗淨瀝乾，再放入熱油中炸至金黃色，撈出待用。

3. 鍋中留少許底油燒熱，先下入蔥末、薑末炒香，再烹入紹興酒，添入鮮湯，加入鹽、白糖、雞粉調勻，然後放入芹菜段、蝦米炒至入味，再用太白粉水勾薄芡，淋入香油，即可起鍋裝盤。

西洋芹炒百合

材 料

西洋芹 300 克,鮮百合 50 克。

調味料

鹽、太白粉水各 1 小匙,白糖 1/3 小匙,沙拉油 1 大匙。

做 法

1. 將西洋芹去皮、洗淨,切成 3 公分長的段。百合去黑根,掰成小瓣備用。

2. 起鍋點火,加入適量清水,先放入少許鹽、沙拉油燒沸,再下入西洋芹、百合燙透,撈出瀝乾待用。

3. 鍋中加少許底油燒熱,先放入西洋芹、百合略炒,再加入剩餘的鹽、白糖翻炒均勻,然後用太白粉水勾芡,淋入香油,即可起鍋裝盤。

小提醒

芹菜是輔助治療高血壓及其併發症的首選之品,對於血管硬化、神經衰弱患者也有治療功效,芹菜汁有很好的降血糖作用。

蒜香空心菜

材 料

空心菜 600 克。

調味料

蒜末 40 克,鹽 1/2 小匙,沙拉油 2 大匙。

做 法

1. 將空心菜摘洗乾淨,瀝乾備用。

2. 起鍋點火,加油燒至六成熱,先下入蒜末炒香,再放入空心菜略炒,然後加入鹽翻炒至熟,即可起鍋裝盤。

小提醒

空心菜含有多種維生素和微量元素,是一種高纖維、低熱量的蔬菜,具有促進腸道蠕動、通便解毒的功效。紫色空心菜中含有胰島素樣物質,對糖尿病患者有降低血糖的作用。

蘆筍扒香菇

材 料

蘆筍 250 克,鮮香菇 200 克。

調味料

香油 1/2 小匙,紹興酒、醬油各 1 小匙,鮮湯 100 克,太白粉水、蠔油、沙拉油各 1 大匙。

做 法

1. 將香菇去蒂、洗淨,蘆筍去根、去老皮、洗淨,分別放入滾水中氽燙一下,撈出瀝乾備用。

2. 起鍋點火,加油燒熱,放入蘆筍清炒片刻,盛入盤中待用。

3. 另起一鍋,加少許底油燒熱,先放入香菇翻炒片刻,再添入鮮湯,烹入紹興酒,加入蠔油、醬油煮開,然後以太白粉水勾芡,淋入香油,盛在蘆筍上即可。

小提醒

蘆筍、香菇皆含有降壓物質,可有效改善高血壓症。

宮保豆腐丁

材料

豆腐 1 塊，豬瘦肉丁、胡蘿蔔丁、油炸花生米各 50 克。

調味料

蔥末、薑末、蒜末、醬油、白糖、辣椒醬、太白粉水、清湯、沙拉油各適量。

做法

1. 將豆腐洗淨，切成 1 公分厚的大片，再放入七成熱油中炸至金黃色，撈出晾涼切丁，然後掛勻太白粉水，再下油炸至熟透，撈出瀝油備用。

2. 鍋中留少許底油燒熱，先下入蔥、薑、蒜、胡蘿蔔丁炒香，再加入肉丁、花生米、辣椒醬、醬油、白糖翻炒均勻，然後添入少許清湯，放入豆腐丁炒至入味，再用太白粉水勾芡，即可起鍋裝盤。

小提醒

宮保是川菜的一種烹調方式，成菜色澤金紅，鮮嫩香辣。

彩椒山藥

材料

山藥 300 克，尖椒 6 根。

調味料

蔥段、薑片、丁香、鹽、雞粉、醬油、白糖、蛋清、紹興酒、太白粉水、鮮湯、香油、沙拉油各適量。

做法

1. 將尖椒切去蒂頭，去籽及內筋，洗淨瀝乾。山藥洗淨，放入蒸鍋蒸熟，取出去皮，晾涼後剁成細蓉，再放入碗中，加入鹽調勻，攪至出筋備用。

2. 將蛋清放入碗中，加入太白粉水調成蛋糊，再將每個尖椒內部塗上蛋糊，然後將山藥蓉裝入，製成尖椒生坯，再放入蒸鍋，蒸約 6 分鐘，取出裝盤待用。

3. 起鍋點火，加入適量鮮湯燒開，再用鹽、雞粉調味，以太白粉水勾芡，澆在尖椒上即可。

桃仁番茄

材料

番茄250克，蛋液150克，核桃仁50克，洋蔥末 15 克。

調味料

鹽、雞粉、紹興酒、白糖、沙拉油各適量。

做法

1. 將番茄去蒂、洗淨，放入大碗中，用滾水燙後去皮，切成小丁。蛋液放入碗中，加入鹽、紹興酒調勻備用。

2. 起鍋點火，加適量底油燒熱，先下入洋蔥末炒香，再放入蛋液炒散，然後加入番茄丁、白糖、雞粉、鹽翻炒均勻，再撒入核桃仁，即可起鍋裝盤。

小提醒

番茄一定要吃紅的，青番茄含有生物鹼，有毒性，食後會讓人感到腸胃不適。

椒鹽玉米粒

材料

玉米粒（罐頭）250克，青椒粒、紅椒粒各 10 克。

調味料

椒鹽 1/2 小匙，太白粉 100 克，沙拉油 1000c.c.。

做法

1. 將玉米粒取出，洗淨瀝乾，拍勻太白粉備用。
2. 起鍋點火，加油燒至六成熱，放入玉米粒炸至酥脆，撈出瀝乾待用。
3. 鍋中留少許底油燒熱，放入青椒粒、紅椒粒、玉米粒、椒鹽翻炒均勻，即可起鍋裝盤。

小提醒

玉米是一種基本不含嘌呤的食物，因此適宜痛風病人作主食經常食用。同時，玉米還可防治便秘、腸炎、腸癌等疾病，並能調整神經系統、降低血脂。

蹄筋煨香菇

材料

香菇、油菜心各 100 克，蹄筋 50 克。

調味料

薑片、蒜末、鹽、雞粉、紹興酒、香草粉、陳皮、醬油、蠔油、XO醬、太白粉、沙拉油各適量。

做法

1. 將蹄筋漲發回軟，洗滌整理乾淨，切成小段，再放入滾水中燙透，撈出瀝乾。香菇漲發，去蒂後洗淨。油菜心洗淨，燴熟後裝碗墊底備用。
2. 起鍋點火，放入薑片、蒜末，烹入紹興酒，添入清湯，加入蹄筋、香草粉、雞粉、陳皮、醬油、鹽，小火煨至熟爛，撈出待用。
3. 另起一鍋，加油燒熱，先烹入紹興酒，添入清湯，加入蠔油、雞粉、鹽、XO醬，再放入蹄筋、香菇，小火煨至汁濃，然後用太白粉勾芡，淋入香油，起鍋盛在油菜心上即可。

百合炒甜豆

材料

鮮百合 200 克，甜豆 100 克。

調味料

鹽 1 小匙，胡椒粉 1/3 小匙，太白粉水 1/2 大匙，香油、沙拉油各 1 大匙。

做法

1. 將百合、甜豆分別摘洗乾淨，放入滾水中燙透，撈出沖涼，瀝乾備用。
2. 起鍋點火，加油燒熱，先下入百合、甜豆略炒，再加入鹽、胡椒粉，用大火快速翻炒均勻，然後以太白粉水勾芡，淋入香油，即可起鍋裝盤。

小提醒

百合能補中益氣、養陰潤肺、止咳平喘、通利大小便，並可促進尿酸排出、預防高血壓、保護血管、降低血糖，具有抗癌、改善貧血、排毒、祛斑、增白、減皺的功效。

綠茶海帶娃娃菜

材 料

娃娃菜12棵，海帶絲25克，綠茶、枸杞各5克。

調味料

蔥段、薑片、鹽、胡椒粉、高湯、沙拉油各適量。

做 法

1. 將娃娃菜洗淨，在根部劃上十字花刀，再放入滾水中略煮，撈出放涼。綠茶用滾水沖洗一遍，取第二道泡好。海帶絲洗淨，放入滾水中煮熟，撈出瀝乾，裝入盤中墊底。枸杞用冷水泡好備用。

2. 起鍋點火，加適量底油燒熱，先用蔥、薑熗鍋，再放入娃娃菜煸炒一下，然後加入高湯、鹽、胡椒粉煮至入味，盛在海帶絲上待用。

3. 鍋中原湯繼續加熱，揀出蔥、薑，加入綠茶水，用鹽再次調味，然後放入枸杞略煮，淋在菜上即可。

南瓜炒鹹蛋

材 料

南瓜300克，鹹鴨蛋2個。

調味料

蔥花、薑片、鹽、雞粉、紹興酒、香油、沙拉油各適量。

做 法

1. 將南瓜洗淨，去皮及瓤，切成排骨片。鹹鴨蛋煮熟、去殼，切丁備用。

2. 起鍋點火，加適量底油燒熱，先下入蔥花、薑片、鹹鴨蛋丁煸炒一下，再烹入紹興酒，放入南瓜片、鹽、雞粉翻炒均勻，待南瓜熟透時淋入香油，即可起鍋裝盤。

小提醒

炒南瓜時不要加湯，否則會沖淡南瓜的原有味道。南瓜適合糖尿病患者食用，為健康綠色食品。

南瓜炒蘆筍

材 料

南瓜、蘆筍各200克。

調味料

蒜片10克，鹽1/2小匙，紹興酒1小匙，香油1/3小匙，太白粉水、沙拉油各1大匙。

做 法

1. 將南瓜洗淨，去皮及瓤，切成寬條。蘆筍去皮、洗淨，斜刀切段；分別放入滾水中煮透，撈出瀝乾備用。

2. 起鍋點火，加油燒至五成熱，先下入蒜片炒香，再放入南瓜、蘆筍略炒，然後烹入紹興酒，加入鹽翻炒均勻，再用太白粉水勾芡，淋入香油，即可起鍋裝盤。

小提醒

此菜含有多種維生素和微量元素，葉酸和鈣的含量較高，對心臟病、高血壓、心跳較速、膀胱炎有一定的治療效果，還可以抗癌、美容、減肥。

馳名玉米烙

材 料

玉米粒（罐頭）150克，椰絲35克，香菜15克。

調味料

白糖、太白粉各2大匙，起士粉、太白粉、糯米粉各1大匙，沙拉油2000c.c.。

做 法

1. 將玉米粒取出，洗淨瀝乾，裝入盤中，加入起士粉、太白粉、太白粉、糯米粉拌勻，再沾上椰絲備用。

2. 起鍋點火，加少許底油燒熱，放入玉米粒攤成大圓餅，再用小火烙至起硬殼，取出待用。

3. 另起一鍋，加油燒熱，放入玉米餅炸至金黃酥脆，撈出瀝油，切成三角塊，再放入盤中，用香菜點綴，跟白糖上桌蘸食即可。

竹笙扒蘆筍

材 料

蘆筍300克，竹笙200克。

調味料

鹽、蠔油各1小匙，香油1/3小匙，雞湯100克，太白粉水、沙拉油各1大匙。

做 法

1. 將蘆筍洗淨，去根及老皮，取用筍尖，切成長段，再放入加有少許鹽的滾水中煮熟，撈出瀝乾。竹笙洗淨，切成4公分長段，再放入滾水中煮透，撈出瀝乾，擺在盤中備用。

2. 起鍋點火，加油燒至三成熱，先放入蘆筍略炒，再加入少許鹽炒勻，然後用太白粉水勾芡，淋入香油，擺在盛有竹笙的盤中。

3. 另起一鍋，加油燒至三成熱，先放入蠔油、雞湯、鹽燒沸，再用太白粉水勾芡，淋入香油，澆在盤中即可。

蛋黃溜豆腐

材 料

豆腐1塊，蒜苗50克，蝦米25克，鹹鴨蛋黃2個。

調味料

蔥末、薑末、鹽、雞粉、白糖、紹興酒、香油、雞湯、沙拉油各適量。

做 法

1. 將豆腐洗淨，切成骨牌塊，再放入滾水中汆燙一下，撈出瀝乾備用。

2. 將蝦米用溫水泡發，洗淨後切末。蒜苗摘洗乾淨，切成小段。鹹鴨蛋黃碾碎待用。

3. 起鍋點火，加油燒熱，先下入蔥、薑炒香，再放入豆腐、蒜苗、蝦米翻炒均勻，然後加入雞湯、紹興酒、白糖、鹽、雞粉、香油煮至入味，起鍋裝碗，撒上蛋黃粉即可。

香菇燒豆腐

材　料
乾香菇150克，豆腐1塊，火腿50克。

調味料
鹽、雞粉、白糖、醬油、番茄醬、太白粉水、沙拉油各適量。

做　法
1. 將豆腐洗淨，切成長方片。香菇去蒂、洗淨，切成小塊。火腿切片備用。

2. 起鍋點火，加油燒至四成熱，放入豆腐片煎至兩面金黃色，撈出待用。

3. 鍋中留少許底油燒熱，先下入番茄醬煸炒一下，再放入香菇、白糖、醬油和適量的清水，然後加入豆腐、鹽、雞粉、火腿片，用中火燒至入味，再用太白粉水勾薄芡，即可起鍋裝盤。

小提醒
香菇肉質脆嫩、味道鮮醇、營養豐富，是益壽延年的上品，有益氣豐肌、降低血壓等功效。

香辣白菜條

材　料
大白菜250克，豬里肌肉100克，香菜段50克，紅乾椒絲25克。

調味料
薑絲5克，鹽1小匙，胡椒粉1/2小匙，米醋1/2大匙，紹興酒1大匙，沙拉油2大匙。

做　法
1. 將大白菜去葉、洗淨，先斜刀片成大片，再頂刀切成細條。豬肉洗淨，切成6公分長細絲備用。

2. 起鍋點火，加油燒熱，先下入薑絲、紅乾椒絲、豬肉絲煸炒至變色，再烹入紹興酒，放入白菜條翻炒片刻，然後加入鹽、胡椒粉調勻，再放入米醋、香菜段炒至入味，最後淋上香油，即可起鍋裝盤。

糖醋冬瓜

材　料
冬瓜200克，山楂糕100克。

調味料
白糖、冰糖、糖色各適量。

做　法
1. 將冬瓜洗淨，去皮及瓤，切成4公分長、1公分厚的菱形片。山楂糕切片備用。

2. 起鍋點火，加油燒至三成熱，放入清水、白糖、冰糖、糖色燒沸，再下入冬瓜片，以大火燒約10分鐘，然後轉小火慢慢收濃糖汁，待冬瓜縮小、呈琥珀色時，撒入山楂糕片，即可起鍋裝盤。

小提醒
因老年人常吃山楂製品能增強食欲，改善睡眠，保持骨和血中鈣的穩定，預防動脈粥樣硬化，使人延年益壽，故山楂被人們視為長壽食品。

芙蓉豆腐角

材　料

豆腐 1 塊，蛋清 100 克，熟青江菜、熟胡蘿蔔片、嫩豌豆各 25 克。

調味料

蔥末、薑末、鹽、花椒水、太白粉、清湯、沙拉油各適量。

做　法

1. 將豆腐洗淨，切成小三角片，再用滾水汆燙一下，撈出瀝乾備用。
2. 蒸鍋上火，加入開水，將蛋清裝入碗中，放入鍋內蒸熟，取出待用。
3. 起鍋點火，加適量底油燒熱，先下入蔥末、薑末炒出香味，再加入適量清湯燒開，然後放入豆腐、花椒水、鹽、熟青江菜、熟胡蘿蔔片、豌豆稍煮片刻，再用太白粉水勾芡，澆在蒸好的蛋上即可。

小提醒

烹煮豆腐時，常有一種豆腥味，如果在下鍋前先將豆腐泡在開水中燙 2～3 分鐘，即可除去異味。

奶香南瓜丁

材　料

南瓜 400 克，馬鈴薯 150 克，牛奶 600 克，麵粉 30 克。

調味料

蒜片 15 克，鹽 1/2 小匙，紹興酒、奶油各 3 大匙。

做　法

1. 將南瓜洗淨，去皮及瓤，切成小丁。馬鈴薯去皮、洗淨，切丁備用。
2. 起鍋點火，加入一半奶油燒熱，再放入麵粉炒香，製成油麵待用。
3. 另起一鍋，加入剩餘的奶油燒熱，先下入蒜片炒香，再放入南瓜丁、馬鈴薯丁翻炒片刻，然後烹入紹興酒，加入牛奶煮熟，再放入油麵糊、鹽翻炒均勻，即可起鍋裝盤。

小提醒

此菜含有豐富的維生素和微量元素，具有保護肝腎的功效，同時也是孕產婦較好的食療佳品。

香炸馬鈴薯球

材　料

馬鈴薯 300 克，蝦仁 100 克，花生仁 50 克。

調味料

鹽 1/3 小匙，沙拉油 500c.c.。

做　法

1. 將馬鈴薯去皮、洗淨，切成小塊，再放入蒸鍋蒸熟，取出後加少許溫水、鹽調勻，搗成泥狀備用。
2. 起鍋點火，加油燒至四成熱，放入花生仁炸熟，撈出瀝油，擀碎待用。
3. 將蝦仁挑除沙腸、洗淨，切成小塊，再裹上馬鈴薯泥，沾勻花生碎，滾成球狀備用。
4. 另起一鍋，加油燒至四成熱，放入馬鈴薯球炸熟，撈出瀝油裝盤，即可食用。

小提醒

此菜可助消化，有補鈣安神之功效，非常適合兒童食用。

裹霜豆腐

材料

豆腐 1 塊，雞蛋 2 個。

調味料

白糖、麵粉、太白粉、沙拉油各適量。

做法

1. 將豆腐洗淨，切成小長方條。雞蛋打入碗中，加入太白粉攪勻，調成蛋粉糊備用。
2. 將豆腐條沾上麵粉，裹勻蛋粉糊，放入熱油中炸至金黃色，撈出瀝油待用。
3. 起鍋點火，加入少許清水，先放入白糖熬至黏稠狀，再下入豆腐翻裹均勻，見糖色變白時起鍋，撒上白糖即可。

小提醒

油炸時油溫不宜過高，呈金黃色即可撈出。白糖加水熬煮不宜過稀，要均勻翻裹。

糖醋黃瓜

材料

黃瓜 250 克，乾香菇、胡蘿蔔、冬筍各 25 克，乾紅辣椒少許。

調味料

蔥絲、薑絲、鹽、白糖、白醋、沙拉油各適量。

做法

1. 將黃瓜洗淨，劃上花刀，先用鹽醃製 10 分鐘，再用清水沖淨、瀝乾，放入大碗中備用。
2. 將香菇、胡蘿蔔、冬筍洗淨，均切成細絲。乾紅辣椒切絲待用。
3. 起鍋點火，加油燒至六成熱，先下入乾紅辣椒絲、蔥絲、薑絲炒香，再放入香菇絲、胡蘿蔔絲、冬筍絲炒勻，然後加入白糖、白醋、少許鹽，待鍋開後倒入大碗中，將黃瓜浸泡一天即可食用。

番茄溜豆腐

材料

豆腐 1 塊，番茄 100 克，乾香菇 50 克，青江菜 25 克。

調味料

鹽、白糖、紹興酒、太白粉、雞湯、沙拉油各適量。

做法

1. 將豆腐洗淨，切成「骨牌塊」，再放入滾水中汆燙一下，撈出瀝乾。番茄、香菇、青江菜分別洗淨，均切成方條備用。
2. 起鍋點火，加油燒至五成熱，先下入香菇、青江菜煸炒一下，再放入番茄、白糖、鹽、紹興酒、雞湯炒勻，然後加入豆腐溜至入味，待湯汁變濃時，再用太白粉水勾薄芡，即可起鍋裝盤。

小提醒

烹製豆腐前，先將豆腐浸於淡鹽水中 30 分鐘，再炒、煮、燉就不易碎爛了。

鹹蛋黃焗薯條

材 料
馬鈴薯 250 克，鹹鴨蛋黃 3 個。

調味料
香蔥花 10 克，鹽、胡椒粉各 1/3 小匙，香油 1 大匙，沙拉油 500c.c.。

做 法
1. 將馬鈴薯洗淨、去皮，切成長條，再放入七成熱油中炸透，撈出瀝乾。鹹鴨蛋黃放入蒸鍋中蒸熟，取出晾涼，碾成碎末備用。

2. 起鍋點火，加油燒熱，先下入鹹蛋黃、鹽、胡椒粉炒開，再放入馬鈴薯條翻掛均勻，然後淋入香油，撒上香蔥花，即可起鍋裝盤。

小提醒
馬鈴薯性平、味甘，有和胃調中、益氣健脾、強身益腎、消炎、活血、消腫的功效，是糖尿病患者、減肥人士的理想食品。

梅乾菜蒸豆腐

材 料
豆腐 2 塊，梅乾菜 150 克。

調味料
香蔥花 50 克，醬油 1 大匙，雞粉、太白粉各 1 小匙，沙拉油 2 大匙。

做 法
1. 將梅乾菜放入清水中泡透，除去鹽分、洗淨，切成碎末，再加入醬油、雞粉、太白粉調勻備用。

2. 將豆腐洗淨，切成 5 公分見方的厚塊，再裝入盤中，放上調好的梅乾菜，放入蒸鍋蒸約 8 分鐘，取出後撒上香蔥花待用。

3. 起鍋點火，加油燒熱，均勻地澆在梅乾菜上，即可上桌食用。

小提醒
豆腐有益氣和中、生津潤燥、清熱解毒的功效，並可補虛、降低血鉛濃度、保護肝臟、促進代謝。

薺菜香乾

材 料
薺菜 300 克，豆腐乾 2 塊，榨菜 25 克。

調味料
鹽、花椒油各 1/2 小匙，白糖 1/3 小匙，醬油 1 小匙，沙拉油少許。

做 法
1. 將薺菜摘洗乾淨，放入滾水中汆燙一下，撈出後切成碎末。豆腐乾洗淨，切成細條。榨菜洗淨，切末備用。

2. 起鍋點火，加適量底油燒熱，放入豆腐乾條、榨菜末炒出香味，撈出晾涼待用。

3. 將薺菜末、豆腐乾條、榨菜末放入盤中，加入鹽、白糖、醬油拌勻，再淋入花椒油，即可上桌食用。

小提醒
此菜有降低血壓的功效，同時對腎炎、牙齦出血等症也有一定的療效。

辣炒馬蹄

材　料
荸薺 300 克，酸菜 100 克，青椒 50 克。

調味料
蔥末、薑末、泡椒末、鹽、雞粉、沙拉油各適量。

做　法
1. 將荸薺去皮、洗淨，切成厚片。酸菜洗淨，斜刀切成大塊。青椒洗淨，切成粗條，再放入滾水中汆燙一下，撈出瀝乾備用。

2. 將荸薺、酸菜、青椒放入大碗中，加入鹽、雞粉拌勻待用。

3. 起鍋點火，加適量底油燒熱，先下入泡椒末、蔥末、薑末炒出香味，再放入拌好的荸薺、酸菜、青椒翻炒均勻，即可起鍋裝盤。

小提醒
荸薺是一種含太白粉成分較少的食物，有清熱、生津、化痰、明目的功效。

炸洋蔥

材　料
洋蔥 400 克，菠菜葉 80 克，雞蛋 2 個，櫻桃 10 粒，香菜少許。

調味料
鹽 1 小匙，麵粉 80 克，麵包粉 100 克，沙拉油 1000c.c.。

做　法
1. 將洋蔥去皮、洗淨，切成0.5公分厚的空心圓圈，再沾勻麵粉，放入盤中備用。

2. 將菠菜葉洗淨，切成細絲，再放入熱油中炸成菜鬆。香菜摘洗乾淨。雞蛋打入碗中，加入少許麵粉、鹽，調成蛋糊待用。

3. 起鍋點火，加油燒至五成熱，將洋蔥沾上蛋糊、裹勻麵包粉，逐一下油炸成金黃色，再撈出瀝油，由大至小擺在盤中，然後用菠菜鬆、香菜、櫻桃點綴即可。

海鮮番茄烙

材　料
番茄 100 克，蝦仁、墨魚、魷魚各 50 克，雞蛋 3 個。

調味料
鹽 1/2 小匙，白糖、紹興酒各 2 小匙，太白粉 1 大匙，沙拉油 100 克。

做　法
1. 將番茄洗淨，去瓤切條。蝦仁洗淨，片成兩片。墨魚、魷魚洗滌整理乾淨，切絲備用。

2. 起鍋點火，加水燒開，放入蝦仁、墨魚、魷魚略燙一下，撈出瀝乾待用。

3. 將雞蛋打入碗中，加入鹽、白糖、紹興酒、太白粉調勻，再將番茄、墨魚、魷魚、蝦仁放入上漿。

4. 起鍋點火，加油燒熱，放入漿好的番茄、墨魚、魷魚、蝦仁，煎至兩面金黃色，即可撈出裝盤。

肉末苦瓜

材料

苦瓜 250 克,豬絞肉 50 克,紅椒 30 克,芽菜 25 克。

調味料

蔥末、薑末、鹽、雞粉、紹興酒、豆瓣醬、白糖、醬油、香油、沙拉油各適量。

做法

1. 將苦瓜去蒂及籽,洗淨後切條,再放入淡鹽水中稍醃備用。

2. 將紅椒去蒂及籽,洗淨切條。芽菜洗淨,切末待用。

3. 起鍋點火,加油燒至四成熱,先下入絞肉、紹興酒、豆瓣醬、蔥末、薑末炒出香味,再放入苦瓜條、芽菜末、紅椒條、白糖、醬油炒勻,然後淋入香油,即可起鍋裝盤。

椒油花椰菜

材料

花椰菜 250 克,紅乾椒 15 克。

調味料

鹽 1/3 小匙,沙拉油 2 大匙。

做法

1. 將花椰菜洗淨,掰成小朵,再放入滾水中燙透,撈出沖涼,瀝乾備用。

2. 將紅乾椒用溫水泡軟,洗淨後切絲,再放入熱油中炸出辣椒油待用。

3. 將花椰菜裝入大碗中,加入鹽、辣椒油拌勻,即可裝盤上桌。

小提醒

花椰菜含粗纖維較少、營養價值高,有「窮人醫生」的美譽。花椰菜富含蛋白質、碳水化合物、脂肪、維生素A、維生素B、維生素C、胡蘿蔔素及磷、鈣、鉀等礦物質,可促進人體生長發育,提高機體免疫力,具有降低血脂、防癌、解毒的功效。

雙冬芥藍

材料

水發冬菇、冬筍各 150 克,芥藍 200 克。

調味料

蔥末、薑末各 10 克,鹽、花椒油各 1 小匙,鮮湯 50 克,太白粉水、沙拉油各 1 大匙。

做法

1. 將芥藍洗淨。冬菇去蒂、洗淨。冬筍洗淨,切成薄片備用。

2. 起鍋點火,加入清水、沙拉油、鹽燒開,再放入芥藍、冬菇、冬筍燙透,撈出瀝乾待用。

3. 鍋中加油燒熱,先下入蔥末、薑末炒香,再放入冬菇、冬筍、芥藍煸炒片刻,然後加入鹽、鮮湯燒至入味,再用太白粉水勾芡,淋入花椒油,即可裝盤上桌。

三絲蒜苗

材 料
蒜苗 400 克，雞絲、杏鮑菇、紅椒各 25 克。

調味料
蔥末、薑末、鹽、雞粉、紹興酒、蠔油、醬油、白糖、白醋、蛋清、太白粉水、高湯、沙拉油各適量。

做 法
1.將蒜苗摘洗乾淨，切成 3 公分長段。杏鮑菇、紅椒分別洗淨，切成細絲。雞絲放入碗中，加入鹽、紹興酒、蛋清、太白粉水拌勻，上漿備用。

2.起鍋點火，加油燒至四成熱，先下入雞絲滑散，再烹入紹興酒，加入蠔油、醬油、高湯、白糖炒開，然後放入蒜苗、紅椒、杏鮑菇翻炒均勻，再用太白粉水勾芡，烹入適量白醋，即可起鍋裝盤。

冬菜炒 A 菜心

材 料
A 菜心 300 克，冬菜 30 克，紅椒 50 克。

調味料
蔥末、薑末、蒜末各 5 克，鹽、米醋、香油各 1/2 小匙，雞粉 1/3 小匙，沙拉油 1 大匙。

做 法
1.將 A 菜心去皮、洗淨，切成薄片。紅椒洗淨，去蒂及籽。冬菜放入清水中泡去鹽分，洗淨備用。

2.將 A 菜心、冬菜分別放入滾水中汆燙一下，撈出瀝乾待用。

3.起鍋點火，加油燒熱，先下入蔥末、薑末、蒜末炒香，再放入冬菜略炒，然後下入 A 菜心片、紅椒條，加入鹽翻炒至入味，再用太白粉水勾芡，淋入香油，即可起鍋裝盤。

小提醒
冬菜有沙及鹽分，要用清水泡去鹽分並徹底清洗。

虎皮青椒

材 料
青椒 200 克。

調味料
醬油、白糖、香醋、紹興酒、豬油各適量。

做 法
1.將青椒洗淨，去蒂及籽，用刀剖成兩半。香醋、白糖、醬油、紹興酒放入碗中，調成糖醋汁備用。

2.起鍋點火燒熱，放入青椒，用小火燒至表皮出現斑點，再放入豬油煸炒一下，然後烹入糖醋汁翻勻，即可起鍋裝盤。

小提醒
辣椒分為柿子椒和尖辣椒兩大類，其辣味濃淡差異很大。辣椒含有蛋白質、糖類、脂肪、胡蘿蔔素、維生素 C、鈣、磷、鐵等無機鹽，對人體很有益處。

蝦米燒冬瓜

材　料

冬瓜 600 克，蝦米 15 克。

調味料

蔥段、薑片、蔥花各 10 克，鹽 1/2 小匙，鮮湯 50 克，太白粉水、沙拉油各 1 大匙。

做　法

1. 將冬瓜洗淨，去皮及瓤，切成長方形小塊。蝦米用溫水泡軟備用。

2. 起鍋點火，加油燒熱，先下入蔥段、薑片、蝦米、冬瓜塊煸炒至軟，再添入鮮湯，加入鹽燒至入味，然後用太白粉水勾芡，盛入盤中，再撒上蔥花，即可上桌食用。

小提醒

冬瓜含有多種維生素和人體必需的微量元素，可調節代謝平衡、利尿消腫、降脂減肥，是各型高脂血症和肥胖症患者的理想佳蔬。

雞汁娃娃菜

材　料

娃娃菜 600 克，培根醃肉 75 克。

調味料

薑片 5 克，鹽 1/2 小匙，雞湯 500 克，濃縮雞汁、沙拉油各 1 大匙。

做　法

1. 將娃娃菜洗淨，切成 4 瓣。培根醃肉洗淨，切成 2 公分寬的片。分別放入滾水中燙透，撈出瀝乾備用。

2. 起鍋點火，加油燒至四成熱，先下入薑片炒香，再添入雞湯，放入娃娃菜、醃肉煮沸，然後加入鹽、濃縮雞汁調勻，即可起鍋裝盤。

小提醒

白菜是一種基本上不含嘌呤的四季常青蔬菜，它不僅含較多的維生素C和鉀鹽，而且還是一種鹼性食物，具有解熱除煩、通利腸胃的功效。痛風患者一年四季均可常吃多食。

辣味茄絲

材　料

茄子 300 克，紅辣椒絲 50 克。

調味料

乾辣椒、蔥絲、薑絲、蒜泥、醬油、白糖、紹興酒、沙拉油各適量。

做　法

1. 將茄子去蒂、洗淨，切成 5 公分長的細絲。乾辣椒切碎備用。

2. 起鍋點火，加油燒至微熱，放入乾辣椒炸出辣椒油，盛出待用。

3. 另起一鍋，加入辣椒油燒熱，先下入蔥絲、薑絲、紅辣椒絲炒出香味，再放入茄絲炒熟，然後加入紹興酒、醬油、白糖、蒜泥和少量清水，用大火收汁，即可起鍋裝盤。

小提醒

茄子有清熱解毒、活血化瘀、止痛、祛風通絡、消腫等功效，也是促進消化的開胃食品。

甜醬燒茭白

材 料
茭白筍 350 克。

調味料
蔥花、甜麵醬、白糖、紹興酒、太白粉水、鮮湯、香油、沙拉油各適量。

做 法
1. 將茭白筍洗淨，削去外皮，除去老根，縱切成兩片，再用刀平拍一下，切成長條備用。

2. 起鍋點火，加油燒至六成熱，放入茭白筍條炸熟，撈出瀝油待用。

3. 鍋中留少許底油，先放入甜麵醬、紹興酒、蔥花、白糖、鮮湯燒開，再下入茭白燒至入味，然後用太白粉水勾芡，淋入香油，即可起鍋裝盤。

小提醒
茭白筍有清熱、除煩、解渴的功效，但又有損傷陽氣的作用，陽虛內寒、大便溏薄、陽痿滑泄者不宜多食。

紅汁黃瓜

材 料
黃瓜 500 克，番茄 100 克，青蒜 25 克。

調味料
鹽、小茴香各1/2小匙，白糖、胡椒粉各1/3小匙，辣椒油1大匙，優酪乳、酸乳酪各2大匙。

做 法
1. 將黃瓜去蒂、洗淨，切成小丁。番茄去蒂，放入滾水中稍燙一下，撈出去皮，切成小塊。青蒜洗淨，切成碎末。小茴香用熱鍋炒熟，碾成碎末備用。

2. 將酸乳酪放入碗中，加入優酪乳、小茴香末、黃瓜丁、番茄塊、青蒜末、胡椒粉、辣椒油、白糖、鹽調拌均勻，再放入冰箱中冷藏，隨吃隨取即可。

什錦豌豆

材 料
豌豆粒 200 克，胡蘿蔔、荸薺、黃瓜、馬鈴薯、黑木耳、豆乾各 50 克。

調味料
蔥末、薑末、鹽、白糖、紹興酒、太白粉水、清湯、沙拉油各適量。

做 法
1. 將豌豆粒洗淨。胡蘿蔔、荸薺、黃瓜、馬鈴薯、豆乾分別洗滌整理乾淨，切成小丁。木耳洗淨，撕成小朵，再放入滾水中汆燙一下，撈出沖涼備用。

2. 起鍋點火，加油燒熱，先下入蔥末、薑末炒香，再放入豌豆粒、胡蘿蔔、荸薺、黃瓜、馬鈴薯、木耳、豆乾同炒，然後加入紹興酒、鹽、白糖、清湯燒開，再用太白粉水勾芡，淋入香油，即可起鍋裝盤。

花生仁拌芹菜

材　料

芹菜、花生仁各 100 克。

調味料

蒜末 5 克，鹽、白糖、花椒油各 1/2 小匙，醬油 1 大匙，沙拉油300c.c.。

做　法

1. 起鍋點火，加油燒至三成熱，放入花生仁炸至酥脆，撈出待涼去皮。芹菜去根、去葉，洗淨後切成3公分長段，再放入滾水中汆燙一下，撈出沖涼，瀝乾備用。

2. 將芹菜、花生仁放入容器中，加入醬油、鹽、白糖、花椒油、蒜末翻拌均勻，即可裝盤上桌。

小提醒

芹菜過水時不要過火。炸花生仁時要控制好油溫。

豆乾炒瓜皮

材　料

豆乾 100 克，西瓜皮 500 克，

調味料

蔥絲、鹽、雞粉、白糖、紹興酒、清湯、香油、沙拉油各適量。

做　法

1. 將西瓜皮去掉綠皮，洗淨後切成粗條，再加入少許粗鹽醃製一下，擠乾水分。豆乾洗淨，切成粗條備用。

2. 起鍋點火，加油燒熱，先下入蔥絲炒出香味，再烹入紹興酒，放入瓜條、豆乾炒勻，然後添加少許清湯，加入鹽、雞粉、白糖炒至入味，待湯汁稠濃時，淋入香油，即可裝盤上桌。

小提醒

西瓜除不含脂肪外，幾乎含有所有水溶性營養素，是人體快速補充體內糖分和體液的優選水果。西瓜皮入菜，即經濟又實惠，又不失營養。

糖醋蘿蔔卷

材　料

白蘿蔔 250 克，胡蘿蔔 150 克。

調味料

薑片、蒜片、鹽、白糖、白醋各適量。

做　法

1. 將白蘿蔔洗淨、去皮，切成大薄片。胡蘿蔔洗淨、去皮，切成細絲。一起放入淡鹽水中浸泡 30 分鐘，再用冷水浸透，撈出瀝乾，然後加入白糖、白醋、鹽、薑片、蒜片醃製 4 小時，使其變軟入味。

2. 將白蘿蔔片逐片攤開，用胡蘿蔔絲作蕊，卷成長卷，再用刀切成小段，擺在盤中呈花朵狀，最後淋入原汁即可。

小提醒

白蘿蔔切片厚薄要均勻，捲入胡蘿蔔絲要整齊，菜餚品相才能美觀。

鮮奶炸柿排

材 料
番茄 300 克，雞蛋 2 個。
調味料
煉乳 2 大匙，太白粉 3 大匙，麵包粉 100 克，沙拉油 500c.c.。
做 法
1. 將番茄去蒂、洗淨，切成 0.5 公分厚的圓片。雞蛋打入碗中，攪散備用。
2. 將番茄片沾勻太白粉、裹上蛋液、滾勻麵包粉待用。
3. 起鍋點火，加油燒至五成熱，放入番茄炸至金黃色，撈出瀝油裝盤，配煉乳蘸食即可。

小提醒
番茄所含的番茄紅素能阻止癌變進程，對前列腺癌、胰腺癌、直腸癌、喉癌、口腔癌、乳腺癌有一定的功效，並可在癌症手術後的放療、化療及康復過程中發揮輔助治療作用。

枸杞苦瓜

材 料
苦瓜 300 克，枸杞 15 克。
調味料
鹽、紹興酒、太白粉水各 1 小匙，白糖 1/3 小匙，鮮湯、沙拉油各 1 大匙。
做 法
1. 將枸杞用溫水泡軟，洗淨瀝乾。苦瓜去籽、洗淨，切成菱形塊，再放入滾水中汆燙一下，撈出瀝乾備用。
2. 起鍋點火，加油燒熱，先放入苦瓜煸炒，再加入鮮湯、枸杞，小火煮約 1 分鐘，然後烹入紹興酒，加入鹽、白糖調勻，再以太白粉水勾芡，淋入香油，即可起鍋裝盤。

小提醒
苦瓜性寒、味苦，能清熱解毒。近年來，醫學家們曾對苦瓜進行了藥理實驗，發現苦瓜中的蛋白脂類成分可以提高人體免疫細胞功能，有抗癌功效。

涼拌茄泥

材 料
茄子 300 克，韭菜、香菜各 20 克。
調味料
蒜泥 30 克，鹽 1/2 小匙，香油、芝麻醬各 1 小匙。
做 法
1. 將茄子去蒂、去皮、洗淨，放入蒸鍋蒸 20 分鐘至熟，取出晾涼備用。
2. 將韭菜、香菜分別摘洗乾淨，切末待用。
3. 將蒸好的茄子放入碗中，加入香菜末、韭菜末、蒜泥、香油、鹽、芝麻醬，用筷子拌成泥狀，即可食用。

小提醒
茄子中含有多種維生素、脂肪、蛋白質、糖類和鈣、磷、鉀等礦物質，對高血壓、動脈硬化有一定防治作用。由於它幾乎不含嘌呤，又具有一定的利尿功效，因此也適宜痛風病人經常食用。

花椰冬筍

材 料
綠花椰菜、冬筍各 200 克。

調味料
鹽、紹興酒各 1 小匙,太白粉水 1 大匙,沙拉油少許。

做 法
1. 將綠花椰菜洗淨,掰成小朵。冬筍洗淨,切成滾刀塊。分別放入滾水中汆燙一下,撈出瀝乾備用。
2. 起鍋點火,加油燒熱,先放入綠花椰菜翻炒片刻,再加入一半的鹽、紹興酒調好味,然後以太白粉水勾芡,盛在盤邊待用。
3. 冬筍用同樣方法炒至熟透,盛在花椰菜中間即可。

小提醒
花椰菜過水時間不易過長,否則易爛,口感不脆。冬筍則相反,過水的時間要稍長一些,否則有異味。

鮑汁扣花菇

材 料
花菇 400 克,花椰菜 10 朵。

調味料
蔥段、薑片各 10 克,鹽、醬油各 1/2 小匙,蠔油、雞汁、太白粉水各 1 大匙,鮑魚醬 1 小匙,高湯 100 克,雞油 50 克,醬油、紹興酒、沙拉油各 2 大匙。

做 法
1. 將花菇去蒂、洗淨,放入滾水中汆燙一下,撈出瀝乾備用。
2. 鍋中加水燒開,將花菇、雞油、蔥段、薑片、醬油、紹興酒放入碗中,放入蒸鍋蒸 2 小時,取出花菇瀝乾,裝盤待用。
3. 將花椰菜洗淨,放入加有沙拉油和鹽的滾水中汆燙一下,取出後瀝乾,裝入盛有花菇的盤中。
4. 鍋中加入高湯、醬油、蠔油、雞汁、鮑魚醬燒開,再用太白粉水勾芡,澆在花菇上即可。

蒜蓉花椰菜

材 料
綠花椰菜 500 克,蒜蓉 50 克。

調味料
雞粉 1 小匙,太白粉水適量,鹽、香油、沙拉油各 1 大匙。

做 法
1. 將綠花椰菜洗淨,掰成小朵,放入加入沙拉油和少許鹽的滾水中汆燙一下,撈出瀝乾備用。
2. 起鍋點火,加少許底油燒熱,先下入蒜蓉炒香,再放入綠花椰菜,加入鹽、雞粉翻炒均勻,然後用太白粉水勾芡,淋入香油,即可起鍋裝盤。

小提醒
綠花椰菜含有豐富的抗壞血酸,能增強肝臟的解毒能力,提高機體免疫力。綠花椰菜可有效對抗乳腺癌和大腸癌。

西式焗蓮藕

材 料

鮮藕 600 克，白蘑菇、培根醃肉、紅腰豆各 50 克，洋蔥末 30 克。

調味料

蒜末 5 克，鹽 1 小匙，白糖 1/2 小匙，雞湯 30 克，牛骨湯 200 克，乳酪、奶油各 1 大匙。

做 法

1. 將鮮藕去皮、洗淨，切成厚片，再放入蒸鍋蒸 15 分鐘至熟，取出裝盤。白蘑菇、醃肉分別洗淨，切成小粒，再放入滾水中汆燙一下，撈出瀝乾。紅腰豆洗淨，用適量牛骨湯煮熟備用。

2. 鍋中加入奶油燒熱，先下入洋蔥末、蒜末炒香，再放入白蘑菇、醃肉，然後添入牛骨湯，加入鹽、白糖、雞湯煮沸，澆在鮮藕上，再撒上乳酪，放入箱中加熱，待表面呈金黃色時取出，最後將紅腰豆擺在盤邊，與鮮藕同食即可。

紫蘇葉卷木耳

材 料

紫蘇葉 100 克，木耳 20 克。

調味料

白糖 1 大匙，醬油 2 大匙，山葵 1/2 小匙，麻醬 3 大匙。

做 法

1. 將木耳用冷水泡發，去除老根，洗淨燙熟，切成細絲。紫蘇葉洗淨，根部切齊備用。

2. 用紫蘇葉將木耳絲卷成手指粗的卷，整齊地擺在盤中待用。

3. 將麻醬放入小碗中，加入醬油調開，再放入山葵、白糖攪拌均勻，調成麻醬汁備用。

4. 將紫蘇葉卷和麻醬汁一同上桌，蘸食即可。

芝麻地瓜

材 料

地瓜 400 克，芝麻 100 克，雞蛋黃 5 個。

調味料

太白粉 2 大匙，沙拉油 1500c.c.。

做 法

1. 將地瓜去皮、洗淨，切成粗條。蛋黃放入碗中，打散備用。

2. 將地瓜條沾勻太白粉、裹上蛋黃，滾勻芝麻待用。

3. 起鍋點火，加油燒至五成熟，放入地瓜炸至浮起熟透，撈出瀝油，即可裝盤上桌。

小提醒

地瓜的熱量只有白米的 1/3，且富含膳食纖維和果膠，具有阻止醣分轉化為脂肪的特殊功能，是理想的減肥食品。油炸地瓜時油溫不宜過高，以免芝麻過火而薯條還未熟透。

花椒 A 菜心絲

材料

A 菜心 300 克。

調味料

鹽 1/2 小匙，花椒 4 粒，紹興酒、沙拉油各 1 大匙。

做法

1. 將 A 菜心去皮、洗淨，先斜刀切成薄片，再切成細絲備用。
2. 起鍋點火，加油燒熱，先下入花椒粒炸透，再撈出花椒粒，然後放入 A 菜心絲，烹入紹興酒，翻炒至五分熟，再加入鹽調味，用大火快炒幾下，即可起鍋裝盤。

小提醒

A 菜心的乳漿清苦，可刺激人的消化功能，有助於增進食欲。A 菜心有利五臟、補筋骨、通經絡、白牙齒、明耳目的功效，是兒童生長發育的理想食品。

南瓜炒百合

材料

南瓜 500 克，百合 100 克，青椒、紅椒各 10 克。

調味料

蔥末、薑末各 5 克，鹽 1/2 小匙，太白粉水、沙拉油各 1 大匙。

做法

1. 將南瓜去皮、去瓤、洗淨，切成長片，再放入滾水中煮熟。百合去黑根、洗淨。青椒、紅椒分別去籽、洗淨，切成菱形片，再與百合一起放入滾水中汆燙一下，撈出瀝乾備用。
2. 起鍋點火，加油燒至五成熱，先下入蔥末、薑末炒香，再放入南瓜、百合、青椒、紅椒略炒，然後加入鹽翻炒均勻，再用太白粉水勾芡，淋入香油，即可起鍋裝盤。

小提醒

此菜有補中益氣、潤肺止咳、解毒等功效，並對失眠症有一定的治療效果。

清炒茭白

材料

茭白筍 300 克，黑木耳 25 克。

調味料

鹽 1 小匙，香油、沙拉油各 1 大匙。

做法

1. 將茭白筍去皮洗淨，切成滾刀塊，放入滾水中煮透，撈出瀝乾。黑木耳摘洗乾淨，撕成小朵備用。
2. 起鍋點火，加入底油燒熱，先放入茭白筍、木耳翻炒片刻，再加入鹽炒至入味，然後淋入香油，即可起鍋裝盤。

小提醒

茭白筍性寒、味甘、無毒，能除煩止渴，清熱解毒。茭白筍所含的粗纖維能促進腸道蠕動，預防中老年人腸道疾病的發生。茭白筍屬低脂肪食物，還具有減肥、降血脂的作用。

銀耳鴿蛋

材　料

銀耳 100 克，鴿蛋 10 個，枸杞 25 克，鮮花 2 瓣。

調味料

蔥花、薑片各 10 克，鹽、胡椒粉各 1 小匙，高湯 300 克，蔥油 3 大匙，太白粉水、沙拉油各 1 大匙。

做　法

1. 將鴿蛋洗淨，放入冷水鍋中煮熟，再撈出浸涼，去殼後放入容器中，加入高湯、鹽、薑片，入蒸鍋蒸 10 分鐘，然後關火浸泡 1 小時，撈出備用。

2. 將枸杞子洗淨，用溫水泡軟。銀耳泡軟，去除老根，撕成朵狀，再放入滾水中煮透，撈出沖涼待用。

3. 起鍋點火，加少許底油，先下入蔥花炒香，再放入鴿蛋、高湯煨至熟透，然後加入銀耳、枸杞翻炒均勻，再用鹽、胡椒粉調味，以太白粉水勾薄芡，淋入少許蔥油，起鍋裝盤，用鮮花瓣點綴即可。

黃豆燉海帶

材　料

海帶 250 克，黃豆 100 克，豬五花肉 50 克，紅乾椒丁 10 克。

調味料

醬油 2 大匙，白糖 1 大匙，高湯 600 克，沙拉油 750c.c.。

做　法

1. 將海帶洗滌整理乾淨，切成菱形塊；豬五花肉洗淨，切片備用。

2. 起鍋點火，加油燒至八成熱，將海帶下油炸酥，撈出瀝油待用。

3. 鍋中留少許底油，先放入五花肉、紅乾椒略炒，再加入醬油、海帶和黃豆，添入高湯，用中火燒開後轉小火燜燒 50 分鐘，待海帶和黃豆酥爛後再轉大火收汁，起鍋裝盤，晾涼即可食用。

糟香玉蘭

材　料

菜心 300 克。

調味料

鹽 1/2 小匙，紹興酒 1 大匙，糟滷汁 3 大匙。

做　法

1. 將菜心去皮、洗淨，切成 10 公分長的大薄片，再放入滾水中稍燙一下，迅速撈出沖涼，瀝乾備用。

2. 將糟滷汁、紹興酒、鹽放入小碗中調勻，製成糟香汁待用。

3. 將菜心片放入糟香汁中浸泡 10 分鐘，取出後對折，擺在盤中即可。

小提醒

糟滷汁做法：將 200c.c.米酒、 75c.c.花雕、 30c.c.酒糟放入不銹鋼鍋中，再加入少許五香粉、胡椒粉、鹽、白糖和白滷水，燒沸後過濾，即成糟滷汁。

奶香什錦

材料

塔菜150克，玉米粒100克，蘑菇50克，西洋芹、百合、紅腰豆各30克，菊花瓣12片。

調味料

鹽1小匙，花生醬、白糖各1大匙，三花奶水150克，奶油2小匙。

做法

1. 將塔菜洗淨，掰成朵狀。蘑菇洗淨，切成小塊。西洋芹洗淨，切成小段。紅腰豆、玉米粒、百合、菊花瓣分別洗淨。一起放入滾水中燙透，撈出瀝乾，裝入盤中備用。

2. 起鍋點火，加入奶油燒熱，放入鹽、花生醬、三花奶水、白糖，小火煮至糊狀，澆在盤中即可。

蟹粉扒筍尖

材料

嫩筍尖350克，蟹黃、蟹肉各100克。

調味料

鹽、胡椒粉、香油各1小匙，紹興酒、太白粉各2小匙，雞湯300克，沙拉油250c.c.。

做法

1. 將嫩筍尖洗淨，切成5公分長的段，再放入三成熱油中浸泡1分鐘，撈出瀝油，然後放入滾水中煮約5分鐘，撈出瀝乾，擺入盤中備用。

2. 將蟹黃、蟹肉放入滾水中略煮一下，撈出瀝乾待用。

3. 起鍋點火，加油燒熱，先放入雞湯、蟹肉、鹽、香油、胡椒粉燒開，再烹入紹興酒，用太白粉水勾芡，然後放入蟹黃炒勻，淋在嫩筍尖上即可。

板栗花生

材料

花生米250克。

調味料

白糖3大匙，蠔油2大匙，蜂蜜100克。

做法

1. 將花生米洗淨，挑去小粒及變質的顆粒，用清水浸泡8小時，撈出瀝乾備用。

2. 起鍋點火，加入清水燒開，先放入蠔油、白糖、蜂蜜煮滾，再下入泡好的花生米，大火燒開後轉小火煮約3小時（煮的過程中，要不停用勺子翻動原料，以防黏鍋），待湯汁稠濃時，將花生米倒入盤中，晾涼即可食用。

小提醒

花生的營養價值極高，被人們譽為葷中之素。花生內含不飽和脂肪酸，能降低膽固醇，有助於防治動脈硬化、高血壓和冠心病。

紗窗影竹林

材 料
竹笙、蘆筍各100克，蟹肉棒2根。

調味料
薑末5克，鹽、胡椒粉各1小匙，蛋清3個，太白粉水1大匙，鮮湯100克，香油2小匙，蔥油2大匙。

做 法
1. 將竹笙洗淨，切成圓筒狀，再用冷水浸泡回軟，放入滾水中燙透，撈出瀝乾。蛋清放入碗中攪勻。蟹肉棒撕成細絲，放入滾水中燙，瀝乾備用。

2. 將蘆筍去根、洗淨，取用嫩尖，切成筆狀，再放入滾水中燙透，然後插入竹笙筒中（將筍尖露出）待用。

3. 起鍋點火，加入蔥油燒熱，先放入薑末炒香，再添入鮮湯，加入鹽、胡椒粉調味，然後放入竹笙、蟹肉絲煨燒片刻，再澆入蛋清燒沸，以太白粉水勾薄芡，淋入香油，逐一揀出擺在盤中，再將鍋中原汁澆上即可。

雞絲蒿子桿

材 料
茼蒿300克，雞胸肉200克，紅椒15克，雞蛋清1個。

調味料
蒜末15克，鹽1小匙，太白粉水1大匙，沙拉油600c.c.。

做 法
1. 將茼蒿去葉、洗淨，切成3公分長段。紅椒去蒂及籽，洗淨後切絲備用。

2. 將雞胸肉洗淨，切成細絲，再放入碗中，加入少許鹽、太白粉、沙拉油和蛋清抓勻，醃製10分鐘至入味，然後放入四成熱油中滑散滑透，撈出瀝油待用。

3. 起鍋點火，加入少許底油，先下入紅椒絲、蒜末炒香，再放入茼蒿桿炒勻，然後加入雞肉絲略炒，再用鹽調味，以太白粉水勾芡，淋入香油，即可起鍋裝盤。

豆乾炒豇豆

材 料
豇豆300克，豆乾200克。

調味料
蔥段、薑片、蒜末各10克，鹽、胡椒粉各1/2小匙，醬油1大匙，香油2小匙，太白粉水適量，沙拉油500c.c.。

做 法
1. 將豆乾洗淨，切成粗絲，再放入滾水中燙透，撈出後用醬油拌勻，然後放入七成熱油中沖炸一下，撈出瀝油備用。

2. 將豇豆切去頭尾，洗淨切段，再放入滾水中燙透，撈出瀝乾待用。

3. 起鍋點火，加入少許底油，先放入蔥段、薑片、蒜末炒香，再下入豇豆翻炒均勻，然後加入豆乾、鹽、胡椒粉炒至入味，再以太白粉水勾薄芡，淋入香油，即可起鍋裝盤。

蛋黃焗山藥

材 料

山藥 300 克，鹹鴨蛋黃 4 個。

調味料

鹽、雞粉各 1/2 小匙，紹興酒、白糖各 2 小匙，胡椒粉、蔥薑油各 1 小匙，香油 1 大匙，太白粉 2 大匙，沙拉油 1000c.c.。

做 法

1. 將山藥去皮、洗淨，放入鍋中蒸至八分熟，取出後晾涼切條，再拍勻太白粉，放入七成熱油中炸至外表微黃，撈出瀝油備用。

2. 將鹹蛋黃放入鍋中蒸熟，取出後碾碎待用。

3. 起鍋點火，加入蔥薑油，先放入鹹蛋黃、鹽、雞粉、紹興酒、白糖、胡椒粉、香油炒香，再下入山藥條翻裹均勻，即可起鍋裝盤。

肉片燒扁豆

材 料

扁豆 300 克，豬肉 150 克。

調味料

蔥末、薑末、蒜末各 10 克，鹽 1/2 小匙，雞粉、胡椒粉各 1 小匙，醬油、太白粉水 2 小匙，紹興酒、香油、沙拉油各 1 大匙。

做 法

1. 將扁豆洗淨，摘去豆筋，切成小塊，再放入滾水中燙透，撈出瀝乾。豬肉洗淨，切片備用。

2. 起鍋點火，加入少許底油，先放入肉片炒至變色，再下入蔥末、薑末炒香，然後烹入紹興酒，放入扁豆、鹽、醬油、雞粉、胡椒粉、蒜末翻炒均勻，再以太白粉水勾芡，淋入香油，即可起鍋裝盤。

香煎豆腐卷

材 料

腐皮 6 張，豬肉絲 100 克，蛋液 80 克，香蔥 6 棵，香菜 50 克。

調味料

鹽 1/2 小匙，豆瓣醬、甜麵醬、紹興酒各 1 大匙，太白粉水 2 小匙，沙拉油 3 大匙。

做 法

1. 將香菜、香蔥摘洗乾淨，切成長段，再分成 6 份備用。

2. 將豬肉絲放入碗中，加入鹽、少許蛋液和太白粉上漿，再下入四成熱油中滑熟，撈出瀝油待用。

3. 起鍋點火，加入少許底油，先放入豆瓣醬、甜麵醬炒香，再烹入紹興酒，加入豬肉絲炒勻，也分成 6 份備用。

4. 取一張腐皮攤平，放入一份香菜、香蔥、肉絲，卷成手指粗細的卷，再依次做好 6 份，然後將兩面沾勻蛋液，放入熱油中煎至金黃色，起鍋後切成三段，碼入盤中即可。

蘿蔔絲炒蕨根粉

材　料
白蘿蔔 600 克，蕨根粉、胡蘿蔔各 50 克，蝦皮 15 克，香菜段少許。

調味料
乾椒絲、蔥絲各 10 克，鹽、胡椒粉各 1 小匙，米醋、白糖、辣椒油各 1 大匙，沙拉油 100c.c.。

做　法
1. 將白蘿蔔、胡蘿蔔分別洗淨，去皮、切絲，再放入滾水中燙透，撈出瀝乾備用。

2. 將蕨根粉用冷水浸泡 6 小時至軟，撈出瀝乾；蝦皮洗淨，用滾水泡透，再放入熱油中略炸一下，然後用辣椒油炒熟待用。

3. 起鍋點火，加油燒熱，先放入乾椒絲、蔥絲炒香，再下入白蘿蔔絲、胡蘿蔔絲、蕨根粉略炒，然後放入香菜段、鹽、胡椒粉、米醋、白糖炒勻，起鍋裝盤，撒上蝦皮即可。

麻花 A 菜心

材　料
A 菜心 300 克，小麻花 100 克，小溪蝦 50 克，青椒條、紅椒條各 10 克。

調味料
蔥段 5 克，鹽、雞粉、香油、蔥薑油各 1 小匙，紹興酒 2 小匙，胡椒粉 1/2 小匙，太白粉水 1 大匙，雞湯 2 大匙，沙拉油 500c.c.。

做　法
1. 將 A 菜心去皮、洗淨，切成長條，再放入滾水中略燙，撈出沖涼。溪蝦洗淨，同麻花一起放入熱油中炸酥，撈出瀝油備用。

2. 起鍋點火，加入少許底油，先放入青椒條、紅椒條、蔥段炒香，再下入 A 菜心快速翻炒，然後添入雞湯，加入鹽、雞粉、紹興酒、胡椒粉略燒，再放入麻花和溪蝦炒勻，以太白粉水勾芡，淋入香油和蔥薑油，即可起鍋裝盤。

素丸子滿盆香

材　料
白蘿蔔 600 克，小白菜 150 克，豆腐、海帶、金針菇各 50 克，雞蛋黃 2 個，冬粉 30 克，香菜末 10 克。

調味料
蔥末、薑末各 15 克，鹽、胡椒粉、豆瓣醬、辣椒油、麵粉、太白粉、鮮湯、沙拉油各適量。

做　法
1. 將白蘿蔔洗淨，去皮、切絲，再放入滾水中燙透，撈出後切末。金針菇、海帶洗淨，放入滾水中燙透備用。

2. 將蔥末、薑末、香菜末和一半冬粉放入碗中，加入蛋黃、豆腐、麵粉、太白粉、鹽、胡椒粉拌勻，擠成丸子，放入油中炸熟待用。

3. 起鍋點火，加入少許底油，先放入豆瓣醬炒香，再加入鮮湯、鹽調味，然後將湯汁過濾，放入海帶、金針菇、丸子、冬粉、小白菜燒開，起鍋裝碗，淋入辣椒油即可。

三彩瓜烙

材 料

黃瓜、胡蘿蔔、南瓜各 100 克。

調味料

鹽 1 小匙，白糖、巧克力粒各 2 小匙，橙汁 2 大匙，太白粉 3 大匙，沙拉油 500c.c.。

做 法

1. 將黃瓜、胡蘿蔔、南瓜均洗淨，去皮及瓤，切成細絲，再分別放入碗中，加入鹽、白糖、太白粉拌勻，製成瓜烙生坯備用。

2. 起鍋點火，加油燒至八成熱，倒入容器待用。

3. 鍋中留少許底油燒熱，將三種不同顏色的食材分別攤在鍋中，上火定型後再將燒熱的油倒在鍋裡，將食材炸熟，撈出瀝油備用。

4. 將炸好的瓜烙切成三角形，整齊地擺在盤中，再撒上巧克力粒，跟一小碟橙汁上桌即可。

火腿扒菜心

材 料

白菜心 700 克，土雞 600 克，火腿 80 克。

調味料

鹽 1/2 小匙，太白粉水 2 大匙，沙拉油 4 大匙。

做 法

1. 將白菜心洗淨，切成四半。火腿洗淨，切片備用。

2. 將土雞洗滌整理乾淨，剁成小塊，再放入沙鍋中，加入清水，中火煲約 2 小時，然後濾出雞湯待用。

3. 起鍋點火，加入清水燒開，放入白菜心汆燙至熟，撈出瀝乾，擺入盤中備用。

4. 另起一鍋，加入雞湯、鹽、火腿片燒開，再用太白粉水勾芡，淋在白菜心上即可。

臘味炒百合

材 料

鮮百合 250 克，臘腸 150 克，胡蘿蔔片少許。

調味料

蔥花、薑片各少許，鹽 1/3 小匙，紹興酒 1/2 大匙，白糖 1 小匙，太白粉、清湯各適量，沙拉油 1 大匙。

做 法

1. 將百合去黑根、洗淨，掰成小瓣，再放入滾水中燙透，撈出瀝乾備用。

2. 將臘腸放入蒸鍋蒸至熟透，取出晾涼，切片待用。

3. 起鍋點火，加少許底油燒熱，先用蔥花、薑片熗鍋，再放入臘腸煸炒片刻，然後烹入紹興酒，添少許清湯，加入鹽、白糖、鮮百合、胡蘿蔔片翻炒均勻，再用太白粉水勾薄芡，淋入香油，即可起鍋裝盤。

芥藍爆雙脆

材料

芥藍200克，魷魚、雞胗各100克。

調味料

鹽、雞粉各1小匙，太白粉水適量，紹興酒、香油、沙拉油各1大匙。

做法

1. 將芥藍去葉、洗淨，斜刀切成小段。魷魚洗淨，劃上十字花刀。雞胗洗淨，切片備用。

2. 起鍋點火，加入清水、少許沙拉油、紹興酒燒開，再放入芥藍汆燙一下，撈出沖涼。雞胗、魷魚分別放入滾水中燙至卷起，撈出瀝乾待用。

3. 另起一鍋，加少許底油燒熱，先下入芥藍、雞胗、魷魚翻炒均勻，再放入鹽、雞粉炒至入味，然後以太白粉水勾芡，淋入香油，即可起鍋裝盤。

蔥油雞蛋豆腐

材料

雞蛋豆腐8塊，紅乾椒絲10克，香菜段15克。

調味料

蔥絲30克，薑絲15克，豉油3大匙，蔥油2大匙，沙拉油750c.c.。

做法

1. 將雞蛋豆腐去掉包裝，切成2公分的厚片備用。

2. 起鍋點火，加油燒至八成熱，逐

片下入雞蛋豆腐，炸至表面金黃、外皮定型，撈出瀝油，裝入盤中，再淋入豉油，撒上蔥絲、薑絲、紅乾椒絲及香菜段待用。

3. 鍋中加入蔥油燒熱，澆在盤中即可。

小提醒

蒟蒻不可一起放入油中，以免熱油濺起鍋外，燙傷自己。

蟹卵雪菜豆腐

材料

火鍋豆腐2盒，豬肉末、雪菜各25克，蟹卵15克。

調味料

蔥末、薑末、香蔥花各10克，鹽、雞粉各1/2小匙，胡椒粉1小匙，濃縮雞汁2小匙，沙拉油50克。

做法

1. 將雪菜取出，用流水沖淨鹽分，再以潔布搌乾，切成細末。火鍋豆

腐取出，放入滾水中燙透，撈出瀝乾，搗成泥狀備用。

2. 起鍋點火，加入沙拉油燒熱，先放入蔥末、薑末炒香，再加入雪菜末、肉末炒熟，然後放入豆腐泥翻炒均勻，再加入鹽、雞粉、濃縮雞汁、胡椒粉調味，盛入盤中，最後用蟹子和香蔥花點綴即可。

橙汁南瓜

材 料
南瓜 400 克。

調味料
白糖 2 大匙,檸檬汁 1 大匙,橙汁 4 大匙。

做 法
1. 將南瓜洗淨,去皮及瓤,切成 3 公分長、1 公分寬的條備用。
2. 起鍋點火,加水燒開,放入南瓜條汆燙 2 分鐘,撈出沖涼,瀝乾備用。

3. 將涼透的南瓜條放入大碗中,加入檸檬汁、橙汁、白糖攪拌均勻,再醃製 1 小時,即可裝盤食用。

小提醒
南瓜可有效防止高血壓及肝臟和腎臟的一些病變,並有助於防治糖尿病。南瓜在汆燙時應掌握好火候,汆燙時間不易過長,否則會影響口感。

酸菜一品鍋

材 料
酸菜 400 克,鴨血、鮮蝦仁各 80 克,熟五花肉、凍豆腐各 100 克,河蟹 1 隻,牡蠣 50 克,蝦米 15 克,冬粉少許。

調味料
蔥段、薑絲各 10 克,八角 2 粒,鹽、胡椒粉、香油各 1 小匙,雞粉 1/2 小匙,鮮湯 1000c.c.,豬油 1 大匙。

做 法
1. 將酸菜切成細絲,洗淨擰乾。熟五花肉切薄片。蝦米泡軟、洗淨。凍豆腐化開,切成長條。鴨血切厚片。冬粉用熱水發好。蝦仁、牡蠣整理乾淨。河蟹洗淨,剁去爪尖,開蓋後去內臟備用。
2. 起鍋點火,加入豬油,先下入蔥段、薑片、八角炒香,再放入酸菜絲煸炒,然後倒入沙鍋中,加入鮮湯、蝦米、五花肉,先用大火燒開,再轉小火燜燒 20 分鐘,然後將蝦仁、河蟹、凍豆腐一起倒入,待鍋再開時,加入牡蠣、冬粉、血腸,調入鹽、雞粉、胡椒粉、香油,開鍋即可食用。

白果苦瓜

材 料
苦瓜 300 克,白果 50 克,紅辣椒 30 克。

調味料
蒜蓉少許,鹽、香油各 1/2 小匙。

做 法
1. 將苦瓜去皮、洗淨,切成 4 瓣,除去瓜瓤,切成菱形塊,再放入滾水中燙透,撈出沖涼,瀝乾備用。
2. 將紅辣椒洗淨,切成菱形片。白果洗淨,放入滾水中燙透,撈出沖涼,瀝乾待用。
3. 將白果、苦瓜、紅辣椒放入大碗中,加入鹽、香油、蒜蓉拌勻,即可裝盤上桌。

小提醒
如果想減少苦瓜的苦味,可在汆燙前用鹽抓拌一下,再用清水沖去鹽分。

豆腐黃瓜罐

材　料

黃瓜500克，豆腐泥100克，冬筍、金針各50克，乾香菇、胡蘿蔔末各15克，雞蛋清1個。

調味料

蔥末、蒜末各5克，鹽、雞粉、香油各1/2小匙，太白粉4大匙，太白粉水適量，高湯50c.c.。

做　法

1. 將黃瓜洗淨，切成長段，在每段中間刻上鋸齒刀，一分為二，再挖去瓜瓤及籽，做成空桶狀備用。

2. 將冬筍、金針、乾香菇洗淨，切成細末，再加入豆腐泥、蔥末、蒜末、鹽、一半蛋清和太白粉攪勻，製成豆腐餡。剩餘蛋清和太白粉調成糊待用。

3. 將豆腐餡鑲入黃瓜罐中，用麵糊封口，撒上胡蘿蔔末，擺入盤中，入蒸鍋蒸熟取出。

4. 起鍋點火，加入高湯、鹽、雞粉燒沸，再用太白粉水勾芡，淋入香油，製成芡汁，澆在黃瓜罐上即可。

滑菇小白菜

材　料

小白菜500克，滑菇200克。

調味料

蒜片5克，鹽、紹興酒各1小匙，雞粉1/2小匙，太白粉水適量，香油、沙拉油各1大匙。

做　法

1. 將小白菜去根、洗淨，放入加有鹽、紹興酒、沙拉油的滾水中汆燙一下，撈出瀝乾，裝入盤中備用。

2. 將滑菇洗淨，放入滾水中燙透，撈出瀝乾待用。

3. 起鍋點火，加入少許底油，先放入滑菇略炒，再加入雞粉、蒜片炒勻，然後用太白粉水勾芡，淋入香油，盛在小白菜上即可。

小提醒

小白菜中所含的鈣和磷等礦物質能促進骨骼發育，加速人體新陳代謝，增強機體造血功能。

肉末燜菠菜

材　料

菠菜800克，豬肉150克，冬粉50克。

調味料

蔥末、薑末各5克，鹽1/2小匙，醬油1大匙，雞湯100c.c.，沙拉油少許。

做　法

1. 將菠菜摘洗乾淨，冬粉用溫水泡軟，分別放入滾水中汆燙一下，撈出瀝乾。豬肉洗淨，切成小粒備用。

2. 起鍋點火，加少許底油燒熱，先下入蔥花、薑末、豬肉粒炒出香味，再加入鹽、醬油、雞粉炒勻，然後放入菠菜燜燒1分鐘，即可起鍋裝盤。

小提醒

菠菜汆燙的時間不宜過長，以免營養素流失。

夏威夷小炒

材　料
芥藍、西洋芹各 200 克，腰果、夏威夷果各 50 克，紅椒 30 克。

調味料
蔥末、薑末、蒜片各少許，鹽、雞粉、香油各 1/2 小匙，太白粉水適量，鮮湯 1 大匙，沙拉油 500c.c.。

做　法
1. 將芥藍洗淨，去根及老葉，切成長段。西洋芹去皮，切成菱形塊。紅椒去蒂及籽，洗淨切片備用。

2. 起鍋點火，加油燒至四成熱，放入腰果、夏威夷果炸至金黃色，撈出瀝油。芥藍、西洋芹放入滾水中汆燙一下，撈出瀝乾待用。

3. 鍋中留少許底油，先用蔥、薑、蒜熗鍋，再加入紅椒略炒，然後放入西洋芹、芥藍、腰果、夏威夷果，加入鹽、雞粉、鮮湯，快速翻炒均勻，再用太白粉水收汁，淋入香油即可。

雞絲炒銀芽

材　料
綠豆芽 500 克，雞胸肉 100 克。

調味料
蒜片 5 克，鹽、雞粉、米醋各 1 小匙，太白粉水適量，香油少許，沙拉油 1 大匙。

做　法
1. 將雞胸肉洗淨，切成細條。綠豆芽掐去兩端，洗淨瀝乾備用。

2. 起鍋點火，加少許底油燒熱，先下入雞肉絲炒熟，再放入綠豆芽大火翻炒，加入鹽、雞粉、米醋炒至入味，再放入蒜片，用太白粉水收汁，淋入香油，即可起鍋裝盤。

小提醒
綠豆芽有消暑開胃、清熱解毒的功效，適宜各類人群食用。烹調時，用大火爆炒至豆芽去腥即可，以免口感不脆。

羅漢上素齋

材　料
西洋芹、玉米筍、黃豆芽、青江菜、甜豆、銀耳、黑木耳各 80 克。

調味料
蔥末、薑末各 5 克，蒜片少許，鹽、雞粉、香油各 1/2 小匙，雞湯 1 大匙，太白粉、沙拉油各適量。

做　法
1. 將西洋芹洗淨，去筋及葉，切成菱形塊。青江菜去根，切成長段。銀耳、黑木耳去蒂，洗淨，撕成小朵。黃豆芽摘洗乾淨。甜豆洗淨。去筋備用。

2. 將鹽、雞湯、太白粉放入碗中調勻，製成芡汁待用。

3. 將西洋芹、玉米筍、黃豆芽、青江菜、甜豆、銀耳、黑木耳分別放入滾水中燙透，撈出瀝乾備用。

4. 鍋中加油燒熱，先下入蔥、薑、蒜爆香，再放入西洋芹、玉米筍、黃豆芽、青江菜、甜豆、銀耳、黑木耳，然後倒入芡汁翻炒均勻，再淋入香油即可。

豆豉鯪魚油麥菜

材 料
油麥菜（大陸妹）500克，豆豉鯪魚（罐頭）300克。

調味料
雞粉1/2小匙，太白粉水適量，香油、沙拉油各1大匙。

做 法
1. 將豆豉鯪魚取出，切成小塊備用。
2. 將油麥菜去根、洗淨，切成長段，再放入加有沙拉油的滾水中汆燙一下，撈出沖涼，瀝乾備用。
3. 起鍋點火，加少許底油燒熱，先下入豆豉鯪魚炒香，再放入油麥菜翻炒均勻，然後加入雞粉調味，再用太白粉水收汁，淋入香油，即可起鍋裝盤。

小提醒
汆燙油麥菜時要注意火候，至油麥菜變綠即可。

鑲青椒

材 料
青椒400克，豬絞肉250克。

調味料
蔥花、薑片、蒜末各5克，鹽、香油各1小匙，白糖、胡椒粉各1/2小匙，太白粉1大匙，太白粉水、紹興酒各2大匙，肉湯250c.c.，豬油100克。

做 法
1. 將青椒去蒂及籽，洗淨後對剖成兩半。豬絞肉放入碗中，加入蔥花、薑末、少許肉湯、太白粉攪勻，製成餡料，再鑲入青椒中，沾勻太白粉備用。
2. 起鍋點火，加入豬油燒至六成熱，先放入青椒（肉餡朝下）煎成金黃色，再烹入紹興酒，添入肉湯，蓋緊鍋蓋，用小火燜燒3分鐘，起鍋裝盤待用。
3. 鍋中原湯加入胡椒粉、鹽、白糖調味，再用太白粉水勾薄芡，淋入香油，撒上蒜末，均勻地澆在青椒上，即可上桌食用。

古香茄子

材 料
茄子500克，豬絞肉200克，青豆30克，雞蛋1個。

調味料
薑末5克，鹽1/2小匙，蒜蓉辣醬1大匙，十三香少許，太白粉100克，太白粉水適量，雞湯200c.c.，沙拉油750c.c.。

做 法
1. 將茄子去蒂、洗淨，切成小段，在中間挖出一個小洞。青豆洗淨備用。
2. 將豬絞肉放入碗中，加入鹽、十三香、薑末、蛋液、少許太白粉拌勻，鑲入茄段中，再將青豆放在肉餡中間，然後拍勻太白粉，放入六成熱油中炸熟，撈出瀝油待用。
3. 另取一鍋，放入雞湯、蒜蓉辣醬及炸熟的茄段，小火燒至入味，盛入盤中，再將剩餘的湯汁以太白粉水勾芡，淋入香油，澆在茄段上即可。

夏果炒芥藍

材　料
芥藍 600 克，夏威夷果 150 克。
調味料
蔥花、薑絲、蒜片各 5 克，鹽 1/2 小匙，太白粉水 1 小匙，沙拉油適量。
做　法
1. 將夏威夷果洗淨，瀝乾水分，放入熱油中炸至酥脆，撈出瀝油。芥藍去葉、洗淨，切成段，再放入滾水中汆燙一下，撈出沖涼，瀝乾備用。
2. 起鍋點火，加油燒至六成熱，先下入蔥花、薑絲、蒜片炒香，再放入芥藍、鹽翻炒均勻，然後用太白粉水勾芡，撒入夏威夷果，即可起鍋裝盤。
小提醒
芥藍含有豐富的維生素、蛋白質、糖類及鈣、磷、鐵等礦物質，具有養顏美容、幫助消化和去脂減肥的功效。

港式小豆腐

材　料
豆腐 500 克，蝦仁 100 克，紅尖椒、茼蒿各 20 克。
調味料
蔥末 5 克，鹽、雞粉、香油各 1 小匙，太白粉水適量，雞湯 50c.c.。
做　法
1. 將豆腐洗淨，去除四周老皮，切成 1 公分見方的塊。蝦仁挑除沙腸、洗淨，切成小塊。紅尖椒洗淨，去除頭尾，切成 1 公分見方的丁。茼蒿洗淨，切成 1 公分長段備用。
2. 將豆腐、蝦仁放入滾水中燙透，撈出瀝乾待用。
3. 起鍋點火，加油燒至四成熱，先下入蔥末炒出香味，再放入豆腐、蝦仁、鹽、雞粉、雞湯翻炒均勻，然後加入紅辣椒丁、茼蒿段炒勻，再以太白粉水勾芡，淋入香油，即可起鍋裝盤。

果香茄條

材　料
茄子 300 克。
調味料
橙汁 1 大匙，白糖 1 小匙，太白粉 150 克，太白粉水 1/2 小匙，沙拉油 1000c.c.。
做　法
1. 將茄子去蒂、去皮、洗淨，切成長條，再放入碗中，加入少許清水沾濕，拍勻太白粉備用。
2. 起鍋點火，加油燒至六成熱，放入茄條炸至定型，撈出瀝油待用。
3. 另起一鍋，加入少許清水燒開，先放入橙汁、白糖調勻，再下入茄條燒至入味，然後用太白粉水勾薄芡，快速翻拌均勻，即可起鍋裝盤。

什錦鑲南瓜

材 料

南瓜 1000 克,蝦仁、鮮貝肉、水發海參各 100 克。

調味料

鹽 1 小匙,雞粉 2 小匙,蛋清 1 個,太白粉適量。

做 法

1. 將蝦仁挑除沙腸、洗淨。鮮貝肉、海參分別洗淨。南瓜去皮及瓤,洗淨後切成菱形塊,再放入滾水中汆燙一下,撈出瀝乾備用。

2. 將蝦仁、鮮貝肉、海參剁成泥狀,再放入碗中,加入蛋清、鹽、雞粉、太白粉攪勻,製成三鮮餡,然後擠成小丸子待用。

3. 將每塊南瓜上挖出一個 1 公分深的圓洞,鑲入小丸子,再放入蒸鍋蒸 25 分鐘,待南瓜熟透後取出,即可裝盤食用。

魚香茄條

材 料

茄子 500 克,泡椒 50 克。

調味料

蔥花 10 克,薑末、蒜末各少許,醬油 1 小匙,白糖、米醋各 1 大匙,太白粉水 2 小匙,鮮湯 100c.c.,沙拉油 75c.c.。

做 法

1. 將茄子去蒂、去皮、洗淨,切成 5 公分長的條。泡椒洗淨,切末備用。

2. 起鍋點火,加油燒至七成熱,放入茄條炸至五分熟,撈出待用。

3. 鍋中留少許底油燒熱,先下入泡椒末、薑末、蔥花、蒜末炒出香味,再添入鮮湯,放入炸好的茄條,然後加入白糖、米醋、醬油燒至入味,再用太白粉水勾芡,即可起鍋裝盤。

肉炒雞腿菇

材 料

鮮雞腿菇 400 克,豬瘦肉 100 克,青椒條、紅椒條各少許。

調味料

蔥花、薑片、蒜末、鹽、紹興酒、白糖、太白粉水、香油各少許,鮮湯、雞油各 3 大匙。

做 法

1. 將雞腿菇洗滌整理乾淨,切成寬條,再放入滾水中汆燙一下,撈出晾涼,瀝乾水分。豬瘦肉洗淨,切成薄片備用。

2. 起鍋點火,加入雞油燒熱,先下入蔥花、薑片、蒜末炒香,再放入豬肉片翻炒至變色,然後加入鮮湯、鹽、紹興酒、白糖,放入雞腿菇燒至入味,再用太白粉水勾芡,淋入香油,即可起鍋裝盤。

乾燒白靈菇

材　料
白靈菇500克，豬肉50克，豌豆20克。

調味料
蔥花、蒜末各5克，鹽1/2小匙，醬油、白糖、紹興酒各1小匙，豆瓣醬3大匙，鮮湯200c.c.，沙拉油75c.c.。

做　法
1. 將豌豆洗淨，放入滾水中煮熟。白靈菇洗淨，撕成小朵。豬肉洗淨，切末備用。

2. 起鍋點火，加油燒熱，先下入肉末炒至變色，再放入豆瓣醬、蒜末、蔥花炒香，然後烹入紹興酒，添入鮮湯，加入白靈菇、豌豆、醬油、鹽、白糖燒至入味，即可起鍋裝盤。

小提醒
白靈菇具有較高的藥用價值，含用較高的真菌多糖，有消積、殺蟲、鎮咳、消炎和防治婦科腫瘤的功效。

箱子豆腐

材　料
豆腐500克，三鮮餡（海參、蝦仁、肉末）200克。

調味料
蔥花、薑末各少許，鹽、紹興酒各2小匙，胡椒粉1/2小匙，太白粉水1大匙，鮮湯100c.c.，沙拉油3大匙。

做　法
1. 將豆腐洗淨，切成大塊。三鮮餡放入碗中，加入蔥花、薑末、鹽、胡椒粉、紹興酒攪勻，製成餡料備用。

2. 起鍋點火，加油燒熱，先下入豆腐塊炸至定型，再撈出瀝油，挖出中間的豆腐，然後鑲上三鮮餡，裝入盤中，放入蒸鍋蒸30分鐘，取出待用。

3. 另起一鍋，加入鮮湯、鹽、胡椒粉調勻，再用太白粉水勾芡，淋入少許香油，均勻地澆在豆腐上即可。

三椒小馬鈴薯

材　料
馬鈴薯750克，雞心椒、杭椒、美人椒各50克。

調味料
蔥花、蒜末各5克，鹽1/2大匙，白糖1/2小匙，鮮湯200c.c.，沙拉油75c.c.。

做　法
1. 將雞心椒、杭椒、美人椒分別去蒂及籽，洗淨瀝乾。馬鈴薯洗淨、去皮，挖成圓球型小塊備用。

2. 起鍋點火，加油燒熱，先下入雞心椒、杭椒、美人椒、蔥花、蒜末炒出香味，再添入鮮湯，放入馬鈴薯球，然後加入鹽、白糖燒約15分鐘，即可起鍋裝盤。

魚子燜豆腐

材料
豆腐 300 克,魚卵 150 克。
調味料
蔥花、蒜片各 5 克,鹽、雞粉、海鮮醬、醬油、紹興酒各 1 小匙,太白粉水適量,香油 1 大匙,沙拉油 750c.c.。
做法
1. 將魚卵洗淨,放入蒸鍋中蒸熟,取出後切成小塊。豆腐洗淨,切成 5 公分見方的厚片備用。

2. 起鍋點火,加油燒至五成熱,放入豆腐片炸至金黃色,撈出瀝油待用。

3. 鍋中留少許底油燒熱,先下入蔥花、海鮮醬炒香,再放入醬油、紹興酒燒開,然後加入豆腐片、魚卵塊、鹽、雞粉煨至入味,再放入蒜片,用太白粉水收汁,淋入香油,即可起鍋裝盤。

芥藍雞腿菇

材料
芥藍 400 克,雞腿菇 300 克。
調味料
蔥花、薑絲各 5 克,鹽、雞粉各 1/2 小匙,白糖少許,太白粉水 1 小匙,沙拉油適量。
做法
1. 將芥藍洗淨,切成 5 公分長段,再對剖成兩半,放入加有少許沙拉油的滾水中汆燙一下,撈出沖涼,瀝乾水分。雞腿菇洗淨,切成薄片,再放入滾水中汆燙一下,撈出瀝乾備用。

2. 起鍋點火,加油燒熱,先下入蔥花、薑絲炒香,再放入芥藍、雞腿菇、鹽、白糖、雞粉翻炒均勻,然後用太白粉水勾芡,淋入香油,即可裝盤上桌。

家常豆腐

材料
豆腐 500 克,豬肉片、青蒜苗各 50 克。
調味料
鹽 1/2 小匙,紹興酒、醬油、太白粉水各 2 小匙,豆瓣醬 3 大匙,鮮湯 150 克,沙拉油 2 大匙。
做法
1. 將豆腐洗淨,切成大厚片。青蒜苗摘洗乾淨,切段備用。

2. 起鍋點火,加油燒至七成熱,放入豆腐片炸至定型,撈出待用。

3. 鍋中留少許底油燒熱,先下入豬肉片炒至變色,再放入豆瓣醬炒香,然後烹入紹興酒,加入鮮湯、醬油、鹽、豆腐、青蒜苗燒約 8 分鐘,用太白粉水勾芡,即可起鍋裝盤。

主　食

　　主食是一日三餐，必不可少。如：粥、麵條、米飯、餅、點心等。

　　粥是我國傳統美食，明代的《煮粥詩》以「莫談淡薄少滋味，淡薄之中滋味長」來形容粥清淡素雅的滋味。

　　提起麵條，可謂世人皆知。如：山西的刀削麵、河南的燴面、廣州的炒麵、四川的擔擔麵……早已聞名遐邇。連家中的大事小情也用麵條來表達心意，如：「寬心麵」、「長壽麵」、「鴛鴦麵」、「全家福麵」等不勝枚舉。

　　吃飯不一定非得四菜一湯或大魚大肉，這樣您會離健美的身材越來越遠。實際上一盤營養均衡的炒飯、燴飯，再配上一碗清湯，就可以令自己及家人飽足一餐。

　　餅與點心異曲同工。如：家常餅、老婆餅、月餅、包子、餃子、燒麥、發糕、春捲、湯圓、粽子、壽桃等，逢年過節，喜事臨門時都會派上用場。由於各地物產、氣候、民風、食俗不同，繁衍出京式、廣式、蘇式等各俱特色的風味美點。

　　主食所用食材廣泛，除米、麵、薯、豆類外，與水產品、畜、禽、蛋、蔬菜、水果相結合，更能製作出風味各異的精美小吃。

　　主食常用的烹飪技法有：蒸、煮、烤、烙、炸、煎、燴、燜、炒等，只要熟悉食材的性能，掌握好火候，新手學做也並非難事。

什錦烤麩粥

材料

大米 2/3 杯，大麥米 1/3 杯，清水 12 杯，烤麩 50 克，花生仁、香菇各適量，蔥花少許。

調味料

鹽 1/2 小匙，雞粉 1 小匙。

做法

1. 大米淘洗淨，浸泡 30 分鐘。大麥米淘洗淨，浸泡 8 小時。烤麩漲發回軟，洗淨切塊。花生仁用冷水浸泡回軟。香菇用溫水泡發回軟，去蒂洗淨，切抹刀片備用。

2. 鍋中加入大米、大麥米、清水，上火燒沸，再下入烤麩、花生仁、香菇及鹽、雞粉，轉小火慢煮 1 小時，攪拌均勻，見粥黏稠，撒上蔥花，起鍋裝碗即可。

天下第一粥

材料

大米 1 杯，清水 10 杯，牡蠣 50 克，豬絞肉 25 克，鮮蝦皮、橄欖菜各適量，香蔥末少許。

調味料

食用油 1 大匙，紹興酒、醬油各 1/2 大匙，鹽 1/4 小匙，胡椒粉少許。

做法

1. 大米淘洗乾淨，浸泡 30 分鐘，撈出，放入鍋中加清水，用大火煮沸，立即轉小火，蓋 2/3 鍋蓋慢煮約 45 分鐘至熟。

2. 牡蠣擇洗淨，瀝乾水分。豬絞肉加入紹興酒、醬油、鹽、胡椒粉，煸炒至變色，和牡蠣一起倒入粥鍋中，再下入鮮蝦皮、橄欖菜攪拌均勻，煮 10 分鐘，轉中火，撒入香蔥末，起鍋裝碗即可。

雪梨大黃瓜粥

材料

糯米稀粥 1 碗，雪梨 1 個，大黃瓜 1 條，山楂糕 1 塊。

調味料

冰糖 1 大匙。

做法

1. 雪梨去皮及核，洗淨切塊。大黃瓜洗淨，切條。山楂糕切條，備用。

2. 鍋中放入稀粥，上火燒開，下入雪梨、大黃瓜、山楂條、冰糖拌勻，用中火燒沸，起鍋裝碗即可。

小提醒

中老年人應該多吃梨，它含有多種維生素和能使人體細胞和組織保持健康狀態的抗氧化劑，可以幫助人體淨化器官、儲存鈣質，同時還能軟化血管，促進血液將更多的鈣質送到骨骼，是一種令人生機勃發的水果。

消暑綠豆粥

材　料
綠豆1杯，清水5杯，銀耳、西瓜、蜜桃各適量。

調味料
冰糖3大匙。

做　法
1. 綠豆淘洗乾淨，浸泡8小時。銀耳用冷水浸泡回軟，擇洗乾淨。西瓜去皮及籽，切塊。蜜桃去核切瓣，備用。

2. 飯鍋中加入清水和泡好的綠豆，開大火燒沸，轉小火慢煮40分鐘，再下入銀耳及冰糖，攪勻煮20分鐘，然後放入西瓜和蜜桃，煮3分鐘離火，自然冷卻後裝入碗中，用保鮮膜密封，放入冰箱，冷凍20分鐘即可。

豌豆素雞粥

材　料
大米2/3杯，素雞100克，大麥米1/3杯，清水12杯，豌豆50克，豬肉餡25克，蔥末、薑末各少許。

調味料
食用油、紹興酒、醬油各少許，鹽1/3小匙，雞粉1小匙。

做　法
1. 大米淘洗淨，浸泡30分鐘；大麥米淘洗淨，浸泡8小時；素雞切丁；豬肉餡加入蔥末、薑末、食用油、紹興酒、醬油，煸炒至熟備用。

2. 鍋中加入大米、大麥米、清水，上火燒沸，轉小火煮45分鐘，下入素雞丁和炒好的豬肉餡，繼續煮10分鐘，再加入鹽、雞粉和豌豆，攪拌均勻，見粥黏稠，起鍋裝碗即可。

大棗銀耳粥

材　料
白米飯1碗，開水4杯，銀耳25克，大棗2粒，蓮子、枸杞各少許。

調味料
冰糖50克。

做　法
1. 銀耳用溫水泡發回軟，沖洗乾淨。大棗洗淨，泡軟去核。蓮子、枸杞分別洗淨，泡軟備用。

2. 白米飯放入開水鍋中攪勻，下入銀耳、大棗、蓮子、枸杞及冰糖，煮至黏稠即可。

小提醒
大棗性甘，平，能補脾胃，調營衛，生津液；銀耳有滋陰、潤肺、清熱、美容之功效。常喝此粥，對身體健康非常有益。

蟹柳豆腐粥

材 料
白米飯 1 碗，高湯 4 杯，蟹肉棒 1 根，豆腐 1 塊，薑末少許。

調味料
鹽 1/2 小匙，鮮雞粉 1 小匙。

做 法
1. 蟹肉棒洗淨，切段。豆腐切塊，備用。
2. 鍋中加入高湯，上火燒沸，下入薑末煮片刻，再放入白米飯、豆腐、鹽、雞粉，煮 20 分鐘，然後加入蟹肉棒煮 5 分鐘，攪拌均勻，起鍋裝碗即可。

小提醒
有道是「千燉豆腐，萬燉魚」，豆腐不怕煮燉，只是火力不要太大，小火慢功才能入味。

筍尖豬肝粥

材 料
稠粥 1 碗，鮮竹筍尖 100 克，豬肝 100 克，蔥末、薑末各少許。

調味料
紹興酒 1/2 小匙，鹽、太白粉各少許，高湯 1 杯。

做 法
1. 筍尖洗淨，斜刀切片。豬肝洗淨、切片，放入碗中，加紹興酒、鹽、太白粉醃製 5 分鐘。上述兩種原料分別過水燙透，撈出，瀝乾水分備用。
2. 鍋中倒入稠粥，上火煮滾，再加入筍尖、豬肝、高湯、鹽，攪拌均勻，撒上蔥末、薑末，起鍋裝碗即可。

蘿蔔火腿粥

材 料
白蘿蔔 1/4 個，金華火腿75克，稠粥 1 碗。

調味料
高湯 3 杯，雞粉 1/2 小匙，胡椒粉 1/4 小匙。

做 法
1. 白蘿蔔洗淨去皮，切成長方形厚片，中間再橫切一刀成夾刀片。金華火腿切薄片，分別夾入蘿蔔中，備用。
2. 鍋中倒入高湯，放入蘿蔔火腿夾，煮 20 分鐘，再加入稠粥煮沸，放入雞粉、胡椒粉找好口味，起鍋即可。

小提醒
蘿蔔可健胃消食，火腿有特殊的鮮香味，兩種材料組合做粥，風味獨特。一定要先用高湯將蘿蔔火腿夾煮透，再下入大米粥，否則就會失去意義。

香蔥雞粒粥

材料
大米 1 杯，清水 13 杯，雞胸肉 100 克，香菇、香蔥各適量。

調味料
鹽、太白粉各少許，雞粉 1 小匙，胡椒粉、香油各適量。

做 法
1. 雞胸肉切粒，加入鹽、太白粉醃製 15 分鐘；香菇泡發回軟，切小丁。香蔥切蔥花，備用。

2. 大米淘洗乾淨，浸泡 30 分鐘，撈出瀝乾水分，下入鍋中，加清水開大火燒沸，轉小火慢煮 40 分鐘，再下入雞粒、香菇、鹽、雞粉、胡椒粉、香油，攪拌均勻，煮 10 分鐘，撒入香蔥即可。

蘑菇香菇粥

材料
稠粥 1 碗，蘑菇 50 克，雞肉末 50 克，香菇適量，蔥花少許。

調味料
食用油、紹興酒、醬油各 1/2 小匙，鹽 1/4 小匙，雞粉 1 小匙，高湯 1 杯。

做 法
1. 蘑菇洗淨切片。香菇泡發回軟，洗淨去蒂，切抹刀片。雞肉末加食用油、紹興酒、醬油炒熟備用。

2. 鍋中倒入稠粥，開火燒開，加入蘑菇、香菇、鹽、雞粉、高湯，煮約 15 分鐘，再加入炒好的雞肉末，攪拌均勻，撒上蔥花，起鍋裝碗即可。

小提醒
煮粥時火力不要過大，以免糊鍋底。

冰糖五色粥

材料
稠粥 1 碗，嫩玉米粒 50 克，香菇丁、胡蘿蔔丁、青豆各 25 克。

調味料
冰糖 100 克。

做 法
1. 玉米粒、香菇丁、胡蘿蔔丁、青豆分別過水燙透，備用。

2. 鍋中倒入稠大米粥，開火燒開，加入嫩玉米粒、香菇丁、胡蘿蔔丁、青豆和冰糖，攪拌均勻，起鍋裝碗即可。

小提醒
現代人的營養理念，尤其提倡五色食品，即紅、黃、綠、白、黑。此粥富含各種礦物質和維生素，營養均衡。

椒醬肉粒粥

材 料
稀粥1碗，豬肉粒50克，蘿蔔乾50克，豆豉、青椒、紅辣椒各適量，蔥花少許。

調味料
食用油2大匙，紹興酒、醬油各1大匙，白糖1/2小匙，鹽1/4小匙，胡椒粉1/2小匙。

做 法
1. 蘿蔔乾洗淨，用溫水浸泡回軟，切丁。青椒、紅辣椒洗淨，去蒂及籽，切小丁備用。
2. 炒鍋上火燒熱，加少許底油，下入豬肉粒、蘿蔔乾煸炒至變色，加入紹興酒、醬油、白糖，再下入豆豉繼續煸炒出香味，最後下入青椒丁、紅辣椒丁，翻拌均勻，即可起鍋。
3. 鍋中倒入稀粥開火燒滾，下入炒好的椒醬肉粒，放入鹽、胡椒粉調味，攪拌均勻，撒上蔥花，起鍋裝碗即可。

草菇魚片粥

材 料
稠粥1碗，鱈魚肉200克，草菇50克，青豆適量，蔥末、薑末各少許。

調味料
高湯1杯，鹽1/2小匙，香油1/4小匙。

做 法
1. 鱈魚肉洗滌整理乾淨，切長方形薄片。草菇、青豆過水燙透，撈出，瀝乾水分備用。
2. 鍋中倒入高湯煮沸，下入薑末、草菇略煮一下，放入稠粥煮開，再加入鱈魚片煮熟，最後加入鹽、香油調勻，下入青豆，撒上蔥末，起鍋裝碗即可。

小提醒
煮魚片時間不宜過長，火力不要太大，以免煮碎。

皮蛋瘦肉粥

材 料
大米1杯，清水10杯，皮蛋1個，豬瘦肉100克，油條1根，香蔥末少許。

調味料
太白粉1/2小匙，鹽1/3小匙，雞粉1小匙，紹興酒少許。

做 法
1. 大米淘洗乾淨，浸泡30分鐘，下入鍋中加清水，開大火燒沸，轉小火慢煮45分鐘至熟。
2. 皮蛋去皮切瓣。豬肉切片，加入太白粉、紹興酒醃製15分鐘。油條切段備用。
3. 將皮蛋、豬肉、油條放入大米粥內，再加入鹽、雞粉，煮15分鐘至湯汁黏稠時，撒入香蔥末，起鍋裝碗即可。

仿真燕窩粥

材 料

稀粥1碗，杏仁露1罐，銀耳25克，枸杞適量。

調味料

冰糖1大匙。

做 法

1. 銀耳用冷水泡發膨漲後，擇洗乾淨，切成碎燕窩狀。枸杞用溫水泡至回軟，洗淨撈出，瀝乾水分備用。

2. 鍋中倒入杏仁露，加入稀粥，開大火燒沸，轉小火，再加入仿真燕窩、枸杞及冰糖，煮15分鐘，起鍋裝碗即可。

小提醒

此粥有滋陰、潤肺、補血、益精之功效。一定要用不銹鋼鍋烹煮，才能保證顏色和口味，雖是仿真燕窩，但可以假亂真。

莧菜小魚粥

材 料

稠粥1碗，莧菜25克，小銀魚100克。

調味料

鹽、紹興酒、胡椒粉各1/3小匙。

做 法

1. 莧菜洗淨，過水燙透，撈出，立即浸入冷開水中泡涼，再撈出瀝淨水分，切小段。小銀魚泡水，洗淨備用。

2. 稠粥煮沸，放入莧菜及小銀魚煮熟，加入鹽、紹興酒、胡椒粉，調拌均勻，起鍋裝碗即可。

小提醒

莧菜含有易為人體吸引的鐵質和鈣質，對成長發育和骨骼生長很有幫助。小銀魚也含豐富鈣質、蛋白質，且不帶鱗刺，很適合老年人及兒童食用。

人參雪蛤粥

材 料

大米1杯，清水10杯，鮮人參1根，雪蛤25克。

調味料

冰糖50克。

做 法

1. 人參洗淨，切薄片。雪蛤用溫水泡發回軟，沖洗乾淨備用。

2. 大米淘洗淨，浸泡30分鐘，撈出瀝乾水分，下入鍋中加清水，開大火燒沸，轉小火慢煮30分鐘，再下入人參片及冰糖，攪拌均勻，煮25分鐘，然後放入雪蛤稍煮片刻，見粥黏稠，起鍋裝碗即可。

小提醒

人參性甘，味微苦，溫，大補元氣，補脾益肺，寧神，生津，止渴。雪蛤補腎益精，潤肺養陰。

醃肉白菜粥

材 料

稠粥 1 碗，醃肉 100 克，白菜 200
克，芹菜 50 克，蔥花少許。

調味料

食用油 2 大匙，紹興酒 1 大匙，高湯
1 杯，鹽 1/3 小匙，胡椒粉少許。

做 法

1. 平底鍋上火放油燒熱，下入醃肉
及紹興酒，煎至金黃色，待層次分
明、熟透，起鍋改刀備用。

2. 白菜洗淨、切段，過水燙透，撈
出，瀝乾水分。芹菜擇洗乾淨，切
末。

3. 鍋中倒入稠粥，上火燒滾，再加
入醃肉、白菜、芹菜末、高湯、
鹽、胡椒粉，攪拌均勻，見粥黏稠
時，撒上蔥花，起鍋裝碗即可。

奶香麥片粥

材 料

稠粥 1 碗，鮮牛奶 1 杯，麥片 3 大
匙。

調味料

白砂糖 2 大匙。

做 法

稠粥放入鍋中，加入鮮牛奶，開中
火煮沸，再放入麥片及白砂糖，攪
拌均勻，起鍋裝碗即可。

小提醒

此粥奶香、麥香相得益彰，含有豐
富的蛋白質、脂肪、礦物質等營養
素，對於虛勞體弱者非常有益。用
中火煮至黏稠，綿軟甜香，易於消
化吸收。

白果冬瓜粥

材 料

稀粥 1 碗，白果仁 25 克，冬瓜 150
克，薑末少許。

調味料

鹽 1/3 小匙，胡椒粉少許，高湯 1
杯。

做 法

1. 白果仁洗淨，浸泡回軟，過水燙
透，撈出瀝乾水分。冬瓜去皮、
瓤，切厚片備用。

2. 鍋中加入高湯、薑末，上火煮
沸，下入稀粥、白果、鹽、胡椒
粉，用大火燒開，再下入冬瓜片，
攪拌均勻，煮 5 分鐘，起鍋即可。

小提醒

白果性味甘，苦、澀、平，具有斂
肺氣、定咳喘之功效。因藥膳方面
的特殊要求，熬此粥時最好用沙鍋
或不銹鋼鍋，尤其不能用鐵鍋。

黑芝麻甜奶粥

材　料
稠粥1碗，鮮牛奶1杯，熟黑芝麻適量。

調味料
白糖1大匙。

做　法
鍋中放入稠粥，加入鮮牛奶，上中火燒沸，再加入白糖攪勻，撒上黑芝麻，起鍋裝碗即可。

小提醒
黑芝麻性味甘、平，可補肝腎、潤五臟，可治肝腎不足、虛風暈眩、大便燥結、鬚髮早白、產後缺乳等症。黑芝麻加入奶粥中，對於春秋季乾燥有不適感的人，有明顯的滋潤作用。

上湯魚翅粥

材　料
稠粥1碗，上湯2杯，發好的魚翅75克。

調味料
鹽1/3小匙，胡椒粉少許，大紅浙醋1大匙。

做　法
1. 沙鍋中放入高湯和發好的魚翅，用小火煲煮30分鐘至入味。
2. 鍋中倒入稠粥，上火燒滾，再加入高湯魚翅，放入鹽、胡椒粉、浙醋，攪拌均勻，轉小火煨煮8分鐘，起鍋裝碗即可。

小提醒
上湯是用火腿、老雞、精豬肉、豬爪、排骨、豬大骨等材料，經10小時以上小火煨煮後，過濾製成的，因此含豐富的蛋白質等營養物質。

桂圓薑汁粥

材　料
大米1/2杯，清水5杯，桂圓100克，黑豆適量，鮮薑25克。

調味料
蜂蜜1大匙。

做　法
1. 桂圓、黑豆泡水洗淨。鮮薑去皮，磨成薑汁備用。
2. 大米淘洗乾淨，浸泡30分鐘，撈出瀝乾水分，放入鍋中加清水，開大火燒沸，轉小火，加入桂圓、黑豆及蜂蜜，攪勻，煮至軟爛，起鍋裝碗即可。

小提醒
此粥具有溫胃、祛風、行氣、止痛之功效，可治脾胃中寒、食滯不化等症。桂圓類的粥不論甜鹹都有療效，特別適合冬季食補。

鯪魚黃豆粥

材 料
大米 1 杯，黃豆 50 克，清水 12 杯，鯪魚（罐裝）100 克，豌豆粒適量，蔥少許，薑末少許。

調味料
鹽 1/3 小匙，胡椒粉少許。

做 法
1. 大米淘洗乾淨，浸泡 30 分鐘。黃豆洗淨，浸泡 12 小時，撈出，用滾水汆燙，除去豆腥味。豌豆粒過水燙透備用。
2. 鍋中放入大米、黃豆、清水，開大火煮沸，轉小火慢煮 1 小時，待粥黏稠時，下入鯪魚、豌豆粒、鹽、胡椒粉，攪拌均勻，撒上蔥、薑末，起鍋裝碗即可。

羊腩苦瓜粥

材 料
大米 1 杯，燕麥 2 大匙，清水 12 杯，羊腩 150 克，苦瓜 100 克，薑片少許。

調味料
鹽 1/2 小匙，紹興酒 1 小匙，胡椒粉少許。

做 法
1. 羊腩整理乾淨切塊，過水燙透，除去血污。苦瓜洗淨、去瓤、切片，過水燙透，撈出備用。
2. 大米淘洗乾淨，浸泡 30 分鐘。燕麥淘洗乾淨，浸泡 8 小時。
3. 鍋中加入清水、大米、燕麥，開火燒沸，下入羊腩、薑片、鹽、紹興酒、胡椒粉，攪拌均勻，轉小火，煮 1 小時，再下入苦瓜，煮 10 分鐘，離火，起鍋裝碗即可。

竹笙玉筍粥

材 料
稠粥 1 碗，竹笙 50 克，玉米筍 75 克。

調味料
鹽 1/4 小匙，鮮牛奶 1/2 杯。

做 法
1. 竹笙用溫水泡至回軟，洗滌整理乾淨，改刀切段。玉米筍洗淨，改刀切小段，備用。
2. 鍋中倒入稠粥，加入鹽、鮮牛奶，上火燒開，再加入竹笙和玉米筍拌勻，煮 20 分鐘，起鍋裝碗即可。

小提醒
竹笙富含纖維質，可以促進腸胃蠕動，並可預防便秘及大腸癌，有滋陰潤燥、清熱解毒的功效。

什錦雞蛋麵

材　料

雞蛋麵150克，蝦仁50克，草菇（罐裝）、猴頭菇（罐裝）、胡蘿蔔、油菜心各適量，雞蛋1個，高湯3杯，食用油3大匙，蔥末、薑末各少許。

調味料

鹽1/2小匙，紹興酒1大匙，胡椒粉少許。

做　法

1. 蝦仁挑去沙腸洗淨。草菇洗淨，一切兩半。猴頭菇洗淨，擠乾切片。胡蘿蔔劃花刀切片。油菜心擇洗淨備用。將上述原料分別燙透撈出。

2. 鋁鍋上火，加水燒沸，下入全蛋面，煮8分鐘至熟，撈出裝碗。

3. 炒鍋上火燒熱，加油，打入雞蛋，煎一面定型後取出，再下蔥末、薑末熗鍋，烹紹興酒，加入高湯和氽燙好的原料，放入鹽、紹興酒、胡椒粉，上面擺上雞蛋，湯沸後煮2分鐘，離火倒入麵碗中即可。

肉絲湯麵

材　料

家常切麵200克，豬瘦肉150克，木耳、胡蘿蔔、黃瓜各適量，高湯3杯，食用油1大匙，蔥絲、薑絲各少許。

調味料

醬油、紹興酒各1大匙，鹽1/2小匙，太白粉水、香油各少許。

做　法

1. 豬肉切絲，加少許醬油、紹興酒、太白粉水，醃製15分鐘。木耳泡發回軟，沖洗乾淨。胡蘿蔔、黃瓜均切絲。

2. 鍋上火加清水，燒沸後下入切麵，煮8分鐘至熟，撈出裝碗。

3. 炒鍋上火燒熱，下油，放入肉絲、胡蘿蔔絲煸炒至變色，加蔥、薑爆鍋，烹紹興酒，添湯，加入鹽，見湯沸，再下入木耳、黃瓜，淋香油，起鍋倒入碗中即可。

怪味涼拌麵

材　料

麵條200克，香蔥、蒜末各少許。

調味料

芝麻醬2大匙，香醋1大匙，醬油、白糖、紅油各1/2小匙，食用油1大匙，花椒粉1/2小匙。

做　法

1. 將芝麻醬用涼開水調開。鍋中加油燒熱，放入花椒粉炒香。將芝麻醬、香醋、醬油、白糖、紅油、花椒粉調合在一起，拌勻成怪味汁。

2. 鍋上火加清水，燒沸後下入麵條，煮12分鐘至熟，撈出沖涼，瀝乾水分裝碗。

3. 將調拌好的怪味汁澆在麵條上，再撒上蔥花和蒜末，即可拌食。

翡翠辛辣麵

材 料
翡翠切麵 200 克，火腿腸片、紫甘藍絲、紅乾椒各少許，食用油 2 大匙，高湯 3 杯。

調味料
鹽 1/2 小匙，紹興酒 1 大匙，花椒粒、胡椒粒各少許。

做 法
1. 湯鍋上火，加清水燒沸，下入翡翠麵條，煮 8 分鐘至熟，撈出裝碗。

2. 炒鍋上火，下油燒熱，放入花椒粒、胡椒粒、紅乾椒熗鍋，烹紹興酒，加入高湯、火腿片、紫甘藍絲，見湯沸，放入鹽找好口味，離火倒入碗中即可。

小提醒
將菠菜洗淨，放入果汁機中，加少許清水，打成菠菜汁，過濾去渣留汁，加麵粉和成麵團，揉勻擀片，切成麵條，即成菠汁麵。

五彩米粉麵

材 料
義大利麵 200 克，米粉 50 克，雞蛋 1 個，蝦米、韭黃、香菇、青椒、紅辣椒、洋蔥各適量，高湯 1 杯。

調味料
醬油、紹興酒各 1 大匙，鹽、香油各 1/4 小匙，陳年醋少許。

做 法
1. 雞蛋打散攤成蛋皮，與香菇、青椒、紅辣椒、洋蔥一起切絲。蝦米用溫水加紹興酒泡至回軟。韭黃切段備用。

2. 米粉放入鍋中，倒入滾水略沖泡，蓋緊鍋蓋，燜至膨脹鬆軟撈出。義大利麵下鍋煮透，撈出用油拌勻。

3. 炒鍋上火燒熱，加少許底油，放入蝦米爆香，加高湯、義大利麵一起燜炒至湯汁快乾時，再放入米粉和五彩絲，加入醬油、紹興酒、鹽、香油、陳年醋，用筷子翻炒，撒韭黃段，拌勻後起鍋裝碗即可。

雞翅香菇麵

材 料
家常切麵 200 克，醬雞翅 2 隻，西洋芹段 100 克，乾香菇適量，雞清湯 3 杯，食用油 2 大匙，蔥末、薑末各少許。

調味料
鹽 1/2 小匙，紹興酒 1 大匙。

做 法
1. 湯鍋上火加清水，燒沸後下入切麵，煮 6 分鐘至熟，撈出裝入碗中。

2. 炒鍋上火燒熱，下底油，放入蔥末、薑末熗鍋，烹紹興酒，加雞清湯、醬雞翅、香菇、鹽，見湯沸，再下入西洋芹段，離火，倒入麵碗中即可。

小提醒
醬雞翅做法：將雞翅整理乾淨，過油炸至金紅色，撈出裝入鍋中，加醬油、紹興酒、白糖、鹽、蔥、薑、八角、花椒、桂皮等，添水淹過雞翅，大火燒沸，轉小火慢燉 40 分鐘，至熟爛即可。

全家福湯麵

材　料

家常切麵 150 克，水發海參、大蝦仁、生干貝各 100 克，蘑菇、香菇、青江菜各適量，高湯 3 杯，食用油、蔥段、薑片各少許。

調味料

魚露 1/2 大匙，紹興酒 1 大匙，鹽 1/3 小匙，紅辣椒油少許。

做　法

1. 海參洗淨，大蝦仁挑淨沙腸，干貝、蘑菇、香菇切片，一起過水處理。

2. 湯鍋上火加清水，燒沸後下入家常切麵，煮 8 分鐘至熟，撈出裝碗。

3. 炒鍋上火燒熱，下底油，放蔥、薑熗鍋，烹紹興酒，加高湯，放入海參、大蝦仁、干貝、蘑菇、香菇、青江菜，再加入魚露、紹興酒、鹽、紅辣椒油，調好味，見湯沸離火，倒入麵碗中即可。

傳統大肉麵

材　料

寬條麵 200 克，紅燒肉 250 克，木耳、香菇、青江菜各適量，高湯 3 杯，蔥段、薑片各少許，食用油 1 大匙。

調味料

醬油、紹興酒各 1 大匙，鹽、白糖各 1/2 小匙。

做　法

1. 湯鍋上火加清水，燒沸後下入寬條麵，煮 8 分鐘至熟，撈出裝碗。

2. 炒鍋上火燒熱，下底油，放入紅燒肉、蔥、薑爆香，加入醬油、紹興酒、鹽、白糖，添湯，下入泡發好的木耳、香菇片，見湯沸，放入青江菜，離火，倒入麵碗中即可。

小提醒

此為東北傳統家庭製作方法，也可先煮紅燒肉，再利用燒肉湯下麵和蔬菜。

蝦仁伊府麵

材　料

雞蛋麵 150 克，蝦仁 100 克，香菇、青豆、胡蘿蔔各適量，高湯 2 杯，豬油 1 大匙，蔥末、薑末各少許。

調味料

醬油、紹興酒各 1 大匙，鹽、白糖各 1/3 小匙，胡椒粉少許。

做　法

1. 蝦仁挑去沙腸洗淨。香菇、胡蘿蔔洗淨切片。上述食材和青豆均過水處理。

2. 湯鍋上火加清水，燒沸後下入雞蛋麵，煮 3 分鐘，撈出備用。

3. 炒鍋上火燒熱，加底油，放入蔥末、薑末熗鍋，下入醬油、紹興酒和高湯，再加入蝦仁、香菇、胡蘿蔔及雞蛋麵，轉小火，煨至湯汁濃稠時，放入鹽、白糖、胡椒粉和青豆煮勻，淋少許香油，起鍋裝碗即可。

蜆子菠菜麵

材料
細白麵條200克，蜆子肉150克，菠菜100克，蔥絲、薑絲各少許，高湯3杯。

調味料
鹽1/2小匙，芥末油、白糖各1小匙。

做法
1. 蜆子肉洗淨切片，菠菜摘洗淨切段，兩種食材分別下入滾水鍋中氽燙片刻，撈出沖涼備用。
2. 湯鍋上火加清水，燒沸後下入細白麵條，煮5分鐘至熟，撈出沖涼裝碗，加入高湯、蜆子、菠菜，放入鹽、芥末油、白糖，即可拌食。

小提醒
此麵為夏季涼食麵條，盛夏時能刺激味覺，增進食欲，別有一番滋味。芥末油可根據個人接受能力酌量。

香菇醬肉麵

材料
拉麵200克，乾香菇100克，醬肉150克，紅辣椒、青菜各適量，高湯3杯，食用油1大匙，蔥末、薑末各少許。

調味料
鹽1/2小匙，紹興酒、醬油各1大匙，白糖1/3小匙。

做法
1. 香菇、醬肉、紅辣椒分別切小丁。青菜切段，備用。
2. 湯鍋上火加清水，燒沸後下入拉麵，煮8分鐘至熟，撈出裝碗。
3. 炒鍋上火燒熱，加底油，放入蔥末、薑末熗鍋，加香菇、醬肉、紅辣椒丁煸炒片刻，再加入鹽、紹興酒、醬油、白糖，添湯，見湯沸，下入青菜略煮，離火，盛入碗中即可。

鮮蝦雲吞麵

材料
家常掛麵100克，餛飩皮10張，蝦仁150克，豬肥肉50克，蝦米、紫菜、香蔥、薑末各少許，高湯2杯。

調味料
魚露1大匙，紹興酒、香油各1/2大匙，胡椒粉少許，鹽1/2小匙。

做法
1. 蝦仁挑去沙腸，洗淨切段。豬肥肉切小丁，加入魚露、紹興酒、香油、胡椒粉及薑末，拌勻成餡。
2. 取餛飩皮1張，將餡包在中間位置，自選一端朝對角折捏，再由左、右兩側拉回集中捏緊，即成雲吞。將雲吞逐個包好，備用。
3. 湯鍋上火加清水，燒沸後下入雲吞和掛麵，同煮12分鐘，撈出裝碗。
4. 另起鍋，下入高湯、蝦米、紫菜，調入鹽，見湯沸倒入碗中，撒上蔥花即可。

雞味拉麵

材　料

拉麵250克，雞湯10杯，雞胸肉100克，香菇、香菜各適量，蔥末、薑末各少許，雞油2大匙。

調味料

醬油、紹興酒各2大匙，鹽、雞粉各1/2小匙，香油少許。

做　法

1. 雞胸肉煮熟切成小塊，再撕成茸狀，以鹽、香油拌勻。香菇泡發回軟，去蒂洗淨，切小丁。香菜擇洗乾淨，切段備用。

2. 炒鍋上火燒熱，下入雞油，放入蔥、薑熗鍋，烹紹興酒，添雞湯，加入香菇丁，見湯沸下入拉麵，煮8分鐘至熟，再調入醬油、紹興酒、鹽、雞粉、香油，調好味，起鍋裝碗，撒上雞肉茸和青菜段，即可拌食。

魚丸清湯麵

材　料

拉麵150克，魚丸4個，雞蛋1個，青菜適量，食用油2大匙，高湯12杯，蔥末、薑末各少許。

調味料

鹽1/2小匙，紹興酒1大匙，香油少許。

做　法

1. 將雞蛋打散，攤成蛋皮，再切成蛋絲。青菜摘洗乾淨，備用。

2. 炒鍋上火燒熱，下入底油，放蔥末、薑末熗鍋，烹紹興酒，加入高湯，見湯沸，再下入拉麵、魚丸，煮10分鐘至熟，然後加入鹽調勻，撒上雞蛋絲和青菜，淋少許香油，起鍋裝碗即可。

小提醒

魚丸可直接在超市買到，也可用蝦丸代替，即成蝦丸清湯麵。

排骨麵

材　料

拉麵150克，醬排骨100克，青菜適量，高湯2杯，蔥絲、薑絲各少許。

調味料

食用油、醬油各1大匙，鹽、胡椒粉各1/3小匙。

做　法

1. 湯鍋上火加清水，燒沸後下入拉麵，煮8分鐘至熟，撈出裝碗。

2. 鍋中放油燒熱，下入蔥絲、薑絲熗鍋，加入高湯、醬排骨，調入醬油、鹽、胡椒粉，見湯沸，下入青菜，略煮後倒入碗中即可。

小提醒

醬排骨做法：將豬肋骨剁成段，先用滾水汆燙，洗淨血污，再放入炒鍋中用油煸炒上色，烹紹興酒，加醬油、白糖、香醋、桂皮、八角等，添水浸沒排骨，燒沸後轉小火醬燜，見湯汁稠濃、酥爛脫骨即成。

文蛤海鮮麵

材　料
拉麵 150 克，大蝦 2 隻，文蛤 100 克，夏威夷貝、生干貝各 50 克，海帶節、鮮蘆筍各適量，高湯 3 杯，食用油 1 大匙，蔥絲、薑絲各少許。

調味料
鹽 1/2 小匙，紹興酒 1 大匙，胡椒粉少許。

做　法

1. 大蝦整理乾淨，從背部開刀，除去沙腸。文蛤放清水中吐淨泥沙。鮮蘆筍切段。其他食材整理乾淨備用。
2. 湯鍋上火加清水，燒沸後下入拉麵，煮 8 分鐘至熟，撈出裝碗。
3. 炒鍋上火燒熱，下底油，放蔥絲、薑絲熗鍋，烹紹興酒，加高湯，燒沸後放入文蛤煮至微開，再加入大蝦、夏威夷貝、干貝、海帶節、鮮蘆筍，調入鹽、紹興酒、胡椒粉，續煮 3 分鐘後離火，倒入碗中即可。

清湯牛肉麵

材　料
寬條麵 200 克，青菜適量，鮮牛肉 250 克，蔥絲、薑絲各少許。

調味料
鹽 1/2 小匙，紹興酒 2 大匙，桂皮、花椒各少許。

做　法

1. 將牛肉下入滾水中汆燙 15 分鐘，取出，沖淨血污，切厚片，再裝入碗中，加紹興酒、桂皮、花椒及清水 3 杯，放入蒸鍋蒸 2 小時。
2. 見牛肉熟爛，取出，並用乾淨紗布將湯汁過濾備用。
3. 湯鍋上火加清水，燒沸後下入寬條麵，煮 6 分鐘至熟，撈出裝碗，上擺蒸好的牛肉。另將青菜汆燙後擺在碗邊。牛肉清湯燒沸，加入鹽、蔥絲、薑絲略煮，調好味，澆在碗內即可。

酸辣三絲麵

材　料
家常掛麵 150 克，豬瘦肉、香菇、黃瓜各 100 克，高湯 3 杯，食用油 2 大匙，青椒、紅辣椒、蔥末、薑末各少許。

調味料
醬油、紹興酒各 1 大匙，清醋、紅辣椒油各 2/3 大匙，鹽、胡椒粉各 1/2 小匙，香油少許。

做　法

1. 豬肉、香菇、黃瓜分別切絲。青椒、紅辣椒切圈，備用。
2. 炒鍋上火燒熱，下底油，放入肉絲煸炒至熟，再加入蔥末、薑末、醬油、紹興酒，翻炒入味，起鍋裝碗備用。
3. 湯鍋上火加清水，燒沸後下入掛麵，煮 12 分鐘至熟，撈出裝碗，上擺三絲。
4. 另起鍋，下入高湯燒沸，放入青椒、紅辣椒，調入清醋、紅辣椒油、鹽、胡椒粉、香油，調好味，澆入碗中即可。

義大利炒麵

材 料
義大利麵 150 克，小番茄、芹菜、青椒、紅辣椒、洋蔥各適量，食用油 3 大匙，牛肉湯 1 大匙。

調味料
番茄醬、醬油、白酒各 1 大匙，鹽、白糖各1/2小匙，胡椒粉少許。

做 法
1. 番茄一切兩半。芹菜、青椒、紅辣椒切條。洋蔥切絲，備用。

2. 湯鍋上火加清水，燒沸後下入義大利麵，煮 6 分鐘至熟，撈出瀝淨水分，用油調拌備用。

3. 炒鍋上火燒熱，下底油，放入洋蔥煸炒出香味，再下入番茄醬、醬油、白酒、鹽、白糖、胡椒粉、牛肉湯、及義大利麵，翻炒至入味，加小番茄、芹菜、青椒、紅辣椒翻拌均勻，起鍋裝盤即可。

野菜肉醬麵

材 料
細白麵條150克，山蕨菜、香菇、蘑菇、豬絞肉各 50 克，豆瓣醬、食用油各 1 大匙，高湯 2 杯，青椒、紅辣椒各少許，蔥、薑、蒜末各適量。

調味料
醬油、紹興酒各 1 大匙，白糖、香油各 1/2 小匙。

做 法
1. 將豆瓣醬加入調味料拌勻。山蕨菜切段，香菇切絲。蘑菇切片，分別用滾水汆燙處理。

2. 麵條放入滾水鍋中，加少許鹽，煮約 5 分鐘至熟，撈入碗內，再注入煮沸的高湯，擺上山蕨菜、香菇絲、蘑菇片等配料。

3. 另起鍋上火燒熱，下入底油，放入豬絞肉、蔥、薑、蒜末煸炒出香味，烹紹興酒，下入青椒、紅辣椒略煸炒，再轉大火，倒入調拌好的豆瓣醬，快速翻炒至食材入味，起鍋盛在湯碗中即可。

菇蕈龍鬚麵

材 料
細麵 200 克，香菇、蘑菇、玉米筍、草菇、猴頭菇、豌豆各適量，菌菇湯 3 杯，蔥末，薑末各少許，食用油 1 大匙。

調味料
鹽 1/2 小匙，紹興酒 1 大匙。

做 法
1. 香菇泡發回軟，洗淨切片。罐裝蘑菇、玉米筍、草菇、猴頭菇分別切段或片。將上述食材下滾水汆燙透，再下入豌豆，一起撈出備用。

2. 湯鍋上火加清水，燒沸後下入細麵，煮 6 分鐘至熟，撈出裝碗。

3. 炒鍋上火燒熱，下底油，放入蔥末、薑末熗鍋，添入菌菇湯，加入鹽、紹興酒，見湯沸，再下入香菇、蘑菇、玉米筍、草菇、猴頭菇、豌豆，略煮入味，離火，倒入碗中即可。

板栗鮮貝飯

材 料
熟栗子 75 克，鮮貝 50 克，蔥花少許，芥藍、胡蘿蔔各適量，白米飯 150 克。

調味料
食用油 1 大匙，鹽 1/2 小匙，白糖少許，太白粉水適量。

做 法
1. 板栗去皮。鮮貝用蛋清、鹽、太白粉水拌勻，與板栗一起下入溫油中滑散、滑透。芥藍、胡蘿蔔均切片，用滾水汆燙透，撈出瀝淨水分。

2. 炒鍋上火燒熱，用蔥花熗鍋，下入白米飯、板栗、鮮貝、芥藍片、胡蘿蔔片，加入鹽、白糖，拌炒均勻即可。

小提醒
板栗和鮮貝滑油時要控制好油溫，否則易焦。

金銀飯

材 料
白米 100 克，黃豆 50 克。

做 法
1. 白米淘洗乾淨，放清水中浸泡 1 小時。黃豆淘洗淨，放清水中浸泡8 小時。

2. 將泡好的白米和黃豆放入電鍋內，加 1.2 倍清水，按下開關，燜熟即可。

小提醒
金銀兩色，粗細搭配，飯香味美，營養豐富。白米與黃豆性質不同，須先分別在清水中浸泡，使其各自充分吸收水分回軟，再一起燜煮，即可同時成熟。

滑蛋蟹柳燴飯

材 料
蟹肉棒2根，雞蛋1個，鮮蘆筍、鮮香菇各適量，黑芝麻少許，白米飯 200 克。

調味料
高湯 2 杯，鹽、胡椒粉各少許。

做 法
1. 蟹肉棒切段，略汆燙撈出。雞蛋打入碗中，攪成蛋液備用。鮮蘆筍切段，香菇切丁，分別入滾水汆燙透，撈出，瀝淨水分。

2. 湯鍋上火，加入高湯、鹽、胡椒粉，再加入鮮蘆筍、香菇丁，燒沸後放入蟹肉棒，勾薄芡，再淋入蛋液，煮成蛋花，最後澆拌少許香油，盛入飯盤中，在飯上撒少許黑芝麻即可。

山菜蘑菇炒飯

材料

山野菜、小香菇各 25 克，香蔥少許，白米飯 150 克。

調味料

食用油 1 大匙，醬油、紹興酒各 1/2 大匙，鹽、胡椒粉各少許。

做法

1. 山野菜摘洗乾淨，切段後過水處理。小香菇用溫水泡發回軟，洗淨，加蔥、薑、紹興酒，放入蒸鍋蒸透。

2. 炒鍋上火放油燒熱，下入蔥花熗鍋，放入白米飯、山野菜、香菇，加入醬油、紹興酒、鹽、胡椒粉，拌炒均勻，起鍋裝盤即可。

小提醒

野菜的營養極為豐富，能為人體提供蛋白質、脂肪、糖類及鈣、磷、鐵、鋅、銅等礦物質及大量維生素，並能促進消化腺分泌，有助消化。

陽薑豆豉炒飯

材料

鮮蝦仁 100 克，三明治火腿 50 克，雞蛋 1 個，青椒粒、紅辣椒粒各 1 大匙，青豆少許，白米飯 200 克。

調味料

食用油 2 大匙，鮮薑末、豆豉各 1/2 大匙，鹽 1/4 小匙，胡椒粉少許。

做法

1. 蝦仁挑除沙腸，洗淨。三明治火腿切小丁。雞蛋打入碗中，攪成蛋液備用。

2. 炒鍋上火燒熱，下底油，放入蛋液炒至定漿，下入蝦仁、豆豉、薑末、火腿丁煸炒片刻，再加入白米飯、青椒粒、紅辣椒粒、青豆，調入鹽、胡椒粉，拌炒均勻，起鍋裝碗即可。

果乾地瓜飯

材料

黃地瓜 1/2 個，什錦果乾適量，白米 1 杯。

做法

1. 白米淘洗淨，瀝淨水分，裝入電鍋內，加清水 1 杯。

2. 地瓜洗淨，去皮，切滾刀塊，與什錦果乾一起放入鍋中，按下開關，燜熟即可。

小提醒

地瓜切成滾刀塊，受熱面積較大，煮燜好的地瓜飯才會更加飯香瓜甜。地瓜又稱甘薯、紅薯，性味甘、平，有健脾胃、補肝腎的功效。

蘑菇雪菜炒飯

材料

蘑菇 75 克，雪菜粒 15 克，雞蛋 1 個，蔥末、薑末各少許，白米飯 200 克。

調味料

食用油 1 大匙，鹽 1/4 小匙，胡椒粉少許。

做法

1. 蘑菇一切 4 瓣，汆燙透，撈出瀝淨水分。雞蛋打入碗中，攪成蛋液備用。

2. 炒鍋上火燒熱，下底油，放入蛋液炒至定漿，加入蔥末、薑末爆香，再下入蘑菇、白米飯翻炒片刻，加入鹽、胡椒粉，撒入雪菜粒，炒拌均勻即可。

葡萄乾花生飯

材料

葡萄乾（青提子）、花生仁各 25 克，大米 150 克。

做法

1. 葡萄乾、花生仁分別用清水泡至回軟，洗淨。大米淘洗乾淨，放清水中浸泡 3 小時。

2. 將上述食材瀝淨水分，裝入電鍋內，加 1.2 倍量清水，蓋緊鍋蓋，按下開關，約 30 分鐘後，見開關跳起，燜 5 分鐘，再次按下開關，見又一次開關跳起，起鍋裝碗即可。

小提醒

葡萄乾，有補氣血、強筋骨、利小便的功用，可治療氣血虛弱、肺虛咳嗽、心悸盜汗、浮腫等症，但因其含糖量較高，糖尿病患者應少食。

咖哩炒飯

材料

飛蟹 1 隻，洋蔥末、蒜蓉各少許，白米飯 100 克。

調味料

奶油 1 大匙，咖哩醬 1/2 大匙，鹽、白糖、胡椒粉各少許。

做法

1. 飛蟹洗淨，入鍋蒸熟，開殼取出蟹肉，留殼備用。

2. 炒鍋上火燒熱，下入奶油，放入洋蔥、蒜蓉爆香，再加入咖哩醬、鹽、白糖、胡椒粉及蟹肉翻炒均勻，起鍋。

3. 將炒好的蟹肉和白米飯拌勻，盛入蟹殼中，入鍋蒸約 10 分鐘即可。

小提醒

咖哩是用多種香料製成的特殊調味料，用途廣泛，可以夾麵包，作燴飯、燴菜的淋醬或調入醬料中增加醬料的香味。

荷香雞粒飯

材　料

雞腿肉100克，荷葉1張，蘑菇、蝦米各適量，大米150克。

調味料

醬油1大匙，紹興酒1/2大匙，香油1小匙，白糖、鹽、雞粉各少許，清水1/4杯。

做　法

1. 雞腿肉切粒。荷葉入開水鍋中燙軟，取出洗淨。蘑菇切片。蝦米用温水泡發回軟。

2. 鍋燒乾，放入大米，用微火慢炒至米粒膨脹、熟透，起鍋，與雞粒、蘑菇、蝦米、醬油、香油、紹興酒、白糖、鹽、雞粉一起拌勻，醃製約30分鐘。

3. 將醃好的大米、雞粒、蘑菇、蝦米放在荷葉上，用大火蒸45分鐘即可。

辣白菜炒飯

材　料

熟五花肉150克，辣白菜100克，白米飯200克，蔥末，薑末各少許。

調味料

食用油1大匙，醬油、紹興酒各1/2大匙，鹽、白糖各少許。

做　法

1. 熟五花肉切薄片。辣白菜切段。

2. 炒鍋上火燒熱，下底油，放入蔥末、薑末熗鍋，下入五花肉、辣白菜煸炒片刻，再下入醬油、紹興酒、鹽、白糖及白米飯，拌炒均勻，起鍋裝碗即可。

小提醒

熟五花肉即白煮肉，是用清水煮熟的肉塊，此肉切片時要從皮面下刀，越薄越好。辣白菜是由大白菜加鹽、白醋、辣椒末醃製而成，口感酸、甜、辣，脆嫩爽口。

蝦皮杭椒炒飯

材　料

鮮蝦皮25克，小杭椒、紅鮮椒各適量，白米飯200克，蔥花少許。

調味料

食用油1大匙，鹽1/4小匙，胡椒粉少許。

做　法

1. 鮮蝦皮洗淨，瀝乾水分。小杭椒洗淨，切斜段。紅鮮椒切圈，備用。

2. 炒鍋上火燒熱，下底油，用蔥花熗鍋，放入蝦皮、杭椒、紅鮮椒煸炒，再下入白米飯及鹽、胡椒粉，拌炒均勻，起鍋裝碗即可。

小提醒

蝦皮有一定鹹度，炒飯時鹽要少放些，以免口味過重。

麥片燜米飯

材 料

燕麥片25克，鮮牛奶1杯，大米200克。

做 法

大米淘洗淨，放入清水中浸泡3小時，撈出，再放入鍋中，加入麥片和牛奶，大火燒沸，轉微火慢燜30分鐘，熄火，用餘熱再燜15分鐘，起鍋裝盤即可。

小提醒

燕麥片營養豐富，含蛋白質、脂肪、糖類、鈣、磷、鐵、維生素，可益肝補脾。此飯為中西結合飯品，麥香、奶香、米香三者合一。燜飯時要掌握好火候，不可過急，以免乾鍋糊底。

泡椒雞丁炒飯

材 料

雞腿肉100克，雞蛋1個，紅泡椒、青椒各適量，白米飯200克，蔥花少許。

調味料

食用油2大匙，醬油、紹興酒各1大匙，太白粉水適量，鹽、白糖各少許。

做 法

1. 雞腿肉切丁，加少許鹽、紹興酒、蛋清、太白粉水上漿拌勻，下溫油中滑散滑透，倒入漏勺。泡椒、青椒分別切菱形片，備用。

2. 炒鍋上火燒熱，用蔥花爆香，下入泡椒、雞丁，調入鹽、白糖、醬油、紹興酒，煸炒片刻，再下入白米飯、青椒，拌炒均勻，起鍋裝盤即可。

小提醒

雞丁上漿時口味不宜過重，漿也不要過厚。滑油時油溫不易過高，以免粘連不易熟透。

粉蒸排骨飯

材 料

小排骨200克，大米250克，荷葉1張，香蔥、香菜段各少許。

調味料

醬油1大匙，白糖、紹興酒、胡椒粉、五香粉各少許，香油1小匙，清水1/4杯。

做 法

1. 炒鍋上火燒乾，放入大米，以微火慢炒至米粒膨脹、變白，熟透起鍋。

2. 排骨洗淨，瀝乾水分，與大米、醬油、白糖、紹興酒、胡椒粉、香油一起拌勻，醃約30分鐘。

3. 荷葉入開水鍋中燙軟，取出洗淨，鋪入蒸籠內。

4. 將醃好的排骨和米飯放在荷葉上，用大火蒸約40分鐘，起鍋，撒上蔥花、香菜段即可。

木瓜火腿蒸飯

材　料

木瓜1個，金華火腿粒15克，香菇丁30克，泰國大米100克，黑米50克，米豆30克。

做　法

1. 木瓜用插刀一分為二，瓜肉切小丁。泰國大米淘洗淨，放入清水中浸泡3小時，撈出。黑米和米豆淘洗淨，放清水中浸泡8小時，撈出備用。

2. 泰國大米和火腿粒、香菇丁一起拌勻，放在一半木瓜上。黑米、米豆和木瓜丁一起拌勻，放在另一半木瓜上。將兩塊木瓜放入蒸鍋，用大火蒸45分鐘，取出裝盤即可。

小提醒

選購木瓜時應注意果皮是否完好，富彈性、有光澤，瓜肉金紅色、果實較熟為上品。若果皮粗糙且硬如木，則內部果肉多半已長蟲，不能食用。

奶香大棗飯

材　料

鮮牛奶1杯，大棗6粒，枸杞少許，糯米200克。

調味料

白糖1大匙，煉乳1小匙，豬油1/2大匙。

做　法

1. 大棗泡軟去核。枸杞用溫水泡發回軟。糯米用清水淘洗乾淨，泡6小時。

2. 不銹鋼大碗內抹上豬油，放入大棗、枸杞子和泡好的糯米，加入鮮牛奶、白糖、煉乳、豬油，放入蒸鍋蒸約1小時，取出，扣入盤中即可。

小提醒

不銹鋼大碗導熱快，抹上豬油不但可以提香，而且起鍋扣盤時不粘連。

香菇蛋炒飯

材　料

鮮香菇3朵，白米飯200克，胡蘿蔔、生菜各適量，雞蛋1個，蔥花少許。

調味料

食用油1大匙，鹽1/4小匙。

做　法

1. 鮮香菇剪去根蒂，洗淨，切小丁。胡蘿蔔切丁。生菜切絲。雞蛋打入碗中，攪成蛋液備用。

2. 將香菇丁和胡蘿蔔丁過水燙透，撈出瀝淨水分，備用。

3. 炒鍋上火燒熱，加底油，放入蛋液炒至定漿，再下入蔥花爆香，放入香菇丁、胡蘿蔔丁、白米飯拌炒均勻，加鹽、生菜絲，炒拌入味即可。

海鮮燴飯

材 料

大蝦仁6隻，花枝4隻，鮮貝2粒，高粱米飯、白米飯各100克，胡蘿蔔、香菇、蔥、薑、蒜末各少許。

調味料

蛋清、鹽、玉米粉少許，高湯1杯，醬油1大匙，白糖1/4小匙，胡椒粉1/3小匙，太白粉水、香油各適量。

做 法

1. 大蝦仁挑除沙腸，洗淨，瀝乾水分，與花枝、鮮貝一起用蛋清、鹽、玉米粉醃製10分鐘，再放入開水鍋略汆燙，撈出。胡蘿蔔、香菇切菱形片，汆燙透，撈出備用。

2. 炒鍋上火燒熱，下底油，放入蔥、薑、蒜末熗鍋，加入高湯、醬油、白糖、胡椒粉，見湯沸，下入大蝦仁、花枝、鮮貝、胡蘿蔔、香菇，煮約2分鐘，再下入太白粉水、香油，熄火，澆淋在飯上即可。

竹筒鮮蝦蒸飯

材 料

鮮蝦3隻，糯米300克，香蔥少許。

調味料

鹽1/2小匙，紹興酒1大匙，胡椒粉少許，高湯3大匙。

做 法

1. 鮮蝦洗淨，剪去蝦槍，從背部劃一刀，挑除沙腸。香蔥切蔥花。將鹽、紹興酒、胡椒粉、高湯放入小碗中調勻，製成調味汁備用。

2. 糯米淘洗淨，每100克裝在一個竹筒內，加清水沒過米麵1公分，蓋緊蓋，放入蒸鍋蒸45分鐘，取出，每筒放入一隻大蝦，均勻灑上調味汁，再放入蒸鍋蒸15分鐘，起鍋，撒上蔥花即可。

小提醒

竹筒鮮蝦蒸飯，既有竹筒的清香，又有鮮蝦的鮮甜，味道極美。切記口味不能過重，調味汁一定要調灑均勻。

銀魚蛋炒飯

材 料

小銀魚50克，雞蛋1個，芸豆適量，香蔥少許，白米飯200克。

調味料

食用油1大匙，鹽1/4小匙，胡椒粉少許。

做 法

1. 小銀魚過水燙透，撈出，瀝淨水分。雞蛋打入碗中，攪成蛋液。芸豆切小片，過水處理。香蔥切段，備用。

2. 炒鍋上火燒熱，下底油，放入蛋液炒至定漿，再下入香蔥、白米飯翻炒片刻，加入小銀魚、芸豆片和鹽、胡椒粉，炒拌均勻，入味即可。

小提醒

小銀魚過水要適度，去腥即可。也可滑油處理，油溫要控制在四五分熱。

椒鹽旋餅

材 料

中筋麵粉 500 克，酵母粉 10 克，清水、熱開水各 125 克。

調味料

花椒粉、鹽各 1 大匙，食用油適量。

做 法

1. 麵粉 300 克加酵母、清水和成發麵團。麵粉 200 克加熱開水和成燙麵團。

2. 發麵團與燙麵團混合揉勻，以擀麵棒成長方形麵皮，抹上一層油，再撒上花椒粉、鹽，切成長條，分別由上至下卷起，拉長，從兩側盤圓，疊成一束，壓扁，頭尾相連，成圓形麵餅。

3. 平底鍋上火燒熱，加適量油，放入旋餅，以小火煎至兩面呈金黃色，再加入適量清水，蓋上鍋蓋，以中火燜至水分收乾，打開鍋蓋，再加入適量油，煎至兩面酥脆，起鍋裝盤即可。

風味小黏餅

材 料

糯米粉 1500 克，澄粉 500 克，白糖 400 克，豬油 300 克，冷水 700 克，開水 500c.c.，豆沙餡 400 克。

做 法

1. 糯米粉加白糖、豬油、冷水調和均勻。再用開水將澄粉燙熟。

2. 上述兩種麵粉混合在一起，揉成麵團，用濕布蓋緊，醒麵 40 分鐘，待鬆弛，搓成長條，分成每 35 克一塊備用。

3. 豆沙餡搓成長條，分成每 15 克一塊，包入麵皮中，捏緊封口，壓扁，放入蒸鍋蒸 5 分鐘起鍋。

4. 平底鍋上火燒熱，淋適量油，下入蒸好的小黏餅，將兩面煎至金黃色，起鍋裝盤即可。

海城餡餅

材 料

中筋麵粉 250 克，溫開水 175 克，蔥花 100 克，牛絞肉 500 克，薑末少許， 芹菜 200 克。

調味料

沙拉油 2 大匙，花椒粉 1/3 小匙，鹽 1 小匙。

做 法

1. 麵粉過篩後倒入大碗中，加入溫開水攪勻，揉成麵團備用。

2. 芹菜擇洗乾淨，切末，擠乾水分，放入牛肉餡中，加沙拉油、鹽、花椒粉及蔥花、薑末拌勻成餡。

3. 麵團搓成條，分為每 25 克一塊，拍扁，包入牛肉餡，再壓扁，封口朝下，擀成圓餅。

4. 平底鍋上火燒熱，淋適量油，下入餡餅烙至兩面金黃色，見鼓起熟透，起鍋裝盤即可。

麻醬燒餅

材 料
中筋麵粉2杯，清水 1/2 杯，芝麻適量。

調味料
酵母粉 1/2 大匙，溫水 1/2 杯，香油1大匙，泡打粉 1/2 小匙，芝麻醬3大匙，花椒粉 1 小匙，清水適量。

做 法
1. 麵粉過篩，放入用酵母粉和溫水調勻的酵母水，再慢慢加入泡打粉、香油及清水，用雙手揉勻，製成麵團，用濕布蓋緊，醒麵約 1 小時，待鬆弛。將芝麻醬、花椒粉、清水調勻備用。

2. 把麵團擀成長方形薄片，均勻地抹上調好的芝麻醬，順長卷起，分為每 50 克一塊用手壓扁，擀成圓餅，表皮粘上芝麻。

3.烤盤內刷一層油，排入燒餅，放入烤箱，以 200℃ 烤約 20 分鐘，至外表呈金黃色，取出裝盤即可。

千層蒸餅

材 料
中筋麵粉500克，清水250克，白糖100 克，酵母粉、泡打粉各 10 克，酥油 100 克。

做 法
1. 麵粉加清水、白糖、酵母、泡打粉調勻，揉成發麵團，用濕布蓋緊，醒麵 1 小時，待鬆弛。

2. 將發麵團擀成長方形薄餅，抹上清油酥，從一端卷起，用濕布蓋緊，再醒麵 30 分鐘，均勻切段，放入蒸鍋蒸 12 分鐘即可。

小提醒
油酥不要抹太多，薄薄一層即可，否則會影響發酵效果。油酥製作方法：低筋麵粉 1 杯，過篩後加 1/2 杯豬油，揉勻即成。

牡蠣煎餅

材 料
中筋麵粉 150 克，雞蛋 3 個，牡蠣100 克，香蔥 50 克。

調味料
鹽 1/3 小匙，香油 1/2 小匙，胡椒粉適量。

做 法
1. 中筋麵粉加雞蛋調勻。牡蠣沖洗乾淨，過水處理後，加入鹽、香油、胡椒粉、香蔥末拌勻，再與雞蛋麵糊拌在一起備用。

2. 炒鍋上火燒熱，加適量底油，下入牡蠣面餅，用小火煎至兩面金黃色、熟透，起鍋裝盤即可。

小提醒
牡蠣清洗一定要徹底，以免影響菜餚口感。煎餅時火力不要太大，並要不停晃動鍋，使其受熱均勻。

牛柳銀芽炒餅

材　料
牛柳300克，銀芽150克，青椒絲、紅辣椒絲各50克，熟大餅200克。
調味料
蠔油1小匙，鹽1/4小匙，香油1/2大匙，胡椒粉少許。
做　法
1. 牛柳切絲上漿，用溫油滑透。銀芽、青椒絲、紅辣椒絲過水處理。熟大餅切條備用。

2. 炒鍋上火燒熱，加少許底油，下入牛柳絲、餅條煸炒片刻，放入蠔油、鹽、香油、胡椒粉，再加入銀芽、青椒絲、紅辣椒絲，翻炒均勻，起鍋裝盤即可。
小提醒
烹煮時，餅條先上鍋蒸透，炒出的餅才會油潤滑嫩。

中式比薩餅

材　料
蔥油餅1張，火腿粒150克，雞肉粒100克，玉米粒100克，青豆100克，紅辣椒絲少許。
調味料
起司80克，番茄醬50克，鹽1/4小匙，黑胡椒2小匙。
做　法
1. 蔥油餅下鍋烙熟，作比薩餅皮。
2. 將火腿粒、雞肉粒、玉米粒、青豆與起司、番茄醬、鹽、胡椒粉一起拌勻成餡料。

3. 把餡料均勻地攤在餅上，用紅辣椒絲圍邊，移入烤箱中，以250℃烘烤約8～10分鐘，待起司上色，取出切塊即可。
小提醒
蔥油餅有一定厚度，兼具酥脆與柔韌雙重口感，非常適合製作中式比薩餅。獨特的蔥香加上濃郁的起司味，是融合中西風味的創新佳餚。

特色糖餅

材　料
中筋麵粉1000克，清水600克，食用油150克，低筋麵粉500克，豬油250克。
調味料
白糖500克，花生200克，熟芝麻100克，香草粉少許。
做　法
1. 將中筋麵粉、食用油、清水和成「油麵皮」。將低筋麵粉、豬油和成「油酥」。花生炸熟，晾涼去皮，用粉碎機打碎，與白糖、熟芝麻、香草粉一起拌勻，製成餡料。

2. 油麵皮包入油酥，擀成長方形，再由上至下卷起，搓勻，分為每35克一塊，再用麵團包入餡料，封口壓扁。

3. 平底鍋上火燒熱，刷油，下入糖餅，用中火將兩面烙成金黃色，見餅鼓起，即可起鍋。

香炸馬鈴薯餅

材料

馬鈴薯300克，糯米粉250克，白糖200克，豬油150克，豆沙餡200克，雞蛋3個，麵包粉適量。

做法

1. 馬鈴薯去皮洗淨，放入蒸鍋蒸至熟爛，搗成泥，加入糯米粉、白糖、豬油，調和成麵團。

2. 將麵團搓成條，分為每35克一塊，包入豆沙餡，壓成薄片，裹上蛋液，沾上麵包粉，放入四成熱油中炸至金黃色，見鼓起熟透即可。

小提醒

油炸時要掌握好油溫和火候，先用低油溫炸，待馬鈴薯餅浮起見鼓，再加熱，以免浸油，影響口感。

果仁豆沙甜餅

材料

澄粉300克，太白粉150克，豬油、白糖各適量，豆沙餡200克，腰果仁100克，彩色巧克力米少許。

做法

1. 將澄粉、太白粉、豬油、白糖用開水燙熟和勻，醒麵20分鐘，待鬆弛，分成每25克一塊麵團備用。

2. 腰果仁炸熟，晾涼後粉碎。將豆沙餡、白糖、腰果仁、彩色巧克力米調拌均勻，每個小麵團包入約15克的內餡。

3. 麵團包入內餡後，壓扁，封口朝下，捏出花邊，放入蒸鍋蒸5分鐘即可。

小提醒

燙麵皮時，一定要用滾水，燙熟後揉勻。豆沙餡加糖量依個人喜好而定。

上海五仁酥餅

材料

麵粉500克，豬油100克，奶油100克，雞蛋1個，泡打粉20克，白糖200克，核桃仁、花生仁、瓜子仁、白芝麻、松仁各25克。

做法

1. 將麵粉、豬油、奶油、雞蛋、泡打粉、白糖調和在一起，揉成「油麵團」。將核桃仁、花生仁、瓜子仁、白芝麻、松仁拌在一起，調成「五仁料」。將「油麵團」和「五仁料」混合在一起，揉成麵團備用。

2. 將麵團搓成長條，分成每35克一個麵團，壓扁製成月牙形狀，兩面刷上蛋液。

3. 烤盤刷油，排入五仁餅，放入烤箱內，以200℃烘烤約18分鐘，呈金黃色時，取出裝盤即可。

香煎芝麻餅

材料
澄粉 150 克，開水 150 克，糯米粉 500 克，白糖 150 克，豬油 150 克，冷水 200 克，白芝麻 300 克，棗泥 200 克，食用油 200 克。

做法
1. 將澄粉用開水調勻，揉成麵團。糯米粉、白糖、豬油、冷水調勻，揉成油麵團。將兩種麵團揉合在一起，用濕布蓋緊，醒麵 40 分鐘，待鬆弛。

2. 麵團搓成長條，分為每 20 克一個麵團，包入 10 克棗泥餡，粘上白芝麻，放入蒸鍋蒸熟。

3. 平底鍋上火燒熱，加適量油，下入芝麻餅，將兩面煎至金黃色即可。

韭黃肉絲燜餅

材料
熟大餅 250 克，豬里肌肉 150 克，韭黃 150 克，蔥花少許。

調味料
食用油 2 大匙，鹽 1/2 小匙，醬油、紹興酒、白糖各 1 小匙，香油適量，高湯 1 杯。

做法
1. 熟大餅切條。豬里肌肉切絲。韭黃切段備用。

2. 炒鍋上火燒熱，加適量底油，下肉絲煸炒至變色，再下入蔥花爆香，加入高湯、鹽、醬油、紹興酒、白糖，下入餅條燜至軟爛入味，見湯汁濃稠時，放入韭黃，翻拌均勻，淋香油，起鍋裝盤即可。

小提醒
燜餅湯汁要適量，一次加足，不可中途添湯，以免影響口感。

三鮮回頭

材料
中筋麵粉 500 克，清水 250 克，豬油 25 克，蝦仁 150 克，雞蛋 3 個，韭菜 200 克，冬粉 100 克。

調味料
鹽 1/2 小匙，香油 1 小匙，胡椒粉適量。

做法
1. 將中筋麵粉、清水、豬油調和成麵團，用濕布蓋緊，醒麵 20 分鐘，待鬆弛。

2. 蝦仁洗淨，挑除沙腸。雞蛋炒熟。韭菜沖洗乾淨，切段。冬粉用溫水泡軟後切碎。將蝦仁、雞蛋、韭菜、冬粉加入鹽、香油、胡椒粉，調拌成餡備用。

3. 麵團分為每 50 克一塊，擀成長方形，包入餡料，兩頭封緊呈枕狀。

4. 平底鍋上火燒熱，淋入適量油，排入回頭，兩面煎成金黃色、熟透，起鍋裝盤即可。

蔥油餅

材料
中筋麵粉500克，蔥油150克，清水250克，蔥花150克。

調味料
鹽1小匙，胡椒粉2小匙。

做法
1. 中筋麵粉加入蔥油、清水及鹽、胡椒粉，揉成麵團，用濕布蓋緊，醒麵30分鐘待鬆弛。
2. 麵團分為每50克一個，擀成長方形，淋少許油，撒上蔥花，由上至下卷起，再從兩端向中間盤成圓，壓扁呈餅狀。
3. 平底鍋上火燒熱，刷適量油，下入蔥油餅，將兩面烙成金黃色，見起層熟透即可。

小提醒
做餅在盤圓、壓扁時，不可用力過猛，否則烙出的餅層次不明顯。

叉燒酥餅

材料
中筋麵粉500克，叉燒肉250克，叉燒醬、冬筍、豬油、熟芝麻各150克，溫水175c.c.，白糖、奶油各50克，蛋液適量。

做法
1. 叉燒肉、冬筍分別切小片，加入叉燒醬和熟芝麻拌勻成餡料。
2. 先將150克麵粉加入豬油和奶油調和均勻，做成油酥，再放入冰箱冷凍15分鐘。把剩餘的麵粉加溫水調和，揉成麵團，稍醒麵20分鐘。
3. 麵團擀成皮，包入油酥，疊成蝴蝶折，再擀成長方形，用小碗作模，扣出圓形面餅，放入叉燒餡料，對折成半圓形，刷蛋液，粘芝麻，放入烤箱，以200℃烘烤約18分鐘，至外表呈金黃色，取出裝盤即可。

四川紫微餅

材料
糯米粉500克，去皮熟地瓜300克，白糖200克，豬油100克，蓮蓉200克，大棗泥200克。

調味料
蛋液、麵包粉各200克。

做法
1. 將糯米粉、熟地瓜、白糖、豬油攪成泥，調和成麵團備用。
2. 將蓮蓉、大棗泥調拌成餡料。
3. 麵團搓成長條，分為每25克一個麵團，壓扁包入餡料，封口捏緊，壓成餅形，裹上蛋液，沾上麵包粉，下油鍋炸至金黃色即可。

小提醒
包入餡料後，封口一定要捏緊，以免在油炸時漏餡，影響外觀。

燻肉大餅

材　料
中筋麵粉 1000 克，溫水 600 克，食用油 100 克，油酥 300 克，燻肉 600 克，蔥絲 250 克，麵醬 3 大匙。

調味料
鹽 1 小匙。

做　法
1. 將中筋麵粉加溫水、食用油、鹽，調合均勻，揉成麵團，用濕布蓋緊，醒麵 40 分鐘，待鬆弛。

2. 將麵團分為每 400 克一個，擀成長方形薄片，把熟油酥均勻地抹在上面，疊三層，由一端卷起，再擀成圓形餅，下平底鍋烙至熟透，起鍋改刀裝盤。

3. 燻肉切片，與蔥絲、麵醬一起夾在餅層中食用即可。

關東肉火勺

材　料
中筋麵粉 1000 克，鹽 20 克，食用油 150 克，低筋麵粉 500 克，豬油 300 克，豬絞肉 1000 克，蔥花 500 克，薑末 50 克，白芝麻 100 克。

調味料
鹽 2 小匙，醬油、香油各 2 小匙，胡椒粉適量。

做　法
1. 將中筋麵粉加鹽、食用油調勻，和成麵皮用麵團。將低筋麵粉加豬油，和成「油酥」。將豬絞肉、蔥花、薑末加鹽、醬油、香油、胡椒粉，拌成餡備用。

2. 麵皮包入「油酥」疊起，擀成長方形，由上至下卷起，分為每 35 克一個麵團，包入適量餡料，封口朝下，表面刷一層水，再沾勻白芝麻。

3. 平底鍋上火燒熱，淋入適量油，下火勺烙至兩面金黃色，見鼓起熟透，起鍋裝盤即可。

金絲餅

材　料
中筋麵粉 1000 克，溫水 600 克，鹽、食用鹼各少許，香油適量。

做　法
1. 將麵粉過篩，加少許鹽和鹼，用溫水和成麵團，揉勻後用濕布蓋緊，醒麵 30 分鐘，待鬆弛。

2. 將醒好的麵團搓成長條，用製作拉麵的方法，反覆將麵拉成細絲狀，刷上油，分切成 20 份，再將每份做成圓形，稍按成餅狀。

3. 平底鍋上火燒熱，刷油，用中火將餅兩面烙成金黃色，取出，用乾淨熱濕布蓋緊，放入蒸鍋再蒸 2 分鐘，取出裝盤即可。

小提醒
此為傳統名食，主要技術關鍵在於拉麵，粗細要均勻。

京都肉餅

材料

中筋麵粉500克，溫水250克，豬絞肉300克，小蔥200克，熟花生碎150克，豉椒粒50克，薑末少許。

調味料

醬油、紹興酒各1/2大匙，鹽1/4小匙，香油適量，胡椒粉少許。

做法

1. 將中筋麵粉加入溫水，調和成麵團，用濕布蓋緊，醒麵30分鐘，待鬆弛。

2. 將豬絞肉、小蔥、花生碎、豉椒粒、薑末，加入調味料攪勻成餡。

3. 麵團搓成長條，分為每200克一個麵團，擀成圓形的薄餅，將餅的一半抹上餡，再將另一半餅皮蓋在餡上，呈半圓形，然後將半圓形餅對折成扇形，捏出花邊。

4. 平底鍋上火燒熱，刷油，下入肉餅，將兩面煎成金黃色，烙至熟透，起鍋改刀，裝盤即可。

冬瓜餅

材料

低筋麵粉500克，雞蛋3個，清水1000c.c.，冬瓜300克，生菜50克，胡蘿蔔100克。

調味料

鹽1/3小匙，香油1小匙。

做法

1. 麵粉加入雞蛋、清水、鹽、香油，攪拌均勻，過篩成粉漿。

2. 冬瓜去皮，洗淨切絲。胡蘿蔔、生菜均洗淨，切絲。將上述原料加入粉漿中，攪拌均勻，每塊擀成手掌大小。

3. 平底鍋上火燒熱，刷油，放入冬瓜餅，小火將兩面煎至金黃色即可。

小提醒

此餅採用了大量的蔬菜原料，所含維生素及蛋白質較高，營養又健康。

南瓜餅

材料

南瓜400克，糯米粉600克，蓮蓉餡300克。

調味料

豬油100克，白糖150克。

做法

1. 南瓜去皮洗淨，放入蒸鍋蒸至熟爛，取出晾涼備用。

2. 糯米粉加入南瓜及豬油、白糖攪勻，揉成麵團，分為每25克一個麵團，包入15克蓮蓉餡，再製成南瓜形狀。

3. 平底鍋上火燒熱，刷適量油，下入南瓜餅，將兩面煎成金黃色，見鼓起熟透，起鍋裝盤即可。

小提醒

煎餅時火力不宜過大，以小火為佳。

脆麻花

材　料

麵粉 500 克，老麵 150 克，白糖 150 克，食用油 50 克，溫水適量，鹼 5 克，白礬 5 克。

做　法

1. 將白糖、白礬用油和適量溫水充分攪拌溶化，再加入麵粉，揉成麵團。將老麵對鹼揉勻。上述兩塊麵團合在一起，揉勻，稍醒麵。
2. 麵團整理好，切成 48 根麵條，搓成每 50 克 2 根的麻花，下熱油鍋中炸至熟透，見色澤金黃、酥脆，撈出瀝淨油分，裝盤即可。

小提醒

炸麻花時要不停地翻動，以便受熱均勻，顏色一致。火力不可太旺。

麻香開口笑

材　料

低筋麵粉 500 克，白糖 150 克，麥牙糖、白芝麻各 100 克，雞蛋 1 個，清水 100c.c.，食用油 30c.c.，泡打粉 10 克，蘇打粉少許。

做　法

1. 將白糖、麥牙糖調清水加熱溶化，晾涼後放入泡打粉、蘇打粉、雞蛋、食用油攪拌均勻，倒入低筋麵粉，調製搓揉成麵團，稍醒麵。
2. 麵團搓成條狀，分為每 10 克一個麵團，用手搓成圓球，放濾網中將表面沾水，再倒入放有白芝麻的平盤中滾動，使麵團粘勻芝麻，然後下熱油中炸透，見呈金黃色，開口笑，撈出瀝淨油分，裝盤即可。

小提醒

以中火（約 120℃）炸約 6 ～ 8 分鐘即可。

花生蜜餞湯圓

材　料

糯米粉 500 克，豬油少許，白糖 100 克，開水 250 克。

調味料

花生碎、蜜棗、蜜餞各 50 克，麵粉 50 克，豬油 50 克，白糖 100 克。

做　法

1. 糯米粉加入白糖，用開水燙透，再加入豬油調拌均勻，揉成麵團，用濕布蓋緊，稍醒麵。
2. 將蜜棗、蜜餞切成粒，與花生碎一起加白糖、豬油、麵粉搓勻，放入方盤內，用手壓實，再切成小方塊，放冰箱內稍冰 40 分鐘。
3. 糯米麵團搓成長條狀，分為每 25 克一個麵團，擀成圓餅，包入上述餡料，滾圓後，下入滾水中煮透，見全部膨脹浮起在水面，撈出裝碗，澆入原湯即可。

芝麻涼團

材 料

糯米粉300克，在來米粉200克，熟芝麻粉150克，清水300克。

調味料

豆沙餡250克。

做 法

1. 將糯米粉和在來米粉加清水調和均勻，放入蒸鍋蒸至熟透，製成熟米團取出備用。

2. 將熟米團揉勻，分為每50克一個

米團，壓扁，包入豆沙餡，搓捏成圓球狀，四周及底部沾上熟芝麻粉，裝盤即可。

小提醒

蒸熟的米團要趁熱揉透上勁。包涼團時手上蘸些油，可防粘手。

叉燒包

材 料

麵粉400克，老麵250克，白糖200克，泡打粉20克，藕粉10克，鹼水少許。

調味料

叉燒肉300克，熟芝麻100克，叉燒芡150克。

做 法

1. 將老麵加入白糖，搓勻至溶化，再加入麵粉、泡打粉、藕粉、鹼水

揉勻，製成麵團，用濕布蓋緊，稍醒麵。

2. 叉燒肉切小片，加入熟芝麻、叉燒芡汁攪拌成餡。

3. 麵團搓成長條狀，分為每35克一個麵團，擀成圓餅，包入餡料，封口處朝上，放入蒸鍋用大火蒸8分鐘，取出裝盤即可。

韭菜盒子

材 料

中筋麵粉500克，開水150克，清水100克，豬絞肉200克，韭菜150克，蝦皮30克，冬粉50克。

調味料

鹽1/2小匙，胡椒粉1/3小匙。

做 法

1. 冬粉用溫水泡軟，切成小段。蝦皮洗淨，瀝乾水分。韭菜沖洗乾淨，切末。

2. 豬絞肉放入碗中，加入鹽、胡椒粉醃拌15分鐘，再下入熱油鍋中炒香，然後放入上述原料拌勻成餡料。

3. 大碗中放入篩好的中筋麵粉，加入開水，用筷子攪拌成塊狀，再分次加入清水和少許鹽，攪拌均勻後，揉成麵團，稍醒麵。每50克分為1個麵團，擀成圓皮，包入餡料，封口收邊，呈半月形，再下入平底鍋，將兩面煎至金黃色，起鍋裝盤即可。

香蔥花卷

材　料
麵粉 500 克，酵母 10 克，清水 300 克，香蔥 250 克。

調味料
鹽2/3小匙，胡椒粉、香油各少許。

做　法
1. 麵粉加入清水、酵母調和均勻，揉成發麵團，用濕布蓋緊，稍醒麵。
2. 香蔥沖洗乾淨，切成蔥花，加入鹽、胡椒粉、香油，拌勻備用。
3. 將發麵團擀成長方形面片，刷上油，撒上拌好的蔥花，對折後，再刷油，撒蔥花，用刀切成小條，反手方向搓上勁，呈花卷狀，醒麵 30 分鐘，放入蒸鍋蒸 5 分鐘即可。

壽桃

材　料
麵粉 500 克，清水 250 克，酵母 10 克，白糖 50 克，棗泥餡 200 克。

做　法
1. 麵粉加入清水、酵母、白糖調和均勻，揉成麵團，用濕布蓋緊，稍醒麵。
2. 麵團搓成條狀，分為每25克一個麵團，擀成圓皮，包入棗泥餡，封口朝下，捏成壽桃形狀，醒麵 30 分鐘，放入蒸鍋蒸 5 分鐘即熟，取出按桃子原型刷上淡紅色的食用色素即成。

小提醒
包餡要均勻、捏緊，收口處朝下。上色宜淡雅，不宜過濃，以免影響口味。

冰花煎餃

材　料
麵粉 500 克，開水 250 克，鹽 5 克，太白粉25克，雞蛋5個，鮮貝肉100克，黃瓜 250 克。

調味料
鹽1/3小匙，胡椒粉、香油各少許。

做　法
1. 雞蛋打散炒熟。鮮貝肉洗淨，瀝乾水分。黃瓜洗淨切絲，擠乾水分，剁碎。上述原料加入鹽、胡椒粉、香油，攪拌均勻成餡料。
2. 麵粉用開水燙透，晾涼，揉成麵團，稍醒麵，再搓成條狀，分為每50克4個麵團，擀成餃子皮，包入餡料，捏緊封口，排擺在平底鍋中，當餃子底部煎至金黃色時，用小碗加太白粉、水，對成太白粉漿淋入鍋內，蓋緊鍋蓋，燜煮約 3 分鐘，不停地轉動平底鍋，使其受熱均勻，見水分漸乾，呈網狀冰花時再淋少許油，稍煎片刻，起鍋扣入盤中即可。

開花饅頭

材　料

麵粉 1000 克，老麵 150 克 ，白糖 300 克，清水 400 克，食用鹼適量。

做　法

1. 將老麵用水調開，加入麵粉調和均勻，揉成麵團，用濕布蓋緊，醒麵 20 分鐘後，加入鹼和白糖揉勻，再稍醒麵備用。

2. 將發好的麵團搓成長條，分為每 100 克一個麵團，朝上擺入蒸鍋中，以大火蒸約 25 分鐘即可。

小提醒

色澤潔白，形如花朵，香甜美味。麵團加入鹼後要揉勻，否則麵團中有些部分餘鹼過多，熟後會發黃，影響品質。

蛋皮香菇燒賣

材　料

全蛋燒賣皮 500 克，豬絞肉 300 克，發好的香菇 200 克，蝦仁 50 克，蔥末、薑末各少許。

調味料

醬油 1 大匙，鹽 2/3 小匙，胡椒粉、香油各少許。

做　法

1. 全蛋燒賣皮用擀麵杖擀至四周起褶備用。

2. 香菇切粒，下鍋炒香晾涼。蝦仁挑除沙腸，洗淨。

3. 將香菇、蝦仁、豬肉餡、蔥末、薑末，加入醬油、鹽、胡椒粉、香油，攪拌均勻成餡料。

4. 用擀好的燒麥皮包裹餡料，輕輕合攏，收口不要太緊，放入蒸鍋用大火蒸 8 分鐘即可。

銀絲卷

材　料

麵粉 1000 克，白糖 200 克，清水 500 克，酵母 15 克，豬油適量，食用油 400 克。

做　法

1. 麵粉加入白糖、清水、酵母、豬油，調和均勻，揉成發麵團，用濕布蓋緊，醒麵發 30 分鐘。

2. 將 1/3 的麵團搓成長條，擀成中間稍厚的長方形片備用。

3. 其餘 2/3 的麵團擀成薄餅，用刀切絲，刷油，再切成 7 公分長的段，用擀好的麵皮捲入麵絲，醒麵 30 分鐘，放入蒸鍋蒸 12 分鐘，起鍋裝盤即可。

小提醒

麵要和勻發透，銀絲粗細要均勻，刷油是為了避免相互粘連。

實用家庭烹飪秘訣

烹調常識

烹調為什麼要強調火候

採用一定的火力和傳熱媒介，在一定溫度、時間條件下烹製菜餚的熱值稱為火候。用數學關係表示：

火候＝溫度場＋時間

在菜餚加熱過程中，由於食材質地不同，改刀後的食材形狀不同，成品菜餚的品質標準不同，要採用不同的加熱方法，運用不同的火力，確定不同的加熱時間對食材進行烹製。這些不同，導致關係式中溫度場和時間兩個變數不斷變化，而每一次變化都會產生一種火候。因此，所謂掌握火候，就是按某菜餚特點的具體要求，遵循規定的火候標準將菜烹熟並達到規定的品質標準。

烹調的 5 種方式

1. 水烹是以水或湯汁作為傳熱媒介，利用液體的不斷對流將食材加熱成熟。對流是依靠流體的運動把熱量由一處傳到另一處，是傳熱的基本方式之一。水烹適合多種烹調方法及初步烹飪處理技法，是最基本的加熱方式。

2. 油烹是以油為傳熱媒介，利用液體不斷對流將食材烹製成熟。油烹適合於多種烹調方法和食材，是一種常見的加熱方式。油烹中不同品種的油有不同的用途，不同的油溫適合不同的烹調方法，不同的輔助手法又可造就不同的成品特點。

3. 汽烹是以水蒸氣作為傳熱媒介，利用蒸氣的熱對流烹製菜餚。蒸氣雖然僅適用於「蒸」這種烹調方法，但在對食材進行初步熟處理時卻使用較多。蒸氣是很有特色的加熱方式，在封閉狀態下對食材進行加熱，並達到規定的成品標準，這顯然還是一項技術性很強的加熱方式。這種加熱方式要求對蒸氣加熱的特性、蒸氣加熱的操作規則及哪些食材適合汽烹等有較深瞭解。

4. 鍋烹屬固體加熱方式，它是利用鐵鍋將爐火的熱能直接傳導給食材。傳導是指同一物體各部分或不同物體間，直接接觸時依靠物質分子、原子及自由電子對微觀粒子的熱運動進行的熱量傳遞現象。在烹調加熱所使用的常規方法中，只有鐵鍋具有傳導熱量的功能。因而，在各種加熱方式中能獨樹一幟，形成一類新的風味。但是，在地球磁場範圍內，單純的傳導只能發生在密實的固體中。當有溫度差出現時，液體和氣體會出現對流現象，因而難以維持單純導熱。所以，在鍋烹方式中，傳導熱是主要的，即鐵鍋將熱直接傳導給食材。同時也伴隨著液體和空氣的對流。

5. **輻射方式**在烹調加熱中稱為「烤」，是一種依靠非常態物質加熱的烹製方式。隨著科學技術的發展，它的應用領域將不斷得到拓展。在加熱中，無論是傳導還是對流，都必須通過冷熱物體的直接接觸，依靠常態物質為媒介來傳遞熱量的。而輻射的原理則完全不同。輻射是依靠物體表面對外發射可見和不可見的射線來傳遞熱量。在烹調加熱中，各種烘烤設備是以電磁波或光子這兩種非常態物質把熱能傳給食材的。其原理是：物體間無論溫度差別有多大，物體都在不停地互相輻射熱能。若物體間溫度相等，則互相輻射的能量相等；若物體間溫度不等，則高溫物體輻射給低溫物體的能量大於低溫物體向高溫物體輻射的能量。結論是，熱量由高溫物體到低溫物體。利用輻射方式加熱食材，即是運用這種光學導熱原理，通過各種烘烤設備來烹飪菜餚。

3種主要的調味方法

1. 加熱前調味：加熱前調味，也叫基本調味。即在食材下鍋之前，先用鹽、醬油、料酒、胡椒麵、雞蛋、太白粉把食材上漿，讓調味料滲入食材，使食材在加熱前就有一個基本味，並消除食材的腥膻味。一般烹煮雞、魚、鴨、肉等類菜餚在加熱前都作調味。有些配料如西洋芹、黃瓜等，也要在烹調前調味，用鹽醃去部分水，確定它的基本味。

有一些在加熱過程中必須嚴密加蓋和中途不可調味的菜品，如蒸雞、蒸鴨、烤肉、烤雞、烤魚、罐燜肉、罐子肉等等，也必須在加熱之前一次調好味，做好湯。

2. 加熱中調味：加熱中調味，也叫正式調味。有些菜餚，雖然在加熱之前對食材作了基本調味，但尚未達到所要求的口味，必須在加熱過程中適時、適量地加入一些調味品，以決定它的滋味，故又稱決定性調味。

3. 加熱後調味：加熱後調味，也叫輔助性調味。有些菜餚，雖然在加熱前或加熱中都進行了調味，但仍然不能最後定味，或者色、香、味仍未達到應有的標準要求，則需要在加熱後再次調味。如「乾燒丸子」、「軟炸大蝦」、「熱窩雞」等菜餚，需要在加熱之後撒花椒鹽；四川菜的「油淋雞」則需要在烹製之後另澆汁；「燴烏魚蛋」需要在起鍋前往湯碗中放入醋；「北京烤鴨」也必須在烤製之後另上甜麵醬，等等。各種燴、拌的涼菜，也都需要在烹製之後再次調味。

熱菜的烹調方法有哪些

熱菜的烹調方法可分為炸、炒、溜、爆、燉、燜、煨、燒、扒、煮、汆、燴、煎、貼、蒸、烤、涮、熬、拔絲、蜜、汁、鑲、烹等約24種。

什麼叫清炸

食材不經過拍粉、裹麵糊或上漿，用調味料拌漬之後，投入油鍋，大火炸熟的方法叫清炸。要根據食材的老嫩程度和形狀大小，掌握好油溫及火候。質嫩或條、

塊、片等小型食材應用熱油鍋，炸的時間
要短，約八成熟即取出，然後待油熱後再
複炸 1 次。形狀較大的食材，要用熱油
鍋，炸的時間要長些，中途可改用慢火長
時間炸，待食材八成熟時取出，油燒熱後
再用大火炸熟或斟酌複炸幾次，直到符合
要求為止。

清炸由於食材不裹麵糊，製成的菜外香
脆、肉熟嫩、清香撲鼻。

什麼叫軟炸

將質嫩而形小的食材用調味料拌勻，
再裹上蛋白糊，然後投入油鍋中炸熟，這
種方法叫軟炸。軟炸，要用軟麵糊（用太
白粉和蛋白，或全用蛋白調成），一般分
兩次炸成。第一次用溫油炸至外層麵糊凝
結、色澤一致時撈出；第二次用溫油，稍
炸即可。

什麼叫酥炸

將煮熟或蒸熟的食材，外面裹上全蛋
糊（也有不裹麵糊的），過油炸熟叫酥炸。
裹麵糊的大多是脫骨的食材。蒸熟的或煮
熟的食材一般都要先調好味。酥炸的特點
是製品酥、香、肥、嫩。用酥炸的方法烹
製的菜餚有香酥雞、香酥鴨等。

什麼叫生炒

生炒又稱煸炒，以不裹麵糊的食材為
主，將加工成薄片、絲、條或丁的食材直接
下入有底油的鍋中，翻炒至七八成熟時加上
調味料，翻炒幾下，去腥即好。這種炒法，

湯汁很少，食材鮮嫩。如果食材的塊形較
大，可在煮熟時對入少量湯汁，翻炒幾下，
使食材炒透，即可起鍋。放湯汁時，需要在
食材的本身水分炒乾後再放，才能入味。生
炒一般不裹麵糊上漿，起鍋時也不勾芡，成
品略帶滷汁，口味脆嫩入味。

什麼叫熟炒

熟炒一般先將大塊的食材加工成半熟
或全熟（煮、燒、蒸或炸熟等），然後改刀
成片、塊等，放入沸油鍋內，略炒，再依
次加入配料、調味料和少許湯汁，翻炒幾
下即成。熟炒的食材大都不裹麵糊，起鍋
時一般用太白粉水勾成薄芡，也有只加入
豆瓣醬、甜麵醬等調味料，而不再勾芡
的。熟炒菜的特點是略帶醬汁，口味濃
香。

什麼叫軟炒

軟炒又稱滑炒，先將主要食材去骨，
經調味料拌漬，再用蛋白太白粉裹麵糊，
放入五六成熟的溫油鍋中，邊炒邊使油溫
增加，炒到油約九成熟時起鍋，再炒配
料，待配料快熟時，投入主料同炒幾下，

加芡，收乾滷汁，但應注意在主要食材下鍋後，必須使食材散開以防止主料的麵糊粘連成塊。廣東的「蠔油牛肉」、四川的「宮保雞丁」等都以軟炒為基礎經過獨有的調味過程烹製而成。

什麼叫乾炒

乾炒又稱乾煸，是將不裹麵糊的小型食材經調味料拌漬後，放入八成熟的油鍋中迅速翻炒；炒到外面焦黃時，再加配料及調味料（大多包括帶有辣味的豆瓣辣醬、花椒、胡椒等），同炒幾下，待全部醬汁被主料吸收後，即可起鍋。乾炒的食材不裹麵糊上漿，起鍋時不勾芡。用乾炒的方法做出的菜餚乾香而酥脆，一般略帶麻辣。如乾煸牛肉絲。

什麼叫焦溜

焦溜又叫脆溜或炸溜。是將處理好的食材調味後裹上麵糊或拍乾粉，放入油鍋炸成外焦裡嫩，瀝淨油分，澆上芡汁。這種芡汁一般是在食材快炸熟的同時，用另一隻鍋先熗鍋，再加上各種調味料勾芡，待芡汁炒好時將炸好的食材投入芡汁鍋內。焦溜菜的主要特點是外焦裡嫩。

什麼叫滑溜

先將食材上漿過油滑出，投入炒好的芡汁鍋內顛翻，這種方法叫滑溜。其所用的食材主要是處理成片、絲、丁、條的無骨食材。一般是先將食材稍加拌漬之後再上漿，過溫油滑出。滑溜的菜餚特點是滑嫩、色白。

什麼叫軟溜

用經過蒸熟或煮（汆）熟的食材加入調味料，再放上煮好的芡汁的方法叫軟溜。也有把熟加工過的食材同芡汁一起下鍋，使食材入味後再起鍋。操作時要將主料瀝淨水分，芡汁多以湯對成，不用油。軟溜菜餚的特點是嫩而滑，芡汁寬，食材是軟性的。

什麼叫爆

爆就是將燙或炸過的食材，用大火熱油爆炒，然後下入配料，烹入芡汁。爆菜的特點是脆嫩爽口，滷汁收乾，芡汁能包裹食材。爆菜的操作要求是：刀工精細，火力要大，操作迅速。爆的方法比較多，有油爆、醬爆、蔥爆、宮爆、湯（水）爆等。

1. 油爆：將食材上漿，過油滑出。另起油鍋，待油熱投入食材，再澆上先對好的無色調味汁，翻炒幾下起鍋，這種方法叫油爆。特點是白色、油亮，芡汁全包食材，盤中只有油汁。用此法烹製的菜餚有油爆肉丁等。

2. 醬爆：醬爆和油爆的操作過程基本相同，不同的是醬爆所用的調味品主要是麵醬。做法有兩種：一種是主料上漿滑油後再用麵醬、黃醬爆炒；另一種是將熟的主料用油煸炒後再加醬爆炒。

3. 宮爆：宮爆與醬爆大致相同，只是配料要加花生仁，調味料將麵醬改為辣

椒，口味鹹香辣嫩甜。宮爆又叫宮保，據傳說，清朝有一個在清宮中做過「宮保」官職的人，在四川任巡撫時，曾在一次筵席上吃到了一個用辣子、雞丁炒成的菜餚，他頗感興趣，並加以讚賞。事後，人們就把這種菜的做法加以總結、完善，以「宮保」命名。用宮爆方法烹製的菜餚有宮保雞丁。

4. 蔥爆：主料過油後與較大蔥段一起爆的烹調方法叫蔥爆。製成的菜餚一般無茨，即不勾茨。如蔥爆羊肉。

什麼叫烹

烹是將小型食材（經裹麵糊後）用大火熱油炸成黃色，瀝淨油，烹入對好的調味料的烹調方法。此種方法動作要快，食材在鍋裡停留的時間要短。烹的食材一般是先過油後烹，故有「逢烹必炸」之說。用於烹的調味料中不必加太白粉。烹菜的特點是外焦裡嫩，略有湯汁，爽口不膩，如烹蝦段等。

有的烹菜食材不過油，如「醋烹綠豆芽」等青菜之類。

什麼叫燉

燉是介於蒸和煨之間的一種烹調方法。燉菜的方法大致可分為隔水燉和不隔水燉兩種。

1. 隔水燉：將食材放在容器中，隔水加熱，使食材成熟，這種方法叫隔水燉。一般是先將食材洗淨，過沸水燙，洗去腥、膻氣味和血沫雜物等，然後放入瓷製

或陶製的盆鉢內，加蔥、薑等調味料，用玻璃紙封口，然後入水鍋中（將盆鉢浸於水中，鍋內的水要低於盆鉢，以防止水進入盆鉢中），加熱至食材熟軟即可。其特點是，湯汁澄清，原汁原味。

2. 不隔水燉：將食材洗淨成形之後，放入鍋中（最好為陶製器皿），加上調味料湯汁，爾後直接放在火上燉至熟爛，這種方法叫不隔水燉。不隔水燉比較容易掌握，適用於伙食單位，一次能烹製大量菜餚。

什麼叫燜

燜是將經過炸、煎、煸、炒的食材，加上醬油、糖等調味料和適量的湯汁，用大火燒開後，再用慢火長時間加熱成熟，用原湯勾薄茨的烹調方法。其物點是菜餚的形態整齊，不碎不裂，汁濃味厚，酥爛醇香。如油燜冬筍、紅燜肘子。

什麼叫煨

煨是將經過炸、煎、煸、炒的食材，放入陶製鍋中，加上調味料和足量的湯汁，用大火燒開，再用小火長時間燉至熟爛的烹調方法。此種方法製出的菜餚的特點是：湯汁濃，口味醇厚。煨和燜的區別

在於煨加熱時間比燜長，湯汁一般不勾芡。煨和「不隔水燉」很相像。煨製的菜餚多是營養豐富的湯菜，如煨臍門鱔。特點是肉爛汁鮮，營養價值高。

什麼叫燒

燒是將經過炸、煎、炒或㸆煮的食材，加適量湯汁和調味料，用大火燒開，再用中火燒透入味，最後用小火勾芡。這種燒菜方法的特點是滷汁較稠濃，食材質地軟嫩，口味鮮濃。

燒的方法有 3 種，即紅燒、白燒和乾燒，紅燒和白燒的區別主要在於前者靠有色調味料，製出的菜餚呈紅色；白燒則是用無色調味品，烹煮出的菜餚呈白色或無色。乾燒和紅燒、白燒有明顯的區別，主要是湯汁不勾芡，到燒乾為止，且口味必須帶辣。用燒的方法製成的菜餚較多，常見的有紅燒豬肉、乾燒魚等。

什麼叫扒

扒是將經過初步熟處理的食材，整齊地放入鍋中，加湯汁和調味料，用大火燒開，中小火燒透入味，大火收汁。這種扒菜方法所用的食材多為處理成半成品的高檔食材，如魚翅、熊掌、海參等。扒菜的關鍵在於勺工。在加熱過程中，食材面朝下擺在勺中，勾芡後出勺前則需將食材整個翻過，使其面朝上，食材整齊不亂。這就要求大翻勺的功夫要夠，否則就達不到扒菜的要求。

扒菜的方法較多，可分為白扒、紅扒、奶扒等，其操作方法基本是相同的，只是所用的調味料有區別。如蔥扒雞、扒白菜等。

什麼叫煎

煎是將鍋底加少許油，用小火將食材煎熟至兩面金黃。煎時要掌握火力小而穩定，食材加工成扁平狀。有的在煎後烹入調味品，有的食材在煎前先調味。煎菜的特點是外焦酥、裡軟嫩、色深黃。

煎可分為乾煎、煎烹、煎燜、煎蒸和煎燒等。

乾煎是將加工成片或餅形的食材經調味、裹麵糊或拍粉後下鍋煎熟的方法。乾煎時用油不可淹沒煎料，並隨時推動或晃鍋。煎鍋應先燒熱後刷冷油，防止巴鍋。

煎烹是先煎後烹，操作過程與乾煎一樣，煎熟後在大火熱鍋中用液狀調味汁烹煮。煎烹切忌拖汁帶芡，粘糊一團。

煎燜是將煎過的食材放入鍋內，加入調味料和適量的湯，以小火慢燜，湯汁量與主料相等，待汁將收盡即成。

煎蒸是先將主料煎後，加配料、調味料放入蒸鍋蒸熟。

煎燒又稱南煎，因南方多用此法。先將主料剁茸，加入調味料、雞蛋、太白粉攪勻上勁，擠成丸子，煎成圓餅形，爾後放入湯及調味料，燒至酥爛。烹煮時要注意沸湯下料，防止將煎過的主料泡散，鍋開後小火慢燒。如南煎丸子。

廚房用品的選購與使用

怎樣對廚房進行合理佈局

為便於烹調和進餐，在佈置廚房時，應注意其合理性。從平面看，要使廚房用具的擺放留有一定的活動餘地並提高其使用效率；從立體看，使廚房內的用具通過相互搭配，給人以視覺上的藝術美感。在安放廚房用具時，既要考慮用具的使用方便、安全、舒適，又要注意使用具高低相接，大小相配，達到協調統一。

一般廚房功能的佈局可分為：洗滌區、烹調區。但在總體安排時，要求留出合理的活動空間，並使空間有最大的利用率，即盡可能使這個活動區域與廚房用具的空間互相協調，相互借用，避免廚房用具佈置後，出現不能使用的死角，尤其是面積較小的廚房，更應注意這一點，以免影響活動空間的利用。

選購廚房清潔劑的竅門

市場上餐具清潔劑品種繁多，主要是用於洗滌鍋、碗、筷、勺及蔬菜、水果等。這類清潔劑去汙力強，並同時可去除黏附於水果、蔬菜上的細菌和農藥。有的配加了陽離子表面活性劑，有的還添加了活性氯等，具有一定的殺菌作用，其pH值為7～8，對皮膚無損害，也不會損傷物體表面。市場上也有用於清洗抽油煙機、排氣扇、爐具、牆壁、門窗、地板等的專用清潔劑、去污劑、殺菌劑等，它們的PH值偏高，鹼性大。選購和使用時要注意其商品的使用說明和注意事項，後一類清潔劑不宜用於清潔前一類物品。

選購時應注意生產品牌、包裝，不漏、不稀、不稠如油狀，關鍵是有無分層，開蓋後除本身香味外，無異味、無懸浮物或沉澱。

用鐵鍋的禁忌

使用鐵鍋有許多益處，但若用鐵鍋來煮楊梅、山楂等酸性果品就會對人體產生危害。因為這類酸性果品中含有一種果酸，遇到鐵後會發生化學反應，產生低鐵化合物，人吃後 1 小時左右便可出現噁心、嘔吐、腹痛、腹瀉等症狀。

此外，煮綠豆也忌用鐵鍋。這是因為綠豆皮中所含的單寧質遇到鐵後也能產生化學反應，生成黑色的單寧鐵，並使綠豆的湯汁變黑色，影響其味道及人體的消化吸收。

使用菜刀的竅門

1. 切菜應備兩把菜刀，一把用來切食材，一把用來砍骨頭。做到砍刀不細切，切刀不粗砍。

2. 菜刀沾水容易生鏽，切番茄等酸性食品，菜刀更易生鏽。如果菜刀用後在淘米水中浸泡幾分鐘，就不會生鏽了。使用菜刀後，尤其是切過鹽醃食品後要擦洗乾淨。長期不用可塗些食油。

3. 夏季防生鏽，用後擦乾，用乾淨軟

布包裹好，放在乾燥通風處，刀一旦生銹要及時處理。

4. 使用菜刀用力不宜過猛或左右扭動，如需切砍時，可用刀刃的後 1/3 處。

5. 菜刀不宜放在火爐等高溫處。此外，刀不宜常磨，不宜太鈍，也不宜太鋒利。

快鍋使用的竅門

使用快鍋，需注意以下幾點：

1. 燜煮食物連同水，不可超過總容量的 4/5 。

2. 加蓋前，排氣孔、安全閥座下孔洞應無殘留物。

3. 加蓋時，上下兩手柄必須完全重合。

4. 限壓閥扣上閥座，必須在蒸氣從泄壓孔中排出之後。當限壓閥發出較大嘶嘶聲時，要立即改用小火。

5. 發現安全塞有排氣現象，應立即將快鍋移離火源。

6. 離火後，不可立即開蓋，如急於開蓋，可用冷水沖鍋蓋，使鍋內氣壓降低。

7. 老化的安全塞應及時更換。

8. 使用中的限壓閥上不能放任何重物。

9. 用畢，要全面、徹底洗淨、擦乾，將鍋蓋反置於鍋體上。

電鍋使用 8 忌

1. 鋁鍋底部和電熱盤應保持清潔，切忌飯粒等異物掉入。

2. 在煮飯或保溫過程中，透氣孔灼熱，手、臉切忌接近，以免燙傷。

3. 電鍋在煮過含酸、鹼的食物後，必須及時將鋁製鍋體清洗乾淨，切忌不潔存放，防止腐蝕。

4. 外鍋和電熱盤切忌浸在水中刷洗，只能用濕布擦拭。

5. 蒸煮食品時，應先放入食品和水，再接通電源，切忌先插上電源，然後才將食物放入。

6. 裝拆電鍋底板或取出鋁鍋時，應先切斷電源，切忌在未切斷電源的情況下進行裝拆。電源線插座需接地線。

7. 如果飯未熟電鍋的按鍵開關提前跳起，切忌強行按下，以免燒壞電器。此時應斷電檢查故障原因，予以調整、修復。

8. 電鍋切忌放在有腐蝕性氣體的地方和潮濕處，以免影響使用壽命。

使用微波爐的竅門

1. 爐門要輕開輕關，以保證爐門與爐體之間的嚴密接觸，千萬不要碰撞爐門，爐門損壞有洩漏微波的危險。

2. 食品容器不能使用金屬、搪瓷製品。因為金屬對微波有反射作用。微波爐爐腔本身就是一個微波諧振腔，金屬的反射會破壞微波的諧振，降低加熱效率且使爐腔內各部分加熱不均勻。此外，微波與金屬接觸會產生火花，發生危險。嚴重時，爐內的金屬物會形成高頻短路，使磁控管損壞。

3. 微波爐使用時不能靠近強磁材料或帶有磁場的家用電器，因為外來磁場會干擾爐內磁場的均勻分佈狀態，使微波爐加熱效率下降。

4. 沒有放進食物前，請不要啟動微波爐，以免空載運行有損磁控管。

5. 微波爐工作時，不要過於把臉貼近爐門上的玻璃觀察窗進行觀察，家長應提醒孩子不要過於貼近觀察窗去觀看，因為眼睛對微波輻射最敏感，易受傷害。

6. 不可過度烘烤食品，以免食品過熱而起火。萬一爐內食品起火，請勿打開爐門，而應立即切斷電源，火會自行熄滅。

7. 瓶子或密封的容器放入微波爐之前，須先拿開蓋子，剪開密封的容器，否則可能因空氣膨脹而產生爆裂。帶殼的生蛋及有硬質外殼的儀器也會引起爆裂，要

帶殼加熱，須在加熱前開個裂縫。

8. 從微波爐中取出烹飪過的食品的容器時，注意不要燙著手。雖然微波爐中容器本身不會被加熱，但是食品經過加熱後，熱量會傳到容器上，所以容器也會隨著變熱，尤其是烹飪時間較長時。

9. 定期檢查爐門、門框和各個部件，如有鬆脫或損壞應立即修理以免微波洩漏。

10. 不同產地、不同牌子的微波爐，即使微波輸出功率相同，實際加熱能力也可能有所不同，所以在烹飪時，要留意加熱時間的準確性，並根據實際加熱能力對加熱時間予以修正。

11. 經常保持爐門密封墊以及爐門內外表面的清潔，防止油膩、髒物或濺汙等積存，以免引起微波從爐門外洩漏。此外，當爐門與爐體之間夾有或塞有食物時，請勿啟動微波爐。

12. 轉盤在烹飪完畢後，勿立刻沖洗，以免爆裂。因為微波爐雖不會對玻璃轉盤加熱，但食品的熱量會傳至轉盤上。

用微波爐解凍食品的竅門

1. 用微波爐解凍食物時，應使用低功率檔，使之均勻解凍，不要用強功率檔。不要過分加熱使食物完全解凍，這樣做可能會使食物的某些部分煮熟。一般應在半解凍狀態時即停止加熱。

2. 帶包裝的冷凍食品要解凍時，如用鋁箔包裝的一定要剝去鋁箔袋或鋁箔蓋，以防止發生電弧火花；紙袋包裝可剝去包

裝，或在封袋上剪去一個角，可讓一部分蒸氣透出。無包裝或剝去包裝的冷凍食品均用保鮮膜罩住，以保存熱氣，但保鮮膜不能包得太緊，還要留出一個透氣孔。

3. 解凍牛肉末、肉塊、雞肉、魚片等食物時，在達到 1/3 解凍時間時，可將已解凍的部分分開或切下，未解凍的部分置於盤內繼續使其徹底解凍。這樣可防止內部未化而外面已熟的現象。

4. 解凍扁平狀的烤肉、排骨或整雞時，達到一半解凍時間要進行翻轉。如果有許多塊肉或排骨，要儘量把它們分開裝在盤內，塊與塊之間不要靠在一起，稍微分開點距離，大塊靠盤緣放，小塊靠盤中心放。大塊的緻密的肉塊從微波爐中取出時，表層應是涼的，其中心還是冰塊，在室溫內擱置一會兒就可完全化透。

5. 對一些厚薄不一的食品如整條魚，在解凍進行到一半時，為防止頭、尾部分煮熟，可用微波爐專用保鮮膜將頭、尾包好後再繼續解凍。

6. 一次解凍的食品不宜太多，且冷凍食品塊不能太大太厚，例如肉類食品的厚度不超過3公分，其他食品的厚度不超過5～7公分。

多功能食品攪拌機的使用

多功能食品攪拌機又稱食物料理機，是食品攪拌加工的設備。它採用全封閉齒輪傳動，有高、中、低 3 種轉速，具有公轉和自轉，能徹底翻動被攪拌物。這種攪拌機將和麵、拌餡、打蛋功能集於一身，用蛇形攪拌杆低速運轉可以和麵，比傳統和麵機械效果更好、更勻、更快；用拍狀攪拌器中速運轉，可以拌肉餡，攪拌糊狀物料；用花蕾形攪拌器高速運轉，可拌和奶油、打雞蛋。

巧除微波爐異味的竅門

微波爐長期烹調會產生一種異味，遇到這種情況，可將檸檬皮或檸檬汁，放入加了 1/2 杯水的鍋中，掀蓋燒5分鐘，然後取一塊乾淨的濕布，擦拭微波爐內部，異味即除，如異味較重，可用半杯水加半杯醋燒開，使之冷卻降溫，再用溫布擦拭內部即可。

疏通洗碗槽堵塞的竅門

可在洗碗槽裡積3～4公分深的水，然後用 1 個保特瓶空瓶，倒扣在水池的下水口上，用手按壓一緊一鬆操作幾次，就可把堵塞的下水管疏通。

廚房衛生與安全

廚房清洗妙法

廚房的紗窗，積上油垢後很不容易洗淨，如用鹼粉、去污粉、肥皂粉 3 者混合洗刷，很容易去汙。

消除廚房裡的異味，將鍋置於火上，在鍋裡滴少許食用醋，讓其散發，異味就可消除。也可用橘子皮、香蕉皮等放在火上烤，效果也很好。

巧除牆壁上的油污

　　廚房的牆壁上的油垢，很難除掉。這裡介紹一個清除牆上油垢的小竅門：將滾熱的稠麵糊湯或濃米湯潑在油污處，或用刷子厚厚地塗上一層。待其乾透並在牆壁上起皮時，便會將牆上的油垢粘住，隨之開裂落下，露出潔淨的牆面。若1次清除不淨，可再重複進行。

巧除廚具器皿油污4法

　　1.廢茶葉除油污：餐具沾上過多的油污，可用廢茶葉或擠點牙膏加少許水進行擦試，再用清水沖洗即可。

　　2.水垢除油污：水壺的水垢，取出研細，用濕布蘸上擦拭器皿，去汙力很強，可以輕而易舉地擦掉陶瓷、搪瓷器皿上的油污，還可以把銅、鋁鍋具製品擦得明亮，效果特佳。

　　3.橘子皮除油污：用橘子皮蘸鹽擦拭陶瓷器皿上的油污，特別有效。

　　4.溫茶渣除油污：爐具上有了油污，可用剩下的溫茶渣在爐具上擦拭幾遍，便可以將油污洗去。如無新鮮的溫茶渣，用乾茶渣加開水浸泡後，亦可擦去油污。

木砧板消毒的竅門

　　1.撒鹽消毒：每次用後，刮淨板上的殘渣。每週在板上撒一些鹽，既殺菌，又可防止砧板乾裂。

　　2.陽光消毒：晴天時，把砧板放在陽光下曬一曬，讓太陽光中的紫外線照射殺菌。

　　3.洗燙消毒：把砧板刷洗一遍，病菌數量可減少1/3。如果用開水燙一遍，殘存的病菌就更少了。

巧用淘米水的竅門

　　1.油污的碗筷用淘米水洗，碗筷會洗得乾乾淨淨。髒衣服用淘米水浸泡後再洗，不用肥皂，就能洗掉灰塵。用淘米水洗豬肚、豬腸，效果也很好。用淘米水擦洗油漆傢俱，能夠收到乾淨明亮的效果。

　　2.把一定量的淘米水倒入池內，混濁的水會變得清澈明淨。經常往魚池裡倒淘米水，不僅加強了魚的營養，也能使池水保持清淨。

　　3.用淘米水泡發海帶、乾帶，海帶易漲易發，煮時易爛，而且味道鮮美。

　　4.經常用燒開的淘米水漱口，可以治療口臭和口腔潰瘍。

廚房抹布使用的竅門

　　1.廚房抹布的選用：化纖布不宜做廚房抹布；廚房用的抹布，宜選用紗布或本色毛巾。這樣的抹布只要經常消毒滅菌，用來洗餐具對人體無大的危害，若用化纖布作抹布，就有害無益了，這是因為化纖布上粘附

有許多細小的化學纖毛，用它做抹布洗餐具時，難免使這絲纖毛粘附於餐具表面，隨食物進入人體，對嬰幼兒和體弱老人危害更大。

2.廚房抹布的清潔：廚房用抹布要經常清洗，否則容易繁殖細菌。洗時加入少量漂白劑，洗後曬乾即可乾淨潔白。

雨季時，抹布會發臭，這時要用肥皂水煮滾 1 次，再以清水洗淨、烘乾，這樣既可消毒，又可除臭。

家庭廚房滅火的竅門

1.蔬菜滅火：油鍋溫度過高時，易引時油鍋起火，此時可將備炒蔬菜倒入鍋內，火隨之會熄滅。使用這種方法要防止燙傷或油火濺出。

2.鍋蓋滅火：當油面火焰不大、油面又沒有油炸的食品時，可用鍋蓋將鍋蓋緊，一會兒就會自行熄滅。這是一種較理想的窒息滅火法。

油鍋著火，千萬不能用水滅。水遇油會將油爆濺起鍋，使油火蔓延。

3.滅火器滅火：平時準備一個家用滅火器，放在廚房便於取用的地方。

常見食品的選購

選購鮮肉的竅門

品質好的新鮮肉應為：肌肉有光澤，紅色均勻，脂肪潔白（牛、羊、兔肉或為淡黃色）；肌肉外表微乾或微濕潤，不粘手；指壓肌肉後的凹陷立即恢復，具有正常氣味，煮肉的湯應透明清澈，油脂團聚於湯的表面，具有香味。

怎樣識別灌水豬肉和死豬肉

1.用衛生紙，緊貼在瘦肉或肥肉上，用手平壓，等紙張全部浸透後取下，要用火柴點燃。如果那張紙燒盡，證明豬肉沒有灌水；如果那張紙燒不盡，點燃時還會發出輕微的「啪啪」聲，就證明豬肉是灌水了。原因是豬肉內含有油脂，能夠助燃，而水分過多則不能燃燒。

2.死豬肉是指病豬肉或非正常宰殺死的豬肉，這種豬肉一般不能食用。死豬肉皮膚一般都有出血點或充血痕，顏色發暗，脂肪呈黃或紅色，肌肉無光澤，用手指按壓後，其凹部不能立即恢復。

選購豬肝的竅門

豬肝營養豐富，味道頗佳，很受人們喜愛。豬肝有粉肝、柴肝之分。

1.粉肝：質軟且嫩，手指稍用力，可插入切開處，做熟後味鮮、柔嫩。不同點：前者色似雞肝、後者色赭紅。

2.柴肝：色暗紅，質比上列 3 種都要硬些，手指稍著力亦不易插入，食時要多嚼才得爛。

病、死豬肝的分辨方法：色紫紅，切開後有餘血外溢，少數生有濃水泡。如果不是整個的，店家挖除後，雖無痕跡，但煮熟後無鮮味，因煮湯、小炒加熱時短，

難殺死細菌，食後有礙身體健康。

　　3. 灌水豬肝：色赭紅顯白，比未灌水的豬肝飽滿，手指壓迫處會下沉，片刻復原，切開後有水外溢，煮熟後鮮味差，未經高溫亦帶菌，不利於健康。

根據烹調需要選購牛肉的竅門

　　牛體有很多部位，各部位的肉肥瘦老嫩和味道都不同，食用辦法、營養成分也不一樣，買牛肉時要根據烹調需要來選擇部位。

　　1. 清燉、煮：需選用胸口、肋條、前後腱子。胸口熟後食之脆而嫩，肥而不膩。肋條肉筋肉叢生，熟後質嫩。腱子肉筋肉環包，熟後鮮嫩鬆軟。這些部位的肉比一般瘦肉出熟肉率要高10％，適於燉、煮、扒、燜。

　　2. 溜、炒、炸：需選用瘦肉、嫩肉，如里肌、上腦、三岔、脖頭肉。

識別禽類品質的竅門

　　宰殺、去禽毛以後的雞、鴨、鵝等禽類品質主要從以下幾個方面識別：

　　1. 喙：新鮮者則喙有光澤，乾燥，無黏液。變質者則喙無光澤，潮濕、有黏液。

　　2. 口腔：新鮮者口腔黏膜呈淡玫瑰色，有光澤，潔淨，無異味。變質者則口腔黏膜呈灰色，帶有斑點，有腐敗氣味。

　　3. 眼睛：新鮮者為眼睛明亮，並充滿整個眼窩。變質者為眼睛污濁，眼球下陷。

　　4. 皮膚：新鮮者為皮膚上的毛孔隆起，表面乾燥而緊縮，呈乳白色或淡黃色，稍帶微紅，無異味。變質者為皮膚上毛孔平坦，皮膚鬆弛，表面濕潤發黏、色暗，常呈污染色或淡紫銅色，有腐敗氣味。

　　5. 脂肪：新鮮者為脂肪呈淡黃色或黃色，有光澤，無異味。變質者為脂肪發灰，有時發綠，潮濕發黏，有腐敗氣味。

　　6. 肌肉：新鮮者為肌肉結實，有彈性、有光澤，頸、腿部肌肉呈玫瑰紅色。變質者為肌肉鬆弛，濕潤發黏，色質暗紅，發灰，有腐敗氣味。

選購鹹蛋的竅門

　　1. 外觀：凡包料完整、無發黴現象，蛋殼不破裂為優良鹹蛋。

　　2. 搖晃：將鹹蛋握在手中，輕輕搖晃。成熟的鹹蛋，蛋白呈水樣，蛋黃緊實，搖晃時可感覺出蛋白液在流動，並有撞擊蛋殼的聲音，而混黃蛋與次質蛋無撞擊的聲音。

　　3. 光照：將蛋對照光線，通過燈光和光亮處照看，蛋白透明、紅亮清晰，蛋黃縮小並靠近蛋殼為優良鹹蛋。如發現蛋白混濁，蛋黃稀薄，有臭味，則不可食用。

雞蛋鮮度鑑別

　　1. 觀殼法：新鮮蛋的蛋殼比較粗糙，上附一層霜狀粉末；陳蛋蛋殼光滑有亮光；受雨淋或受潮發黴的蛋殼有灰黑斑點；臭蛋外殼發黑，有的還有油漬。

　　2. 日光法：將蛋對日光處照看，新鮮

蛋呈微紅色，半透明狀，蛋黃輪廓清晰；陳蛋則是模糊的。

3. 聽音法：把雞蛋夾在兩指之間放在耳邊搖晃。鮮蛋音實，貼蛋殼。臭蛋似喳喳聲，空頭大的有空洞聲。裂紋蛋有啪啦聲。

4. 鹽水法：新鮮蛋體重，陳蛋輕。如將蛋浸於濃度為10%的鹽水中，新鮮蛋沉入水底，陳蛋則漂在水中，而臭蛋則浮於鹽水表面。

選購皮蛋的竅門

1. 觀：觀察皮色。蛋皮灰白，無黑斑，以蛋皮完整為佳。

2. 掂：將蛋放在手心輕掂。判斷其彈顫程度，好的顫動大，無顫動的品質差。

3. 搖：搖晃時聽其聲音。將蛋放在耳邊搖動，好蛋無聲，次蛋有聲。

4. 拋：從手中向上拋，落到手中時有沉重感，內有彈動為好蛋。

5. 開：打開一個觀察。蛋白凝固、清潔、有彈性。縱向剖開後，蛋黃呈淡褐、淡黃色，中心較稀。

6. 嘗：嘗味芳香、無辛辣味或橡皮味、臭味。如搖晃有水聲，打開後蛋白粘滑，中心發糊，有刺鼻臭味的不可食用。

選購豆腐的竅門

豆腐是營養豐富的食品，它是由大豆經過多道工序加工而成。中國的豆腐品種有北豆腐和南豆腐之分。

北豆腐又叫老豆腐，應選購表面光潤，四角平整，厚薄一致，有彈性，無雜質，無異味的。

南豆腐又叫嫩豆腐，應選購潔白細嫩，周體完整，不裂，不流腦，無雜質，無異味的。

選購豆乾的竅門

豆乾是豆腐經過壓榨脫水而製成的。選購時以顏色白淨，薄厚均勻，四角整齊，柔軟有勁，無雜質無異味的為佳。

選購百頁豆腐的竅門

百頁豆腐的厚度從0.5公分至2公分不等，選購時，以色淡黃或奶白，柔軟而富有彈性，厚薄均勻，片形整齊，無雜質、異味為佳。

選購豆皮的竅門

應選購外形圓整，片張均勻，無凹凸不平和卷邊，粉質細膩，韌性強，無黴味、酸味者為好。

鮮魚巧選購

1. 眼睛：鮮魚的眼睛凸起，澄清有光澤；不新鮮的魚眼睛凹陷，表面附有一層灰色汙物，用手觸摸時粘手，眼睛色澤混濁不清，並呈微藍色。

2. 鰓：鮮魚的鰓蓋緊閉，鰓片呈鮮紅色，無黏液；不新鮮的魚，鰓發暗，呈紅、灰紫或灰色，並有污垢。

3. 鱗：新鮮魚體表有清潔透明的黏液層，鱗片整齊，沒有脫落現象，排列緊密，有黏液和光澤，層次明顯；不新鮮的魚鱗片鬆弛，沒有光澤，層次不明顯；腐敗的魚有鱗片鬆弛和脫落現象。

4. 肛門：鮮魚的肛門發白，並向腹內緊縮；不新鮮的魚肛門發紫，外凸。

5. 氣味：新鮮的魚有種特有的鮮腥味；不新鮮的魚腥味較淡，並稍有臭味；腐敗的魚有腐臭味。

6. 體形：鮮魚體形直，魚腹充實完整，頭尾不彎曲；不新鮮的魚，體形彎曲、魚腹膨脹、有黏液，用手指按壓後下陷，有破皮和裂口現象。

7. 肉質：鮮魚肉質堅實，有彈性，骨肉不分離，故放在水中不沉；不新鮮的魚肉質鬆軟，沒有彈性，骨肉脫離。

怎樣選購鮑魚乾

鮑魚是一種海產貝類軟體動物，生活於低潮線下的淺海，以腹足吸附在岩礁上。捕撈後，將鮑魚殼去掉，取其肉，加

鹽20%醃漬後，再煮熟，曬乾或烘乾即為乾鮑魚。如將新鮮鮑魚肉加工裝入罐頭，即為罐頭鮑魚。

目前市場上供應的乾製品大都是廣東、山東、遼寧等地所產。進口貨分紫鮑和明鮑兩種，紫鮑較好。品質以金黃色質厚者為最佳。鮮鮑有馬蹄鮑、栗子鮑、珠子鮑等；鮑魚含有豐富的蛋白質，還有較多的鈣、鐵、碘和維生素 A、維生素 B、維生素 C 等。

鑑別鮑魚乾品質的方法：體形完整、結實、夠乾、淡口、柿紅或粉紅色的為上品；體形基本完整、夠乾、淡口、有柿紅色而且背略帶黑色的為次品。

怎樣選購漲發的魷魚

魷魚一般以身乾體厚、肉質堅實、略亮平滑、體形完整、無黴點的品質為好，反之則差。色淡黃透明體薄者為嫩魷魚，色紫體大的是老魷魚。

怎樣選購魷魚乾

魷魚為海洋性軟體動物，體內含赤、黃、橙等色素，在水中能隨環境的變化而變化。腹部為筒形，頭部生有 8 隻軟足和兩隻特別長的觸手，整條除 1 個口腔外，只在背脊上有 1 條形如膠質的軟骨。把鮮魷魚從腹部至頭部剖開，挖去內臟，放入淡鹽水中洗淨，再以清水沖洗後曬乾，待乾燥到七八成時，放在木板上改成方形，數層重疊，略加壓力，曬乾即成魷魚乾。

鑑別魷魚乾品質的方法：體形完整、

光亮潔淨、具有乾蝦肉似的顏色、表面有細微的白粉、夠乾、淡口的為優質品；體形部分蜷曲、尾部及背部紅中透暗、兩側有微紅點的為次品。

怎樣選購螃蟹

1. 看：老蟹黑裡透青，外表沒有雜泥，腳毛又長又挺，肚皮呈鐵斑色，反之是嫩蟹；蟹的臍部飽滿的為鮮蟹，不滿的為陳蟹。鮮蟹腿足完整，肉質緊實、肥壯，用手敲有堅實感，腹部灰白，殼呈青色，殼兩端的殼尖無損傷。圓臍的為雌蟹，尖臍的為雄蟹。

2. 掂：用手掂蟹的重量，重的肥壯，輕的肉少。

3. 翻：將蟹身倒翻，肚皮朝天，能敏捷翻身的是好蟹。

4. 放：將蟹放在地上，能迅速爬行的是健壯好蟹。

怎樣選購海蜇

質好的海蜇圓形完整，顏色呈乳白或淡黃，有光澤，無血衣、泥沙和紅斑，質堅實，並有拉力和韌性，放在鼻下聞無腥臭味，將海蜇皮揉開，越大越白越薄、質地越堅韌越好。劣質蜇皮則皮小瘦薄，色暗或發黑，無光澤，血衣多，含細粒沙質，肉質發酥易裂，無韌性。

一把識別蝦皮法

選購蝦皮時，用手緊握一把蝦皮，若放鬆後蝦皮能自動散開，這樣的蝦皮品質肯定很好，外殼一定清潔，呈黃色有光澤，體形完整，頸部和軀體也緊連，蝦眼齊全。如果手放鬆後，蝦皮相互黏結而不易散，說明蝦皮已經變質。外表一定污穢暗淡無光，體形也不完整，碎末多，顏色也會呈蒼白或暗紅色，並有黴味。

怎樣選購海參

海參體呈圓柱形，口在前端，四周圍有觸手，肛門在後端。海參的生長區域很廣闊，遍佈世界各海洋。海參體內營養豐富，有補腎、補血和治潰瘍的功效，是一種良好的滋補品。

選購海參時，主要以體形的大小、肉質的厚薄及體內有無沙粒來鑒別其品質。體形大、肉質厚、體內無沙粒者為上品；體形小、肉質薄、原體沒有剖開、體內有沙粒的較差。

選購蔬菜的竅門

1. 運用「色彩價值學」：所謂的「色彩價值學」僅指經科學家研究發現的有關蔬菜的價值與色彩的規律，蔬菜的顏色與其本身的營養價值基本上成正比關係。即隨著蔬菜顏色由淺白至淡黃至翠綠的逐漸過渡，其營養價值越來越高。因此除了品嘗口味的選擇以外，在買菜時可儘量購買綠色蔬菜，如芹菜、菠菜、青椒、青江菜、韭菜、四季豆等；其次購買胡蘿蔔、番茄、南瓜、紅薯等淺綠色或暖色蔬菜。當然，並非說像冬瓜、蓮藕、茭白筍等淺白色蔬菜價值不高，這只是相對而言。

2. 查體觀色：購買蔬菜時要查體觀色，給蔬菜以整體上的評價和估計。如色澤鮮嫩純正，外表光亮、整潔、鮮靈，大小長短粗細適宜，菜葉舒展肥厚，菜體飽滿充實，軟硬適度，含水充足，無萎蔫老葉黃葉，聞菜時無怪味異味等等。

3. 有點蟲眼也無妨：有的人不愛購買帶蟲眼的青菜，其實，有點蟲或被蟲咬過，其品質未必很差。因為任何一種農作物都有遭受蟲害的可能，如果所購蔬菜連一個小蟲眼都沒有，說明極有可能在該蔬菜的成長期間噴施了過量的農藥，食用這種蔬菜，便有在吸收營養成分的同時，不知不覺地吸收農藥毒素的可能，所以買菜時，若菜葉上有點蟲眼也無妨。

怎樣鑑別污染蔬菜

1. 番茄：如頂部像桃子似的凸起，不要買，那是點過激素的標誌。

2. 青菜：青菜太綠，綠得發黑，不要買，那肯定是化肥過量。

3. 西瓜：長著一團一團的莖，是濫施氮肥所致。

識別白米品質的竅門

識別白米的方法有 3 種：

1. 富有光澤，糠屑少，無蟲害、無雜物、無發黴、無粘連、無結塊。

2. 米粒形整齊、飽滿、均勻，碎米少。

3. 米上「腹白」（指米粒上呈乳白色不透明的部位）少或基本沒有為品質好。

怎樣選購麵粉

1. 測水分：用手抓一把粉，使勁捏，鬆開手後，麵粉隨之散開，這是水分正常（含水量不過12%～14%）的好麵粉；如麵粉不散則為水分大的麵粉。

2. 看顏色：精度高的色澤白淨；標準粉為淡黃色；品質差的麵粉色變深。

3. 辨氣味：品質好的麵粉略帶香甜味；凡有異味的均為品質差的麵粉。

4. 手撚：用手撚搓麵粉後，如有綿軟的感覺，為品質好的麵粉；如感覺過分光滑，則為品質差的麵粉。

選購食用油的竅門

1. 嗅辨：每種植物油都有它特殊的氣味，通過嗅覺能辨出油的品種和品質。豆油有較濃的豆腥味，菜籽油有清淡的菜籽香氣，胡麻油則有些魚腥氣味。把油加溫到45～50℃時氣味更加容易分辨。食用油中若有臭味，則表明食用油已變質酸敗，不宜食用。

2. 嘗味：用手指蘸少許油，塗抹在舌頭上辨別一下滋味，一般應沒有異味。如

帶有酸、苦、辣、麻等味，說明油已變質。具有焦糊味的油品質也不好。

3. 看色：食用油多呈淡黃、黃、棕色，品質正常的油脂一般應該完全透明。

4. 加溫：水分大的食用油呈混濁狀，味道不好又不易貯存。鑑別時可取油或放入鍋或放在勺上加溫，升至 150 ～ 180℃時，若油中出現大量泡沫，又發出吱吱聲響，說明油中水分較大；若油煙有苦辣味，說明油中蛋白質已酸敗。品質好的油應該是泡沫少而又消失得快。

如何鑑別香油是否摻假

買香油時應注意，新鮮的香油呈黃紅色，在光照下看起來透明，沒有沉澱，不分層、味濃香。香油如果香味不濃，而且有一種特殊的刺激味。說明香油已經氧化分解，油質變壞了。

選購海味乾品的竅門

1. 墨魚乾：體形完整、光亮潔淨、顏色柿紅，有香味、夠乾、淡口的為優質品。體形基本完整、局部有黑斑、表面帶粉白色、背部暗紅的次之。

2. 魷魚乾：體形完整、光亮潔淨、具有乾蝦肉似的顏色、表面有細微的白粉、夠乾、淡口的為優質品，體形部分蜷曲、尾紅中透暗、兩側有微紅點的次之。

3. 蚵乾：體形完整結實、光滑肥壯、肉飽滿、表面無沙和碎殼、肉色金黃、夠乾、淡口的為上品；體形基本完整、比較瘦小、色赤黃略帶黑的次之。

4. 蝦米：肉細結實、潔淨無斑、色鮮紅或微黃、光亮，有鮮香味、夠乾、淡口、大小均勻的為上品；肉結實但有些黑斑或粘殼、色淡紅、味微鹹的次之。

5. 章魚乾：體形完整、色澤鮮明、肥大、爪粗壯、體色柿紅帶粉白，有香味、夠乾、淡口的為上品；色澤紫紅帶暗的次之。

6. 鮑魚乾：體形完整、結實、夠乾、淡口、柿紅或粉紅色的為上品；體形基本完整、夠乾、淡口、有柿紅色而且背部略帶黑色的次之。

7. 海參：體形完整端正、夠乾（含水量小於15％）、淡口、結實而有光澤、大小均勻，肚無沙的為上品；體形比較完整、結實、色澤比較暗的次之。

8. 魚翅：分為青翅、明翅、翅絨和翅餅等，以青翅品質最好。魚翅的品質一般是以夠乾、淡口，割淨皮肉帶沙黃色的為佳品。

選購蘑菇的竅門

應選購體形小、分量輕、肉質厚的。菌傘直徑在 3 公分以內，蓋面凸起，邊緣完整緊卷，菌柄短壯為上品，而且要白淨光潔，無泥沙粘嵌痕跡，菌褶緊密而均勻，色淡黃。要乾燥，香氣濃郁，無黴斑、蟲蛀及根部粘帶泥沙。

選購香菇的竅門

香菇應選購個大而均勻、菌傘肥厚，蓋面細滑，邊緣下卷，成分乾燥（手捏菌

柄有堅硬感，捏緊後放開，菌傘隨即散開），色澤黃褐或黑褐色有微霜，菌傘背裡的褶襉要緊密細白，菌柄要短而粗壯，遠處能聞到香味，無烘焙時炙焦的焦片，無雨淋片（久雨期間採收的，褶暗黑，無香味），無黴蛀和碎屑。

怎樣選購黑木耳

黑木耳以朵大適度、體輕、色黑、無僵塊卷耳、有清香氣、無混雜的為上乘，具體的挑選方法如下：

1. 看色：朵面以烏黑有光澤、朵背為灰白色的為上品；朵面萎黑、無光澤的次之；朵面灰色或褐色者為下。

2. 看朵：凡朵大適度、耳瓣舒展、體質輕、吸水膨脹性大的為上品；朵稍小或大小適度、耳瓣略卷、體稍重、吸水膨脹性一般者為次品；如朵小或碎、耳瓣卷而厚粗或有僵塊、體重的為下品。

3. 手捏：通常要求黑木耳含水量在11％以下。取少許黑木耳用手捏易碎，放開後朵片有彈性，且能很快伸展的，說明含水量小；如果用手捏有韌性，鬆手後朵瓣伸展緩慢，說明含水量高。

4. 口嘗：黑木耳不應混有其他雜物。取少許黑木耳放入口中略嚼，應味道純正，有清香氣，無異味和堅味，否則就是摻假之品。

怎樣選購銀耳

1. 看：優質銀耳，耳花大而鬆散，耳肉肥厚，色澤呈白略帶微黃，蒂頭無黑斑或雜質，銀耳朵比較圓整，大而美觀。

2. 摸：優質銀耳乾燥，沒有潮濕味。

3. 嘗：優質銀耳無異味。

選購筍乾的竅門

筍乾是用鮮筍經過水煮、榨壓、日曬燻製而成的。選購時應注意以下幾點：

1. 看根節：根薄、節密、紋細、身闊的質嫩；節疏、紋粗、有老筋的質老。

2. 看色澤：筍色淡黃，棕黃至褐黃，且有光澤的質優；色暗黃質次；色醬黃質最次。

3. 驗乾濕：筍乾易折斷，聲音清脆者身乾；不易折斷，即使斷了也無聲響者身濕。

4. 測漲性：筍身闊，肉質厚，筍節密的漲性好，1千克乾筍可發至6～7千克，反之，筍身窄長，肉質薄，節疏者漲性差，1千克筍乾只能發3.5千克。

選購筍乾除注意以上幾點外，還要檢查有無蟲蛀、黴爛、火焦片等。

怎樣選購胡椒、花椒、八角

1. 胡椒：以粒大、均勻、飽滿、潔

淨、乾燥、香味好、無黴、無蟲者為上品。

2. 花椒：以乾燥，色澤深紅油潤，氣味香濃，開口少，無枝桿，無花殼者為佳品。

3. 八角：以個大肥壯，色澤紅褐鮮明，無枝梗，形狀完整無缺損，呈6～8角身乾，香味濃烈者為質優。

識別燕窩等級的竅門

一級品：窩形肥厚，完整不碎，顏色潔白，半透明，絨毛血絲少。

二級品：窩形基本完整，顏色白，但有黑色斑點，透明度差，有少量絨毛、血絲、砂粒。

三級品：窩形破碎，顏色灰暗，黑色斑點、絨毛、血絲、砂質較多。

識別燕窩真假的竅門

燕窩是貴重之品，選購時尤要防假，識別方法是將燕窩放入清水中，如被水浸過以後呈銀白色，而且晶瑩透明，用手輕輕一拉可伸縮是真，如被水浸過後是黃色，而且又沒有彈性則是假燕窩。

怎樣選購蜂蜜

蜂蜜的品質主要從蜜源花種和色、香、味以及濃度上進行鑑別。

1. 上等蜂蜜：色澤為水白色、白色或淺琥珀色；滋味甜潤，具有蜜源植物特有的花香味，如椴樹蜜的清香味、槐花蜜的槐花香味等；狀態為透明、黏稠的液體，結晶時晶粒細膩或呈油脂狀。

上等蜜有荔枝蜜、柑橘蜜、椴樹蜜、刺槐蜜、紫雲英蜜、白荊條蜜等。

2. 中等蜂蜜：色澤為淺琥珀色、黃色、琥珀色；滋味甜，具有蜜源植物特有的花香味，如棗花蜜具有特異的棗花香味；狀態為透明、黏稠的液體或結晶體，結晶粒粗細各種蜂蜜不一，一般均帶有淺黃色或黃色。中等蜜有棗花蜜、油菜蜜、葵花蜜、棉花蜜等。

3. 下等蜜：色澤為黃色、琥珀色、深琥珀色；味道甜，無異味；狀態為透明或半透明黏稠體或結晶體，結晶呈顆粒狀。

4. 等外蜜：其色澤為深琥珀色或深棕色；味道甜，但有刺激味；呈半透明狀黏稠液體或結晶體。如蕎麥蜜。

無論哪種蜂蜜，均以波美濃度高的為好，一級為42度以上，二級為41度，三級為40度，四級為39度。

食品的貯存與保鮮

豬肉巧貯存

1. 噴酒冷凍法：將肉切成肉片，放入保鮮盒裡，噴上一層黃酒，蓋上蓋，放入冰箱的冷藏室，可貯藏1天不變味。

2. 切片冷凍法：將肉切成片，然後將肉片平攤在大保鮮盒中，置冷凍室凍硬，再用保鮮膜將凍肉片逐層包裹起來，置冰箱冷凍室貯存，可1個月不變質。用時取出，在室溫下解凍後，即可進行加工。

鮮蛋巧貯存

蛋在貯存前切勿用水洗，因為蛋的表面有許多肉眼看不見的小孔，被 1 層膠質封住，使細菌無法侵入，蛋內的水分也不易蒸發，如果將蛋用清水洗，蛋殼上的膠質被洗去了，蛋殼上的小孔就裸露了出來，細菌和微生物便會乘機而入，蛋很快就會變質。

1. 蛋殼塗油法：將鮮蛋的殼上塗 1 層食油，貯藏期可達36天。此法適合於氣溫在 25 ～ 32℃ 時採用。

2. 橄欖油浸泡法：將鮮蛋放在橄欖油中泡一會兒撈出，能放較長時間不壞。

3. 開水浸泡法：將鮮蛋在開水中浸泡5～7秒鐘後撈出，放於陰涼乾燥的地方，可貯存數十天不壞。

4. 穀糠貯存法：在一個紙盒內鋪上 1 層穀糠，在穀糠上擺上 1 層蛋，如此這般一層糠一層蛋地擺下去，直至裝滿後用牛皮紙封上，置於陰涼處，每隔20天翻動檢查 1 次。

5. 埋米貯蛋法：將鮮蛋埋於白米、黃豆、紅豆等穀類裡，可存放數月不壞。

6. 茶渣貯蛋法：將鮮蛋埋於乾淨的茶渣中，放於陰涼乾燥處，可 2 ～ 3 個月不壞。

7. 鹽罐貯蛋法：將鮮蛋埋於鹽罐裡的鹽中，可保存 1 年不腐不臭，且吃時不鹹。

8. 冰箱貯鮮蛋法：一般可貯存 3 ～ 4 個月，但在貯存前必須對鮮蛋進行檢查。先看鮮蛋外面有無裂紋和黴斑。有裂紋的蛋不宜貯存，應及時吃掉；蛋有黴斑，則說明已不新鮮，也不宜貯存。蛋的最佳貯存溫度是 0℃ 左右（低於 - 2 ～ 2℃ 蛋會凍裂）。存放時，可以把蛋裝在紙盒裡，置冰箱的冷藏室的中、上層。如用塑膠袋裝蛋，最好在袋上戳幾個小孔。

蛋不宜同薑、洋蔥放在一起，否則很快就會變質。

保存鮮魚的竅門

1. 除內臟鹽水浸泡法：魚體的腐敗變質往往從魚肋和內臟開始，即使在低溫下微生物的分解也可以使其變得不夠新鮮。因此，買回鮮魚後如不想立即食用，那麼可以在不水洗、不刮鱗的情況下，將魚的內臟清乾淨，放在 10% 的食鹽水中浸泡，放入冰箱可保存數日不變質。

2. 熱水處理法：把鮮魚去除內臟後，放入將開未開的的熱水（80 ～ 90℃）中，稍停便撈出，此時，鮮魚的外表已經變白。用這種方法除去魚體表面細菌和雜質後放在冰箱貯藏，可比未經熱水處理過的保存時間延長 1 倍，且味道鮮美如初。

3. 蒸氣處理法：把鮮魚清洗乾淨，切成適宜烹飪的形狀後，裝入具有透氣性的塑膠袋內，將整袋魚塊放在熱蒸氣中殺菌消毒後，可保鮮 2 ～ 3 天。

4. 活魚冷凍法：如買回活魚不想飼

養，可將其直接放入冰箱或冰櫃冷凍。等食用時取出解凍，魚質似活魚般新鮮，甚至連魚鰾都鼓脹著。

存放活魚的竅門

1. 巧貼魚眼：魚眼內的視神經後面有1條「死亡腺」，死亡腺離開水便會斷裂，而活魚也因此而死亡。為防止死亡腺斷裂，可取浸濕的軟紙貼在活魚的眼睛上，可使活魚的存活時間延長三四個小時。

2. 白酒「醉」活魚：清晨，當您從市場買回活魚，又想留到傍晚全家人一起嘗鮮時，可向活魚嘴中滴灌幾滴白酒。當活魚「醉」後，便可將其放回水中，再將盛水的容器放在陰涼通風、黑暗潮濕的地方，讓活魚「小睡」一會兒。這樣，傍晚食用時，魚還活著呢。

貯存鹹魚、鹹肉和海味的竅門

鹽醃食品不但能防腐，還可增加食品的風味。貯存鹽醃食品時，可在上面撒些花椒、生薑、丁香等，放在陰涼、通風、乾燥的地方。貯存中一定要防潮，因為鹹魚、鹹肉受潮後含水量增加，微生物容易生長繁殖，使食物變質。乾魚、乾蝦、海帶等海味，易發黴變質。貯藏前，先將海味烘乾，把剝開的大蒜瓣鋪在罐子下面，把海味放進去，將蓋旋緊，不使漏氣，能保存很長時間不會變質。

貯存大白菜的竅門

家庭貯存大白菜要注意以下幾個問題：

1. 剛買來的大白菜水分多，容易腐爛。應該先撕去殘破黃葉，放在向陽地方曬3～5天，讓它失去一些水分。

2. 貯存大白菜的前期要防熱，後期要防凍。

白菜除鮮貯外，還可以採用醃菜、曬乾菜、泡菜、漬酸菜等辦法貯存。

貯存馬鈴薯的竅門

馬鈴薯性喜低溫，適宜的貯藏溫度為1～3℃，如果低於0℃時，易受凍害；而高於5℃時，又易長芽眼，使太白粉含量大大降低，而產生有毒的龍葵素。因此，在貯藏馬鈴薯時，應控製好貯藏溫度和增加二氧化碳的積累，使其保持較長時間的休眠，延長貯藏期。

貯存穀類的竅門

把穀類收藏在乾燥通風的地方，要經常晾曬。同時把少量艾蒿、香茅、辣椒、大蒜、除蟲劑等包好，放入糧中，也可以把八角、花椒、臭椿葉、苦楝葉等包好，放入穀類中。花椒含有揮發油、生物鹼和有機酸，

八角含有香醚，可以驅蟲抗菌和消毒。

米麵除蟲的竅門

1. 冷凍除蟲法：放置時間較長的米麵在夏季最易生蟲，而冬季生蟲率較低。根據這種情況，將米麵分別裝入乾淨的保鮮袋中，放入電冰箱的冷凍室內冷凍。

2. 陰涼通風法：將筷子插在生蟲米麵內，待米麵中表面的蟲子爬上後抽出除蟲。然後，將米麵鋪放在陰涼通風的地方，米麵深處的蟲子便會從溫度較高的米麵中爬出來。這種方法簡單方便，但除蟲時間較長。

3. 過籮過篩法：為了縮短除蟲時間，將表面的蟲子除去後，可用網篩將白米與麵粉中的蟲子除去。然後，再鋪放在陰涼處通風晾曬即可除去米麵中的各類蟲子。

食品存放 7 忌

1. 穀類與水果忌放在一起：穀類易發熱，水果受熱後會變乾癟，而穀類吸收水分後容易黴爛。

2. 蛋和生薑、洋蔥忌放在一起：蛋殼上有許多小氣孔，生薑、洋蔥有強烈的氣味，易透過小氣孔，使蛋變質。

3. 麵包和餅乾忌放在一起：麵包含水分較多，而餅乾一般乾而脆，兩者一起存放，容易使麵包變硬，餅乾受潮發軟。

4. 茶葉與香煙忌放在一起：茶葉對氣味的吸附作用特別強，如與香煙混放在一起，會把香煙的辛辣味吸收進去，使沏出來的茶味道不正。

5. 茶葉、糖、糖果忌放在一起：因為茶葉易吸潮，而糖、糖果有水分，放在一起後會使茶葉因受潮而發黴。

6. 茶葉與香皂忌放在一起，因為茶葉極易吸收香皂的氣味而變質。

7. 水果與鹼不宜存放在一起，因為純鹼易發熱，會使水果熟爛。

貯藏食用油的竅門

食油放在通風、乾燥處。素油應放在乾淨的玻璃瓶中，將塞子蓋緊。放在陰涼處，可保持較長時間不變質。豬油熬好後，趁其未凝結時，加進一點白糖或鹽，攪拌後放入瓶中加以密封，可久存而不變質。

勿用鐵罐或鋁罐盛放油類。長期貯存食用油應用色深、口小的玻璃瓶或陶瓷罐，不能長期使用鋼、鐵、鋁製的金屬容器或塑膠桶盛油。

香菇、木耳等食品的貯存

將香菇、木耳、黃豆等食品（貴重的中藥材亦可）置入微波爐內加熱，至溫熱取出，冷卻後再封存在塑膠袋內，可長期保存。

貯存茶葉的竅門

1. 防潮濕：茶葉經烘烤加工成成品後，自身含水量低，吸潮性強。受潮後很容易引起發黴變質，因此，貯存茶葉的容器要放在室內乾燥地方。

2. 防曝曬：太陽光直接曝曬會影響茶葉的外形與內質，造成品質下降，因此貯存茶葉的容器不要靠近門窗和牆壁。即使茶葉受潮也只可以用文火烘烤，不宜放在陽光下暴曬。

3. 防串味：茶葉千萬不要與有味的物品混放，特別是不要和海鮮、煙、肥皂、藥品、香水、化肥、農藥混放在一起。因為和這些用品放在一起，容易串味，導致茶葉品質下降，甚至失去飲用價值。

食品的加工與處理

洗鮮肉的竅門

從市場上買回來的肉，上面黏附著許多髒物，用自來水沖洗時油膩膩的，不易洗淨。如果用熱淘米水清洗，髒物就很容易清除掉。

也可拿一團和好的麵團，在肉上來回滾動，也能很快將髒物粘下。

洗腸、肚的竅門

將腸、肚的汙物倒淨，翻過來。其內層是黏膜組織，呈絨毛狀，起伏不平，汙物和胃腸液混合在一起不易洗乾淨，這裡

介紹幾種清洗竅門：

1. 水洗：先用清水把腸肚洗幾遍，洗去明顯汙物雜質，然後用鹽、明礬、醋或玉米粉反覆搓揉，直至將汙物黏液搓淨，再用水沖洗，最後放些食用醋加水浸泡，可清除異味，也利於保存。

2. 油洗：將腸肚內翻向外，用清水洗1遍略瀝乾水後，每個肚或每斤腸放入花生油10克，用雙手反覆搓揉2～3分鐘，再用水清洗。這樣即可將腸肚洗淨，且煮熟後芳香可口。如無花生油可用蔬菜油、豆油等植物油，不可用動物油。

3. 乾炒：將腸、肚放在熱鍋上乾炒，待污水受熱外浸時，取出置清水中清洗乾淨。

4. 蔥洗：將腸肚倒乾淨汙物，翻卷過來，然後將洗淨的蔥搗碎，按蔥和腸肚1：10的比例在一起搓揉，至無滑膩感時，再用水沖洗乾淨即可。

切豬肉的竅門

豬肉絲的切法與牛肉相反，因為豬肉的肉質細膩、筋少，若橫切，炒熟後就會變得零亂散碎，不成肉絲了。所以豬肉要斜切，這樣既不會吃著塞牙，也不會碎散。

切羊肉的竅門

羊肉中的黏膜較多，切絲前應將其剔除，否則炒熟後肉爛膜硬，吃到嘴裡難以下嚥。

切牛肉的竅門

牛肉因筋腱較多，並且是順著肉纖維

紋路夾雜其間，如不仔細觀察操刀順切，許多筋就會整條地保留在肉絲內，用這樣的肉絲炒出來的菜，就難以嚼爛，顯得「老」。所以牛肉絲應當橫切。

去豬毛的竅門

1. 松香去毛法：豬毛多的肉用夾子捏太費力，如將一塊松香熔化，趁熱倒在有毛之處，待松香冷卻後，揭去松香，毛就會隨之被拔出來。

2. 刮鬍刀去毛法：將舊刮鬍刀片裝進刀架，用來刮除豬蹄上的毛，效果很好。

3. 水煮去毛法：把豬蹄放在開水裡略煮一會兒，取出後放到清水中，用小鑷子來拔毛，會又快又乾淨。

巧切皮蛋

剝好的皮蛋用刀一切，蛋黃就會粘在刀上，既不好擦刀，又影響蛋的完整美觀。在沒有專用工具的情況下，若用細尼龍線、細鋼絲在皮蛋上繞一圈，相向一拉，皮蛋就被均勻地割開了，蛋黃完整無損。也可用這些材料自製切割器，2股線十字交叉，1次可切4瓣；3股線交叉1次可切6瓣。

洗魚類的竅門

洗鮮魚時，只要在放魚的盆中滴入1～2滴生植物油，即可除去魚上的黏液。

將魚泡入冷水中，加入少許醋，過2小時再去鱗，則很易刮乾淨。

墨魚內含有許多墨汁，不易清洗。可先撕去表皮，將墨魚放在有水的盆中，在水中拉出頭、內臟，再在水中挖掉墨魚的眼珠，流盡墨汁。然後多換幾次清水將內外洗淨即可。

發鮑魚的竅門

先將鮑魚放入冷水裡泡4～5小時，再下鍋煮。將其煮開後，撈入冷水中，加適量硼砂（500克鮑魚加7.5克）。發4～5小時，再撈在鍋裡，煮開後再撈出，放在冷水盆裡。這樣反覆幾次，至鮑魚膨脹為止。水發鮑魚需要連續蒸幾次，在蒸第二次時，如加入雞頭、肉骨同蒸，將會增加鮮味。

巧發海蜇3法

1. 蘇打水發法：將海蜇放冷水中浸泡2小時後，洗淨泥沙，切成細絲，放進清水裡，再放入蘇打（按500克海蜇放10克蘇打的比例），泡20分鐘後撈出，用清水洗淨即可食用。

2. 冷水浸泡法：將海蜇切成細絲後，在清水中浸泡半個小時後撈出來，用涼開水沖洗幾遍，再浸入涼開水中，5分鐘後即可食用。

3. 鹽水浸泡法：將海蜇皮放入清水中搓洗，剝去其褐色薄皮。再將海蜇皮切成細絲，浸泡在50％的鹽水中，搓洗後用乾淨鹽水沖洗2～3遍即可。

巧發干貝2法

1. 冷水浸泡法：先將干貝外層邊上的

筋去掉,再浸入冷水中。洗淨後撈出,放入碗裡,加適量的水,放入蒸鍋蒸 3 小時左右,使之恢復原樣(用手能捏開時即可),連同原湯都可使用。在蒸干貝時加少許黃酒、蔥、薑,可以去除腥味。

2. 開水浸泡法:干貝洗淨後,用開水浸泡,揭去貝主筋,放入碗內,入鍋蒸酥取出即可。

發魚翅的竅門

先將魚翅放入開水中浸泡,然後再用刀刮去皮上的沙子。將刮好的魚翅放入盛有冷水的鍋裡,將鍋放在爐火上加熱,水開後端下。水涼後,取出魚翅,脫去骨,再放入冷水鍋內,加少許鹼。燒開後用文火煮 1 小時。等用手掐得動時即可起鍋,換水漂洗一二次,去盡鹼味即可烹飪。魚翅在用火煮發前,先用冷水長時間浸泡,以免在煮發時外表破裂。

巧發魚肚 2 法

魚肚可選用油發和水發兩種方式。質厚的魚肚可以水發,而質薄的魚肚水發會爛成糊狀,所以只能油發。

1. 水發法:水發時,要先將魚肚放在溫水或開水中泡軟,然後倒入鍋裡,用慢火煮。在煮的過程中,3～4 個小時換 1 次水,換水時要將魚肚用溫水洗一遍再煮。煮至用手指一捏即透便可。水發魚肚時,忌用銅、鐵容器,宜用搪瓷容器。

2. 油發法:油發時,把油燒至 50℃便將乾魚肚倒入鍋中,炸至魚肚起泡時,蓋上鍋蓋,再用火煨燜半小時,然後用鹼水煮沸,取出洗去魚肚上的油,用熱水泡起來,隨即可烹飪。

發海參的竅門

1. 保溫瓶泡法:先將海參用涼水浸泡 1 天,然後撈出放入保溫瓶,倒入大半開的熱水,蓋上瓶,浸泡 1 天。待海參發軟即可剖開洗去髒物。如還有硬心,可換水再泡,直至無硬心為止。如海參上有硬皮,須先用火燎去硬皮,否則發不開。

2. 小火煮法:將海參放入冷水中浸泡 2 天回軟後下鍋煮,開後用小火煮 2 小時,撈出剖肚,取出沙腸。再放入冷水中浸泡 5～24 小時(冬長夏短),再下鍋煮軟,最後用清水浸泡 4～5 個小時即可。發海參時,水中不可有油和鹽。因為油會使海參腐爛溶化,鹽會使海參發不透。

3. 烤箱發法:將烤箱的控溫器調至 120℃,把盛有海參的器皿蓋上 1 層紗布後放入。烤 3～4 個小時後取出,即可烹飪。

4. 開水泡法:皮薄肉嫩的海參可用開水泡浸。海參開肚去腸時,不能碰破其腹膜。如碰破了,在烹製前就容易腐爛。這層腹膜必須在烹製時用清水輕輕洗掉。

洗蔬菜的竅門

用淡醋水洗菜：電冰箱並不是保鮮箱，若從冰箱中取蔬菜因貯存時間較長而顯得發蔫，可以向洗菜盆內的清水中滴 3～5 滴食用醋，5 分鐘後再將菜洗淨，洗好的蔬菜將鮮亮如初。

保護蔬菜中維生素的竅門

1. 蔬菜葉部含維生素 C 一般高於莖部，外層葉比內層葉含量要高，食用莖菜和葉菜時儘量不要丟棄莖菜中的葉和葉菜中的外層菜葉。

2. 蔬菜要先洗後切、隨切隨炒。

3. 維生素 C 在鹼性環境中容易被破壞，而在酸性環境中比較穩定，所以烹調蔬菜時可適當加一點醋，這樣就可以減少維生素 C 的損失。

4. 燒菜時應將水煮沸後再把蔬菜放入，這樣既可減少維生素的損失，又能保持蔬菜原有色澤。

快速發麵

1. 食用醋催酵發麵法：按 500 克白麵、25 克醋的比例加水和麵，和好後立即加入適量的小蘇打，再揉勻就可以上鍋蒸了。

2. 鹽催酵法：發麵時，放一點鹽水調和，不僅可使蒸出來的饅頭鬆軟可口，還可以縮短發酵時間。

3. 白糖催酵法：冷天用發酵粉發麵時加一點白糖，可縮短發酵時間，而且使蒸出來的饅頭口味更好。

4. 白酒催酵法：如果麵還沒有發好，又急於蒸饅頭，可在麵上按一個洞，倒入少量的白酒，用濕布捂幾分鐘即可發起。若仍發得不好，可在饅頭放入蒸鍋後，在蒸鍋中間放 1 小杯白酒，這樣蒸出來的饅頭鬆軟可口。

拌餡不出水 3 竅門

由於包餃子、餛飩的餡裡不能有過多菜汁，人們都習慣於把水分較多的蔬菜擠汁後再拌餡。這樣既丟棄了許多營養物質，也因餡裡汁少而乏味。

1. 預備做餡的蔬菜一定要洗淨、晾乾後再切碎入餡。

2. 可把洗乾淨晾乾的菜切碎，倒入鍋中，澆上食油，輕輕拌和，再倒入已加過調味料的肉餡，拌勻，餡內即不再泛水。這是因為碎菜先拌上油，被一層油膜包裹，遇到鹽就不易出水了。這樣拌餡包出的餃子，吃起來鮮嫩可口。

3. 在調製餃子、餛飩餡時，要慢慢往肉餡中加些水，並用筷子朝一個方向攪動，待肉餡變得比較稀時，再加些鹽再攪一會兒。餡的瘦肉多，可多加水，肥肉多則應少加水。然後再將剁好的菜和肉餡一起拌勻，放入菜後不要多攪，否則會出湯。這樣拌出的餡成團不散，吃起來鬆軟、鮮嫩。如果放入的菜餡水分大，可在肉餡中不加水或少加水，這樣由於菜餡中出來的水分被肉餡吸收，餃餡不易出水。

使煮出的水餃不粘連 4 竅門

餃子煮好後撈在碗裡，容易粘在一起，用以下幾種方法，可使煮出的水餃不粘連。

1. 煮餃子時，放 1 棵洗淨的大蔥與之同煮，餃子即可增加鮮味，也不再粘連了。

2. 鍋裡的水燒開後加入適量鹽，待鹽溶解後再下餃子，不用加水，不用翻動，這樣煮出的水餃不粘連，咬起來也有勁。

3. 餃子煮熟後，先用網勺把餃子撈入溫開水中浸一下，再裝盤，就不會粘在一起了。

4. 和餃子麵時，每 500 克麵加 1 個雞蛋。麵裡蛋白質增多了，下水一煮，蛋白質收縮凝固，餃子皮挺括有勁，起鍋後「收水」，餃子皮就不易粘連了。

巧發燕窩 2 法

1. 熱水浸泡法：將燕窩用清水稍加刷洗，即可放入 80℃的熱水中浸泡 2 小時，至鬆軟後去毛，然後再換熱水燜發 1 小時即可。

2. 冷水浸泡法：將燕窩放在盛有涼水的器皿裡，蓋好蓋。泡軟時輕輕撈出，放入盤內，用尖頭鑷子除去燕毛、雜質及腐爛變質部分。

乾貨漲發的竅門

1. 冷水發：適用於體小質軟的銀耳、木耳、金針菜等的漲發，以及最後清除乾貨本身或在漲發中染上雜質與異味。

2. 熱水發：有泡、煮、燜、蒸四種。泡發是將乾貨放在熱水中浸泡而加熱，適用於形體較小、質地較嫩或略有氣味的髮菜、銀魚、冬粉等；煮發是要加熱煮沸的，適用於體質堅硬厚實，有較重腥臊味的海參、魚翅等；燜發是煮發的繼續，最後使溫度自然下降，讓乾貨從外到裡全部漲透；蒸發是用蒸氣使乾貨漲發透，適宜於鮮味濃、易破碎的干貝、淡菜、蛤蜊等。

3. 鹼水發：是先將乾貨用清水浸泡，再放入鹼水浸泡，最後用清水漂浸，清除鹼味和腥臊味，適用於較僵硬的魷魚、墨魚等，還可用於某些乾貨急用時的漲發。

4. 油發：是將乾貨放在多量的溫油中逐漸加熱，使之體積膨脹鬆脆，漲發後用熱鹼水浸洗和清水漂洗，適用於膠質豐富、結締組織多的蹄筋、乾肉皮、魚肚等。

5. 鹽發：是將乾貨放在多量的鹽中加熱、炒、燜，使之膨脹鬆脆，原理同於油發，可油發的乾貨一般也可鹽發。鹽發後須用熱水泡，稍加點鹼，再用清水漂，除去鹽分、油脂和雜質。鹽發的乾貨比油發

的鬆軟有勁，但不及油發的吃口好，色澤也不如油發的光潔美觀。

發筍乾的竅門

將筍乾放在鐵鍋內，加水煮沸半個小時後，轉為小火燜煮。煮好後撈出，切除老根，洗淨。然後浸泡在淘米水中待用，隔2～3天換1次水即可。

發銀耳的竅門

泡發銀耳時，可先將其放入涼水浸泡1小時（冬天可用溫水），然後去根，去雜質，洗淨即可烹飪。

巧發木耳3法

1. 涼水浸泡法：木耳在生長過程中含有大量水分，乾燥後變成革質，如用涼水浸泡，緩緩地滲透，可使木耳恢復到生長期的半透明狀，吃起來脆嫩爽口。

2. 開水浸泡法：泡發木耳時，可先去除雜質，再用開水泡開，摘去根，洗淨泥沙即可食用。

3. 米湯浸泡法：將木耳放入沸米湯裡，蓋好蓋子，燜0.5～1個小時，把木耳撈出，用清水洗淨，木耳就發好了。

食物解凍的方法

1. 冷藏室解凍法：在烹飪前5～6小時，把冰凍食物從冰凍室轉入冷藏室，使食物均勻解凍，可保持味道新鮮，不會變質。

2. 流水解凍：魚類常用此法，但耗

水量多。將食物包好，放入盆中，再沖水解凍。但不要讓水流進袋內，以免解凍不均勻。

3. 微波爐解凍法。此法可大大縮短解凍時間。方法是將冰凍食物放入微波爐，開機3～5分鐘即可解凍。已煮熟的冷凍食品，可一次性解凍並加熱，但時間不宜過長。

烹飪技巧

炒肉片的技巧

選肋條或後腿肉，切成不超過3公分厚的肉片，放在碗裡加少許醬油（不能放鹽，鹽會使肉變老變硬）、料酒、太白粉、蛋，攪拌均勻備用。將油燒熱，放入拌好的肉片，用鏟子來回輕輕撥動，直到肉片伸展，再加配料蔬菜木耳之類，炒一會即成。如肉粘鍋，可把鍋子移到濕布上待冷卻後即可輕易將肉塊翻動。

炒豬肉的技巧

1. 晚加鹽炒法：炒肉時要晚些加鹽，這樣可縮短鹽對肉的作用時間，減少肉的脫水量（脫水是肉變老的主要原因），炒時火適當加大，就可使肉炒得鮮嫩。

2. 加太白粉炒法：將切好的肉片或肉絲用太白粉抓勻後再下鍋炒，炒出來的肉顏色發白，鮮嫩可口。

3. 開水燙炒法：將切好的肉片或肉絲放

在漏勺裡，浸入開水中燙1～2分鐘，等肉稍一變色立刻撈出來，然後再下鍋炒3～4分鐘，即可炒熟。由於炒的時間短，吃起來鮮嫩可口。

4. 熱鍋油涮法：先把空鍋燒熱，再倒入油涮一下鍋後，立即下入肉絲或肉片煸炒，這樣肉菜就不會粘鍋了。

5. 滴冷水炒法：將肉片或肉絲快速倒入高溫的油鍋裡翻動幾下，等肉變色時，往鍋裡滴幾滴冷水，讓油爆一下，然後再放入調味料煎炒，這樣炒出的肉就會鮮嫩可口。

6. 勾芡炒法：炒肉片或肉絲時，先在肉片或肉絲上拌好醬油、鹽、蔥、薑、太白粉等作料，若適量加點涼水拌勻，效果會更為理想。油熱後，將肉倒入鍋內，先迅速拌炒，然後再加少量水翻炒，並加入其他菜炒熟即可。這樣就彌補了大火爆炒時肉內水分的損失，炒出的肉比不加水的要柔嫩得多。

7. 滴醋炒法：炒肉時，放鹽過早肉熟得慢，最好在肉要熟時放鹽，在起鍋前加幾滴醋，將會鮮嫩可口。

8. 加啤酒炒法：炒肉片或肉絲前，先用啤酒將太白粉調稀，拌在肉片或肉絲上，當啤酒中的酶發揮作用時，肉的蛋白質就會分解，可增加肉的鮮嫩程度，若用此法炒牛肉效果最佳。

燉豬肉的技巧

1. 文火慢燉法：燉豬肉時，在大火燒開後，改用文火慢慢地燉，肉質就能酥爛，肉裡的油膩也就燉出來了，吃著肥而不膩。

2. 鮮薑燉肉法：燉肉放適量的鮮薑不僅會味道鮮美，而且會使肉質柔嫩。因為每40克鮮薑可提取1克鮮薑素，每克鮮薑素能軟化約1000公斤的肉類。

3. 先炒後燉法：先將要燉的肉切成肉塊，放入鍋內炒一下，然後再放入調味料及水，大火燒開後，用文火慢燉。

4. 沙鍋燉肉法：砂鍋比鐵鍋、鋁鍋傳熱緩慢而均勻，砂鍋的內壁和蓋子塗有一層釉，可使食物不會產生化學反應，燉出的肉色正味美，保持食物原有的味道，所以用砂鍋燉肉香。

燉牛肉的技巧

1. 放山楂法：在燉牛肉時，先放進5～6個鮮山楂，水沸後將牛肉撈出來浸入冷水中，過一會兒再放進鍋裡燉，這樣牛肉將容易燉爛。

2. 加料酒或醋法：燉牛肉時，在鍋裡放一些料酒或醋，牛肉就容易爛了。

3. 加蘿蔔法：在燉牛肉時，如在鍋裡加入幾塊蘿蔔，肉不僅熟得快，而且還會去膻味。

4. 啤酒燉肉法：在燉牛肉時，用啤酒代水，牛肉將會質嫩味美。

5. 橘皮燉肉法：在燉牛肉時，若在鍋裡放適量的橘皮，不僅可去除膻味，而且清香適口。

將牛肉炒得鮮嫩的技巧

　　一般炒牛肉都容易炒老。如果按以下方法，牛肉會炒得跟豬肉一樣嫩。做法是先將牛肉剔除筋骨，取精肉切成薄片（切片時要注意牛肉紋路，要橫絲切，不可順絲切），放鹽、酒、胡椒粉、蛋白、水（500克牛肉放300克水）、少許蘇打粉和糖與牛肉混合攪拌片刻，放太白粉拌勻，再放少許油，醃漬1小時。在鍋裡放800～1000克油，用大火加熱，牛肉下鍋劃散，炒勻，倒去餘油，再加入作料同炒即成。炒牛肉絲亦可如此操作。

煮牛肉易熟爛的技巧

　　1. 表層塗芥末法：老牛肉質地粗糙，很不易煮爛。在煮前，可先在老牛肉上塗1層芥末，放6～8小時後，用冷水沖洗乾淨，即可烹製。經過這樣處理的老牛肉不僅容易煮爛，而且肉質也可變嫩。煮時若再放少許料酒和醋（1公斤牛肉放2～3湯匙料酒、1湯匙醋），肉就更易煮爛了。

　　2. 加茶葉法：煮牛肉時，先縫一個紗布袋，袋裡放進少量茶葉，將紗布袋紮好，放入鍋內同牛肉一起煮。這樣牛肉熟得快，且味道清香。

　　3. 加山楂片法：在煮牛肉時，可將牛肉切成塊，與山楂片、調味料及足量的水一起入鍋，最後放鹽，這樣牛肉就易熟易爛了。

　　4. 加嫩木瓜皮法：煮牛肉時放些嫩木瓜皮（也可放幾個山楂或馬鈴薯），牛肉即可熟爛得快。

去羊肉膻味的技巧

　　1. 漂洗去膻法：把羊肉肥瘦分割，剔去中間的脂肪膜，然後把肥瘦分開漂洗。冬天用45℃的溫水，夏天可用涼水，漂洗30分鐘左右一般可以清除膻味。

　　2. 米醋去膻法：將羊肉切成塊放入開水鍋中加點米醋（按500克羊肉、500克水、25克米醋的比例），煮沸後將羊肉撈出，再烹調就沒有膻味了。

　　3. 綠豆去膻法：在煮羊肉時，先不放配料，每500克羊肉放入5克綠豆，煮沸10分鐘後，把水和綠豆倒掉，重新加水和配料，可去除膻味。

　　4. 胡椒去膻法：先將羊肉用溫水洗淨，切成大塊，加入適量的胡椒與羊肉同時下鍋煮，煮沸後撈出羊肉即可。

　　5. 蘿蔔去膻法：煮羊肉時，加一些扎了孔的白蘿蔔，羊肉的膻味就會被蘿蔔吸收，肉煮好後蘿蔔可扔掉。

　　6. 核桃去膻法：將2～3個核桃洗淨，上面扎幾個小孔，燉羊肉時和羊肉一起下鍋。這樣燉出來的羊肉就不膻了。

　　7. 甘蔗去膻法：每500克羊肉放入破開的甘蔗100克（或加25克蔗糖），不僅可去膻味，而且煮熟的羊肉鮮美可口。

8. 鮮筍去膻法：每 500 克羊肉加 250 克鮮筍，同時放入鍋中，先炒，然後加水燉，這樣燉出來的羊肉就不膻了。

9. 大蒜去膻法：將 500 克羊肉、25 克蒜頭（或青蒜 100 克），同時放入鍋裡炒數分鐘，然後加水燉即可去除羊肉的膻味。

10. 咖哩去膻法：將 1 千克羊肉與 10 克咖哩粉放在一起燉，便可去除羊肉的膻味。

11. 茉莉花去膻法：燉羊肉時，在鍋內放 1 包用乾淨紗布包好的茉莉花，即可除去膻味。

12. 鮮魚去膻法：燉羊肉時，放進一點鮮魚（每 50 克羊肉配 100 克魚），燉出來的肉和湯極其鮮美。

13. 茶葉去膻法：炒羊肉前，先泡 1 杯濃茶。待羊肉炒乾水分時，將濃茶灑在羊肉上，連續 5 次，炒出來的羊肉就沒有膻味了。

14. 山楂去膻法：燒羊肉時，放進幾個山楂（或幾片橘子皮、紅棗亦可），既能去除膻味，又能使肉熟得快。

15. 胡蘿蔔去膻法：燒羊肉時放一些胡蘿蔔，再加些薑、蔥、酒等作料，即可去膻味。

16. 白酒去膻法：在紅燒羊肉時，燒開後以每 500 克羊肉、9 ～ 12 毫升白酒的比例倒入白酒，不但可消除膻味，還能使肉的味道鮮美。

17. 藥料去膻法：燒羊肉時，將碾碎的草果、丁香、豆蔻、紫蘇等藥料包在紗布裡與羊肉同燒，既可去膻味，又會使羊肉別有風味。

炸雞肉的技巧

1. 奶粉裹麵糊法：在炸雞時，如將麵粉改為奶粉，炸出的雞將會色、香、味俱佳。

2. 冷凍油炸法：將切好的雞肉放入醃料醃一會兒，再貼上保鮮膜，放進冰箱內冷凍片刻，取出後再炸，這樣炸出的雞肉酥脆可口。

燉雞省時間的技巧

有些人燉雞兩三個小時都燉不爛，這是因為沒有掌握好其中的竅門。您可以採用下述方法去燉，保證熟得又快又爛。

將雞切成塊，用清油翻炒，等水分炒乾時，迅速倒入陳年醋（1 隻雞加 50 克陳年醋就可以了）急忙翻炒，炒至鍋內發出劈啪的爆響時，就可加熱水沒過雞塊，用大火燒 10 分鐘後，加調味料改用文火燉四五十分鐘，雞肉便可酥爛。

炒雞蛋的技巧

1. 冷水攪拌法：把蛋打入碗中，加些冷水、配料攪勻再炒，可使炒出的蛋鬆軟

可口。

2. 滴酒炒蛋法：炒蛋時，如滴幾滴啤酒或米酒，攪拌均勻，炒出來的蛋就會鬆軟味香，而且光澤鮮豔。

3. 炒蛋滴醋法：炒蛋時，在起鍋前加點醋。炒出來的蛋味道鮮美。

做荷包蛋的竅門

將洗淨的炒鍋放在中火上燒熱，放適量油，打入 1 個蛋，等底層凝結，用鍋鏟將蛋的一半鏟起包裹蛋黃成荷包形。兩面煎成嫩黃色起鍋（此時，蛋黃基本是生的），放入另 1 個已經調味好的湯中，將荷包蛋全部煎好。將湯鍋端到大火上，加適量蔥花、酒、鹽，燒沸後改用小火，約 5 分鐘後，硬則為熟。要注意：

1. 荷包蛋煎 1 個就用鏟刀將蛋鏟起放湯鍋中，不能放入無湯汁的盛器中，以免壓破。

2. 如果荷包蛋多的話，湯鍋底最好墊幾張菜葉，以免粘底。湯鍋中的湯汁量要適中。

3. 煎蛋時，要根據動作快慢，靈活掌握火候，必要時可暫離火操作。

煮雞蛋不破裂的技巧

1. 刺孔法：雞蛋煮破，常常是因為滾火使蛋內的氣體急劇升溫膨脹，蛋殼承受不住驟增的內壓而造成的。如在煮蛋之前，先用針尖在蛋的大端刺個小孔（深度不得超過 3 公分，否則會刺破蛋內薄膜，導致蛋白外溢），然後用文火慢煮，使蛋殼裡的貯氣緩緩外泄，就可避免雞蛋破裂了。

2. 冷水浸法：在雞蛋沒煮之前，先把雞蛋放在冷水裡浸濕，然後再放進熱水裡煮，蛋殼就不會破裂了。

3. 加鹽法：煮蛋時，在水裡加些鹽或醋，蛋殼就不易裂了，且煮熟後也易剝皮。

4. 加火柴法：在煮雞蛋水時加幾根用過的火柴，蛋殼就不會破裂了。

煮茶蛋的技巧

1. 殘茶法：用殘茶葉煮茶蛋味道清香可口。

2. 紅茶法：用紅茶煮出的茶葉蛋不僅色澤美觀，而且味道可口。

3. 作料法：煮茶蛋前，先將蛋放在醬油、鹽、酒、八角及茶葉的滷汁中浸泡 2～3 個小時，然後再下鍋。下鍋後在滷汁中再加入桂皮、八角、小茴香等調味料熬煮。撈出後浸入冷水中，將蛋殼微微敲破，再放回鍋裡煮沸，用小火煮 20 分鐘後，即可食用。這樣煮出來的茶蛋色豔味美。如煮好後在滷汁中多泡一會兒，味道將會更美。

去魚腥味的技巧

1. 除黑膜去味法：做魚時，先把魚肚內的黑膜洗乾淨，烹調時再放一點酒或醋，魚就沒有腥味了。

2. 白酒去味法：魚洗淨後，用白酒塗遍魚身，1 分鐘後用水洗去，能除去腥

味。

3. 溫茶水去味法：將魚放在溫茶水中浸泡一下可去魚腥味。一般1～1.5公斤魚用1杯濃茶對水，將魚放入浸泡5～10分鐘後撈出。因為茶葉裡含有的鞣酸具有收斂的作用，故可減少腥味的擴散。

4. 紅葡萄酒去味法：先把魚剖肚，用紅葡萄酒醃一下，酒中的鞣酸及香味可將腥味消除。

5. 生薑去味法：做魚時，先燒一會兒，等到魚的蛋白質凝固了再添加生薑，去腥效果最好。

6. 食糖去味法：在烹魚時放少許糖，即可去除魚的腥味。

7. 橘皮去味法：燒魚時，放一點橘皮，可去掉魚腥味。

8. 牛奶去味法：燉魚時，在鍋裡放點牛奶，這樣不僅能去除魚的腥味，而且能使魚變得酥軟而味美。炸魚前，先將魚放在牛奶中浸泡片刻，既能除去腥味，又可增加鮮味。

防魚肉碎的技巧

魚肉纖維不像家禽緊密，烹飪不當就會碎散。

1. 烹煮前先炸一下。油炸魚塊時裹一層薄薄的麵粉蛋黃液即炸衣。炸時油溫宜高不宜低，炸到魚身顏色泛黃即可。

2. 油炸時火力不宜太大，加水不宜多，稍淹沒鍋中的魚為宜。湯開後，改用文火慢煨。湯濃有香味即可。

3. 儘量少翻動，粘鍋時，將鍋端起輕輕晃動或放在濕布上，冷卻片刻即可。

4. 切魚塊時，應順魚刺方向下刀。油炸前，在魚塊中放點醋、幾滴酒，然後放三五分鐘，這樣炸出來的魚塊，香而味濃。

5. 盛盤時，不要用筷子夾取，應小心倒入盤中或用鏟子盛取。

6. 防止魚煮爛，不能加鍋蓋也不可開大火，且邊煮邊把湯汁淋在魚上，可使魚肉緊縮，不致燒爛。

炒魚片的技巧

1. 上漿法：要想炒出的魚片不碎，首先選的食材要新鮮，最好選青魚、黃魚。魚片炒前先上漿，上漿要勻，最好用蛋白。炒時要控製好油溫，油溫過高會使魚片外焦裡生；油溫過低，會引起脫漿，一般三四成油溫為佳。

2. 兩次炒法：炒魚片時，魚片下鍋後，當魚片色澤泛白，輕輕浮起時，即撈出。這時鍋內留少量餘油，加入蔥末、酒、高湯及鹽、太白粉水勾芡後，將魚片輕輕倒入鍋裡，翻動幾下便可裝盤。用此法炒魚片可不碎。

3. 加白糖法：在炒魚片或做魚丸時，加些白糖，魚片和魚丸就不易碎了。

炸魚的技巧

1. 炸魚不碎法：把清理乾淨的魚放入鹽水中浸泡10～15分鐘，再用油炸，這樣魚塊就不易碎了。炸魚前，先在魚的外面薄薄地裹上一層太白粉，然後再下鍋，

魚就不易碎了。如在太白粉中加少許小蘇打，炸出的魚就會鬆軟酥脆。

2. 炸魚不傷魚皮法：先把生魚擦乾，待油燒開後再輕輕將魚放入鍋；也可先把魚用醬油浸一下，然後再放入油鍋；或將魚表面的水擦去，塗上 1 層薄而勻的麵粉，待油開後入鍋；或在炸魚之前，生薑將鍋和魚的表面擦一遍，然後再炸。

3. 炸魚味香法：炸魚前先把魚浸入牛奶中，片刻後撈出瀝乾，然後再下油鍋，這樣炸魚不僅可去腥，還會使魚肉更加鮮美；炸魚時，先在魚塊上滴幾滴食用醋和酒，拌勻，燜 4 分鐘後再炸，炸出的魚塊魚香味濃。

燒魚不粘鍋的技巧

在燒魚前，在鍋中炒一道青菜，如豆芽、空心菜、小白菜等。炒青菜時不放醬油。炒好後將青菜盛出，不用刷鍋，把鍋燒乾後，將油倒入即可。油開後，轉動鍋，使油均勻鋪開，再把魚放入鍋內。這樣燒的魚不僅不會粘鍋，而且外表美觀，味道鮮美。

蒸魚的技巧

1. 撒鹽法：將魚洗淨後擦乾，撒上細鹽，均勻地抹遍魚身，如果是大魚，應在腹內也抹上鹽，醃漬半個小時，再製作。經過這樣處理的魚，蒸熟不易碎，成菜能入味。

2. 加雞油法：做清蒸魚時，除了放好作料外，再把成塊雞油放在魚肉上面，這樣魚肉吸收了雞油，蒸出來後便滑溜好吃了。

3. 沸水放入蒸鍋法：蒸魚時，等水沸後再放入蒸鍋蒸，而且要將鍋蓋蓋緊。這樣蒸出來的魚便會新鮮可口，香味純正。

4. 塗抹乾粉法：蒸魚時，先在魚上塗抹一些乾粉，蒸時不掀鍋蓋。如 250 克重的魚，在魚身厚薄一致的情況下，蒸 8～10 分鐘即可。每增重 250 克，多蒸 5 分鐘。

5. 剩魚清蒸法：清蒸魚如 1 次吃不完，再吃時可打入 1 個雞蛋，做成魚蒸蛋，這樣做的魚不腥且蛋有干貝味。

6. 蒸小魚頭：小魚頭富有營養，但吃起來肉少。如先將魚頭放在砧板上，用刀剁成細屑，放入碗中，加適量的麵粉、料酒、胡椒粉、蔥薑末，攪拌均勻後，用大火蒸10多分鐘，那麼美味可口的魚頭羹就做好了。

炒蝦仁的技巧

1. 上漿法：用布將蝦仁表面的水擦去，放入小碗，按每 500 克蝦仁 30 克蛋白、25 克太白粉、1 克鹽的比例加入蛋白、太白粉和鹽。將之抓拌均勻，使粉漿均勻地裹在蝦仁表面，然後再下鍋，這樣炒出來的蝦仁鮮嫩飽滿。

2. 兩次炒法：待油四五成熱時，將蝦仁下鍋。等蝦仁變白蜷曲時，撈出，將鍋裡的油倒出後，再將蝦仁與配料、調味料一起下鍋，翻炒均勻後，即可起鍋。

蒸蟹不掉腳的技巧

　　蒸蟹時，蟹受熱在鍋中亂爬，蟹腳容易脫落。如用繩子把蟹腳縛住，很麻煩。可在蒸前左手抓住蟹，右手拿 1 根結絨線用的細鋁針（長一點的其他金屬細針也可），在蟹吐泡沫的正中外（即蟹嘴）斜戳進去 1 公分左右，然後放在鍋中蒸，蟹腳就不會脫落。

做菜保持菜的本色的技巧

　　廚師們有句行話：「色衰則味敗」。這說明，菜的色澤、特別是葉綠素在烹炒中被破壞，不僅影響菜的美感，還會失去菜的鮮味。那麼，烹調時怎樣保持菜的本色呢？

　　1. 鹽水浸漬：對鮮嫩的蔬菜可用淡鹽水浸漬幾分鐘，然後擦去水分炒煮，除保持色澤外，還可使菜質清新脆嫩。

　　2. 熱水浸燙：對於不需過水的蔬菜，可用 60～70℃ 熱水燙，這樣可使葉綠素水解酶失去活性，而保持鮮綠色。

　　3. 適時蓋鍋：葉綠素中含有鎂元素，它會被蔬菜中另一種物質——有機酸替代出來，生成一種黃色物質。如果放入菜就將鍋蓋緊，此種物質在鍋內，會使菜退色變黃。正確做法是先開鍋炒，使這種物質受熱揮發後，再蓋好鍋蓋。

　　4. 加鹼：如節日盛宴，為增加菜的美感，可在炒菜時加一些鹼或小蘇打。葉綠素在鹹水中不易被有機酸破壞，可使蔬菜更加碧綠鮮豔，並能增加蛋白質溶解度，使食材組織膨脹，易於煮熟。但鹼能破壞

維生素，除非特別的美觀需要，則不宜添加。

防止扁豆中毒 2 技巧

　　1. 汆水法：將扁豆清洗乾淨，倒入開水鍋裡汆一下，待鍋裡的水再開時，即撈入冷水盆中浸泡備用。

　　2. 乾煸法：將鍋燒熱，倒入洗淨的扁豆，用鍋鏟不斷翻炒，直到扁豆全部變色，豆腥氣除盡，即可起鍋備用。

　　如不用上述方法，烹製時延長加熱時間，將其煸透燜軟，也可清除毒素。

小蔥不要拌豆腐

　　多少年來，小蔥拌豆腐這一家常菜已被許多人所接受。然而，這種吃法既不科學又十分有害。

　　這是因為豆腐含有豐富的蛋白質、鈣等營養成分，蔥中含有大量草酸。當豆腐與蔥相拌時，豆腐中的鈣與蔥中的草酸相結合，形成白色的沉澱——草酸鈣，使豆腐中的鈣質遭到破壞。

　　草酸鈣是人體難以吸收的，如長期食用，會造成人體鈣的缺乏。

巧煮米飯味道香

　　1. 提前淘米法：煮飯的米要提前淘

洗，新米提前 1 小時，陳米提前 2 小時，使米充分吸足水分，這樣煮出的飯香潤可口。

2. 加鹽油法：在米淘淨後，加一小撮鹽和一小匙花生油，然後入鍋，這樣煮出的飯，粒粒閃光，味道香，口感好。

3. 加檸檬煮飯不易餿：夏天煮飯時，按 1.5 公斤加 3 毫升檸檬汁，煮出來的米飯更加不易變餿，也無酸味。

4. 加生薑煮飯防飯餿：夏天煮飯時，取 1 小塊生薑放入鍋裡，煮出的飯可放置 1 天不餿。另外，生薑性微溫、味辛，煮出的飯不僅味道好，而且還可以防治嘔吐、咳嗽和夏季流行的風寒感冒等症。

5. 加醋煮飯不易餿：煮米飯時，往水裡加幾滴醋，煮出來的米飯將會潔白誘人，且不易餿。

燜飯好吃的技巧

燜米飯既好吃又能保證營養不損失。但燜米飯也要講究方法。

1. 要掌握米的特點：常見的稻米有梗米、秈米和糯米 3 種。蓬萊米即是梗米，其米粒透明及較短圓。而在來米則屬於秈米，秈米之米粒透明、細長。糯米分為梗糯及秈糯，梗糯外觀為不透明白色、米粒短圓；秈糯則米粒細長、外觀白色不透明。

2. 方法要適當：在家中燜飯，在米淘之後，放鍋內，加入適量溫水（高過米平面約 2 公分）在爐火上用大火燒開，改用中火，蓋鍋燜，待水分將乾時，轉微火烘

烤，飯即燜好。

夾生米飯處理 3 技巧

1. 加黃酒法：用鍋鏟把夾生飯抄散，加入適量的黃酒，用文火燜至黃酒揮發，飯就不夾生了，且吃不出酒味。

2. 加溫水重燜法：米飯如全部夾生，可用筷子在飯內紮些直通鍋底的孔，加些溫水重燜；如局部夾生，可在夾生處扎孔，用溫水再燜；如表面夾生，可將表層翻到中間再燜。

3. 扎孔滴酒法：用筷子在米飯上扎一些孔，往孔裡倒入幾滴酒，過一會兒再食用，米飯就不夾生了。

炒米飯的技巧

炒飯品種很多，加入什麼配料，即叫什麼炒飯。加入雞蛋叫雞蛋炒米飯，加入肉絲叫肉絲炒飯。炒飯的特點是：爽口，柔軟，鮮香。煮熟時注意 3 個問題：炒飯重要的品質標準之一，就是炒出的飯，必須粒粒分開，不粘不連。第二，炒飯要反覆煸炒，炒勻炒透，必須炒出香味來。第三，炒飯是飯菜同食，加鹽應適當，調好味，防止口重。常見的幾種炒飯如下：

1. 雞蛋炒飯：一般用料是：米飯200克、雞蛋 1 個、油 25 克、蔥花和鹽適量。具體做法是：將雞蛋打入碗內，攪勻，油下鍋燒熱，放入雞蛋炒熟，炒碎；隨即加入米飯、蔥花、鹽一起翻炒，煸炒均勻，即可盛盤。

2. 肉絲炒飯：在用料上，和雞蛋炒飯

方法相同，把雞蛋改為肉絲。一般炒200克飯，用50克肉絲即可。在做法上，先把肉絲稍加煸炒成熟，接著，放入米飯、蔥花、鹽同炒均勻，盛盤即可。也要外帶高湯。

3. 什錦炒飯：配料較多，一般要用10種以上，如豬肉、火腿、雞肉、蝦仁、干貝、海參、香腸、海螺肉、玉米片、豌豆、蛋皮等。實際上只用五六種。所以，「什錦」並不是死的規定。什錦炒飯的做法是：首先將各種配料切成小丁，下鍋用油炒熟，隨後放米飯、蔥花、鹽等，翻炒均勻，炒散炒透，炒出香味，盛入盤內即成。

熱剩飯好吃的技巧

1. 微波鍋熱飯法：將剩飯盛入碗裡，蓋上碗蓋，放入微波鍋裡，強火熱2.5分鐘取出，和新煮的飯差不多。

2. 快鍋熱飯法：將剩飯倒入快鍋裡，用飯勺鏟散，並沿著鍋邊加少許水，蓋上鍋蓋，扣上安全閥，待有蒸汽冒時，將鍋端下，3～5分鐘後開蓋即可食用。這樣熱飯不僅節省時間，而且熱的飯好吃。

3. 蒸鍋熱飯法：將剩飯加少許的鹽，放入鍋裡蒸，這樣熱的剩飯，味道和新煮

的差不多。

巧去米飯焦味

1. 鮮蔥去味法：米飯若焦了，趁熱將半截鮮蔥插入飯裡，蓋上鍋蓋，不一會兒，飯的焦味就會消失。

2. 麵包去味法：米飯若焦了，趕緊將火關掉，在米飯上面放1塊麵包皮，蓋上鍋蓋。5分鐘後，麵包皮即可把全部焦味吸收。

3. 木炭去味法：將小塊木炭燒紅盛在碗中，放入鍋內，將蓋蓋好，10分鐘後開鍋蓋，將盛木炭的碗取出，焦味就消失了。

4. 冷水去味法：用1個碗盛上冷水，放到飯鍋裡，壓入飯裡，然後蓋上鍋蓋，用文火燜1～2分鐘再掀鍋，即可消除焦味。也可把飯鍋置於3～6公分深的冷水中，或放在潑有涼水的地面上，約3分鐘後，焦味即可消除。

煮米粥品質高的技巧

1. 一次加水法：一次性將水加足，不中途加水和攪動。中途加水，將影響米的黏稠性；中途攪動，將會使米粥粘鍋底，甚至燒焦。

2. 大火燒開、文火蒸煮法：煮粥時，先用大火燒開，然後改用文火慢慢蒸煮。一方面可避免溢鍋，使粥中的營養隨米湯溢出；另一方面可防止米煮不透（米粒中心未熟透）而水熬乾，使熬出的粥乾厚而不入味；同時還可防止燒焦，而影響粥的

品質。

煮粥不溢的技巧

1. 滴入芝麻油法：煮粥稍不注意米湯就會溢出來。如果在鍋裡滴幾滴芝麻油，開鍋後用中、小火煮，那麼再沸也不會溢出來了。

2. 溫水下鍋法：煮粥時，先淘好米，待鍋半開時（水溫50～60℃）再下米，即可防止米湯溢出來。

3. 加網架法：在煮粥的鍋上加一層金屬的網架後再加蓋，便可放心地煮粥，無須掀蓋，米湯也不會溢出來。因為米湯升溫沸騰上湧時，遇到溫度較低的網架及其上方較冷的空氣便會自行回落，米湯如此反覆漲降而不溢起鍋外，用此法煮粥時，還可順便在網架上熱些饅頭和菜等食物。

熬豆粥省火的技巧

熬豆粥時，應該先把豆和米分別淘淨，將米另泡在大碗裡，鍋裡先添入熬粥用量的1/3，燒開後放入豆子。煮5～6分鐘後，加入1碗冷水，使浮在水面的豆子沉到鍋底，再用小火煮25～26分鐘，豆子就能吃透水漲發起來。這裡可以將鍋裡的水加足，用大火煮，待豆子將要開花時放進米，用中火將粥熬爛。這樣熬成的豆粥，既能分別掌握好豆和米開花的火候，也比較節省火力。

煮麵條掌握火候的技巧

1. 煮乾麵條：不要用大火，因為用大

火煮，水分不容易向裡滲透，煮的時間短了會出現硬心；煮的時間長了，容易發黏。如果用慢火煮，或煮時點些冷水，就容易將麵條煮透煮好。

2. 煮濕切麵、拉麵或家裡的麵條：應用大火煮，煮時點2次水就可以起鍋了。

炸食物的技巧

1. 炸食物不濺油法：炸食物時，在油鍋裡放少許鹽，油就不易濺了。

2. 炸食物不泛沫法：熱油泛沫時，彈一點水，一陣輕微爆鍋後，油沫就消失了。

3. 沸油防溢法：在炸食物時，油常常會從鍋裡溢出來，若放進幾粒花椒，沸油就會消下去了。

4. 炸食物又鬆又脆法：油炸黃魚、鮮蝦或排骨時，若在麵粉糊裡放一點小蘇打，吃起來就會又鬆又脆。因為小蘇打受熱後分解，會產生大量的二氧化碳氣體，使油炸麵糊裡留下許多氣孔。

5. 炸食物省油法：在炸食物前，先在鍋裡放些水，水沸後按油、水1：1的比例將油緩緩倒入水中，再繼續加熱，隨即出現油水混合泡沫，由少到多，待5～10分鐘後，泡沫逐漸消失，這時候就可以油炸

食品了。但要注意控製火候，以防水分蒸發過快。採用這種方法炸食物，不僅鍋裡不會冒油煙，而且炸出的食物色澤金黃，酥脆可口，並且還可以省油。

6. 炸食物時滅火法：只要立即加上鍋蓋或用濕布一壓，火即可熄滅。

使肉餡味美的竅門

肉的鮮味來自肉汁。用刀剁肉時，肉塊受到機械性擠壓並不均衡，肌肉細胞破壞較少，部分肉汁仍混合或流散在肉中，因此鮮味較濃。而用機器絞的肉餡，由於肉在絞肉機中被撕拉、擠壓，導致肌肉細胞的大量破裂，包含在細胞內的蛋白質和氨基酸隨血汁大量流失，味道也就遜色了。因此用刀剁肉餡味就更美了。

炸過魚的油去腥的技巧

油炸過魚後常有一股腥味，這主要來自魚肉中的三甲胺。這種物質溶於油脂，不容易分解或揮發，多沉積在油底部。要除掉油中的腥味，一般有兩種方法：

1. 把炸魚的油放鍋內燒熱，投入一些蔥段、薑末和花椒，炸出香味促使油中腥味分解。然後將鍋離火，抓一把麵粉撒入熱油中，麵粉受熱漸漸糊化沉積，吸附了一些溶在油內的三甲胺，能夠去掉油中大部分腥味。然後澄清油底子，去掉蔥、薑和花椒，油便可以繼續食用了。

2. 把炸魚的油燒熱，經蔥、薑、花椒去腥味後，淋入一些調勻的稠太白粉漿。太白粉漿遇熱炸爆沉入油內，接著又成泡狀浮

在油面，太白粉泡可以把油中腥味吸附掉。隨後撇去浮著的太白粉泡，把油澄清就可以再食用。但淋太白粉漿時，要注意安全，避免油爆把人燙傷。

家庭常用作料的使用技巧

1. 大蔥：做鹹食的主要材料，有去腥除膩的效能，一般有3種用法：

(1) 熗鍋。多在炒葷菜時使用。如炒肉時加入適量的蔥絲或蔥花；做燉、煨、紅燒肉菜和海味、魚鴨時加入蔥段。大蔥與羊肉混炒既無膻味，又能嚐到羊肉的鮮美味。

(2) 拌餡。做水汆丸子、餃子、餛飩時在餡中拌入蔥花味道醇厚。

(3) 香油調味。如吃烤鴨，在荷葉餅裡抹上甜麵醬，放入鴨片，卷上蔥段，格外順口好吃；在做酸辣湯或熱清湯時，最後撒上蔥花、澆香油，味道更好；煎雞蛋時配上蔥花，能去掉雞蛋的腥味，吃起來香鹹可口。

2. 生薑：一般葷素菜都離不開生薑，因為它本身具有辛辣和芳香味道，能溶解於菜餚之中，菜的味道更加鮮美，因此有「植物味精」之稱。用法有四種：

(1) 燉煮。燉雞、鴨、魚、肉時將片或拍碎的薑塊放入，肉味醇香。

(2) 對汁。做甜酸味道的菜時，可以將薑切成粒狀或剁成末，與糖、醋對汁烹調或涼拌。如糖醋溜魚、拌涼菜用薑汁配用，會產生特殊的酸甜味。

(3) 蘸食。用薑末、醋、醬油、小磨香

油攪拌成汁蘸吃。如吃清蒸螃蟹加蘸薑汁，別有風味。

(4)浸漬返鮮。冷凍的肉類、家禽，在加熱前先用薑汁浸漬，可以有返鮮的效果，可嚐到原有的新鮮滋味。

3. 大蒜：做配料具有調味和殺菌作用。用法有5種：

(1)去腥提鮮，如燉魚、炒肉、燒海參時，投入蒜片或拍碎的蒜瓣。

(2)明放，多在做鹹味芡汁的菜時加入。如做燒茄子、炒豬肝或其他燴菜時，放幾片蒜可使菜散發香味。

(3)浸泡蘸吃風味獨特，如吃餃子時蘸小磨香油、醬油、辣椒油浸泡的蒜汁。格外好吃。炎夏用饅頭蘸蒜汁吃，既開胃順口，又可以防止腸胃疾病的發生。

(4)拌涼菜，用拍碎的蒜瓣或搗爛的蒜泥拌黃瓜、調涼粉，在蒸熟的茄子上潑上蒜汁菜味更濃。

(5)把蒜末與蔥段、薑末、料酒、太白粉等對成汁，用於溜炒類佳餚更出味。

4. 花椒：具有芳香通竅作用，也是調味中的主要材料。用法有五種：

(1)熗鍋，如炒白菜、芹菜時，在鍋內熱油中投入幾粒花椒，待炸至變黑時撈出，留油炒菜，菜香撲鼻。

(2)炸花椒油明用，會使菜香四溢。用花椒、植物油和醬油製成「三和油」，澆在涼拌菜上，清爽適口。

(3)煮蒸肉、禽類時，放入八角、花椒。

(4)製成花椒鹽蘸吃。即把花椒放入湯勺內，在火上烤至金黃色時，與鹽同放在砧板上成細麵。吃乾炸肉丸、乾炸里肌或香酥雞、香酥羊肉時蘸食。

(5)醃製蘿蔔絲、菜心絲等鹹菜時放入一些花椒，味道絕佳。

5. 八角：是做厚味菜餚不可缺少的作料。因為肉類和禽煮、燉的時間比較長，八角和其他材料可以充分水解，其香味將逐漸改善食材固有的氣味，使味道變得醇香。如做紅燒魚，在炒鍋內油沸開時投入少許八角，待發出香味，加入醬油等其他調味料，最後再放入炸好的魚；又如燒白菜等素菜時，將八角與鹽同時放入湯裡，最後放香油。另外，醃製雞、鴨蛋或香椿、香菜時，加入八角也別具風味。

6. 料酒：又名黃酒，有解腥除膩、殺菌促鮮和增添香氣的功能。一般家庭做菜沒有料酒時，也可以用高粱酒或白酒代替。料酒通常在製作不新鮮的食材或帶有腥膻異味的牛肉、羊肉、野味、內臟等時放入，可以解腥去膻。如用料酒醃漬的雞、鴨、魚、肉做出的菜餚，具有酒香味，還可以保存比較長時間不變質。逢年

過節燉肉、烹製肉類菜餚和餃子餡,放入適量的料酒,食之有特殊的香味。

放鹽看火候的技巧

烹製菜餚準確地掌握放鹽的時機,能使菜餚更加鮮美可口,風味獨特。

在燒香酥雞、香酥鴨時,在宰殺洗淨後,用鹽把雞、鴨表皮和內腔均勻地擦一遍,這樣燒出的雞、鴨酥爛可口。

燒全魚、炸全魚、炸魚時,先用適量的鹽將全魚、魚塊醃漬片刻使鹹味浸入肉內,可使成菜味道更鮮美,並可防止做出的魚肉質鬆散。

紅燒肉、紅燒魚塊等須經燜、煎後,再放入適量的鹽和其他調味料及湯水,然後用大火燒沸片刻,再用文火慢煮。這樣做出的肉或魚味正、香濃、鮮美。

爆肉片、回鍋肉、炒白菜和芹菜等,須在全部燜、炒透時再放鹽,如果放鹽過早,則炒出的菜又老又難嚼。

醬油在烹調中的使用技巧

醬油是烹調中的必備之物,我們在炒、煎、蒸、煮或涼拌配料時,依需要加入適量的醬油,就會使菜餚色澤誘人,香氣撲鼻,味道鮮美。這是因為,醬油是一種色、香、味調和而又營養豐富的調味料。醬油中氨基酸的含量多達17種,此外還含有各種維生素B群和安全無毒的棕紅色素,醬油中還含有一定量的糖、酸、醇、酚、酯等多種複雜的香氣成分。在煎、炒、蒸、煮菜餚時,加入適量醬油後,醬油中的氨基酸在烹調過程中與鹽作用而生成氨基酸鈉鹽以及在加熱過程中發生化學反應而生成氨基酸的衍生物。這樣就使菜餚增加了獨特的鮮美味道。同時,在烹調過程中,醬油中氨基酸還會與糖發生化學反應而產生一種誘人的香氣。醬油中所含的棕紅色素趁加熱的機會與小粉粒混勻後給菜餚上色,其結果,色、香、味美的誘人佳餚便烹調成了。這就是醬油在烹調中的作用。

醋在烹調中的使用技巧

醋是一種重要的調味料,它能派上許多用場:

1. 解腥:在烹調魚類時加入少量醋,可除魚腥。

2. 祛膻:煮燒羊肉時加少量醋,可解除羊膻氣。

3. 減辣:在烹調菜餚中如感太辣,加入少量醋,辣味即減少。

4. 添香:在烹調菜餚中加少量醋,能使菜餚減少油膩,增加香味。

5. 引甜:在煮甜粥中加少量醋,能使粥更甜。

6. 催熟:在燉肉、煮燒牛肉、海帶、馬鈴薯中加少量醋,可使之易熟、易爛。

7. 防黑:炒茄子中加少量醋,能使炒出的茄子顏色不變黑。

8. 防腐:在浸泡的生魚中加入少量醋,能防止其腐敗變質。

9. 起花:在豆漿中加入少量醋,能使豆漿美觀可口。

味精在烹調中的使用技巧

味精的主要成分是「谷氨酸鈉」，也就是谷氨酸的鈉鹽。谷氨酸具有極其鮮美的味道。味精易溶於水，加水沖淡3000倍，還能品出它的鮮味，炒菜、做湯只要加一點兒，就能使菜餚味道更鮮美。但是，味精也要合理使用，否則會適得其反。

炒菜做湯時，最好是在即起鍋之前加入味精，而不要將味精和菜同時下鍋，因加熱時間太久、溫度太高都容易使味精變成焦谷氨酸鈉，不僅失去鮮味，還有毒性。

味精用量不能太多，那樣會使菜失去原味，甚至難吃，也不必每菜必加。

1歲以內的嬰兒以不吃味精為好。

炒蛋切忌放味精。在加小蘇打或含鹼菜、湯中不宜放入，在含有酸味的菜、湯中也不宜放味精。

酒在烹調中的使用技巧

烹調中，用酒十分重要，酒能解腥起香，使菜餚鮮美可口，但也要用得恰到好處，否則難達效果，甚至會適得其反。

由此可知，要使酒發揮解腥起香的作用，關鍵在於酒得以揮發。所以烹調過程中最合理的用酒時間，應該是整個燒菜過程中鍋內溫度最高的時候。比如煸炒肉絲，酒應當在煸炒剛完畢的時候放；紅燒魚，必須在完成煎魚後立即烹酒；炒菜、爆菜、燒菜，酒一噴入，立即爆出響聲，並隨之冒出一股水汽，這種用法是正確的。

上漿裹麵糊時也要用酒，但不能多，否則就揮發不盡。

也不是凡有葷料的菜餚必須加酒，「榨菜肉絲湯」就不用放酒，因為「肉絲」一氽即成，酒很難揮發。

Note

Note

國家圖書館出版品預行編目資料

家常菜 1000 道 / 蘇士明作.－初版.－
新北市新店區 ：世茂, 2008.01 [民 97]
面 ； 公分. --（彩色食譜系列 ；25）

ISBN 978-957-776-890-2（平裝）

1. 食譜　2. 烹飪

427.1　　　　　　　　　　　　　　96021586

彩色食譜系列 25

家常菜 1000 道

作　　者／蘇士明
責任編輯／陳佳敏
封面設計／江依坪
出 版 者／世茂出版有限公司
發 行 人／簡玉芬
登 記 證／局版臺省業字第 564 號
地　　址／（231）新北市新店區民生路 19 號 5 樓
電　　話／（02）2218-3277
傳　　真／（02）2218-3239（訂書專線）
　　　　　（02）2218-7539
劃撥帳號／19911841
戶　　名／世茂出版有限公司
　　　　　單次郵購總金額未滿 500 元（含），請加 50 元掛號費
酷 書 網／www.coolbooks.com.tw
排　　版／辰皓國際出版製作有限公司
製　　版／辰皓國際出版製作有限公司
印　　刷／祥新印製企業有限公司

初版一刷／ 2008 年 1 月
　 九刷／ 2014 年 1 月

定　　價／ 480 元
特　　價／ 299 元

ISBN 978-957-776-890-2

本書繁體中文版由吉林科學技術出版社授權台灣世茂出版有限公司發行。